D1666638

Halbleiter-Elektronik

Herausgegeben von W. Heywang und R. Müller
Band 19

Springer

Berlin
Heidelberg
New York
Barcelona
Budapest
Hongkong
London
Mailand
Paris
Singapur
Tokio

D. Widmann · H. Mader · H. Friedrich

Technologie hochintegrierter Schaltungen

2. Auflage

Mit 208 Abbildungen und 29 Tabellen

 Springer

Dr.-Ing. Dietrich Widmann
Leiter der Technologieentwicklung im Bereich Halbleiter
der Siemens AG, München/Berlin

Dr.-Ing. Hermann Mader
Professor, Fachbereich Elektrotechnik der Fachhochschule München
Vorstand im Institut für Technologie- und Wissenstransfer
an der FH München

Dr.-Ing. Hans Friedrich
Geschäftsführer TELA Beteiligungsgesellschaft m.b.H., München

Dr. rer. nat. Walter Heywang
Professor an der Technischen Universität München

Dr. techn. Rudolf Müller
Professor, Inhaber des Lehrstuhls für Technische Elektronik
der Technischen Universität München

ISBN 3-540-59357-8 2. Aufl. Springer-Verlag Berlin Heidelberg New York
ISBN 3-540-18439-2 1. Aufl. Springer-Verlag Berlin Heidelberg New York

CIP-Titelaufnahme der Deutschen Bibliothek
Widmann, Dietrich: Technologie hochintegrierter Schaltungen / D. Widmann; H. Mader; H.
Friedrich. – 2. Aufl. – Berlin ; Heidelberg ; New York ; Barcelona ; Budapest ; Hongkong ;
London ; Mailand ; Paris ; Santa Clara ; Singapur ; Tokio : Springer, 1996
   (Halbleiter-Elektronik ; Bd. 19)
   ISBN 3-540-59357-8
NE: Mader, Hermann:; Friedrich, Hans:; GT

Satz: K + V Fotosatz GmbH, Beerfelden
Einbandgestaltung: Struve & Partner, Heidelberg
Herstellung: PRODUserv Springer Produktions-Gesellschaft, Berlin

SPIN: 10687341   62/3020 – 5 4 3 2 – Gedruckt auf säurefreiem Papier

Geleitwort der Herausgeber

Halbleiter-Bauelemente beherrschen heute einen großen Teil der Elektrotechnik. Dies äußert sich einerseits in der großen Vielfalt neuartiger Bauelemente und andererseits in mittleren jährlichen Zuwachsraten der Herstellungsstückzahlen von ca. 20% im Laufe der letzten 20 Jahre. Ihre besonderen physikalischen und funktionellen Eigenschaften haben komplexe elektronische Systeme z. B. in der Datenverarbeitung und der Nachrichtentechnik ermöglicht. Dieser Fortschritt konnte nur durch das Zusammenwirken physikalischer Grundlagenforschung und elektrotechnischer Entwicklung erreicht werden.

Um mit dieser Vielfalt erfolgreich arbeiten zu können und auch zukünftigen Anforderungen gewachsen zu sein, muß nicht nur der Entwickler von Bauelementen, sondern auch der Schaltungstechniker das breite Spektrum von physikalischen Grundlagenkenntnissen bis zu den durch die Anwendung geforderten Funktionscharakteristiken der Bauelemente beherrschen.

Dieser engen Verknüpfung zwischen physikalischer Wirkungsweise und elektrotechnischer Zielsetzung soll die Buchreihe „Halbleiter-Elektronik" Rechnung tragen. Sie beschreibt die Halbleiter-Bauelemente (Dioden, Transistoren, Thyristoren usw.) in ihrer physikalischen Wirkungsweise, in ihrer Herstellung und in ihren elektrotechnischen Daten.

Um der fortschreitenden Entwicklung am ehesten gerecht werden und den Lesern ein für Studium und Berufsarbeit brauchbares Instrument in die Hand geben zu können, wurde diese Buchreihe nach einem „Baukastenprinzip" konzipiert:

Die ersten beiden Bände sind als Einführung gedacht, wobei Band 1 die physikalischen Grundlagen der Halbleiter darbietet und die entsprechenden Begriffe definiert und erklärt. Band 2 behandelt die heute technisch bedeutsamen Halbleiterbauelemente und integrierten Schaltungen in einfachster Form. Ergänzt werden diese beiden Bände durch die Bände 3 bis 5 und 19, die einerseits eine vertiefte Beschreibung der Bänderstruktur und der Transportphänomene in Halbleitern und andererseits eine Einführung in die technologischen Grundverfahren zur Herstellung dieser Halbleiter bieten. Alle diese Bände haben als Grundlage einsemestrige Grund- bzw. Ergänzungsvorlesungen an Technischen Universitäten.

W. Heywang und R. Müller

Vorwort zur zweiten Auflage

Seit dem Erscheinen der 1. Auflage dieses Buches vor 8 Jahren hat sich die Technologie der Integrierten Schaltungen auf vielen Gebieten wesentlich weiterentwickelt. Die 2. Auflage trägt dieser Entwicklung Rechnung, wobei der Schwerpunkt auf denjenigen Technologien und Verfahren liegt, die heute und in den nächsten Jahren in fortschrittlichen industriellen Fertigungslinien zum Einsatz kommen.

Das Kapitel 8 „Prozeßintegration" haben wir vollkommen neu überarbeitet. Es enthält jetzt, ausgehend vom CMOS-Basisprozeß, alle wichtigen Gesamtprozesse in übersichtlicher Darstellung. Die einzelnen Prozeßblöcke der Gesamtprozesse, insbesondere die Isolation der Transistoren, die Transistoren bzw. Speicherzellen, die Planarisierung sowie die Kontakte und Leiterbahnen, werden ausführlich behandelt. Das Kapitel wird durch eine detaillierte Beschreibung des Prozeßablaufs von vier ausgewählten Gesamtprozessen abgerundet.

Unser Dank gilt allen, die uns beim Abfassen der 2. Auflage unterstützt haben: Frau Vogs schrieb Teile des Manuskripts ins Reine; Herr Professor Higelin sah einen Teil des Kapitels 8 kritisch durch; schließlich gaben uns Herr Dr. Arden, Frau Dipl.-Ing. Bitto, Herr Dipl.-Phys. Enders, Herr Dr. Erb, Herr Dr. Frank, Herr Dipl.-Ing. Hiller, Herr Dr. Mathuni, Herr Dipl.-Phys. Melzner und Herr Dipl.-Phys. Pöhle wertvolle Ratschläge zu einzelnen Kapiteln.

Auch diesmal wollen wir uns herzlich bei unseren Frauen für ihr Verständnis für die (frei)zeitraubenden Arbeiten zu diesem Buch bedanken.

München, im April 1996   D. Widmann, H. Mader, H. Friedrich

Vorwort zur ersten Auflage

Es gibt wohl kaum eine Technik, die durch einen derart raschen Entwicklungsfortschritt gekennzeichnet ist wie die Mikroelektronik. Sie ist in ihrer bisher etwa fünfundzwanzigjährigen Geschichte zur Schlüsseltechnologie fast für die gesamte moderne Technik geworden.

Der rasche Fortschritt in der Herstelltechnologie mikroelektronischer Schaltungen basiert auf den nahezu idealen Eigenschaften des Grundmaterials Silizium. Mit dem hohen Grad an Reinheit, Homogenität und Kristallperfektion können Materialeigenschaften bis an die physikalischen Grenzen fertigungstechnisch genutzt werden.

Auf dem Weg in die Mikron- und Submikrontechnik waren natürlich auch die Herstellprozesse und -verfahren einem extrem raschen Wandel unterworfen. Wenn mit den höchstintegrierten Halbleiterspeichern alle drei Jahre eine neue Technologiegeneration zur Fertigungsreife gebracht wird, so muß die damit verbundene Leistungssteigerung in erster Linie von den Herstellprozessen erbracht werden. In einer derart dynamischen Entwicklung kann ein Buch über Herstelltechnologie natürlich nur eine Momentaufnahme darstellen. Die Verfasser haben dennoch versucht, bei der Vielzahl der dargestellten Verfahren den Beurteilungskriterien und anwendungsspezifischen Merkmalen hinreichend Raum zu geben, um dem Leser die Entwicklungs- und Verbesserungsmöglichkeiten deutlich zu machen.

Als Momentaufnahme stellt das Buch im Schwerpunkt die Prozeßtechnologie dar, wie sie in der 1-µm-Technologie für Produkte wie dem 1-MBit-Speicher eingesetzt wird. Es konzentriert sich auf die Verfahrenstechnik und verweist bei den physikalisch-chemischen Grundlagen auf den Band 4 der Buchreihe „Halbleiter-Elektronik".

Das vorliegende Buch ist bewußt sehr praxisnah gehalten. Es soll für denjenigen, der in der Technologie Integrierter Schaltungen tiefer einsteigen will, ein umfassendes Handbuch sein; sei es für den Studenten an der Universität bzw. Fachhochschule oder für den Technologen in einer Forschungs- oder Fertigungslinie.

Für die Abfassung der einzelnen Kapitel sowie für die umfangreichen Literaturrecherchen war das Fachwissen vieler Experten hilfreich. Stellvertretend für alle möchten sich die Autoren dafür recht herzlich bedanken bei den Herren Dr. Arden, Dr. Bertagnolli, Dr. Buchmann, Dr. Jacobs, Dr. Kolbesen, Dr. Hönlein, Dr. Schaber, Dr. Schwarzl, Dipl.-Ing. Sigusch, Dr. Wieder und Dr. Winnerl. Besonders möchten wir auch Frau Czauderna und Frau Vogs für das Schreiben des Manuskripts danken. Dem Springer-Verlag sei für die geduldige Betreuung und die Sorgfalt bei der Drucklegung Dank gesagt. Unser herzlicher Dank gilt auch unseren Frauen für ihr Verständnis für die umfangreichen (frei)zeitraubenden Arbeiten zu diesem Buch.

München, im Februar 1988   D. Widmann, H. Mader, H. Friedrich

Inhaltsverzeichnis

Bezeichnungen und Symbole   XV

1   Einleitung   1

2   Grundzüge der Technologie von Integrierten Schaltungen   3
Literatur zu Kapitel 2   12

3   Schichttechnik   13
3.1   Verfahren der Schichterzeugung   13
3.1.1   CVD-Verfahren   13
3.1.2   Thermische Oxidation   21
3.1.3   Aufdampfverfahren   28
3.1.4   Sputterverfahren   30
3.1.5   Schleuderbeschichtung   35
3.1.6   Schichterzeugung mittels Ionenimplantation   36
3.1.7   Schichterzeugung mittels Wafer-Bonding und Rückätzen   36
3.1.8   Temperverfahren   37
3.2   Die monokristalline Siliziumscheibe   40
3.2.1   Geometrie und Kristallographie von Siliziumscheiben   40
3.2.2   Dotierung von Siliziumscheiben   41
3.2.3   Zonengezogenes und tiegelgezogenes Silizium   42
3.3   Epitaxieschichten   44
3.3.1   Anwendung von Epitaxieschichten   44
3.3.2   Diffusion von Dotieratomen aus dem Substrat in die
         Epitaxieschicht   46
3.4   Thermische SiO_2-Schichten   49
3.4.1   Anwendung von thermischen SiO_2-Schichten   49
3.4.2   Die LOCOS-Technik   50
3.4.3   Charakterisierung von dünnen thermischen SiO_2-Schichten   57
3.5   Abgeschiedene SiO_2-Schichten   62
3.5.1   Erzeugung von abgeschiedenen SiO_2-Schichten   63
3.5.2   Anwendung abgeschiedener SiO_2-Schichten   64
3.5.3   Spacertechnik   64
3.5.4   Grabenisolation   66

3.5.5   SiO$_2$-Isolationsschichten für die Mehrlagenverdrahtung   67
3.6   Phosphorglasschichten   68
3.6.1   Erzeugung von Phosphorglasschichten.   68
3.6.2   Flow-Glas   70
3.6.3   Thermisches Phosphorglas   71

3.7   Siliziumnitridschichten   71
3.7.1   Erzeugung von Siliziumnitridschichten   71
3.7.2   Nitridschichten als Oxidationssperre   72
3.7.3   Nitridschichten als Kondensator-Dielektrikum   72
3.7.4   Nitridschichten als Passivierung   73

3.8   Polysiliziumschichten   74
3.8.1   Erzeugung von Polysiliziumschichten.   74
3.8.2   Kornstruktur von Polysiliziumschichten.   75
3.8.3   Leitfähigkeit von Polysiliziumschichten   76
3.8.4   Anwendung von Polysiliziumschichten.   78

3.9   Silizidschichten   82
3.9.1   Erzeugung von Silizidschichten   82
3.9.2   Polyzidschichten   85
3.9.3   Silizierung von Source/Drain-Bereichen.   87

3.10   Refraktär-Metallschichten   88

3.11   Aluminiumschichten   89
3.11.1 Erzeugung von Aluminiumschichten   90
3.11.2 Kristallstruktur von Aluminiumschichten   91
3.11.3 Elektromigration in Aluminiumleiterbahnen   91
3.11.4 Aluminium-Siliziumkontakte.   93
3.11.5 Aluminium-Aluminium-Kontakte.   95

3.12   Organische Schichten   96
3.12.1 Spin-on-Glasschichten.   96
3.12.2 Polyimidschichten.   97

3.13   Literatur zu Kapitel 3   99

4   Lithographie.   101
4.1   Strukturgröße, Lagefehler und Defekte   102

4.2   Photolithographie   104
4.2.1   Photoresistschichten   104
4.2.2   Ausbildung von Photoresiststrukturen   109
4.2.3   Schwankung der Lichtintensität im Photoresist   112
4.2.4   Spezielle Photoresisttechniken   117
4.2.5   Optische Belichtungsverfahren.   123
4.2.6   Auflösungsvermögen der lichtoptischen Belichtungsgeräte   127
4.2.7   Justiergenauigkeit von lichtoptischen Belichtungsgeräten   138
4.2.8   Defekte bei der lichtoptischen Lithographie.   141

4.3   Röntgenlithographie 143
4.3.1   Wellenlängenbereich für die Röntgenlithographie........... 144
4.3.2   Röntgenresists..................................... 145
4.3.3   Röntgenquellen.................................... 146
4.3.4   Röntgenmasken.................................... 151
4.3.5   Justierverfahren der Röntgenlithographie................. 153
4.3.6   Strahlenschäden bei der Röntgenlithographie.............. 153
4.3.7   Chancen der Röntgenlithographie 154

4.4   Elektronenlithographie 154
4.4.1   Elektronenresists................................... 155
4.4.2   Auflösungsvermögen der Elektronenlithographie 156
4.4.3   Elektronenstrahlschreibgeräte 158
4.4.4   Elektronenprojektionsgeräte.......................... 163
4.4.5   Justierverfahren der Elektronenlithographie............... 164
4.4.6   Strahlenschäden bei der Elektronenlithographie............ 164

4.5   Ionenlithographie 166
4.5.1   Ionenresists....................................... 168
4.5.2   Ionenstrahlschreiben................................ 169
4.5.3   Ionenstrahlprojektion 170
4.5.4   Auflösungsvermögen der Ionenlithographie 173

4.6   Strukturerzeugung ohne Lithographie 178

4.7   Literatur zu Kapitel 4 178

5   Ätztechnik 181

5.1   Naßätzen... 182
5.1.1   Naßchemisches Ätzen 183
5.1.2   Chemisch-Mechanisches Polieren...................... 183

5.2   Trockenätzen...................................... 186
5.2.1   Physikalisches Trockenätzen 186
5.2.2   Chemisches Trockenätzen 188
5.2.3   Chemisch-Physikalisches Trockenätzen 190
5.2.4   Chemische Ätzreaktionen 200
5.2.5   Ätzgase.. 201
5.2.6   Prozeßoptimierung 203
5.2.7   Endpunkterkennung 206

5.3   Trockenätzprozesse 210
5.3.1   Trockenätzen von Siliziumnitrid 210
5.3.2   Trockenätzen von Polysilizium........................ 211
5.3.3   Trockenätzen von monokristallinem Silizium.............. 213
5.3.4   Tockenätzen von Metallsiliziden und Refraktär-Metallen....... 214
5.3.5   Trockenätzen von Siliziumdioxid 215
5.3.6   Trockenätzen von Aluminium 217
5.3.7   Trockenätzen von Polymeren......................... 219

5.4   Literatur zu Kapitel 5 220

6   **Dotiertechnik** 223

6.1   Thermische Dotierung. 224

6.2   Dotierung mittels Ionenimplantation 225
6.2.1 Ionenimplantationsanlagen 226
6.2.2 Implantierte Dotierprofile 228

6.3   Aktivierung und Diffusion von Dotieratomen 236
6.3.1 Aktivierung implantierter Dotieratome 236
6.3.2 Intrinsische Diffusion von Dotieratomen 237
6.3.3 Diffusion bei hohen Dotieratomkonzentrationen 240
6.3.4 Oxidationsbeschleunigte Diffusion. 241
6.3.5 Diffusion von Dotieratomen an Grenzflächen. 242
6.3.6 Diffusion von Dotieratomen in Schichten. 244
6.3.7 Schichtwiderstand von dotierten Schichten 246
6.3.8 Diffusion am Rand von dotierten Bereichen. 248

6.4   Diffusion von nichtdotierenden Stoffen 249

6.5   Literatur zu Kapitel 6 252

7   **Reinigungstechnik** 253

7.1   Verunreinigungen und ihre Auswirkungen. 253

7.2   Reine Räume, Materialien und Prozesse. 257
7.2.1 Reinräume 257
7.2.2 Reine Materialien 260
7.2.3 Saubere Prozeßführung 263

7.3   Scheibenreinigung. 263

7.4   Literatur zu Kapitel 7 267

8   **Prozeßintegration** 269

8.1   Die verschiedenen MOS- und Bipolar-Technologien 269
8.1.1 Die aktiven Bauelemente in Integrierten Schaltungen ... 269
8.1.2 Systematik der MOS- und Bipolar-Technologien. 269
8.1.3 Die passiven Bauelemente in Integrierten Schaltungen ... 271

8.2   Architektur der Gesamtprozesse 271
8.2.1 Architektur der MOS-Technologien 271
8.2.2 Architektur der Bipolar- und BICMOS-Technologien 274

8.3   Transistoren in Integrierten Schaltungen 275
8.3.1 Aufbau der MOS-Transistoren und ihrer Isolation 275
8.3.2 Aufbau der DMOS-Transistoren. 283
8.3.3 Aufbau der Bipolar-Transistoren und ihrer Isolation. ... 285

8.4   Speicherzellen 288
8.4.1 Aufbau von statischen Speicherzellen. 288
8.4.2 Aufbau von dynamischen Speicherzellen 290
8.4.3 Aufbau von nichtflüchtigen Speicherzellen 293

8.5   Mehrlagenmetallisierung   297
8.5.1   Einebnung von Oberflächen in Integrierten Schaltungen   298
8.5.2   Kontakte in Integrierten Schaltungen   303
8.5.3   Leiterbahnen in Integrierten Schaltungen   306
8.5.4   Passivierung von Integrierten Schaltungen   307

8.6   Detaillierte Prozeßfolge ausgewählter Gesamtprozesse   308
8.6.1   0,4 μm-Digital-CMOS-Prozeß   308
8.6.2   0,7 μm-BICMOS-Prozeß   319
8.6.3   Höchstfrequenz-Bipolar-Prozeß   319
8.6.4   0,25 μm-DRAM-Prozeß   319

8.7   Literatur zu Kapitel 8   348

Sachverzeichnis   351

Bezeichnungen und Symbole

Größe	Bedeutung	Einheit
A	Proportionalitätskonstante für die Oxidationsrate	m
A	Fläche	m^2
a	minimale Reseststrukturbreite	m
B	magnetische Flußdichte	T
B	parabolische Oxidationskonstante	$m^2 s^{-1}$
B	Abmessung des Bildfelds	m
B/A	lineare Oxidationskonstante	ms^{-1}
b	Strukturbreite	m
b_{min}	minimale Strukturbreite	m
b	Kontaktlochgröße	m
C	Kapazität	F
C_D	Drain-Substrat-Kapazität	F
c_{ox}	Oxidkapazität (flächenbezogen)	Fm^{-2}
c	Lichtgeschwindigkeit	ms^{-1}
c	Teilchenkonzentration	m^{-3}
c_0	maximale Teilchenkonzentration	m^{-3}
c_v	spezifische Wärme des Resists	Jm^{-3}
D	Diffusionskonstante	$m^2 s^{-1}$
D	Bestrahlungsdosis	Jm^{-2}; Cm^{-2}
D	Bildfeldabmessung	m
D	Defektdichte	m^{-2}
D_0	Resistempfindlichkeit	Jm^{-2}
D_{Si}	Dicke von Si-Scheibe	m
d	Schichtdicke	m
d	Brennfleckgröße	m
d_m	maximaler Durchmesser einer aberationsfreien Figur	m
d_f	Durchmesser des Abbildungsfelds eines Ionenprojektionsgeräts	m
d_{ox}	Dicke der SiO_2-Schicht	m
d_p	Partikeldurchmesser	m
d_r	Resistdicke	m
d_{Si}	Dicke der Siliziumschicht	m
d_{Si3N4}	Dicke der Siliziumnitridschicht	m
E	elektrische Feldstärke	Vm^{-1}

Größe	Bedeutung	Einheit
E_c	kritische Feldstärke	Vm^{-1}
E	Elektronenenergie	J
E_0	Ruheenergie der Elektronen	J
E_{BD}	Durchbruchfeldstärke	Vm^{-1}
E_{Si}	Elastizitätsmodul von Silizium	Nm^{-2}
e	Elementarlardung $= 1{,}6 \cdot 10^{-19} C$	C
F	Kraft	N
f	Frequenz	s^{-1}
f	Anisotropiefaktar	–
G	Generationsrate	$m^{-3}s^{-1}$
H	magnetische Feldstärke	Am^{-1}
I	elektrische Stromstärke	A
I	Strahlungsdichte, Strahlungsintensität	Wm^{-2}
I_0	auf Resist auftreffende Strahlungsdichte	Wm^{-2}
J	Ionenstromdichte	Am^{-2}
J	Gasfluß	kgs^{-1}
j	Stromdichte	Am^{-2}
j	Teilchenflußdichte	$m^{-2}s^{-1}$
K	Skalierungsfaktor	–
k	Beugungsordnung	–
k	Boltzmannkonstante $k = 1{,}380 \cdot 10^{-23} \, JK^{-1}$	JK^{-1}
kT	thermische Energie	J
L	Kanallänge eines MOS-Transistors	m
L_G	Gatelänge, geometrische Kanallänge	m
L_{eff}	effektive Kanallänge	m
l	Länge	m
l_{min}	minimal beherrschbares Leiterbahnraster	m
l'	vom Strom durchflossene Länge des Kontaktlochs	m
M	Ionenmasse	kg
MTF	Lebensdauer für die Elektromigration (MTF-Mean Time to Failure)	s
$\dot{m}$	Gasflußrate	kgs^{-1}
m_0	Ruhemasse der Elektronen	kg
N	Ionendichte	m^{-3}
NA	Numerische Apertur	–
N_A	Akzeptorendichte	m^{-3}
N_D	Donatorendichte	m^{-3}
N_D	Dotierungsdosis	m^{-2}
N_{D0}	gesamte Dotierungsdosis	m^{-2}
n	Brechungsindex	–
n	Anzahl der kritischen Lithographieebenen	–
n	Dichte der Elektronen, Donatorendichte	m^{-3}
n_r	Brechungsindex des Resists	–

Größe	Bedeutung	Einheit
n_s	Brechungsindex des Substrats	–
n^+	hohe Donatorendichte	–
n^-	niedrige Donatorendichte	–
P	elektrische Leistung	W
p	Druck	Pa
p	Dichte der Löcher, Akzeptorendichte	m^{-3}
p^+	hohe Akzeptorendichte	–
p^-	niedrige Akzeptorendichte	–
ppm	parts per million ($= 10^{-6}$)	–
ppb	parts per billion ($= 10^{-9}$)	–
Q	elektrische Ladung	As
Q	Ladungsdichte	Cm^{-2}
Q_{bd}	kennzeichnende Ladung für die Degradation von Silizium	As
Q_f	feste Grenzflächenladung	As
Q_{it}	an Grenzflächenzustände gebundene Ladung	As
Q_m	bewegliche Ladung	As
Q_{ot}	an Traps gebundene Oxidladung	As
R	Radius der Elektronenbahn	m
R	Elektronenreichweite	m
R	elektrischer Widerstand	Ω
R	Gaskonstante	$JK^{-1}mol^{-1}$
R_k	Kontaktlochwiderstand	Ω
R_{KK}	Widerstand einer Kontaktlochkette	Ω
R_p	Reichweite der Ionen bei der Ionenimplantation	m
R_s	Schichtwiderstand	$\Omega/\square$
r	Ätzrate	ms^{-1}
r_h	horizontale Ätzrate	ms^{-1}
r_v	vertikale Ätzrate	ms^{-1}
S	Selektivität eines Ätzprozesses	–
S	Abstand zwischen Brennfleck und Maske bei der Röntgenlithographie	m
s	minimaler Reststrukturabstand	m
s	Proximity-Abstand: Abstand zwischen Halbleiterscheibe und Maske	m
T	Temperatur	K, °C
T	Periodendauer	s
t	Zeit	s
t_d	Verzögerungszeit	s
U	elektrische Spannung	V
U_D	Drainspannung	V
U_{DD}	Versorgungsspannung für MOS-Schaltungen	V
U_{DS}	Drain-Source-Spannung	V
U_{Diff}	Diffusionsspannung	V

Größe	Bedeutung	Einheit
U_T	Einsatzspannung eines MOS-Transistors	V
U_G	Gatespannung	V
V	elektrisches Potential	V
V	Volumen	m^3
v	Geschwindigkeit	ms^{-1}
W	Kanalweite eines MOS-Transistors	m
W	Energie	J, eV
W_A	Aktivierungsenergie	J, eV
W_c	Energie der Leitungsbandkante	J, eV
W_F	Fermienergie	J, eV
W_v	Energie der Valenzbandkante	J, eV
w	Weite	m
w	Wahrscheinlichkeit	–
x	Ortskoordinate parallel zur Halbleiteroberfläche	m
x_K	Ortskoordinate der Kante einer Struktur	m
x_m	Ortskoordinate der Mittenlage einer Struktur	m
Y	Ausbeute	–
Y_B	Beurteilungsausbeute	–
Y_F	Flächenausbeute	–
Y_M	Montageausbeute	–
Y_P	Prüffeldausbeute	–
Y_{Chip}	Chipausbeute	–
y	Ortskoordinate parallel zur Halbleiteroberfläche	m
z	Ortskoordinate senkrecht zur Halbleiteroberfläche	m
z_j	Tiefe des pn-Übergangs	m
α	Öffnungswinkel des Objektivs	Grad
α	Flankenwinkel	Grad
α	Konvergenzwinkel eines Elektronenstrahlschreibgeräts	Grad
α	Absorptionskonstante	m^{-1}
β	Reaktionskonstante	$s^{-1}m^{-2}$
γ	Resistkontrast	–
ΔB	Änderung des Bildfelds bei der Röntgenlithographie	m
Δb	Breite des Übergangsbereichs in der Röntgenlithographie	m
Δf	Abstand zwischen Bild- und Fokusebene	m
Δf_R	Rayleigh-Tiefe	m
Δl	Gangunterschied von Lichtstrahlen	m
ΔR_p	Standardabweichung der Dotierungsdichte bei der Ionen-implantation	m
δ	Linienbreitenstreuung	m
ε	Dielektrizitätskonstante	$AsV^{-1}m^{-1}$
ε_0	Dielektrizitätskonstante des Vakuums $\varepsilon_0 = 8{,}854 \cdot 10^{-12} \ AsV^{-1}m^{-1}$	$AsV^{-1}m^{-1}$
ε_{Si}	Dielektrizitätskonstante von Silizium	$AsV^{-1}m^{-1}$

Größe	Bedeutung	Einheit
ε_{SiO2}	Dielektrizitätskonstante von SiO_2	$AsV^{-1}m^{-1}$
ε_{Si3N4}	Dielektrizitätskonstante von Si_3N_4	$AsV^{-1}m^{-1}$
λ	Wellenlänge	m
λ_p	Wellenlänge der Synchrotronstrahlung	m
μ	Beweglichkeit der Ladungsträger	$cm^2V^{-1}s^{-1}$
μ_0	Beweglichkeit bei niedrigen Feldstärken	$cm^2V^{-1}s^{-1}$
ϱ	spezifischer elektrischer Widerstand	Ωm
$\varrho_{ü}$	spezifischer Übergangswiderstand	Ωm^2
ζ	Ortskoordinate	m
σ	Diffusionslänge	m
σ	Parameter des Normalverteilungsgesetzes	m
τ	Zeitkonstante	s
θ	Beugungswinkel	Grad
ϑ	Winkel zwischen den einzelnen Beugungsordnungen	Grad
φ	Differenz der Austrittsarbeiten von Metall und Halbleiter, bezogen auf die Elementarladung	V
ψ	Divergenzwinkel	Grad
ω	Kreisfrequenz	s^{-1}

Kennzeichnung der verschiedenen Schichten in Integrierten Schaltungen

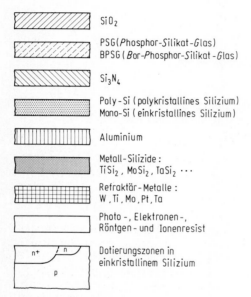

	SiO_2
	PSG(Phosphor-Silikat-Glas) BPSG(Bor-Phosphor-Silikat-Glas)
	Si_3N_4
	Poly-Si (polykristallines Silizium) Mono-Si (einkristallines Silizium)
	Aluminium
	Metall-Silizide: $TiSi_2$, $MoSi_2$, $TaSi_2$ $\cdots$
	Refraktär-Metalle: W, Ti, Mo, Pt, Ta
	Photo-, Elektronen-, Röntgen- und Ionenresist
	Dotierungszonen in einkristallinem Silizium

n $\;\hat{=}\;$ Donatorendotierung
n^+ $\;\hat{=}\;$ hohe Donatorendichte
n^- $\;\hat{=}\;$ niedrige Donatorendichte
p $\;\hat{=}\;$ Akzeptorendotierung
p^+ $\;\hat{=}\;$ hohe Akzeptorendichte
p^- $\;\hat{=}\;$ niedrige Akzeptorendichte

1
Einleitung

Es gibt wohl keine Technik, die sich jemals so stürmisch entwickelt hat wie die Mikroelektronik. Der Weltmarkt für Integrierte Schaltungen wächst jährlich um etwa 15%. Man geht davon aus, daß dieses Wachstum noch viele Jahre ungebremst anhalten wird (Abb. 1.1 a). Im Jahr 2010 könnte der Weltmarkt für Integrierte Schaltungen den Automobil-Weltmarkt überflügeln.

Das Wachstum wird vor allem dadurch angeheizt, daß eine bestimmte elektronische Funktion immer billiger zu haben ist. Es ist den Ingenieuren gelungen, die Herstellkosten z. B. für eine Speicherzelle kontinuierlich zu senken und damit die Produktivität kontinuierlich zu erhöhen (Abb. 1.1 b). Auch in Zukunft dürfte sich die Produktivität alle 3 Jahre verdoppeln. Die wesentlichen Garanten für die Produktivitätssteigerung sind die CMOS-Technologie und die Strukturverkleinerung, weil sie enorme Packungsdichten erlauben (Abb. 1.1 c, d). Irgendwelche unüberwindliche Grenzen sind in dem betrachteten Zeitraum nicht zu erkennen.

Als Glücksfall ist die Tatsache zu werten, daß die Forderung nach schnelleren Schaltungen mit geringerer Verlustleistung ebenfalls am besten durch kleinere CMOS-Schaltungen erfüllt werden kann.

Die CMOS-Technologie ist somit die mit Abstand wichtigste Technologie. Die Bipolar-, BICMOS- und Leistungstechnologien können aber in vielen Fällen keineswegs durch CMOS ersetzt werden. Im Kapitel 8 werden alle bedeutsamen Technologien für Integrierte Schaltungen beschrieben. Die Ausführlichkeit der Beschreibung orientiert sich an der Wichtigkeit der jeweiligen Technologie. Auch in den verfahrenstechnischen Kapiteln 3 bis 7 wird der Schwerpunkt auf diejenigen Verfahren und Prozesse gelegt, die sich industriell durchgesetzt haben oder durchsetzen dürften. Dem Leser soll so ein Bild von den gewaltigen weltweiten Anstrengungen vermittelt werden, die den Fortschritt der Integrierten Schaltungen sicherstellen.

Es ist bemerkenswert, daß der grundsätzliche Aufbau der beiden Grundelemente der Integrierten Schaltungen, nämlich des MOS-Transistors und des Bipolar-Transistors, seit ihren Anfängen in den 50er Jahren gleich geblieben ist und noch viele Jahre unverändert bleiben wird. Die Anstrengungen der Ingenieure und Physiker sind deshalb weniger auf neue Bauelemente, sondern mehr auf die Beherrschung der Einzelprozesse und die Kunst der Prozeßintegration gerichtet, um hohe Ausbeuten (und damit niedrige Kosten) und eine hohe Zuverlässigkeit der Integrierten Schaltungen zu erreichen.

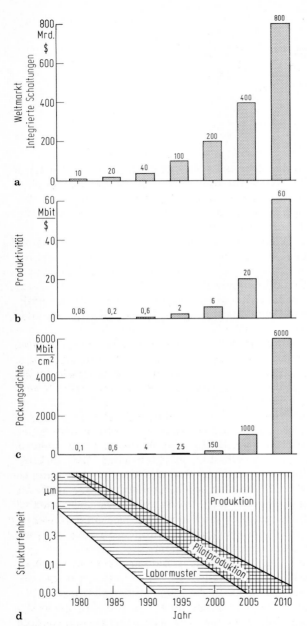

Abb. 1.1 a–d. Die wesentlichen Trends bei Integrierten Schaltungen. Haupttriebfeder für die stürmische Entwicklung ist die Steigerung der Produktivität, die vor allem durch die Erhöhung der Packungsdichte gewährleistet wird. Die Erhöhung der Pakkungsdichte wiederum wird in erster Linie durch die Strukturverkleinerung erreicht. **b** und **c** beziehen sich auf dynamische Halbleiterspeicher (DRAM, *D*ynamic *R*andom *A*ccess *M*emory), die in einer Speicherzelle die Information 1 Bit abspeichern können

2
Grundzüge der Technologie
von Integrierten Schaltungen

Integrierte Schaltungen werden mit Hilfe der Planartechnik hergestellt. Darunter versteht man eine Reihe von aufeinanderfolgenden technologischen Einzelprozessen an einkristallinen Halbleiterscheiben. Die Einzelprozesse lassen sich dabei folgenden vier Gruppen zuordnen:

1. Schichttechnik
2. Lithographie
3. Ätztechnik
4. Dotiertechnik

Die grundlegende Prozeßfolge bei der Herstellung von Integrierten Schaltungen ist in Abb. 2.1 am Beispiel eines Transistors in einer Integrierten MOS-Schaltung dargestellt.

Die beiden ersten Prozeßschritte, die die Siliziumscheibe sieht, gehören zur Gruppe der Schichttechnik. Es werden dabei auf der Scheibenoberfläche eine isolierende SiO_2-Schicht und eine polykristalline Siliziumschicht aufgebracht. Polykristallin bedeutet dabei, daß die Schicht aus aneinanderliegenden Siliziumkörnern besteht. Auf dem polykristallinen Silizium wird ein lichtempfindlicher Lack (Photoresist) abgeschieden und durch eine geeignete Maske mit Licht bestrahlt. Beim Eintauchen in eine Entwicklerlösung werden die belichteten Bereiche beim positiv arbeitenden Photoresist herausgelöst. Die unbelichteten Bereiche bleiben stehen. Die Übertragung der Maskenstruktur in den Photoresist gehört zur Gruppe der Lithographie. Der strukturierte Photoresist dient nun als Maske für einen folgenden Ätzprozeß. Durch Eintauchen in eine Ätzlösung oder durch Bearbeitung mit reaktiven Atomen werden die nicht bedeckten Bereiche des polykristallinen Siliziums weggeätzt. Das Muster des Photoresists wird dadurch in die darunter liegende Schicht übertragen. Anschließend wird der restliche Photoresist chemisch entfernt. Es folgt die Dotierung der Halbleiterscheibe mit Fremdatomen. Man versteht darunter das Einbringen von Fremdatomen (z.B. Phosphor-, Arsen- oder Boratome) zur gezielten Änderung der Leitfähigkeit des Siliziums.

Durch mehrmalige Anwendung der Verfahren der in Abb. 2.1 angegebenen Gruppen Schichttechnik, Lithographie, Ätztechnik und Dotiertechnik entstehen auf der Siliziumscheibe fertige Integrierte Schaltungen mit z.B. MOS-Transistoren und anderen elektronischen Bauelementen.

In Tabelle 2.1 sind die wichtigsten Einzelprozesse bei der Herstellung von Integrierten CMOS-Schaltungen (CMOS; Complementary MOS) aufgelistet.

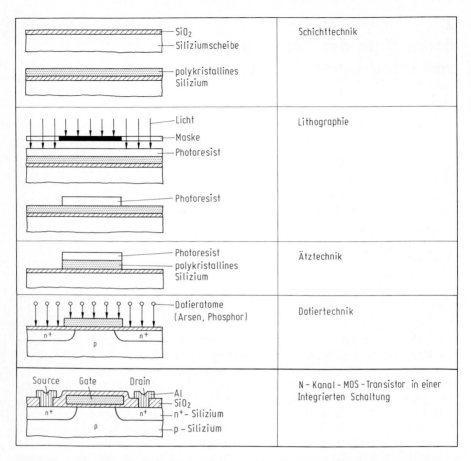

Abb. 2.1. Grundlegende Prozeßfolge bei der Herstellung eines MOS-Transistors einer Integrierten Schaltung

Die einzelnen Bilder zeigen den Querschnitt durch die Siliziumscheibe nach dem jeweils zuletzt beschriebenen Einzelprozeß.

Die in Tabelle 2.1 angegebenen Prozeßschritte werden in den Kapiteln 3 (Schichttechnik), 4 (Lithographie), 5 (Ätztechnik) und 6 (Dotiertechnik) ausführlich beschrieben.

Bis zur Fertigstellung durchläuft die Halbleiterscheibe bis zu etwa 400 Prozeßschritte. Wenn einer davon mißlingt, ist die ganze Mühe vergebens. Auf die Staubfreiheit der Umgebung und die Reinheit der Prozeßmedien ist besonders zu achten. Ein einziges Staubkorn, das sich bei einem der mehreren hundert Einzelprozesse auf der Halbleiterscheibe niederläßt, kann die Funktion der Integrierten Schaltung bereits zerstören. Der Reinigungstechnik, mit der sich das Kapitel 7 befaßt, kommt deshalb besondere Bedeutung zu.

Tabelle 2.1. Mögliche Prozeßfolge bei der Herstellung von CMOS-Schaltungen in Polysilizium-Gate-Technik [2.11, 2.12]

Nr. • Prozeßschritte • Querschnitt durch die Siliziumscheibe nach dem jeweils letzten Prozeßschritt	Beschreibung der einzelnen Prozesse	Prozeß-modul
1	• Ausgangsmaterial: n^+-dotiertes Silizium ($\varrho \simeq 0{,}01\,\Omega\,cm$) mit n-dotierter einkristalliner Silizium-Schicht ($\varrho \simeq 5\,\Omega\,cm$), mit Hilfe der Epitaxie erzeugt	
2	• Oxidation der Siliziumscheibe • Si_3N_4-Abscheidung – zur lokalen Oxidation	Wannen
3	• Photolithographie mit Maske 1 – zur Definition der N-Wanne – Prozeßschritte: Aufbringen von Photoresist Belichtung mit Maske 1 Entwicklung des Photoresist • Si_3N_4-Ätzung – mit Photoresist-Maske • Ionenimplantation von Phosphor – zur Dotierung der N-Wanne – Maske: Photoresist	Wannen
4	• Photoresist-Ätzung – zur Beseitigung der Photoresist-Maske („resist stripping") • Ausheilung der implantierten Zonen (Kap. 6.3) • Lokale Oxidation – Die Oxidation erfolgt nur in den Bereichen, die nicht mit Si_3N_4 bedeckt sind. Si_3N_4 wirkt als Diffusionssperre für den Sauerstoff (Kap. 3.4.2) – Die Oxidation erfolgt selbstjustierend über der N-Wanne – Das Dickoxid dient als Maske für die nachfolgende P-Wannen-Implantation	Wannen

Tabelle 2.1 (Fortsetzung)

Nr. • Prozeßschritte • Querschnitt durch die Siliziumscheibe nach dem jeweils letzten Prozeßschritt	Beschreibung der einzelnen Prozesse	Prozeß- modul
5 Bor / SiO_2 / p / n^- / n / n^+	• Si_3N_4-Ätzung – zur Beseitigung der Si_3N_4-Maske • Ionenimplantation von Bor – zur Erzeugung der P-Wanne – Maske: Dickoxid	Wannen
6 P-Wanne / N-Wanne / n^- / n^+	• Diffusion (1. Well drive) – Diffusion der implantierten Dotieratome in den Silizium- kristall („drive in") – zur Erzeugung der Wannen • SiO_2-Ätzung – zur Beseitigung von Dünn- und Dickoxid	Wannen
7 Si_3N_4 / Poly-Si / SiO_2 / P-Wanne / N-Wanne / n^- / n^+	• Oxidation – zur Trennung von Mono-Si und Poly-Si • Abscheidung von Poly-Si (polykristallines Silizium) – zur Verkürzung des LOCOS- Schnabels (Kap. 3.4.2) • Si_3N_4-Abscheidung – für die folgende lokale Oxidation	Isolation
8 Maske 2 / Photoresist / Si_3N_4 / Poly-Si / SiO_2 / p / n / n^- / n^+	• Photolithographie mit Maske 2 – zur Definition der aktiven Gebiete – Prozeßschritte: Aufbringung von Photoresist Belichtung mit Maske 2 Entwicklung des Photoresists • Si_3N_4-Ätzung – mit Photoresist-Maske	Isolation
9 Si_3N_4 / Poly-Si / SiO_2 / p / n / n^- / n^+	• Photoresist-Stripping – zur Beseitigung der Photoresist- Maske • Lokale Oxidation mit Diffusion – zur Erzeugung der Feldoxid- bereiche (Dickoxidbereiche) – während der Oxidation Diffusion der implantierten Dotieratome	Isolation

Tabelle 2.1 (Fortsetzung)

Nr. • Prozeßschritte • Querschnitt durch die Siliziumscheibe nach dem jeweils letzten Prozeßschritt	Beschreibung der einzelnen Prozesse	Prozeß-modul
10	• Si_3N_4-Ätzung – zur Beseitigung der Si_3N_4-Maske • Poly-Si-Ätzung – zur Entfernung der Poly-Si-Schicht • Diffusion (2. Well drive) – zur Vertiefung der P- und N-Wanne • SiO_2-Ätzung – zur Beseitigung des verunreinigten Dünnoxids	Isolation
11	• Oxidation – zur Erzeugung des Streuoxids für die Ionenimplantation • Ionenimplantation von Bor – zur Einstellung der Einsatz-spannung der N-Kanal-Transistoren • Photolithographie mit Maske 3 – zur Ionenimplantation der aktiven N-Wannen-Gebiete • Ionenimplantation von Phosphor/Arsen – zur Vermeidung des Punch-Through-Effekts zwischen Source und Drain der P-Kanal-Transistoren – zur Einstellung der Einsatz-spannung der P-Kanal-Transistoren	CMOS-Transi-storen
12	• Photoresist-Stripping – zur Beseitigung der Photoresist-Maske • SiO_2-Ätzung – zur Entfernung des verunreinigten Dünnoxids • Oxidation – zur Erzeugung des Gate-Oxids • Poly-Si-Abscheidung – zur Erzeugung der Gate-Elektroden • Photolithographie mit Maske 4 – zur Definition der Gates • Poly-Si-Ätzung – mit Photoresist-Maske • Photoresist-Stripping – zur Beseitigung des Photoresists	CMOS-Transi-storen

Tabelle 2.1 (Fortsetzung)

Nr. • Prozeßschritte • Querschnitt durch die Siliziumscheibe nach dem jeweils letzten Prozeßschritt	Beschreibung der einzelnen Prozesse	Prozeß-modul
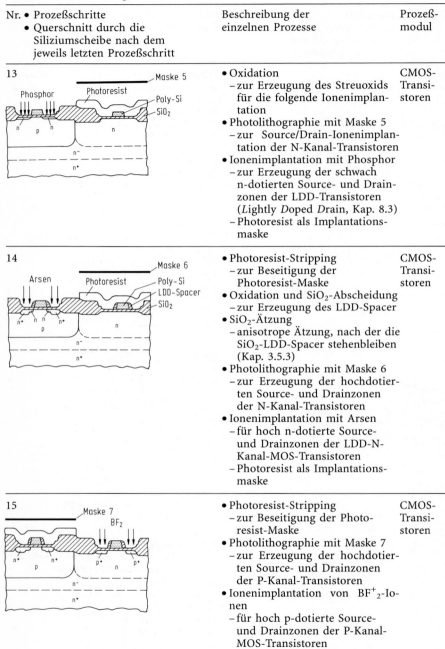 **13**	• Oxidation – zur Erzeugung des Streuoxids für die folgende Ionenimplantation • Photolithographie mit Maske 5 – zur Source/Drain-Ionenimplantation der N-Kanal-Transistoren • Ionenimplantation mit Phosphor – zur Erzeugung der schwach n-dotierten Source- und Drainzonen der LDD-Transistoren (*Lightly Doped Drain*, Kap. 8.3) – Photoresist als Implantationsmaske	CMOS-Transistoren
14	• Photoresist-Stripping – zur Beseitigung der Photoresist-Maske • Oxidation und SiO_2-Abscheidung – zur Erzeugung des LDD-Spacer • SiO_2-Ätzung – anisotrope Ätzung, nach der die SiO_2-LDD-Spacer stehenbleiben (Kap. 3.5.3) • Photolithographie mit Maske 6 – zur Erzeugung der hochdotierten Source- und Drainzonen der N-Kanal-Transistoren • Ionenimplantation mit Arsen – für hoch n-dotierte Source- und Drainzonen der LDD-N-Kanal-MOS-Transistoren – Photoresist als Implantationsmaske	CMOS-Transistoren
15	• Photoresist-Stripping – zur Beseitigung der Photoresist-Maske • Photolithographie mit Maske 7 – zur Erzeugung der hochdotierten Source- und Drainzonen der P-Kanal-Transistoren • Ionenimplantation von BF_2^+-Ionen – für hoch p-dotierte Source- und Drainzonen der P-Kanal-MOS-Transistoren – Photoresist als Implantations-	CMOS-Transistoren

Tabelle 2.1 (Fortsetzung)

Nr. • Prozeßschritte • Querschnitt durch die Siliziumscheibe nach dem jeweils letzten Prozeßschritt	Beschreibung der einzelnen Prozesse	Prozeß- modul
16 Maske 8 n^+ n^+ p^+ p^+ p n n^- n^+	• Photoresist-Stripping – zur Beseitigung der Photoresist-Maske • SiO_2-Abscheidung (TEOS/BPSG, Kap. 3.5) • Verfließen von BPSG (Kap. 3.6.2) – zur Aktivierung der im- plantierten Dotieratome – zur Planarisierung der Oberfläche • Photolithographie mit Maske 8 – zur Definition der Kon- taktlöcher • Ätzung der Kontaktlöcher – mit Photoresist-Maske • Photoresist-Stripping – zur Beseitigung der Photo- resist-Maske	Si/Me1- Kontakte
17 Maske 9 Metall 1 – Metall 1 – Poly-Si – SiO_2	• Metall-Abscheidung (Barrier Layer, Kap. 3.10, + Al-Legierung, Kap. 3.11.1) – zur Erzeugung der 1. Me- tall-Leiterbahnebene • Photolithographie mit Maske 9 – zur Definition der 1. Me- tall-Leiterbahnebene • Metall-Ätzung – zur Erzeugung der Leiter- bahnen der 1. Metall-Ebene • Photoresist-Stripping – zur Beseitigung der Photo- resist-Maske	Metall 1
18	• SiO_2-Abscheidung (Plasma Oxid, Kap. 3.5.1) – zur Isolation von 1. und 2. Metall-Ebene • Spin On Glas-Abscheidung (Kap. 3.5.5) – zur Planarisierung der Oberfläche (Kap. 8.5)	Me1/Me2- Kontakte

Tabelle 2.1 (Fortsetzung)

Nr. • Prozeßschritte • Querschnitt durch die Siliziumscheibe nach dem jeweils letzten Prozeßschritt	Beschreibung der einzelnen Prozesse	Prozeßmodul

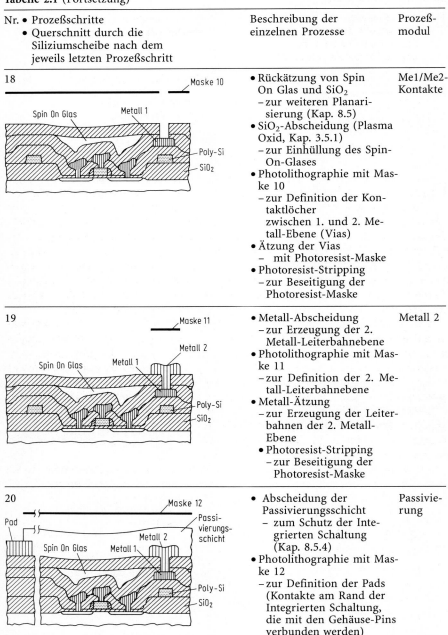

18 — Maske 10 / Spin On Glas / Metall 1 / Poly-Si / SiO$_2$

- Rückätzung von Spin On Glas und SiO$_2$
  - zur weiteren Planarisierung (Kap. 8.5)
- SiO$_2$-Abscheidung (Plasma Oxid, Kap. 3.5.1)
  - zur Einhüllung des Spin-On-Glases
- Photolithographie mit Maske 10
  - zur Definition der Kontaktlöcher zwischen 1. und 2. Metall-Ebene (Vias)
- Ätzung der Vias
  - mit Photoresist-Maske
- Photoresist-Stripping
  - zur Beseitigung der Photoresist-Maske

Me1/Me2-Kontakte

19 — Maske 11 / Metall 2 / Spin On Glas / Metall 1 / Poly-Si / SiO$_2$

- Metall-Abscheidung
  - zur Erzeugung der 2. Metall-Leiterbahnebene
- Photolithographie mit Maske 11
  - zur Definition der 2. Metall-Leiterbahnebene
- Metall-Ätzung
  - zur Erzeugung der Leiterbahnen der 2. Metall-Ebene
- Photoresist-Stripping
  - zur Beseitigung der Photoresist-Maske

Metall 2

20 — Maske 12 / Pad / Passivierungsschicht / Spin On Glas / Metall 2 / Metall 1 / Poly-Si / SiO$_2$

- Abscheidung der Passivierungsschicht
  - zum Schutz der Integrierten Schaltung (Kap. 8.5.4)
- Photolithographie mit Maske 12
  - zur Definition der Pads (Kontakte am Rand der Integrierten Schaltung, die mit den Gehäuse-Pins verbunden werden)

Passivierung

Tabelle 2.1 (Fortsetzung)

Nr. • Prozeßschritte • Querschnitt durch die Siliziumscheibe nach dem jeweils letzten Prozeßschritt	Beschreibung der einzelnen Prozesse	Prozeß-modul
20	• Ätzung der Passivierungs-schicht – zur Öffnung der Pads • Photoresist-Stripping – zur Beseitigung der Photoresist-Maske	

In Kapitel 8 wird die Integration von technologischen Einzelprozessen zu Gesamtprozessen beschrieben. Behandelt werden Gesamtprozesse für die Herstellung von CMOS-, Bipolar-, BICMOS- (Kombination von Bipolar- und CMOS-Technik) und Smart Power-Schaltungen (Kombination von DMOS-, Bipolar- und CMOS-Technik). Für jeden dieser Gesamtprozesse wird die Architektur und eine detaillierte Prozeßfolge angegeben. Darüber hinaus enthält das Kapitel 8 noch eine Beschreibung der in Integrierten Schaltungen verwendeten elektronischen Bauelemente, der elektrischen Verbindungen zwischen den Bauelementen, der Zellenkonzepte von Halbleiterspeichern und des Prinzips der ähnlichen Verkleinerung (Scaling) bei Integrierten Schaltungen.

Das vorliegende Buch befaßt sich ausschließlich mit der Technologie von Integrierten Schaltungen und nicht mit der Schaltungstechnik und der Bauelementephysik, die in [2.1–2.4] ausführlich beschrieben sind. Die Grundlagen der Halbleitertechnologie findet der Leser in [2.5], zusätzliche technologische Daten in der umfangreichen Datensammlung [2.6]. Die Bücher [2.7–2.9] stellen eine gute Ergänzung zum Thema Technologie von hochintegrierten Schaltungen dar.

Nach Ablauf der in Tabelle 2.1 beschriebenen Prozesse (Scheibentechnologie) befinden sich auf der Halbleiterscheibe bis zu einigen hundert gleiche Integrierte Schaltungen. Es folgen dann die in Abb. 2.2 gezeigten abschließenden Prozeßschritte.

Die Integrierten Schaltungen werden noch auf der Halbleiterscheibe durch Aufsetzen von Meßspitzen elektrisch getestet. Anschließend werden die einzel-

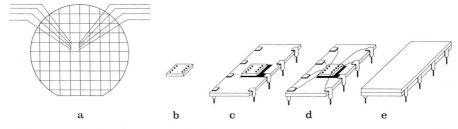

a   b   c   d   e

Abb. 2.2 a–e. Abschließende Prozeßschritte bei der Herstellung von Integrierten Schaltungen. **a** Test; **b** Zerteilung in Chips; **c** Chip-Montage; **d** Kontaktierung; **e** Verkapselung

nen Schaltungen (Chips) aus der Scheibe herausgesägt. Die funktionierenden Chips werden dann in geeigneten Gehäusen montiert, kontaktiert und verkapselt [2.10]. Zum Schluß wird nochmals die Funktion der Schaltung überprüft.

Von entscheidender wirtschaftlicher Bedeutung bei der Herstellung von Integrierten Schaltungen ist die Ausbeute. Sie ist definiert als das Verhältnis von verwertbarer zu bearbeiteter Erzeugnismenge und setzt sich aus folgenden Komponenten zusammen:

1. Flächenausbeute Y_F,

$$Y_F = \frac{\text{Menge der ausgeschleusten Scheiben}}{\text{Menge der in den Herstellprozeß eingeschleusten Scheiben}} \, ,$$

2. Beurteilungsausbeute Y_B,

$$Y_B = \frac{\text{Anzahl der den Scheibentest bestandenen Chips}}{\text{Anzahl der zum Scheibentest angelieferten Chips}} \, ,$$

3. Montageausbeute Y_M,

$$Y_M = \frac{\text{Anzahl der defektfrei in Gehäuse montierten Chips}}{\text{Anzahl der zur Montage angelieferten Chips}} \, ,$$

4. Prüffeldausbeute Y_P,

$$Y_P = \frac{\text{Anzahl der funktionsfähigen Bausteine}}{\text{Anzahl der zum Endtest angelieferten Bausteine}} \, .$$

Für die gesamte Ausbeute Y ergibt sich:

$$Y = Y_F \cdot Y_B \cdot Y_M \cdot Y_P \, .$$

Von den Halbleiterherstellern wird zur Erhaltung der internationalen Konkurrenzfähigkeit eine Ausbeute Y von mehr als 70% angestrebt.

Literatur zu Kapitel 2

2.1   Horninger, K.: Integrierte MOS-Schaltungen, 2. Aufl. Berlin: Springer 1986
2.2   Rein, H. M.; Ranfft, R.: Integrierte Biopolarschaltungen. Berlin: Springer 1980
2.3   Müller, R.: Bauelemente der Halbleiter-Elektronik. Berlin: Springer 1987
2.4   Sze, S. M.: Physics of semiconductor devices. New York: Wiley 1981
2.5   Ruge, I.; Mader, H.: Halbleiter-Technologie, 3. Aufl. Berlin: Springer 1991
2.6   Madelung, O.; Schulz, M.; Weiss, H.: Landolt-Börnstein. Neue Serie Bd. 17c, Technologie von Si, Ge und SiC. Berlin: Springer 1984
2.7   Sze, S. M.: VLSI-Technology. New York: McGraw-Hill 1983
2.8   Einspruch, N. G.; Brown, D. M.: VLSI Electronics. New York: Academic Press 1984
2.9   Wolf, S.; Tauber, R. N.: Silicon Processing for the VLSI Era. Subset Beach, California: Lattice Press 1986
2.10 Hacke, H. J.: Montage Integrierter Schaltungen. Berlin: Springer 1987
2.11 Schwabe, U.; Herbst, H.; Jacobs, E. P.; Takacs, D.: IEEE Trans Electron Devices ED-30 (1983) 1339
2.12 Jacobs, E. P.; Takacs, D.; Schwabe, U.: IEDM Techn Dig (1984) 642

3
Schichttechnik

Der Herstellungsprozeß für eine Integrierte Halbleiterschaltung geht von einer monokristallinen Siliziumscheibe aus. Im Verlauf des Herstellungsprozesses werden auf die Siliziumscheibe mehrere Schichten aufgebracht, die in der Regel strukturiert werden, also nur bereichsweise stehenbleiben. In der fertigen Integrierten Schaltung dienen die strukturierten Schichten als elektrische Leiterbahnen oder als Isolations- bzw. Passivierungsschichten. Während des Herstellungsprozesses der Integrierten Schaltungen üben die strukturierten Schichten darüber hinaus häufig eine maskierende, dotierende oder getternde Funktion aus.

In den folgenden Abschnitten werden die wichtigsten in der Siliziumtechnologie eingesetzten Verfahren der Schichterzeugung sowie die Schichten selbst beschrieben.

3.1
Verfahren der Schichterzeugung

Die wichtigsten Schichterzeugungsverfahren der Siliziumtechnologie sind das CVD-Verfahren (CVD = Chemical Vapour Deposition), die thermische Oxidation, das Sputtern und die Schleuderbeschichtung. Das Aufdampfen hat durch das Vordringen der Sputterverfahren an Bedeutung verloren. Dagegen dürfte die Schichterzeugung mittels Ionenimplantation als neuartiges Verfahren zukünftig für einige spezielle Anwendungen interessant sein. Im folgenden wird auf die verschiedenen Schichterzeugungsverfahren näher eingegangen.

3.1.1
CVD-Verfahren

Die Gasphasenabscheidung, auch CVD genannt, gehört zu den wichtigsten Verfahrensprinzipien, die in der Siliziumtechnologie zur Anwendung kommen [3.1, 3.2]. Mit Hilfe des CVD-Verfahrens werden Siliziumepitaxieschichten, polykristalline Siliziumschichten, SiO_2-Schichten, Bor- und Phosphorglasschichten, Siliziumnitridschichten und neuerdings auch Metall- bzw. Metallsilizidschichten erzeugt.

Das CVD-Grundprinzip besteht darin, ausgewählte Gase über die aufgeheizten Substrate zu leiten, auf denen die gewünschte Schicht abgeschieden

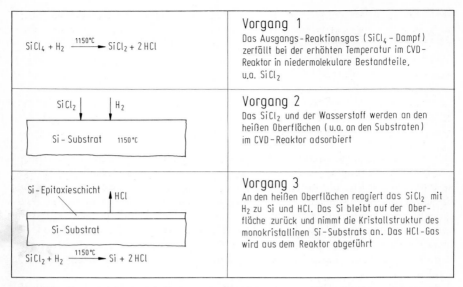

	Vorgang 1
$SiCl_4 + H_2 \xrightarrow{1150°C} SiCl_2 + 2HCl$	Das Ausgangs-Reaktionsgas ($SiCl_4$-Dampf) zerfällt bei der erhöhten Temperatur im CVD-Reaktor in niedermolekulare Bestandteile, u.a. $SiCl_2$
$SiCl_2 \downarrow \quad \downarrow H_2$ Si-Substrat 1150°C	Vorgang 2 Das $SiCl_2$ und der Wasserstoff werden an den heißen Oberflächen (u.a. an den Substraten) im CVD-Reaktor adsorbiert
Si-Epitaxieschicht $\uparrow$ HCl Si-Substrat $SiCl_2 + H_2 \xrightarrow{1150°C} Si + 2HCl$	Vorgang 3 An den heißen Oberflächen reagiert das $SiCl_2$ mit H_2 zu Si und HCl. Das Si bleibt auf der Oberfläche zurück und nimmt die Kristallstruktur des monokristallinen Si-Substrats an. Das HCl-Gas wird aus dem Reaktor abgeführt

Abb. 3.1.1. Schematische Darstellung der bei der Gasphasenabscheidung (CVD) ablaufenden chemisch-physikalischen Vorgänge am Beispiel der $SiCl_4$-Epitaxie

werden soll. Auf der heißen Substratoberfläche kommt es zu der Reaktion der Prozeßgase (400 bis 1250 °C, je nach Reaktionsgasen), so daß als Reaktionsprodukte die gewünschte Schicht sowie Gase entstehen, die aus dem Reaktor wieder abgeführt werden.

Abbildung 3.1.1 zeigt am Beispiel der Siliziumepitaxie die drei wesentlichen chemisch-physikalischen Vorgänge, die bei der Gasphasenabscheidung ablaufen. Als Reaktionsgase dienen hier $SiCl_4$ und H_2. Bei der hohen Temperatur (hier 1150 °C) zerfällt das $SiCl_4$ in niedermolekulare Bestandteile (Vorgang 1), die an den heißen Siliziumscheiben (sowie an den übrigen heißen Festkörperoberflächen im Reaktor) adsorbiert werden (Vorgang 2). Schließlich kommt es an diesen Oberflächen zu der Reaktion des $SiCl_2$ mit H_2 unter Bildung von Si und HCl (Vorgang 3). Während das Si als Schicht auf den Oberflächen zurückbleibt, wird das HCl-Gas wieder aus dem Reaktor abgeführt.

Der Transport der Reaktionsgase zur Scheibenoberfläche erfolgt bis nahe an die Siliziumscheiben durch Konvektion. Da aber der Gasfluß in unmittelbarer Nähe der Scheibenoberfläche parallel zur Oberfläche verläuft und an der Oberfläche ganz verschwindet, muß der Gastransport in Oberflächennähe durch Diffusion erfolgen. Nach dem Diffusionsgesetz ist

$$j \sim D \frac{dc}{dz}.$$

Im vorliegenden Fall ist j der für die Oberflächenreaktion erforderliche Gasfluß, D die Diffusionskonstante und dc/dz der Konzentrationsgradient senkrecht zur Oberfläche. Wenn das Verhältnis j/D klein ist (das ist bei kleiner Reaktionsrate und/oder großer Diffusionskonstante der Fall), dann genügt ein kleiner Konzentrationsgradient zur Aufrechterhaltung des erforderlichen Gasflusses. Die Reaktionsgaskonzentration ist dann an der Scheibenoberfläche nur wenig kleiner als die Konzentration im Gasgemisch, das in den Reaktor geleitet wird. Man spricht in diesem Fall von einem reaktionsbestimmten Prozeß, weil die Reaktionsrate an der Oberfläche die Schichtwachstumsrate bestimmt.

Der andere Extremfall ist der diffusionsbestimmte Prozeß. Hier ist die Oberflächenreaktionsrate so groß, daß die Reaktionsgaskonzentration nahe der Oberfläche stark abnimmt. Durch die Verarmung wird auch die Reaktionsrate geringer, und es stellt sich diejenige Reaktionsrate ein, die dem maximal möglichen Diffusionsfluß entspricht.

Bei den CVD-Prozessen, die in der Siliziumtechnologie zur Anwendung kommen, wird in der Regel ein reaktionsbestimmter Prozeß angestrebt, weil ein reaktionsbestimmter Prozeß im Vergleich zum diffusionsbestimmten Prozeß die folgenden wesentlichen Vorteile aufweist:

- Man erreicht wegen der überall gleichen Abscheiderate eine sog. konforme Schichtabscheidung. Das heißt, daß steile Stufen auf der Scheibenoberfläche mit gleicher Schichtdicke belegt werden wie horizontale Bereiche der Oberfläche (Abb. 3.1.2 b). Damit lassen sich z. B. schmale Gräben auffüllen (Abb. 3.1.2 d), weil im Gegensatz zum diffusionsbestimmten Prozeß (Abb. 3.1.2 a, c) eine ausreichende Zufuhr der Reaktionsgase auch an schwer zugängliche Stellen gewährleistet ist.
- Die Anordnung der Siliziumscheiben im CVD-Reaktor ist relativ unkritisch. Zum Beispiel kann man die Siliziumscheiben im CVD-Reaktor auch quer zur Gasströmung in kleinem Abstand anordnen, weil auch in diesem strömungstechnisch ungünstigen Fall der Gastransport zur Scheibenoberfläche sichergestellt ist.

Der entscheidende Parameter, der eine Verschiebung der Gasphasenreaktion in Richtung eines reaktionsbestimmten Prozesses ermöglicht, ist der Gasdruck im CVD-Reaktor. Erniedrigt man den Druck um einen Faktor a, so geht die Reaktionsrate und damit der erforderliche Gasfluß j in der obigen Diffusionsgleichung um den Faktor a zurück, während die Diffusionskonstante D nach der kinetischen Gastheorie um den Faktor a größer wird [3.48]. Nach der Diffusionsgleichung wird dann der Konzentrationsgradient dc/dz um den Faktor a^2 kleiner. Das heißt, daß ein um den Faktor a^2 erniedrigter Konzentrationsgradient ausreicht, um den erforderlichen Gasfluß zur Scheibenoberfläche aufrechtzuerhalten. Im Extremfall ist der Konzentrationsgradient so klein, daß an jeder Stelle auf der Scheibenoberfläche nahezu die gleiche Konzentration an Reaktionsgasen herrscht, wie sie der eingestellten Gasmischung entspricht. Eben dies ist das Merkmal eines reaktionsbestimm-

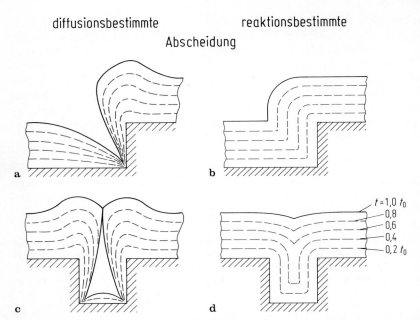

diffusionsbestimmte   reaktionsbestimmte
        Abscheidung

Abb. 3.1.2 a–d. Bedeckung einer Stufe (**a** und **b**) bzw. eines Grabens (**c** und **d**), wenn die CVD-Reaktion diffusionsbestimmt (**a** und **c**) bzw. reaktionsbestimmt (**b** und **d**) ist. Die gestrichelten Linien deuten den Verlauf der Schichtoberfläche nach 20, 40, 60 bzw. 80% der Beschichtungsdauer t_0 an

ten Prozesses. Der Druckbereich bei Niederdruck-CVD-Prozessen (LPCVD = *L*ow *P*ressure *C*hemical *V*apour *D*eposition) liegt zwischen 20 und 100 Pa.

Außer dem Gasdruck gibt es einen zweiten wichtigen Parameter, der das Schichtwachstum bei CVD-Prozessen kontrollieren kann, nämlich die Adsorption der Reaktionskomponenten an der Substratoberfläche (Vorgang 2 in Abb. 3.1.1). Da die Adsorption u. a. von der Elektronegativität der Substratoberfläche abhängt, kann es zu einer selektiven Schichtabscheidung kommen, wenn die Substratoberfläche bereichsweise mit einem Material unterschiedlicher Elektronegativität belegt ist. Abbildung 3.1.3 zeigt zwei wichtige Anwendungsfälle, nämlich die selektive Epitaxie von Si [3.24] und die selektive SiO_2-Abscheidung zur Auffüllung der Gräben zwischen Aluminium-Leiterbahnen [3.2]. Beide Verfahren laufen im Druckbereich zwischen 0.1 und 1 bar ab (SACVD = *S*ub-*A*tmospheric *P*ressure CVD). Da die Schicht bei beiden Anwendungsfällen in den tiefer liegenden Bereichen schneller wächst, kommt es zu der erwünschten Einebnung der Oberfläche, aber durch einen ganz anderen Mechanismus als in Abb. 3.1.2 d.

In Abb. 3.1.4 sind die verbreitetsten Ausführungsformen von CVD-Reaktoren skizziert. Sie unterscheiden sich durch die Art der Heizung, die Art der Gaszuführung und die Anordnung der Siliziumscheiben (vertikal oder hori-

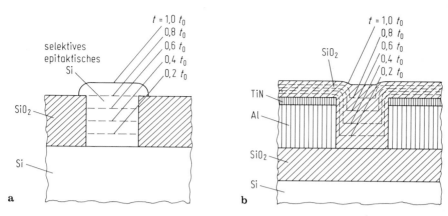

Abb. 3.1.3 a, b. Zwei Anwendungsfälle einer selektiven Schichtabscheidung mit SACVD (= Sub-Atmospheric Pressure CVD). Die gestrichelten Linien deuten den Verlauf der Schichtoberfläche nach 20, 40, 60 bzw. 80% der Beschichtungsdauer t_0 an. **a** Selektive Si-Epitaxie. Hier werden die SiH_4-Moleküle nur auf Si-Oberflächenbereichen, nicht jedoch auf SiO_2-Oberflächenbereichen adsorbiert. **b** Selektive SiO_2-Abscheidung. In diesem Beispiel werden über SiO_2-Oberflächenbereichen 4mal mehr CVD-Reaktionskomponenten adsorbiert als über Aluminium- bzw. TiN-Oberflächenbereichen. Dies führt zu einem 4mal schnelleren SiO_2-Wachstum in den Spalten

zontal). Alle Reaktoren in Abb. 3.1.4 sind Mehrscheibenanlagen. Bei großen Scheibendurchmessern kommen aber zunehmend Einzelscheibenanlagen vom Typ 3.1.4 c zum Einsatz [3.3].

Die Heizung der Siliziumscheiben kann induktiv, durch Widerstandsheizelemente oder durch Strahlungsheizung erfolgen. Bei der induktiven Heizung muß die Unterlage der Siliziumscheiben (Suszeptor genannt) aus einem Material mit geeignetem spezifischem Widerstand bestehen (meist Graphit), damit die durch das Hochfrequenz-Magnetfeld induzierten Wirbelströme den Suszeptor möglichst stark aufheizen. Um die Siliziumscheiben vor einem Abrieb auf der Graphitunterlage zu schützen, ist der Graphitsuszeptor meist mit einer Siliziumcarbidschicht überzogen. Da bei der induktiven Heizung die Siliziumscheiben durch Wärmeleitung bzw. Wärmestrahlung vom Suszeptor aufgeheizt werden, müssen die Siliziumscheiben unmittelbar auf dem Suszeptor aufliegen. Für eine induktive Heizung kommen deshalb nur die Reaktortypen in Abb. 3.1.4 a–c in Frage. Eine direkte Suszeptorbeheizung ist allerdings auch mittels Heizwicklung oder mittels Wärmestrahlung aus Heizlampen (z.B. Quarzhalogenlampen)[1] möglich und wird auch bei einigen käuflichen CVD-Reaktoren angewandt. Allen CVD-Reaktoren mit direkter Suszep-

---

[1] Die Heizlampen können auch außerhalb der Reaktorkammer angebracht werden. Um die Reaktorwände nicht aufzuheizen, müssen diese gekühlt werden (z.B. mittels Luftstrom zwischen den Quarzwänden eines Doppelwandreaktors).

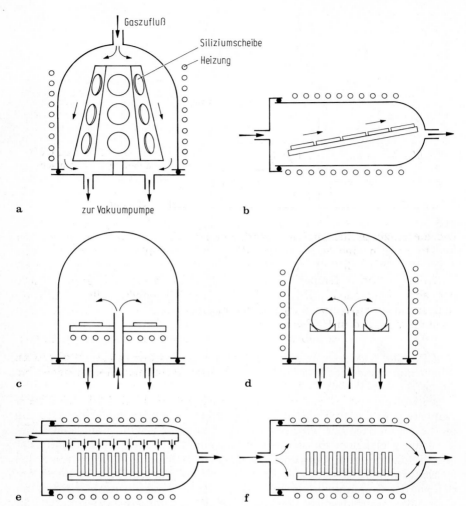

Abb. 3.1.4 a–f. Ausführungsformen von CVD-Reaktoren. Die Pfeile geben die Richtung des Gasflusses an. Der Reaktortyp **c** ist ein Kaltwandreaktor, alle übrigen Typen sind Heißwandreaktoren. Die Typen **a** und **b** können auch als Kaltwandreaktoren ausgeführt werden

torbeheizung ist gemeinsam, daß die Wände des Reaktors nicht beheizt werden (Kaltwandreaktoren). Dies hat den Vorteil, daß die Schichtabscheidung nur auf den Siliziumscheiben und auf den freiliegenden Teilen des Suszeptors erfolgt.

Bei den Reaktortypen in Abb. 3.1.4 d–f ist nur eine Beheizung mittels Heizwicklung oder Heizlampen möglich. Sofern die Wände der Reaktoren nicht eigens gekühlt werden, befinden sie sich auf der gleichen Temperatur

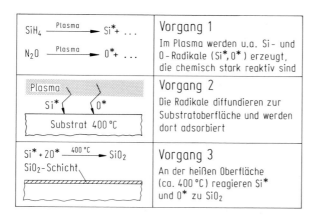

$SiH_4 \xrightarrow{\text{Plasma}} Si^* + \ldots$ $N_2O \xrightarrow{\text{Plasma}} O^* + \ldots$	**Vorgang 1** Im Plasma werden u.a. Si- und O-Radikale (Si^*, O^*) erzeugt, die chemisch stark reaktiv sind
Plasma Si^* O^* Substrat 400°C	**Vorgang 2** Die Radikale diffundieren zur Substratoberfläche und werden dort adsorbiert
$Si^* + 2O^* \xrightarrow{400\,°C} SiO_2$ SiO_2-Schicht	**Vorgang 3** An der heißen Oberfläche (ca. 400°C) reagieren Si^* und O^* zu SiO_2

Abb. 3.1.5. Schematische Darstellung der bei der PECVD-Abscheidung (*Plasma Enhanced CVD*) ablaufenden chemisch-physikalischen Vorgänge am Beispiel einer SiO_2-Abscheidung

wie die Siliziumscheiben (Heißwandreaktoren). Damit erfolgt auch auf den Reaktorwänden eine Schichtabscheidung. Während für die Siliziumepitaxie heute ausschließlich Kaltwandreaktoren zum Einsatz kommen (wegen der erforderlichen hohen Temperaturen bis 1250 °C und wegen der großen Dicke der abzuscheidenden Siliziumschichten), werden polykristallines Silizium (Polysilizium), Si_3N_4 und SiO_2 (bei 400 bis 1000 °C, unter 1 µm Schichtdicke) noch überwiegend in Heißwandreaktoren abgeschieden.

Stehen die Siliziumscheiben frei im Reaktor, wie bei den Reaktortypen in Abb. 3.1.4 d–f, so erfolgt die Schichtabscheidung in gleicher Weise auf Vorder- und Rückseite der Scheiben. Beim Reaktortyp Abb. 3.1.4 f kann es zu einer Verarmung an Reaktionsgasen entlang der Rohrachse kommen. Diese Verarmung kann man durch einen Temperaturgradienten kompensieren, wobei ausgenutzt wird, daß die CVD-Reaktionsrate mit steigender Temperatur zunimmt.

Bei den bisher beschriebenen CVD-Prozessen wird die Gasphasenreaktion durch eine erhöhte Temperatur ausgelöst. Werden die CVD-Reaktionskomponenten in einem Plasma angeregt, spricht man von PECVD (= *Plasma Enhanced CVD*) [3.4]. Abbildung 3.1.5 zeigt die bei einer PECVD-Abscheidung ablaufenden chemisch-physikalischen Vorgänge am Beispiel einer SiO_2-Abscheidung.

Für die Anwendungen ist wesentlich, daß die Temperatur bei PECVD-Abscheidungen unter 500 °C abgesenkt werden kann. Damit können z.B. die für eine Aluminium-Mehrlagenmetallisierung erforderlichen Isolationsschichten mittels PECVD abgeschieden werden. Vorzugsweise erfolgt die PECVD-Abscheidung in einem Parallelplattenreaktor (Abb. 3.1.6 a), der bei größeren Scheibendurchmessern nur eine einzige Scheibe aufnimmt [3.5].

Der übliche Druckbereich bei PECVD-Prozessen beträgt wie bei den LPCVD-Prozessen 20 bis 100 Pa. Allerdings erweist sich die Schichtabscheidung als weniger konform. Das bedeutet, daß in engen Spalten weniger abgeschieden wird als auf ebenen Oberflächenbereichen. Diese meist unerwünschte Situation läßt sich dadurch verbessern, daß man diejenige Elektrode des Parallelplattenreaktors, auf der die Scheiben liegen, als Kathode schaltet (vgl. Abb. 3.1.7). Dann wird nämlich ein Teil der aufwachsenden Schicht

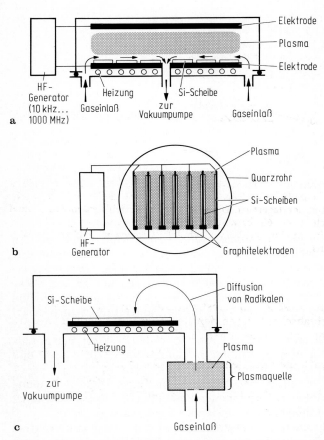

Abb. 3.1.6 a–c. Drei Typen von Plasma-CVD-Reaktoren. **a** Parallelplattenreaktor; **b** Rohrreaktor mit Graphitelektroden. Längs der Rohrachse können mehrere der gezeigten 12-Scheiben-Anordnungen untergebracht werden. Die Heizung erfolgt über eine Heizwicklung; **c** Reaktor mit separater Plasmaquelle (Remote Plasma, Downstream-Reaktor) [3.6]

wie beim Bias-Sputtern (s. Abschn. 3.1.4) wieder weggesputtert (Dep./Etch-Verfahren). Auf Grund von Redeposition und verstärktem Sputterabtrag an nichthorizontalen Oberflächenbereichen kommt es zu einer einebnenden Schichtabscheidung ohne Lunkerbildung (Abb. 3.1.7 b).

Anstatt durch ein Plasma kann eine CVD-Reaktion auch durch eine energiereiche Strahlung angeregt werden (RECVD = *R*adiation *E*nhanced CVD) [3.7]. Diese CVD-Verfahren sind zwar noch kaum verbreitet, sie dürften aber in Zukunft an Bedeutung gewinnen. Vor allem die Möglichkeit, die Strahlung z. B. eines Excimer-Lasers (Wellenlänge ca. 250 nm) gezielt auf die Oberfläche der Siliziumscheiben zu richten, würde es erlauben, die CVD-Schichten aus-

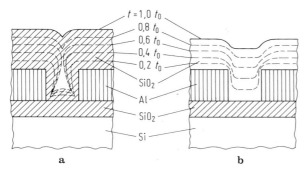

Abb. 3.1.7 a, b. Schichtwachstum in einem Spalt (**a**) bei einer PECVD-Abscheidung (Plasma Enhanced CVD) und (**b**) beim Dep./Etch-Verfahren, bei dem der PECVD-Abscheidung eine Ionenätzung überlagert ist. Die gestrichelten Linien deuten den Verlauf der Schichtoberfläche nach 20, 40, 60 bzw. 80% der Beschichtungsdauer t_0 an. Der im Fall (**a**) entstehende Hohlraum (Lunker, Void, Keyhole) ist wegen möglicher Zuverlässigkeitsprobleme unerwünscht

schließlich auf den Siliziumscheiben selbst und nirgendwo sonst abzuscheiden. Die mit der Schichtabscheidung an den Reaktorwänden verbundene und sehr störende Partikelbildung würde dabei entfallen.

Ein Spezialfall der laseraktivierten CVD-Abscheidung ist die lokale Schichtabscheidung (einige μm^2), die durch einen entsprechend fein fokussierten Laserstrahl ermöglicht wird. Mit Hilfe einer solchen lokalen Abscheidung kann man z. B. fehlerhafte Chrommasken reparieren (s. Abschn. 4.2.8).

3.1.2
Thermische Oxidation

Die thermische Oxidation von Silizium hat von den ablaufenden Vorgängen her gesehen große Ähnlichkeit mit der CVD-Abscheidung. Der wesentliche Unterschied besteht darin, daß der eine der beiden Reaktionspartner, nämlich das Silizium, nicht in Form eines siliziumhaltigen Gases zugeführt wird, sondern als Siliziumsubstrat oder Siliziumschicht bereits vorhanden ist. Im Gegensatz zum CVD-Verfahren, bei dem durch Gasphasenreaktion eine Schicht auf einer im wesentlichen unverändert bleibenden Unterlage abgeschieden wird, wird somit bei der thermischen Oxidation eine Siliziumunterlage in oxidierender Atmosphäre oberflächlich in SiO_2 umgewandelt.

Abbildung 3.1.8 zeigt schematisch die physikalisch-chemischen Vorgänge bei der thermischen Oxidation [3.8]. Dabei laufen drei Mechanismen hintereinander ab, von denen der erste und dritte den Vorgängen bei der CVD-Abscheidung entsprechen:

– Herandiffundieren des Sauerstoffs aus dem Gasraum an die SiO_2-Oberfläche,

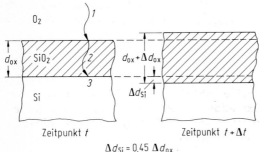

$$\Delta d_{Si} = 0{,}45\ \Delta d_{ox}$$

Abb. 3.1.8. Schematische Darstellung der Vorgänge bei der thermischen Oxidation von Silizium. Die drei ablaufenden Mechanismen sind die O_2-Diffusion zur Oberfläche *1*, die O_2-Diffusion durch die SiO_2-Schicht *2* und die Reaktion $Si+O_2 = SiO_2$ an der Si–SiO_2-Grenzfläche *3*. Im rechten Teilbild ist dargestellt, wie sich bei fortschreitender Oxidationsdauer die SiO_2-Oberfläche und die Si–SiO_2-Grenzfläche verschieben

– Diffundieren des Sauerstoffs durch die SiO_2-Schicht und
– Reaktion des Sauerstoffs mit Silizium zu SiO_2 an der Si–SiO_2-Grenzfläche. Dabei beträgt die Dicke der in SiO_2 umgewandelten Si-Schicht 45% der SiO_2-Dicke.

Für die Wachstumsgeschwindigkeit des SiO_2 ist der langsamste der drei Vorgänge bestimmend. In allen praktischen Fällen ist nun bei der thermischen Oxidation das Herandiffundieren des Reaktionsgases (Sauerstoff) an die SiO_2-Oberfläche immer der schnellste der drei Vorgänge. Wie schon im Abschn. 3.1.1 ausgeführt wurde, hat dies u.a. die in der Praxis äußerst erwünschte Konsequenz, daß die SiO_2-Schicht bei sonst gleichen Bedingungen an Stufen, Überhängen und selbst in engen Gräben mit gleicher Rate aufwächst wie auf einer ebenen Oberfläche (topographieunabhängiges oder konformes Wachstum).

Solange nun die SiO_2-Schichtdicke gering ist (kleiner als ca. 0,1 µm), ist der Oxidationsvorgang $Si+O_2 = SiO_2$ geschwindigkeitsbestimmend. Bei einem solchen reaktionsbestimmten Prozeß wächst die SiO_2-Dicke d_{ox} zeitlich linear mit einer Proportionalitätskonstante B/A:

$$d_{ox} = Bt_1/A \quad \text{(für kleine } d_{ox}),$$

B/A stellt die lineare Oxidationskonstante dar.

Mit zunehmender SiO_2-Dicke wird die Diffusion durch die SiO_2-Schicht geschwindigkeitsbestimmend (diffusionsbestimmter Prozeß).[2] Nimmt man einen linearen Abfall der O_2-Konzentration im SiO_2 an, so diffundiert bei

---

[2] Da aber das Herandiffundieren des Sauerstoffs aus dem Gasraum an die SiO_2-Oberfläche nach wie vor schnell genug erfolgt, bleibt der Vorteil des konformen Schichtwachstums erhalten. Die Notwendigkeit einer Erniedrigung des Gasdrucks wie bei der CVD-Technik ist hier nicht gegeben.

doppelter SiO_2-Dicke nur halb so viel Sauerstoff zur Si-Grenzfläche. Die Wachstumsrate nimmt also linear mit der SiO_2-Dicke ab, und die SiO_2-Dicke wächst nach dem Gesetz:

$$d_{ox}^2 = Bt_2 \quad \text{(für große } d_{ox}\text{)},$$

B wird als parabolische Oxidationskonstante bezeichnet.

Im realen Fall laufen nun die beiden Vorgänge, nämlich die O_2-Diffusion durch die SiO_2-Schicht und die Oxidation an der Si–SiO_2-Grenzfläche hintereinander ab (s. Abb. 3.1.8). Demnach sind die Zeiten t_2 und t_1 zu addieren, und man erhält die bekannte Oxidationsformel

$$d_{ox}^2 + Ad_{ox} = B(t_2 + t_1) = Bt.$$

Um das vor der thermischen Oxidation bereits vorhandene „natürliche Oxid" (0,5 bis 3 nm) zu berücksichtigen, wird die Oxidationsformel meist folgendermaßen geschrieben:

$$d_{ox}^2 + Ad_{ox} = B(t + \tau).$$

Diese Oxidationsformel beschreibt das beobachtete Oxidwachstum sehr gut, bis auf den bisher noch nicht voll verstandenen Befund, daß bei bestimmten Oxidationsbedingungen die ersten ca. 10 nm der SiO_2-Schicht schneller wachsen als es dem linearen Anfangswachstumsgesetz entspricht (vgl. Abb. 3.1.13).

In den Abb. 3.1.9 und 3.1.10 sind die Konstanten B/A bzw. B in Abhängigkeit von der Temperatur in reiner Sauerstoff- bzw. in reiner Wasserdampfat-

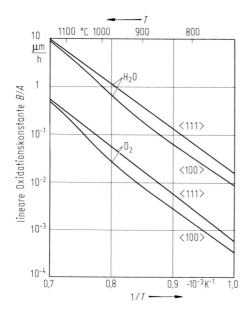

Abb. 3.1.9. Die lineare Oxidationskonstante B/A in Abhängigkeit der Temperatur für niedrig dotierte $\langle 100 \rangle$- bzw. $\langle 111 \rangle$-Siliziumoberflächen in reiner Sauerstoff- bzw. reiner Wasserdampfatmosphäre bei Normaldruck

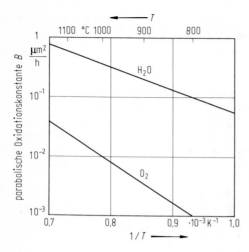

Abb. 3.1.10. Die parabolische Oxidationskonstante B in Abhängigkeit der Temperatur in reiner Sauerstoff- bzw. reiner Wasserdampfatmosphäre bei Normaldruck. Die Kurven gelten in guter Näherung für $\langle 100 \rangle$- und $\langle 111 \rangle$-Siliziumoberflächen

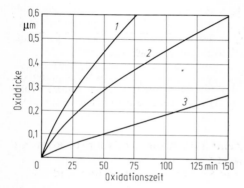

Abb. 3.1.11. Beispiel für das unterschiedliche Oxidwachstum bei unterschiedlich hoher Dotierung des Siliziums (Meßkurven) [3.11]. Die thermische Oxidation für alle drei Fälle wurde in Wasserdampfatmosphäre bei 900 °C durchgeführt. Kurve *1*: $\langle 100 \rangle$ Si, implantierte Arsendosis $8 \cdot 10^{15}$ cm^{-2}, 100 keV; Kurve *2*: Poly-Si, thermische Phosphordotierung $3 \cdot 10^{20}$ cm^{-3}; Kurve *3*: $\langle 100 \rangle$ Si, Bordotierung $7 \cdot 10^{14}$ cm^{-3}

mosphäre bei Normaldruck wiedergegeben. Bei unterschiedlicher kristallographischer Orientierung der Si-Oberfläche weist die Konstante B keine nennenswerten Unterschiede auf, wohl aber die Konstante B/A (Abb. 3.1.9). Die Kurven in Abb. 3.1.9 gelten allerdings nur für Siliziumsubstrate, die schwach bis mittelstark dotiert sind. Für hochdotierte Siliziumsubstrate mit Konzentrationen oberhalb 10^{19} cm^{-3} steigt die lineare SiO$_2$-Wachstumsrate B/A kräftig an, insbesondere für stark n-dotierte Substrate. Abbildung 3.1.11 zeigt ein Beispiel für das unterschiedliche Oxidwachstum bei Silizium in feuchter Atmosphäre bei 900 °C. Die Dickenunterschiede bewegen sich bis zu einem Faktor 5. Dieser Effekt, der mit abnehmender Oxidationstemperatur größer wird, wird in der modernen Siliziumtechnologie häufig ausgenutzt (s. Abschn. 3.4.1). Eine Analyse des Effekts zeigt, daß im wesentlichen nur die lineare Oxidationskonstante, nicht aber die parabolische, betroffen ist. Dies deutet

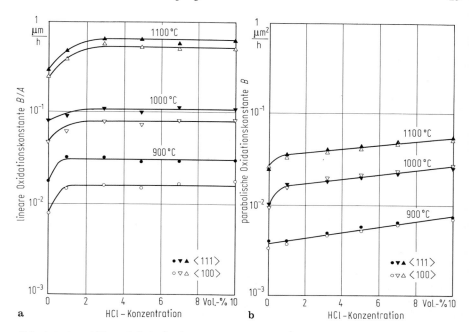

Abb. 3.1.12. a Abhängigkeit der linearen Oxidationskonstante B/A und **b** der parabolischen Oxidationskonstante B von der HCl-Konzentration im trockenen Sauerstoff bei der thermischen Oxidation von $\langle 100 \rangle$- bzw. $\langle 111 \rangle$-orientierten Siliziumoberflächen [3.9]

darauf hin, daß bei hohen Dotierkonzentrationen die Oxidationsreaktion an der Siliziumgrenzfläche beschleunigt wird.[3]

An der Grenzfläche zwischen SiO_2 und Silizium kommt es aufgrund unterschiedlicher energetischer Lage der Dotieratome zu einer Umverteilung der Dotieratome (Segregation) zwischen SiO_2 und Si. Auf die Segregation von Bor, Phosphor und Arsen im SiO_2/Si-System wird im Abschn. 6.3.5 näher eingegangen.

Das Durchbruchverhalten und die elektrische Stabilität von SiO_2-Schichten, die mit trockenem Sauerstoff erzeugt werden, kann durch den Zusatz einiger Volumenprozente HCl (oder anderer chlorhaltiger Gase wie Trichloräthan oder Trichloräthylen) wesentlich verbessert werden.[4] Offenbar unterdrückt der HCl-Zusatz die Bildung von Stapelfehlern und den Einbau von Metallatomen. Durch den HCl-Zusatz entsteht auch ein geringer Prozentsatz an H_2O in der Oxidationsatmosphäre, wodurch die Oxidwachstumsrate erhöht wird (Abb. 3.1.12). In

---

[3] Die beschleunigte Reaktion wird auf Leerstellen im Siliziumgitter zurückgeführt.

[4] Auch bei der Feuchtoxidation (Wasserdampfatmosphäre) wird häufig HCl verwendet, allerdings nur zur „Rohrreinigung" (Natrium, Schwermetalle) vor der eigentlichen Feuchtoxidation, oder als Zusatz bei den Trockenphasen in einem Trocken/Feucht/Trocken-Zyklus.

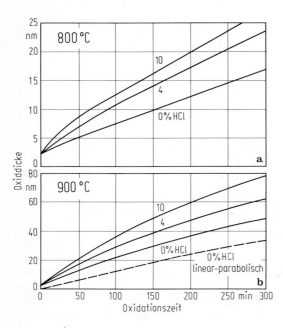

Abb. 3.1.13 a, b. Gemessenes Oxidwachstum [3.11] auf einer ⟨100⟩-Siliziumoberfläche bei schwach Bor-dotiertem Substrat ($7\cdot10^{14}$ cm^{-3}) in Sauerstoff mit unterschiedlichen Zusätzen von HCl bei **a** 800 °C bzw. **b** 900 °C . In der Darstellung für 900 °C ist zum Vergleich gestrichelt die Kurve eingetragen, die dem linear-parabolischen Oxidationsgesetz bei 0% HCl-Zusatz entspricht

den SiO$_2$-Schichten, die mit HCl-Zusatz erzeugt wurden, ist Chlor enthalten. Allerdings ist das Chlor nicht gleichmäßig über die SiO$_2$-Schicht verteilt, sondern konzentriert sich nahe der Si–SiO$_2$-Grenzfläche in einem Dickenbereich von 10 bis 20 nm. Bei einem Volumenanteil von 5% HCl im Sauerstoff beträgt die Chlorkonzentration im SiO$_2$ im Maximum etwa $2\cdot10^{20}$ Atome pro cm^3 (bei 900 °C Oxidationstemperatur) bzw. $5\cdot10^{20}$ Atome pro cm^3 (bei 1000 °C).

Auch bei HCl-Zusatz gibt es bezüglich des Oxidwachstums von sehr dünnen SiO$_2$-Schichten Abweichungen vom linear-parabolischen Wachstumsgesetz. In Abb. 3.1.13 sind Wachstumskurven für verschiedene HCl-Konzentrationen bei 800 bzw. 900 °C wiedergegeben.

Führt man die thermische Oxidation bei erhöhtem Druck aus (10 bis 25 bar), so stellt man bei sonst gleichen Bedingungen eine druckproportionale Erhöhung der Oxiddicke fest. Dieser Befund ist verständlich, weil sowohl im reaktionsbestimmten als auch im diffusionsbestimmten Bereich des Oxidwachstums die Oxidationsrate von der Sauerstoffkonzentration an der Oberfläche linear abhängig ist. Die Hochdruckoxidation [3.10] erlaubt es demnach, SiO$_2$-Schichten in kürzerer Zeit bzw. bei niedrigerer Temperatur zu erzeugen. Bei niedrigerer Oxidationstemperatur werden kleinere Stapelfehler erzeugt, und die Segregation von Dotieratomen an der Si–SiO$_2$-Grenzfläche ist weniger stark ausgeprägt.

Im Gegensatz zur Hochdruckoxidation führt eine thermische Oxidation bei erniedrigtem Sauerstoffpartialdruck zu einer kleineren Oxidationsrate. Dieser Effekt ist für sehr dünne Gateoxide von Bedeutung.

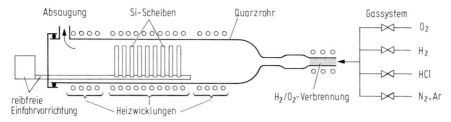

Abb. 3.1.14. Schema eines Horizontalrohrofens für die thermische Oxidation bei Normaldruck

Die thermische Oxidation wird heute noch überwiegend in horizontalen Rohröfen mit senkrecht in Quarzbooten stehenden Scheiben[5] durchgeführt (Abb. 3.1.14). Bei größeren Scheibendurchmessern geht man zu Vertikalöfen mit horizontal im Abstand übereinander liegenden Scheiben über. Der Vorteil der Vertikalöfen liegt darin, daß die durch die Schwerkraft beeinflußten Temperatur- und Gasströmungsgradienten senkrecht zur Scheibenebene wirken. Die Gefahr von Temperaturgradienten entlang der Scheibenoberfläche, die mechanische Spannungen und damit Versetzungen in der monokristallinen Siliziumscheibe und bleibende Scheibenverbiegungen (Warpage) verursachen können, ist deshalb in Vertikalöfen erheblich vermindert. Außerdem ist die Scheibenhalterung (Drei-Punkt-Auflage) unkompliziert.

Für dünne Gateoxide kommen auch Kurzzeitverfahren (s. Abschn. 3.1.8) in Frage. Mit RTO (= Rapid Thermal Oxidation) kann man z.B. bei 1100 °C in 1 Minute eine 10 nm dicke SiO_2-Schicht erzeugen (vgl. Abb. 3.1.12 a).

Beim Horizontalrohrofen (Abb. 3.1.14) müssen zur Vermeidung des störenden Einflusses einer Luftdiffusion vom beschickungsseitigen Rohrende zur Rohrmitte hohe Gasflußraten eingestellt werden, bzw. es muß (auch beim Ein- und Ausfahren der Scheiben) ein ausreichender Rohrabschluß (Cap) vorgesehen werden. Der Feuchtigkeitsgehalt in den filtrierten Gasen wird unter 0,5 ppm gehalten. Die Gasflüsse werden mit Massenflußreglern gesteuert. Für die Feuchtoxidation werden anstatt Wasserdampf aus Gründen einer besseren Kontrollierbarkeit H_2 und O_2 in einem Brenner am Rohreingang zu H_2O verbrannt. Um beim Ein- und Ausfahren des Quarzboots mit den Siliziumscheiben einen Abrieb zwischen Boot und Rohr und damit Partikel zu vermeiden, werden Einschwebevorrichtungen (Cantilever) eingesetzt, die entweder das Boot während der Oxidation schwebend halten (Abb. 3.1.14) oder dieses in der Rohrmitte absetzen und dann wieder ausfahren. Schließlich sind bei modernen Oxidationsöfen alle bei der Oxidation ablaufenden Vorgänge und Regelungen rechnergesteuert. Von besonderer Bedeutung ist hierbei das sog. Ramping, d.h. das langsame Aufheizen und Abkühlen der Silizi-

---

[5] Vorder- und Rückseite der Siliziumscheiben werden in gleicher Weise thermisch oxidiert.

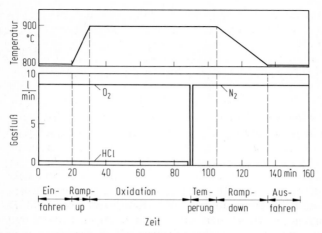

Abb. 3.1.15. Beispiel für einen Oxidationszyklus zur Erzeugung eines 20 nm dicken Gateoxids in einem Horizontalrohrofen

umscheiben, um im kritischen Temperaturbereich zwischen 800 und 1000 °C radiale Temperaturgradienten über die Siliziumscheiben zu vermeiden.[6]

Abbildung 3.1.15 zeigt einen typischen Oxidationszyklus bei der Erzeugung eines 20 nm dicken Gateoxids. Die Temperung in Stickstoff (oder auch in Argon) nach der Oxidation dient der Eliminierung bzw. Reduzierung der festen Grenzflächenladungen und der Traps (s. Abschn. 3.4.3) in der SiO_2-Schicht.

3.1.3
Aufdampfverfahren

Das Aufdampfverfahren ist in der modernen Siliziumtechnologie weitgehend durch das Sputterverfahren verdrängt worden. Es soll deshalb hier nur kurz beschrieben werden.

Beim Aufdampfen wird das Verdampfergut so hoch erhitzt, bis der Dampfdruck für ein nennenswertes Abdampfen ausreicht. Der Druck im Rezipienten wird so niedrig gehalten (ca. 10^{-4} Pa), daß die abgedampften Atome ohne Zusammenstoß mit Restgasmolekülen geradlinig zu den ca. 50 cm entfernten Substraten fliegen.

Als Verdampfungsquellen kommen widerstandbeheizte, induktiv beheizte und mittels Elektronenstrahlbeschuß beheizte Quellen in Frage. Bei der Elek-

---

[6] In diesem Temperaturbereich bilden sich schon bei relativ kleinen mechanischen Spannungen Versetzungen im Silizium. An den Versetzungen werden in Verbindung mit Schwermetallatomen Ladungsträger generiert, die zu Leckströmen führen können.

tronenstrahlverdampfung kann der Tiegel gekühlt werden, so daß metallurgische Reaktionen zwischen Verdampfergut und Tiegelmaterial unterbunden werden können. Die beim Beschuß mit hochenergetischen Elektronen (typisch 10 keV) erzeugten Röntgenstrahlen können zu einer „Strahlenschädigung" z.B. von MOS-Transistoren auf den zu bedampfenden Siliziumscheiben führen.

Der Aufdampfprozeß erlaubt wegen der gerichtet auftreffenden Atome keine konforme Bedeckung von stufenbehafteten Oberflächen. Selbst wenn man z.B. durch planetenartige Bewegungen der Siliziumscheiben während des Aufdampfens für eine ständige Änderung des Auftreffwinkels der aufgedampften Atome sorgt, kommt es an Stufen und in Vertiefungen (z.B. in den Kontaktlöchern) infolge von Abschattungen zu einer reduzierten Schichtabscheidung, ähnlich wie bei einem diffusionsbestimmten CVD-Prozeß (vgl. Abb. 3.1.2a und c). Mit Hilfe einer hohen Substrattemperatur (bis 400 °C) während des Aufdampfens erreicht man eine gewisse Beweglichkeit der Atome auf der Substratoberfläche, so daß wenigstens die Spaltbildungen an steilen Stufen vermieden werden können. Ohne Substratheizung bleibt die Temperatur der Substrate unter 100 °C. Das Aufdampfverfahren eignet sich

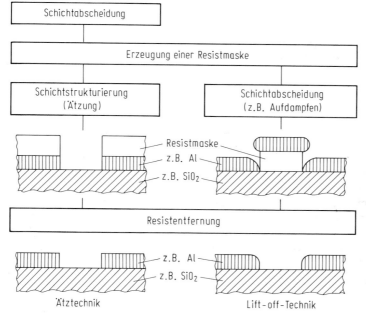

Abb. 3.1.16. Prozeßfolge für die Strukturerzeugung mittels Lift-off-Technik im Vergleich zur üblichen Ätztechnik. Der wesentliche Unterschied zwischen den beiden Techniken besteht darin, daß bei der Lift-off-Technik die Schichtabscheidung nach der Erzeugung der Resistmaske erfolgt. Dieses Prinzip liegt auch der Mandrel- und der Damascene-Technik zugrunde (s. Abb. 8.5.3)

deshalb im Gegensatz zum Sputtern für Lift-off-Techniken mit Photoresist-maske (Abb. 3.1.16). Bei dieser Anwendung ist auch die schlechte Kantenbe-deckung beim Aufdampfen vorteilhaft [3.12].

Ein Nachteil des Aufdampfverfahrens ist die Schwierigkeit, reproduzierbar eine bestimmte gewünschte Schichtzusammensetzung (z. B. 99% Al und 1% Si) einzuhalten. Bei einer einzelnen Quelle ist die Schwierigkeit bedingt durch den unterschiedlichen Dampfdruck der Einzelkomponenten, und bei zwei oder mehr Quellen erhebt sich das Problem der simultanen Steuerung der Abdampfraten der einzelnen Quellen sowie das Problem der Gleichmäßig-keit der Schichtzusammensetzung über alle Scheiben in der Aufdampfanlage.

Eine spezielle Form des Aufdampfverfahrens ist die Molekularstrahlepita-xie (MBE = Molecular Beam Epitaxy) [3.13; 3.14], die zwar bisher in der Sili-ziumtechnologie noch kaum Eingang gefunden hat, aber in Zukunft an Be-deutung gewinnen könnte. Bei der Molekularstrahlepitaxie wird Silizium und der gewünschte Dotierstoff aus geeigneten Verdampferquellen auf die mono-kristallinen Siliziumsubstrate bei z. B. 850 °C aufgedampft. Der Druck im Re-zipienten muß zur Verminderung des Einflusses von Restgasatomen in der Epitaxieschicht auf 10^{-7} bis 10^{-8} Pa abgesenkt werden. Mit MBE kann man sog. Delta-Dotierschichten mit einer definierten Dicke von ca. 1 nm erzeu-gen. Auch epitaktische SiGe-Schichten auf Si sind möglich (s. Abb. 8.3.9).

3.1.4
Sputterverfahren

Wegen der im vorhergehenden Abschnitt erwähnten Nachteile des Aufdampf-verfahrens (schlechte Kantenbedeckung, schwer kontrollierbare Schichtzu-sammensetzung bei mehreren Komponenten) hat sich das Sputterverfahren (Kathodenzerstäubung) als wichtigstes PVD-Verfahren (PVD = Physical Vapor Deposition) durchgesetzt [3.15].

Abbildung 3.1.17 zeigt schematisch das Sputterprinzip. In einem Rezipien-ten wird bei einem Gasdruck von ca. 1 Pa (meist Argongas) mittels einer Gleichspannung oder Hochfrequenzspannung zwischen zwei Elektroden ein Plasma gezündet. Vor der Kathode mit dem Sputtertarget bildet sich ein Spannungsabfall von typisch 1 kV aus. Die positiv geladenen Argonionen werden längs dieser Kathodenfallstrecke beschleunigt. Beim Auftreffen auf das Target haben sie genügend Energie, um einzelne Atome bzw. Moleküle aus dem Target herauszuschlagen („sputtering"). Während die Argonionen entsprechend dem vertikal gerichteten elektrischen Feld mit hoher Energie (ca. 1 keV) senkrecht auf das Target prallen, ist die Energie der gesputterten Atome bzw. Moleküle gering (einige eV), und sie verlassen die Targetoberflä-che nach allen Richtungen, wobei eine Cosinus-Winkelverteilung[7] angenom-

---

[7] Bringt man zwischen den beiden Elektroden ein Gitter an, werden die unter größe-ren Winkeln abgesputterten Atome abgefangen (Collimated Sputtering). Dadurch wird das Zuwachsen von Gräben wie in Abb. 3.1.19a verhindert. Die Schicht wächst allerdings langsamer auf.

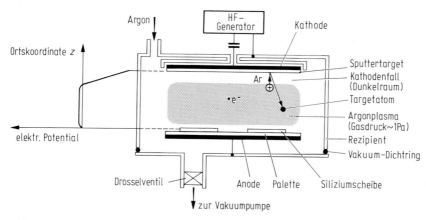

Abb. 3.1.17. Schema einer Hochfrequenz-Sputteranlage und des Sputterprinzips. Links außen ist der Potentialverlauf dargestellt, den die Argonionen wahrnehmen

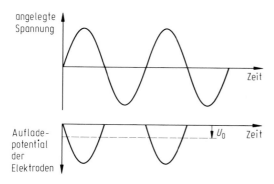

Abb. 3.1.18. Erklärung der negativen Aufladung der Elektroden beim Hochfrequenzsputtern: Während die Elektronen im Argonplasma dem schnellen Potentialwechsel der Hochfrequenz (meist 13,56 MHz) folgen können, sind die Argonionen hierfür zu träge. Sie „sehen" die mittlere negative Aufladung der Elektroden (Vorspannung U_0, gestrichelte Linie). Somit fließt ein ständiger Argonionenstrom zu den Elektroden

men werden kann. Substrate, die auf der Anode liegen, werden mit einer Schicht belegt, deren Zusammensetzung der Targetzusammensetzung entspricht.

Es ist zunächst nicht einleuchtend, warum man bei Hochfrequenzeinkopplung – sie wird bei den meisten Sputteranlagen angewandt – überhaupt von Kathode und Anode reden kann. Wie in Abb. 3.1.18 erklärt wird, kommt es auf den Elektroden infolge der unterschiedlichen Beweglichkeit von Argonionen und Elektronen tatsächlich zu einer negativen Aufladung. Die Aufladung kann sich nur dann ausbilden, wenn der Stromkreis gleichstrommäßig unterbrochen ist, d.h. wenn sich ein Kondensator im Stromkreis befindet. Im Fall eines leitenden Targets muß im äußeren Stromkreis ein Kondensator eingefügt werden (vgl. Abb. 3.1.17). Im Fall eines isolierenden Targets (z.B. Quarz) stellt die auf eine Elektrode gebondete Targetplatte selbst den Kondensator dar.

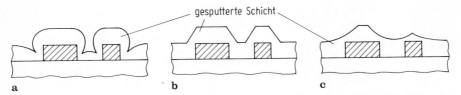

Abb. 3.1.19 a–c. Kantenbedeckung gesputterter Schichten: **a** ohne Bias; **b** mit mittelstarkem Bias; **c** mit starkem Bias

Bei symmetrischer Anordnung der beiden Elektroden wäre die negative Aufladung und der daraus resultierende Spannungsabfall vor den beiden Elektroden gleich groß. Sind aber die Elektrodenflächen nur geringfügig unterschiedlich, so lädt sich die kleinere Elektrode stärker negativ auf. Wie man aus der Schottky-Langmuirschen Raumladungsgleichung herleiten kann, verhalten sich die Spannungsabfälle U_1 und U_2 vor den beiden Elektroden umgekehrt wie die 4. Potenz der Elektrodenflächen A_1 und A_2 [3.49]. Man erhält

$$\frac{U_1}{U_2} = \left(\frac{A_2}{A_1}\right)^4 .$$

In den gebräuchlichen Sputteranlagen wird meist eine der beiden Elektroden mit dem Rezipienten elektrisch verbunden. Das bedeutet eine Vergrößerung der Elektrodenfläche. Somit wird der Spannungsabfall vor dieser Elektrode vernachlässigbar im Vergleich zum Spannungsabfall vor der anderen Elektrode (vgl. Abb. 3.1.17). Beide Elektroden fungieren zwar als Kathoden, aber wegen der geringeren negativen Aufladung bezeichnet man die mit dem Rezipienten verbundene Elektrode als Anode, von der praktisch nichts abgesputtert wird.

Beim sog. Bias-Sputtern[8] wird nun die Hochfrequenz gezielt an beiden Elektroden eingekoppelt, z.B. mit zwei getrennten Hochfrequenzgeneratoren und den zugehörigen Anpassungsnetzwerken. Damit können die Spannungsabfälle U_1 und U_2 unabhängig voneinander variiert werden. Damit auf den Siliziumsubstraten überhaupt eine Schicht aufwächst, wird natürlich die Hochfrequenzspannung und damit die negative Aufladung des Targets höher gewählt als diejenige der Substratelektrode, aber die in diesem Fall bewußt verstärkte Kathodenfunktion der Substratelektrode bewirkt, daß ständig ein Teil der auf die Siliziumsubstrate aufgesputterten Schicht wieder durch Rücksputtern abgetragen wird. Dadurch erreicht man bei der Beschichtung stufenbehafteter Oberflächen eine Kantenabschrägung und eine gewisse Einebnung [3.16] (Abb. 3.1.19). Die Kantenabschrägung kommt deshalb zustande, weil nichthorizontale Oberflächenstücke beim Rücksputtern (Ionenätzen) stärker

---

[8] Unter Bias versteht man in der angelsächsischen Literatur die elektrische Vorspannung.

abgetragen werden als horizontale Oberflächenstücke (Maximum bei ca. 60 °C). Enge Gräben können beim Bias-Sputtern ganz oder teilweise eingeebnet werden, weil die rückgesputterten Atome größtenteils wieder an den Grabenwänden niedergeschlagen werden (Redeposition).

Bias-Sputteranlagen bieten auch die Möglichkeit, vor der eigentlichen Sputterbeschichtung die Substratoberfläche durch geringfügiges Rücksputtern zu reinigen bzw. unerwünschte Oberflächenschichten zu entfernen (sputter cleaning). Dieser Schritt wird bevorzugt vor dem Sputtern der Metallisierungsschicht angewandt, um in den Kontaktlöchern das natürliche Oxid auf Silizium bzw. Aluminium und evtl. vorhandene andere Rückstände zu beseitigen. Beim Beschuß der Siliziumoberfläche dringen die Argonionen ca. 10 nm tief ins Silizium ein und verursachen in einer Oberflächenschicht dieser Dicke massive Kristallschäden, die aber hier nicht störend sind, solange der pn-Übergang sehr viel tiefer liegt.

„Strahlenschäden" können beim Sputtern nicht nur durch beschleunigte Argonionen, sondern auch durch energiereiche Sekundärelektronen[9] sowie durch im Plasma vorhandene kurzwellige Ultraviolettstrahlung entstehen. Beide Strahlungseinflüsse verursachen Traps in SiO_2-Schichten, die aber größtenteils durch Tempern in Wasserstoff bzw. Formiergas (90% N_2, 10% H_2) bei ca. 450 °C wieder ausgeheilt werden können. Die Sekundärelektronen heizen die Siliziumscheiben beim Sputtern auf 100 bis 350 °C auf.

Sollen zusammengesetzte Schichten durch Sputtern erzeugt werden, so gibt es drei verschiedene Möglichkeiten, die auch alle angewandt werden, nämlich das Sputtern mit mehreren Targets (als Co-Sputtern bezeichnet), das Sputtern mit Mosaiktarget und das Sputtern mit Sintertarget (Abb. 3.1.20). Beim Co-Sputtern werden die Siliziumscheiben so unter den Targets bewegt, daß eher eine Mehrfach-Sandwichschicht mit alternierenden Lagen als eine Mischschicht entsteht.

Um die Sputterrate bei gleicher Hochfrequenzspannung zu erhöhen, sind Sputteranlagen häufig mit Permanent- oder Elektromagneten ausgerüstet [3.17] (Magnetron-Sputtern), die hinter dem (nicht ferromagnetischen) Target angeordnet sind (Abb. 3.1.21). Die vom Target emittierten Sekundärelektronen, die ohne zusätzliche Magnetfeldeinwirkung entlang der Kathodenfallstrecke zur Anode hin beschleunigt und so den Dunkelraum rasch verlassen würden, werden unter dem Einfluß des Magnetfelds auf zykloidischen Bahnen vor dem Target geführt. Dieser Vorgang entlang der Targetfläche wiederholt sich mehrfach. Dadurch erhöht sich die Stoßwahrscheinlichkeit für die Erzeugung zusätzlicher Ion/Elektronpaare, und die für die Sputterrate verantwortliche Argonionenstromdichte kann um das 10- bis 100fache, bis zu

---

[9] Die Sekundärelektronen entstehen am Target beim Ionenbeschuß. Sie haben zunächst nur eine geringe Energie von einigen eV, werden dann aber längs der Kathodenfallstrecke (s. Abb. 3.1.17) von der Kathode weg beschleunigt und erreichen schließlich eine Energie um 1 keV. Beim Magnetron-Sputtern (s. Abb. 3.1.21) wird dies allerdings verhindert.

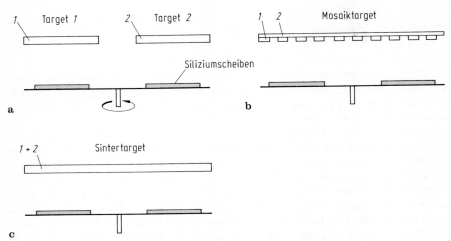

Abb. 3.1.20 a–c. Sputtern zusammengesetzter Schichten mittels **a** Co-Sputtern von zwei verschiedenen Targets, **b** Sputtern mit Mosaiktarget und **c** Sputtern mit Sintertarget. Die Ziffern *1* und *2* kennzeichnen die zwei unterschiedlichen Materialien, aus denen die Targets zusammengesetzt sind

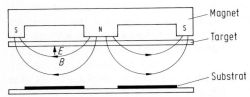

Abb. 3.1.21. Schema einer Magnetron-Sputteranlage. Unter dem Einfluß des elektrischen Kathodenfallfelds E und des dazu senkrechten Magnetfelds B führen die aus dem Target emittierten Sekundärelektronen zykloidische Bewegungen vor der Targetoberfläche aus

100 mA pro cm^2 gesteigert werden. Schichtaufwachsraten von 1 µm pro min bei einem Druck von 0,5 Pa sind damit möglich.

In modernen Sputteranlagen werden die Siliziumscheiben über eine Vakuumschleuse in den Rezipienten transportiert. Dadurch, daß auf diese Weise das Belüften des Rezipienten und die damit verbundene Adsorption z. B. von Wasserdampf an den Innenwänden des Rezipienten vermieden werden, erreicht man gleichbleibende definierte Verhältnisse in der Sputterkammer.

3.1.5
Schleuderbeschichtung

Die Schleuderbeschichtung ist die billigste Methode der Schichterzeugung in der Siliziumtechnologie. Sie wird zum Aufbringen von photoempfindlichen, dotierstoffhaltigen, einebnenden bzw. abdeckenden Schichten angewandt. Die wichtigsten Schichten dieser Art sind Photoresistschichten, Spin-on-Glasschichten und Polyimidschichten.

Das Prinzip der Schleuderbeschichtung ist in Abb. 3.1.22 dargestellt. Die in einem Lösungsmittel gelöste Schichtsubstanz (Lack) wird auf die Siliziumscheiben aufgetropft, die mittels Vakuumansaugung zentrisch auf einem Drehteller festgehalten werden. Bei typisch 5000 Umdrehungen pro Minute wird der Lack durch die Zentrifugalkraft bis auf eine dünne verbleibende Schicht radial nach außen geschleudert. Die Rotation des Drehtellers wird so lange fortgesetzt, bis das Lösungsmittel weitgehend aus der verbleibenden Schicht verdampft ist. In der Regel schließt sich ein weiterer Trocknungsschritt bei 100 bis 200 °C auf einer Heizplatte (hot plate) oder in einem Konvektionsofen an.

Die Schleuderbeschichtung liefert bei ebener Oberfläche eine sehr gleichmäßige Schichtdicke über die Siliziumscheibe hinweg (besser als 1%). Stufenbehaftete Oberflächen werden durch aufgeschleuderte Schichten stark eingeebnet (Abb. 3.1.23). Für die meisten Anwendungen, insbesondere für die Photoresistschichten, ist dies von fundamentaler Bedeutung.

Bei Photoresistschichten wird üblicherweise ein einige mm breiter Streifen am Scheibenrand mittels eines auf den Rand der rotierenden Scheibe gerichteten Lösungsmittelstrahls lackfrei gehalten. Dadurch wird verhindert, daß bei mechanischer Beanspruchung (z. B. beim Scheibentransport) Resistpartikel abplatzen, ins Innere der Scheibenoberfläche gelangen und dort evtl. eine Integrierte Schaltung zum Ausfall bringen können.

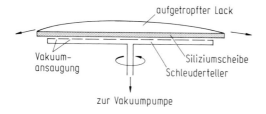

Abb. 3.1.22. Schema der Schleuderbeschichtung

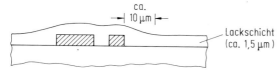

Abb. 3.1.23. Stufenbedeckung bei der Schleuderbeschichtung. Bei typischen Schleuderbedingungen erreicht die Lackschicht in etwa 10 µm Entfernung von einer Stufe diejenige Schichtdicke, die sich auf einem ebenen Substrat ohne Stufen ausbilden würde

3.1.6
Schichterzeugung mittels Ionenimplantation

Die Ionenimplantation wird in der Siliziumtechnik in erster Linie zur Dotierung des Siliziums mit Akzeptoren (Bor) bzw. Donatoren (Arsen, Phosphor) eingesetzt. Diesen dotierten Schichten ist ein eigenes Kapitel (Kap. 6) gewidmet.

In diesem Abschnitt soll vor allem die SIMOX-Technik (SIMOX = Separation by Implantation of Oxygen) erwähnt werden. Implantiert man in einem monokristallinen Siliziumsubstrat in einer Tiefe von 0,1 bis 1 µm eine hohe Sauerstoffdosis (ca. 10^{18} cm^{-2}), so entsteht eine vergrabene SiO$_2$-Schicht mit einer darüberliegenden 0,1 bis 1 µm dicken monokristallinen SOI-Schicht (SOI = Silicon On Insulator) [3.18]. Die beim Abbremsen der Sauerstoffionen entstehenden Kristallschäden im Siliziumgitter werden durch eine hohe Temperatur beim Implantieren unmittelbar nach ihrer Entstehung wieder ausgeheilt.

Implantiert man Stickstoffionen mit einer Dosis von ca. $5 \cdot 10^{15}$ cm^{-2} in Silizium, verhindert die so erzeugte nitridartige Schicht eine thermische Oxidation (vgl. Abschn. 3.4.2).

Eine weitere Anwendung der Ionenimplantation für die Schichterzeugung ist das „Ion Beam Induced Mixing". Hier werden zwei übereinander liegende Schichten (z. B. Molybdän auf Silizium) durch implantierte Ionen (z. B. Arsen) im Grenzflächenbereich miteinander vermischt. Dadurch wird ein elektrischer Kontakt hergestellt bzw. eine Silizidbildung erleichtert (s. Abb. 3.9.1 c). Die Vermischung ist eine Folge der von den implantierten Ionen gestoßenen Schichtatome (Recoil-Effekt).

3.1.7
Schichterzeugung mittels Wafer-Bonding und Rückätzen

Eine vom SIMOX-Verfahren (Abschn. 3.1.6) vollkommen abweichende Methode zur Erzeugung einer monokristallinen SOI-Schicht ist das BESOI-Verfahren (BESOI = Bonded Etched-Back Silicon On Insulator) [3.19]. Abbildung 3.1.24 zeigt die wesentlichen Prozeßschritte der BESOI-Technik.

BESOI hat gegenüber SIMOX mehrere Vorteile:

– Die Dicke der monokristallinen SOI-Schicht ist in weiten Grenzen einstellbar. An der Erzeugung dünner SOI-Schichten (<0,5 µm) mit homogener Dicke über die Scheibe hinweg wird intensiv gearbeitet. Hier liegt heute noch der eigentliche Vorteil der SIMOX-Schichten.
– Die Dicke der vergrabenen SiO$_2$-Schicht ist in weiten Grenzen einstellbar.
– Die Qualität der monokristallinen SOI-Schicht entspricht derjenigen der Ausgangs-Siliziumscheibe, weil das BESOI-Verfahren im Gegensatz zum SIMOX-Verfahren keine Kristallfehler verursacht.

Beide SOI-Verfahren stehen, was ihre wirtschaftliche Nutzung betrifft, erst am Anfang. Wegen des hohen Potentials der SOI-Schichten (für Low-Power- und High-Power-Anwendungen, Stabilität bei hohen Betriebstemperaturen

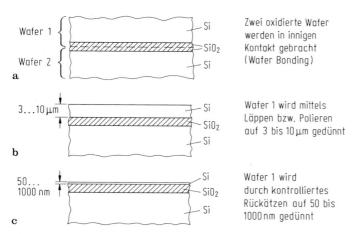

Abb. 3.1.24 a–c. Schema der Prozeßschrittfolge zur Erzeugung von BESOI-Schichten (BESOI = Bonded Etched-Back Silicon On Insulator). Bei **a** sind van-der-Waals-Kräfte für den „Kraftschluß" zwischen Wafer 1 und 2 verantwortlich

bzw. bei kosmischer Strahlung, Einsparung von Prozeßschritten) dürften sie aber eine große Zukunft haben. Andere Verfahren zur Erzeugung von SOI-Schichten, wie z.B. die SOS-Technik (Silicon-On-Sapphire) oder das Rekristallisieren von Polysilizium mittels gerastertem Laserstrahl (s. Abb. 3.1.26) dürften durch das BESOI- bzw. das SIMOX-Verfahren verdrängt werden.

3.1.8
Temperverfahren

Unter Tempern versteht man in der Siliziumtechnologie die Behandlung von Siliziumscheiben bei erhöhten Temperaturen in inerter Atmosphäre[10] (Stickstoff, Argon, Wasserstoff, Formiergas[11]). Dabei wachsen zwar keine neuen Schichten auf, und es wird kein Material entfernt, aber die bereits vorhandenen Schichten und das Siliziumsubstrat selbst werden unter Umständen entscheidend verändert. Die wichtigsten Veränderungen durch Tempern, die zum Teil erwünscht und zum Teil unerwünscht sind, sind die folgenden:

– Aktivierung von Dotierstoffen,
– Diffusion von Dotierstoffen, Schwermetallatomen, Alkaliionen, Sauerstoff, Wasserstoff usw.,

---

[10] Der Begriff „Tempern" wird häufig weiter gefaßt. Z.B. stellt eine CVD-Abscheidung oder eine thermische Oxidation bei 900 °C für die nicht von der CVD-Abscheidung bzw. Oxidation betroffenen Schichten der Siliziumscheibe und für das Siliziumsubstrat selbst eine „Temperung bei 900 °C" dar.
[11] Als Formiergas wird eine Mischung aus 90% Stickstoff und 10% Wasserstoff bezeichnet.

- Beseitigung (Ausheilen) bzw. Wachstum bzw. Erzeugung von Kristallfehlern im Siliziummonokristall,
- Beseitigung (Ausheilen) von festen bzw. umladbaren Grenzflächenzuständen an $Si-SiO_2$-Grenzflächen,
- intermetallische Reaktionen (z. B. Aluminium-Silizium-Reaktion in Kontaktlöchern, Silizidbildung),
- Kornwachstum in polykristallinen Schichten (Polysilizium, Aluminium),
- „Verdichtung" von abgeschiedenen Schichten (CVD-Schichten, Vernetzung von Polyimidschichten, Härtung von Photoresistschichten),
- Verfließen von Schichten (Phosphorglas, Borphosphorglas, Photoresist).

In den betreffenden Abschnitten wird auf diese Effekte näher eingegangen.

Temperungen werden in den meisten Fällen bei Normaldruck in Rohröfen durchgeführt, wie sie auch für die thermische Oxidation Verwendung finden (vgl. Abb. 3.1.14). Wegen der relativ langsamen Aufheizung und Abkühlung der Scheiben bei einem solchen Ofenprozeß beträgt die Zykluszeit meist eine

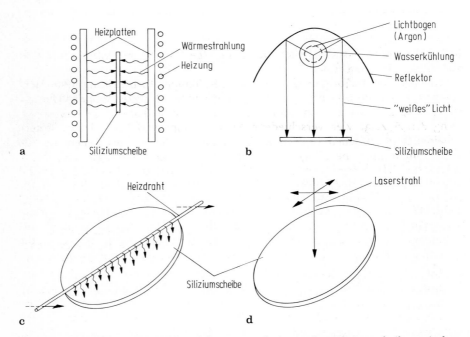

Abb. 3.1.25 a–d. Kurzzeittemperverfahren. **a** Aufheizung der Siliziumscheibe zwischen zwei geheizten Graphitplatten (Rapid Isothermal Annealing); **b** Aufheizung der Siliziumscheibe durch eine Hochleistungslampe (Rapid Optical Annealing); **c** streifenförmige Aufheizung durch einen Heizdraht (strip heater), der über die Siliziumscheibe geführt wird; **d** fleckförmige Aufheizung durch einen Laserstrahl, der in x- und y-Richtung über die Siliziumscheibe gerastert wird

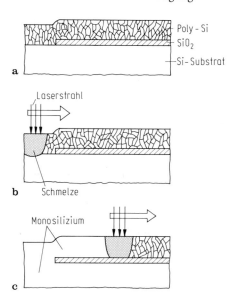

a

Poly - Si
SiO₂
Si - Substrat

Laserstrahl

b   Schmelze

Monosilizium

c

Abb. 3.1.26 a–c. Erzeugung einer monokristallinen Siliziumschicht auf einer SiO₂-Schicht mittels gerastertem Laserstrahl. Die Teilbilder veranschaulichen die ablaufenden Vorgänge. **a** Aufbringung einer Polysiliziumschicht auf eine SiO₂-Schicht, die Öffnungen zum monokristallinen Substrat aufweist; **b** ein Laserstrahl bringt die Polysiliziumschicht lokal zum Schmelzen. Die Öffnungen in der SiO₂-Schicht dienen als Keimstellen bei der Rekristallisierung des aufgeschmolzenen Siliziums; **c** bewegt man den Laserstrahl über die Polysiliziumoberfläche, so nimmt der vom Laserstrahl überstrichene Teil der Polysiliziumschicht die monokristalline Struktur des Siliziumsubstrats an

halbe Stunde oder länger, auch wenn die eigentliche Temperzeit wesentlich kürzer zu sein braucht.

Im Zuge der immer geringeren zulässigen Temperaturbelastung beim Herstellprozeß der Integrierten Schaltungen gewinnen Kurzzeittemperverfahren (RTA = *R*apid *T*hermal *A*nnealing) zunehmend an Bedeutung [3.20]. Abbildung 3.1.25 zeigt vier verschiedene Kurzzeittemperverfahren. Dabei unterscheidet man zwischen solchen Kurzzeittemperverfahren, bei denen die gesamte Siliziumscheibe einige Sekunden lang möglichst homogen aufgeheizt wird (Rapid Isothermal Annealing, Abb. 3.1.25 a und Rapid Optical Annealing, Abb. 3.1.25 b) und solchen, bei denen die Wärmeenergie nur lokal eingekoppelt wird (mittels Heizdraht, Abb. 3.1.25 c, mittels Laserstrahl, Abb. 3.1.25 d, oder mittels Elektronenstrahl), wobei eine sukzessive Erfassung der gesamten Scheibenoberfläche durch Abrastern (Scanning) erfolgen kann.

Mit den Rasterverfahren, bei denen die lokale Energieeinkopplung nur Millisekunden dauert, ist es auch möglich, eine Polysiliziumschicht lokal aufzuschmelzen und durch das Abrastern eine Art von Zonenziehen auf der Siliziumscheibe durchzuführen [3.21] (Abb. 3.1.26). Sorgt man an mehreren Stellen für einen Kontakt zwischen der Polysiliziumschicht und dem monokristallinen Siliziumsubstrat, so nimmt die Polysiliziumschicht beim Rekristallisieren die monokristalline Struktur des Siliziumsubstrats an. Damit kann man im Prinzip Transistoren in mehreren Ebenen übereinander integrieren (dreidimensionale Integration, s. Abschn. 3.3.1).

Das in Abb. 3.1.25 d dargestellte lokale Aufheizen mittels Laserstrahl hat wichtige Anwendungen gefunden: Durch lokales Verdampfen von Polysiliziumstrukturen, die auf einer schlecht wärmeleitenden SiO₂-Schicht liegen, werden

„Sicherungen" (fuses) durchgebrannt. Auf diese Weise kann man defekte Teile z. B. eines Speicherzellenfeldes (s. Abschn. 8.4.2) abkoppeln und redundante Teile ankoppeln, wodurch die Ausbeute an fehlerfreien Schaltungen erhöht wird. Eine zweite Anwendung der lokalen Materialverdampfung mittels Laserstrahl betrifft die Reparatur von defekten Chrommasken (s. Abschn. 4.2.8).

3.2
Die monokristalline Siliziumscheibe

Der Herstellprozeß für eine Integrierte Schaltung geht von einer monokristallinen Siliziumscheibe aus. Ihre wichtigsten Eigenschaften werden im folgenden kurz beschrieben.

3.2.1
Geometrie und Kristallographie von Siliziumscheiben

Der Durchmesser der Siliziumscheiben ist seit Beginn der Siliziumtechnologie aus wirtschaftlichen Gründen ständig größer geworden und dürfte auch weiter zunehmen. Abbildung 3.2.1 gibt einen Überblick über die zeitliche Entwicklung des Scheibendurchmessers. Jede Vergrößerung des Scheibendurchmessers bringt nicht nur bei der Herstellung der monokristallinen Siliziumscheiben, sondern auch bei den einzelnen Prozeßschritten für die Herstellung Integrierter Schaltungen neue Probleme mit sich. Diese Probleme hängen vor allem mit dem zunehmenden Gewicht[12] der Siliziumscheiben und mit den zunehmenden Anforderungen an Toleranzen bzw. Gleichmäßigkeiten (z. B. kleinere Temperaturgradienten bei Hochtemperaturprozessen) zusammen.

Für die Herstellung Integrierter Schaltungen werden die Siliziumscheiben in der Regel so vom Einkristallstab abgesägt, daß die Scheibenoberfläche eine kristallographische ⟨100⟩- oder eine ⟨111⟩-Ebene wird. Eine Abweichung davon um wenige Winkelgrade kann z. B. aus Gründen günstigerer Wachstumsbedingungen bei der Epitaxie vorteilhaft sein. Um die kristallographischen Hauptrichtungen in der Scheibenebene zu kennzeichnen, versieht der Scheibenhersteller die Siliziumscheiben mit einem sog. Flat. Die Kanten der rechteckförmigen Geometrien der Schaltkreisstrukturen verlaufen in der Regel parallel bzw. senkrecht zum Flat. Durch einen zweiten (kürzeren) Flat kann man kenntlich machen, ob es sich um eine ⟨100⟩- oder eine ⟨111⟩-Scheibe bzw. p- oder n-Dotierung handelt. Als Kennzeichen dient die relative Lage des kurzen Flats zum langen Flat.

---

[12] Mit dem Scheibendurchmesser muß aus mechanischen Stabilitätsgründen auch die Scheibendicke vergrößert werden. Eine 76 mm-Scheibe ist typisch 375 μm, eine 100 mm-Scheibe 450 μm, eine 150 mm-Scheibe 675 μm und eine 200 mm-Scheibe 725 μm dick. Für die 300 mm-Scheibe wird eine Dicke von 770 μm angezielt.

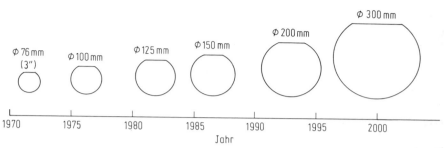

Abb. 3.2.1. Zeitliche Entwicklung des Durchmessers von Siliziumscheiben für die Herstellung Integrierter Schaltungen

Besondere Anforderungen werden an die Ebenheit der Scheibenoberfläche gestellt, weil die lichtoptische Projektionslithographie nur in einem sehr kleinen Fokusbereich scharf abbilden kann. Sollen z. B. 1 μm-Strukturen erzeugt werden, so darf die Scheibendicke auf einer Fläche von 2 cm×2 cm um nicht mehr als 1 μm schwanken (LTV = Local Thickness Variation, s. Abschn. 4.2.6). Dabei ist vorausgesetzt, daß die Rückseite der Siliziumscheibe durch eine Vakuumansaugung in innigem Kontakt mit einem ebenen Tisch gehalten werden kann.

3.2.2
Dotierung von Siliziumscheiben

Beim Ziehen des Siliziumeinkristalls wird der Schmelze bereits Dotierstoff (Bor, Phosphor, Arsen, Antimon) in einer solchen Menge beigegeben, daß sich im Einkristall die gewünschte Konzentration einstellt. Für integrierte

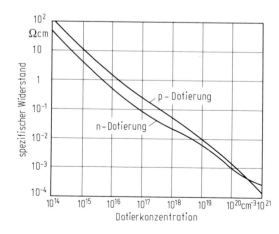

Abb. 3.2.2. Zusammenhang zwischen Substratdotierung und spezifischem Widerstand

Schaltungen, die keine Epitaxieschicht benötigen, stellt die Grunddotierung der Siliziumscheiben (auch Substratdotierung genannt) die niedrigste in den Schaltungen vorkommende Dotierstoffkonzentration dar. Sie bewegt sich dann im Bereich 10^{13} bis 10^{16} cm^{-3}. Erhalten die Scheiben dagegen später eine Epitaxieschicht, so können auch höhere Substratdotierungen bis über 10^{20} cm^{-3} wünschenswert sein (niederohmiges Substrat, s. Abschn. 3.3). Abbildung 3.2.2. zeigt den Zusammenhang zwischen Substratdotierung und spezifischem Widerstand für p- und n-Dotierung.

3.2.3
Zonengezogenes und tiegelgezogenes Silizium

Monokristallines Silizium wird heute überwiegend mit Hilfe des Tiegelverfahrens (Czochralski-Verfahren, CZ-Verfahren) hergestellt [3.22]. Das Zonenziehverfahren (Float-zone-Verfahren, FZ-Verfahren) spielt demgegenüber eine geringere Rolle.

Die mit den beiden genannten Verfahren hergestellten Einkristalle unterscheiden sich vor allem durch den Sauerstoffgehalt.[13] Während zonengezogenes Silizium unbedeutende O-Konzentrationen aufweist (ca. 10^{15} cm^{-3}), enthält tiegelgezogenes Silizium Sauerstoff mit typischen Konzentrationen zwischen $5 \cdot 10^{17}$ und $2 \cdot 10^{18}$ cm^{-3}. Der aus dem Material des Tiegels stammende Sauerstoff hat einen entscheidenden Einfluß auf die Entwicklung der Kristallfehler bei den nachfolgenden Prozeßschritten.[14]

Bei der Siliziumerstarrungstemperatur, bei der der Sauerstoff ins Silizium eingebaut wird, ist die Löslichkeit des Sauerstoffs im Silizium wesentlich höher ($2 \cdot 10^{18}$ cm^{-3}) als bei den nachfolgenden Prozeßtemperaturen (z.B. 10^{17} cm^{-3} bei $1000\,°C$). Beim Abkühlen tendiert deshalb der Sauerstoff dazu, sich an geeigneten Kondensationskeimen auszuscheiden. Diese Keime sind nun aber im einkristallinen Silizium nicht ohne weiteres vorhanden, so daß bei Siliziumscheiben im Anlieferungszustand der Sauerstoff zum großen Teil in gelöster Form, d.h. auf Zwischengitterplätzen sitzend, vorliegt. Je nach der Folge und der Dauer der Hochtemperaturbehandlungen beim Herstellungsprozeß für eine Integrierte Schaltung können sich aber Sauerstoffagglomerate an der Siliziumoberfläche ausbilden. Sie stellen Senken für diffundierende Schwermetallatome dar (Getterzentren). Bei einer thermischen Oxidation führen diese evtl. mit Schwermetallatomen „dekorierte" Sauerstoffagglomerate zu Schwachstellen in der SiO$_2$-Schicht, die ein verschlechtertes Durchbruchs- und Langzeitstabilitätsverhalten zur Folge haben (s. Abschn. 3.4.3).

---

[13] Außer Sauerstoff enthalten die Siliziumscheiben auch Kohlenstoff. Der Kohlenstoffgehalt von zonen- und tiegelgezogenem Silizium liegt bei 10^{16} cm^{-3}. Die Rolle des Kohlenstoffs ist bis heute noch nicht vollständig verstanden. Möglicherweise wirkt er als Keim für Sauerstoffausscheidungen.

[14] Ein weiterer Effekt des Sauerstoffs ist die Bildung von sog. thermischen Donatoren, die aber nur bei hohen Sauerstoffkonzentrationen und niedrigen Substratdotierungen von Bedeutung sind.

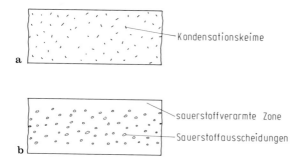

Abb. 3.2.3 a, b. Schematische Darstellung der Ausbildung einer an Sauerstoff verarmten oberflächennahen Zone (denuded zone) und der Bildung von Sauerstoffausscheidungen im Innern der Siliziumscheibe. a Erster Schritt: Temperung bei 700 °C; b zweiter Schritt: Temperung bei 1100 °C

Durch eine geeignete Vorbehandlung der Siliziumscheiben ist es möglich, die an sich ungünstige Auswirkung des Sauerstoffs im Silizium in einen günstigen Effekt umzukehren: Durch eine längere Temperung (z. B. 1 Tag) bei ca. 700 °C werden zunächst Keime im Siliziumgitter für eine nachfolgende Kondensation des Sauerstoffs an diesen Keimen geschaffen (Abb. 3.2.3). In einem zweiten Temperschritt bei ca. 1100 °C erfolgt zum einen eine Ausdiffusion des Sauerstoffs aus einer oberflächennahen Schicht, zum anderen die Bildung von Sauerstoffausscheidungen im Innern der Siliziumscheibe[15]. Diese Sauerstoffausscheidungen wirken, wie oben erwähnt, als Getterzentren für Schwermetallatome und Punktdefekte. In diesem Fall ist es aber eine sehr erwünschte Wirkung, weil die Getterzentren in dem elektrisch nicht aktiven Teil der Siliziumscheibe lokalisiert sind (intrinsisches Gettern), während der für die elektrische Funktion der Schaltungen wesentliche oberflächennahe Bereich (einige μm tief) an Sauerstoff verarmt ist (denuded zone).

Die für hochwertige Gateoxide auf CZ-Siliziumscheiben unerläßliche Denuded Zone wird entweder bereits beim Scheibenhersteller erzeugt, oder sie entsteht am Anfang des Herstellprozesses für die Integrierten Schaltungen. Der erforderliche Hochtemperaturschritt kann dann ggfs. mit dem Eintreiben der Wannen (s. Abschn. 8.2.1) zusammengelegt werden.

Zur Verstärkung des Gettereffekts abseits der oberflächennahen Zone wird die Scheibenrückseite oft mit einer getternden Schicht versehen. Für zonengezogenes Silizium, bei dem keine Möglichkeit zum intrinsischen Gettern besteht, ist eine solche Rückseitengetterung besonders bedeutsam. Als Maßnahmen zur Erzeugung eines dichten Netzes von Kristallfehlern (Getterzentren) auf der Scheibenrückseite sind zu nennen: Eine mechanische Schädigung, eine Argonimplantation hoher Dosis, ein Abrastern mit einem Hochenergielaser, eine Phosphordiffusion hoher Dosis und die Abscheidung einer phosphordotierten Polysiliziumschicht in direktem Kontakt mit der Rückseite. Die letztere Maßnahme hat sich als besonders wirkungsvoll erwiesen. Sie ist auch

---

[15] Die Folge der Temperschritte wird oft auch so durchgeführt, daß zuerst bei ca. 1100 °C die Ausdiffusion, dann bei 700 bis 800 °C die Keimbildung und schließlich bei ca. 1000 °C die Sauerstoffausscheidung erfolgt.

deshalb interessant, weil sie bei einem Herstellprozeß, bei dem phosphordotiertes Polysilizium verwendet wird, ohne nennenswerten zusätzlichen Aufwand realisiert werden kann.

3.3
Epitaxieschichten

Unter Epitaxie versteht man das monokristalline Aufwachsen einer Schicht auf einem monokristallinen Substrat[16].

3.3.1
Anwendung von Epitaxieschichten

Abbildung 3.3.1 zeigt schematisch die beiden wichtigsten Anwendungsfälle von epitaktischen Siliziumschichten auf einkristallinen Siliziumscheiben. Im einen Fall (Abb. 3.3.1 a) handelt es sich um niedrig bis mittelstark dotierte Epitaxieschichten (10^{14} bis 10^{16} cm^{-3}), die bereits beim Scheibenhersteller auf hochdotierten Substraten (10^{18} bis 10^{20} cm^{-3}) erzeugt werden. Solche Siliziumscheiben sind z.B. vorteilhaft für CMOS-Schaltungen, bei denen möglichst wenig Minoritätsladungsträger aus dem Substrat zur Oberfläche diffundieren sollen (z.B. bei dynamischen Speicherzellen) bzw. bei denen der Latch-up-Effekt (s. Abb. 8.3.2) möglichst unterdrückt werden soll. In dem anderen wichtigen Anwendungsfall (Abb. 3.3.1 b), der für die meisten Bipolarschaltungen typisch ist, handelt es sich um niedrig bis mittelstark dotierte Epitaxieschichten (10^{15} bis 10^{17} cm^{-3}) auf Substraten mit hochdotierten (10^{19} bis 10^{20} cm^{-3}) vergrabenen Inseln (Buried Layer), die als niederohmige Kollektorzuleitungen der Bipolartransistoren dienen (s. Tab. 8.5). Die Dicke der Epitaxieschichten bewegt sich zwischen 0,5 und 20 µm.

Siliziumepitaxieschichten werden gegenwärtig fast ausschließlich mit Hilfe der CVD-Abscheidung von Silizium (s. Abschn. 3.1.1) auf monokristallinen Siliziumscheiben oberhalb 800 °C erzeugt. Bei diesen hohen Temperaturen nimmt die abgeschiedene Si-Schicht die Kristallorientierung des Si-Substrats an (Festkörperepitaxie). Die für die Siliziumepitaxie eingesetzten CVD-Reaktoren entsprechen den in den Abb. 3.1.4 a, b bzw. c dargestellten Reaktortypen.

Als Ausgangsreaktionsgas wird bei der Siliziumepitaxie meist SiCl$_4$ (vgl. Abb. 3.1.1.), SiH$_2$Cl$_2$ oder SiH$_4$ verwendet. SiCl$_4$ zerfällt erst bei Temperaturen oberhalb 1100 °C in ausreichendem Maß in niedermolekulare Bestandteile (u.a. SiCl$_2$). Typische Prozeßtemperaturen bei der SiCl$_4$-Epitaxie bewegen sich deshalb im Bereich von 1150 bis 1250 °C. Mit SiH$_2$Cl$_2$ kann man im Bereich 1050 bis 1150 °C arbeiten, während mit SiH$_4$ eine weitere Absenkung

---

[16] In diesem Buch sollen nur Siliziumepitaxieschichten auf monokristallinen Siliziumscheiben behandelt werden. Die SOS-Technik (SOS = Silicon-On-Sapphire), bei der eine monokristalline Siliziumschicht auf einem isolierenden monokristallinen Saphiersubstrat aufgewachsen wird, bleibt hier ausgeklammert.

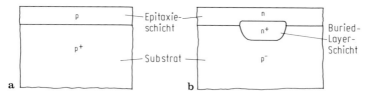

Abb. 3.3.1 a, b. Die wichtigsten Anwendungsfälle für epitaktische Siliziumschichten auf einkristallinen Siliziumscheiben. **a** Mittelstark dotierte Epitaxieschicht (z.B. 10^{16} cm^{-3}) auf hochdotiertem Substrat (z.B. 10^{19} cm^{-3}); **b** mittelstark dotierte Epitaxieschicht (z.B. 10^{16} cm^{-3}) auf niedrigdotiertem Substrat (z.B. 10^{15} cm^{-3}) mit hochdotierter Buried-Layer-Schicht (z.B. 10^{20} cm^{-3})

der Prozeßtemperatur bis unter 900 °C möglich ist. Die SiH$_2$Cl$_2$- und die SiH$_4$-Epitaxie werden bevorzugt im Druckbereich 0,1 bis 1 bar durchgeführt [3.23] (SACVD = Sub-Atmospheric Chemical Vapor Deposition, s. Abschn. 3.1.1). Unter diesen Bedingungen sind auch eine selektive Epitaxie (s. Abb. 3.1.3 a) und eine SiGe-Hetero-Epitaxie (Anwendung s. Abb. 8.3.9) möglich.

In den Epitaxieschichten ist bei der Abscheidung in der Regel eine gewünschte Fremdatomdotierung einzustellen. Dies geschieht durch Beigabe eines fremdatomhaltigen Gases (z.B. AsH$_3$), wobei der Einbau der Fremdatome in die aufwachsende Schicht nach dem gleichen Schema erfolgt wie die Abscheidung der Siliziumatome (Abb. 3.1.1).

Neben der CVD-Abscheidung sind noch zwei Verfahren zur Erzeugung von monokristallinen Siliziumschichten zu erwähnen, die aber bisher noch selten eingesetzt werden. Diese Verfahren sind die Molekularstrahlepitaxie und die Rekristallisierung von Polysilizium. Die beiden Verfahren sind in den Abschn. 3.1.3 bzw. 3.1.8 beschrieben.

Mit der Molekularstrahlepitaxie können wegen der niedrigeren Abscheidetemperaturen abruptere Dotierungsgradienten als mit der Gasphasenepitaxie erzeugt werden. Eine weitere mögliche Anwendung der Molekularstrahlepitaxie ist die Erzeugung von monokristallinen Silizidschichten (NiSi$_2$, CoSi$_2$) auf monokristallinen Siliziumsubstraten. Wächst man auf der Silizidschicht eine Siliziumepitaxieschicht auf, so stellt die Silizidschicht eine niederohmige Buried-Layer-Schicht dar.

Das Verfahren der Rekristallisierung einer Polysiliziumschicht zur Bildung einer monokristallinen Siliziumschicht auf einer SiO$_2$-Schicht (vgl. Abb. 3.1.26) erlaubt eine sog. dreidimensionale Integration – darunter versteht man die Anordnung von Transistoren in zwei oder mehr voneinander isolierten Ebenen übereinander. In Abb. 3.3.2 ist das Beispiel eines dreidimensional integrierten CMOS-Inverters wiedergegeben. Bei einer solchen Anordnung spart man nicht nur Fläche ein, sondern man vermeidet auch den Latch-up-Effekt. Die dreidimensionale Integration erlaubt auch neuartige Bauelemente zu integrieren. Ein Transistor in rekristallisiertem Polysilizium kann z.B. sowohl von der Unterseite als auch von der Oberseite mittels Gateelektroden gesteuert werden. Nimmt man ein schlechteres Sperrverhalten des P-Kanal-

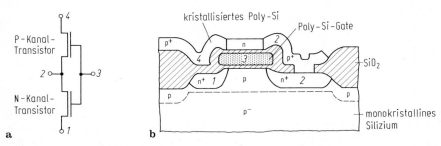

Abb. 3.3.2 a, b. CMOS-Inverter in dreidimensionaler Integrationstechnik. **a** Schaltbild; **b** schematischer Querschnitt durch die Inverterstruktur. _1_ Masseanschluß; _2_ Inverterausgang; _3_ Invertereingang; _4_ Versorgungsspannungsanschluß

Transistors in Abb. 3.3.2 in Kauf, kann man auf das Rekristallisieren des Polysiliziums verzichten. Man spricht dann von einem Thin Film Transistor (TFT). Mit TFTs kann z. B. der Flächenbedarf einer SRAM-Speicherzelle (s. Abb. 8.4.1) etwa halbiert werden [3.24].

3.3.2
Diffusion von Dotieratomen aus dem Substrat in die Epitaxieschicht

Bei den hohen Prozeßtemperaturen der CVD-Epitaxie kommt es zu einem gewissen Eindiffundieren von Dotieratomen aus dem Substrat in die Epitaxieschicht und umgekehrt. Die Diffusion ist vor allem dann von Bedeutung, wenn das Substrat insgesamt oder bereichsweise stark dotiert ist (Abb. 3.3.1).

Im Abschn. 6.3.2 ist die Diffusion von Dotieratomen behandelt. Für die Berechnung des Dotieratomprofils, das sich in der Epitaxieschicht infolge Ausdiffusion aus dem Substrat ergibt, kann man näherungsweise von dem in Abb. 6.3.2 dargestellten Fall ausgehen, bei dem die Dotieratomkonzentration an der Grenzfläche zwischen Substrat und Epitaxieschicht konstant bleibt.[17] Will man z. B. den Abstand z von der Epitaxie/Substratgrenzfläche abschätzen, bei dem die Dotieratomkonzentration um vier Zehnerpotenzen abgefallen ist, so entnimmt man zunächst aus Abb. 6.3.2 den Wert $z/\sigma = 2{,}75$, der zu $c(z)/c_0 = 10^{-4}$ gehört. Wird z. B. eine Epitaxieschicht bei $1150\,°C$ abgeschieden, dann liest man aus Abb. 6.3.1 im Fall von Arsen als diffundierendem Dotierstoff eine Diffusionskonstante von $5 \cdot 10^{-14}\,\mathrm{cm}^2\,\mathrm{s}^{-1}$ ab. Jetzt kann man $\sigma = 2\sqrt{Dt}$ berechnen, wenn die Dauer t der Temperaturbehandlung bekannt ist. Dauert die Epitaxieabscheidung z. B. 10 min, so wird $\sigma = 110$ nm. Damit ist $z = 2{,}75\,\sigma = 304$ nm. Im Fall von Bor oder Phosphor als diffundierendem Dotierstoff würde man $z = 850$ nm erhalten.

---

[17] Diese Annahme ist nicht nur für ein homogen dotiertes Substrat, sondern auch für eine Buried-Layer näherungsweise zulässig, da Buried-Layer-Dotierschichten üblicherweise vor der Epitaxie möglichst tief (z. B. 2 µm) ins Substrat eingetrieben werden.

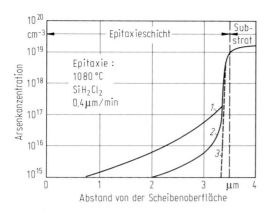

Abb. 3.3.3. Arsenkonzentrations-profile in einer Epitaxieschicht, wobei die epitaktische Abscheidung auf einem mit $1,6 \cdot 10^{19}$ cm^{-3} Arsendotierten Substrat bei Normaldruck (Kurve *1*) bzw. bei 0,13 bar (Kurve *2*) erfolgte. Kurve *3* gibt das Arsenkonzentrationsprofil an, das man bei ausschließlicher Festkörperdiffusion der Arsenatome erwarten würde

In Wirklichkeit mißt man nun aber eine unter Umständen erheblich größere Reichweite des Substratdotierstoffs in der Epitaxieschicht. Abbildung 3.3.3 zeigt ein besonders ausgeprägtes Meßergebnis. Der Effekt, der als Autodoping bezeichnet wird, wird durch ein ständiges Abdampfen und Wiedereinbauen von Arsen während des Aufwachsens der Epitaxieschicht hervorgerufen. Enthält das Substrat Buried-Layer-Inseln (s. Abb. 3.3.1), so findet man auch oberhalb der Zwischenräume zwischen den Buried-Layer-Inseln eine erhöhte Dotierung (laterales Autodoping). Der Autodopingeffekt ist durch folgende Zusammenhänge gekennzeichnet:

- Bei Normaldruck-CVD-Epitaxieabscheidung ist das Autodoping dann schwächer ausgeprägt, wenn Antimon (statt Arsen) als Buried-Layer- bzw. Substratdotierung verwendet wird und wenn man bei hohen Temperaturen abscheidet.
- Eine CVD-Epitaxieabscheidung bei vermindertem Druck (z.B. SACVD wie in Abb. 3.3.3 Kurve 2) verringert das Autodoping wesentlich.

Der letztere Befund ist der Hauptgrund dafür, warum Epitaxieabscheidungen bei niedrigeren Temperaturen (unterhalb 1100 °C) häufig bei vermindertem Druck durchgeführt werden. Es hat sich gezeigt, daß bei vermindertem Druck auch ein anderer Effekt, nämlich das sog. Pattern-Shifting, weitgehend vermieden werden kann. Unter Pattern-Shifting versteht man den Effekt, daß eine Stufe auf der Substratoberfläche sich bei der Epitaxieabscheidung nicht senkrecht zur Oberfläche nach oben fortsetzt, sondern eine seitliche Verschiebung erfährt. Auf die Stufen ist man angewiesen, wenn die Epitaxieschicht auf einem Substrat mit Buried-Layer-Inseln (Abb. 3.3.1) abgeschieden wird. Denn die nachfolgenden Strukturebenen müssen zur Buried-Layer-Ebene justiert werden, und hierzu braucht man sichtbare Strukturen, d.h. Stufen auf der Siliziumoberfläche.

Es besteht allerdings die Möglichkeit, durch eine andere Prozeßführung das Buried-Layer-Justierproblem und auch das laterale Autodoping ganz zu

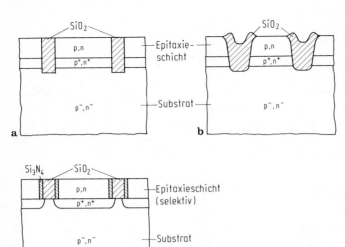

Abb. 3.3.4 a–c. Alternative Verfahren zur Ausbildung von p^+- bzw. n^+-dotierten Buried-Layer-Inseln. **a** Ätzung von tiefen Gräben und Wiederauffüllen der Gräben mit isolierendem Material; **b** Ätzung von etwa halb so tiefen Gräben, dann lokale thermische Oxidation im Grabenbereich, vorzugsweise mit Hochdruckoxidation; **c** Erzeugung von SiO_2-Stegen, Dotierung der Buried-Layer-Bereiche und selektives Aufwachsen einer Epitaxieschicht über den Buried-Layer-Bereichen

umgehen. In Abb. 3.3.4 sind drei Verfahren dargestellt. Bei dem Verfahren in Abb. 3.3.4 a wird die Epitaxieschicht auf einer zusammenhängenden Buried-Layer-Schicht aufgewachsen. Dann ätzt man dort, wo die Buried-Layer-Schicht unterbrochen werden soll, Gräben, die durch die Epitaxieschicht und die Buried-Layer-Schicht hindurchgehen. Anschließend füllt man diese Gräben wieder mit isolierendem Material auf (vgl. Abschn. 3.5.4). Ein alternatives Verfahren benutzt die Kombination aus einem Ätzprozeß und einer thermischen Oxidation (Abb. 3.3.4 b). Schließlich kann man auch so vorgehen (Abb. 3.3.4 c), daß man zuerst eine dicke SiO_2-Schicht auf dem Substrat aufwächst und dann das SiO_2 überall wegätzt, außer an den Stellen, wo die isolierenden Stege entstehen sollen. Mit den SiO_2-Stegen als Maske kann man die Buried-Layer-Dotierung einbringen (z.B. mittels Ionenimplantation). Schließlich wächst man auf den einkristallinen Siliziumbereichen selektiv die Epitaxieschicht auf (s. Abb. 3.1.3 a). Bei dieser sog. selektiven Epitaxie arbeitet man nahe dem Reaktionsgleichgewicht der Gasphasenreaktion (z.B. durch Zugabe von HCl bei der $SiCl_4$-Epitaxie), so daß infolge der geringeren Keimbildungsarbeit auf Silizium nur dort die Keime für eine Adsorption der Reaktionsgase entstehen und damit das Silizium nur auf den Siliziumgebieten aufwächst [3.25].

3.4
Thermische SiO$_2$-Schichten

Wie im Absch. 3.1.2 ausführlich beschrieben wurde, entstehen thermische SiO$_2$-Schichten durch oberflächliche Oxidation einer Siliziumscheibe oder einer Siliziumschicht bei Temperaturen zwischen 700 und 1200 °C in oxidierender Atmosphäre. In den Integrierten Halbleiterschaltungen dienen die thermischen SiO$_2$-Schichten als isolierende und passivierende Schichten. Während des Herstellprozesses der Schaltungen üben sie darüber hinaus häufig eine maskierende Funktion aus, z. B. gegenüber einer Ionenimplantation.

3.4.1
Anwendung von thermischen SiO$_2$-Schichten

Die bei einer thermischen Oxidation in SiO$_2$ umgewandelte Siliziumdicke beträgt 45% der gewachsenen SiO$_2$-Dicke (vgl. Abb. 3.1.8). Das bedeutet, daß die Si/SiO$_2$-Grenzfläche während der Oxidation in den Siliziumeinkristall hineinwandert. Damit werden die Grenzflächeneigenschaften weniger als bei abgeschiedenen SiO$_2$-Schichten, bei denen die Lage der Si-Oberfläche unverändert bleibt, vom Reinigungszustand der Si-Oberfläche vor der Oxidation beeinflußt.

Die SiO$_2$-Schichten, die in unmittelbarem Kontakt zum einkristallinen Silizium sind, werden deshalb bevorzugt thermisch erzeugt. Hierzu gehören vor allem das Gateoxid in MOS-Schaltungen (Abschn. 3.4.3) und das LOCOS-Oxid (Abschn. 3.4.2).

Des weiteren wird die thermische Oxidation dort angewandt, wo eine unterlagenabhängige Oxidaufwachsrate, die typisch für die thermische Oxidation ist, erwünscht ist.

In Abb. 3.4.1 sind die in der Praxis wichtigsten Fälle des unterlagenabhängigen Schichtwachstums schematisch dargestellt. Abbildung 3.4.1 a zeigt eine Gateoxidation bei bereits vorhandenem LOCOS-Feldoxid. In Abb. 3.4.1 b ist ebenfalls bereits eine SiO$_2$-Struktur vorhanden. Bei der folgenden thermischen Oxidation wächst die vorhandene SiO$_2$-Schicht nur geringfügig weiter, während die Wachstumsrate auf den oxidfreien Bereichen sehr viel größer ist. Dadurch wird die Stufe zwischen den beiden Bereichen kleiner, und es entsteht außerdem eine Stufe in der Si/SiO$_2$-Grenzfläche. Letztere ist z. B. für die lichtoptische Kantenerkennung bei der Justierung von Masken bedeutsam. In Abb. 3.4.1 c ist ein Anwendungsfall gezeigt, in dem auf hoch dotierten Siliziumgebieten eine dickere SiO$_2$-Schicht wächst als auf niedrig dotierten Gebieten (vgl. Abb. 3.1.11). Man nutzt diesen Effekt u. a. zur selbstjustierten Maskierung bei der Bor-Source/Drain-Implantation für CMOS-Schaltungen. Die in Abb. 3.4.1 d dargestellte Erzeugung einer relativ dicken SiO$_2$-Schicht auf hoch dotierten Polysiliziumstrukturen bei gleichzeitiger Ausbildung einer dünneren SiO$_2$-Schicht auf dem niedrig dotierten Siliziumsubstrat wird in der MOS- und Bipolartechnik häufig ausgenutzt. Schließlich ist in Abb. 3.4.1 e als letzter Fall eines unterlagenabhängigen Oxidwachstums die lokale Oxidation von Silizium (LOCOS = *Loc*al *O*xidation of *S*ilicon) dargestellt. Hier dient eine Siliziumnitridmaske als Oxidationsbarriere. Im folgenden Abschn. 3.4.2 wird die LOCOS-Technik ausführlicher behandelt.

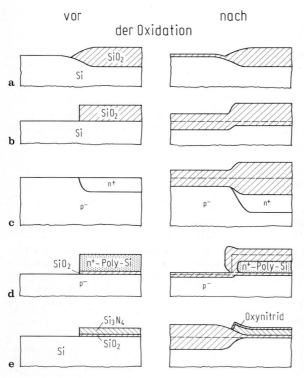

Abb. 3.4.1 a–e. Die wichtigsten Anwendungsfälle des unterlagenabhängigen SiO_2-Wachstums bei der thermischen Oxidation. Die gestrichelten Linien in den Teilbildern auf der rechten Seite markieren die ursprünglichen Si-Oberflächen. In den Fällen **a** und **b** ist das unterschiedliche Wachstum bedingt durch eine schon vorhandene SiO_2-Schicht, in den Fällen **c** und **d** durch unterschiedlich stark dotierte Siliziumbereiche und im Fall **e** durch eine als Oxidationsbarriere wirkende Siliziumnitridschicht

3.4.2
Die LOCOS-Technik

Wie in Abb. 3.4.2 veranschaulicht ist, benötigen Integrierte MOS-Schaltungen ein dickes Feldoxid (> ca. 0,4 μm) mit dazu selbstjustierter erhöhter Felddotierung. Zur Realisierung solcher Feldbereiche wird heute fast ausschließlich die LOCOS-Technik (*Loc*al *O*xidation of *S*ilicon, Abb. 3.4.1 e) eingesetzt. Sie ist damit eine der wichtigsten Schlüsseltechniken für die Herstellung Integrierter Schaltungen [3.26].

Abbildung 3.4.3 zeigt den genauen Herstellgang bei einem LOCOS-Prozeß und die dabei ablaufenden physikalischen Vorgänge. Von besonderer Bedeutung ist der White-Ribbon-Effekt.[18] Damit dieser nicht zu einer schädlichen Gateoxiddünnung am Feldoxidrand führt, wird vor der Erzeugung der Gateoxidschicht eine thermische Hilfsoxidschicht (sacrificial oxide) gewachsen und wieder entfernt. Eventuell notwendige Dotieratom-Implantationen in den

---

[18] Der Begriff White-Ribbon-Effekt stammt vom Erfinder der LOCOS-Technik, E. Kooi [3.26], der in den Anfängen der LOCOS-Technik die im Lichtmikroskop hellen Streifen entlang den LOCOS-Kanten als Gateoxiddünnung identifizierte.

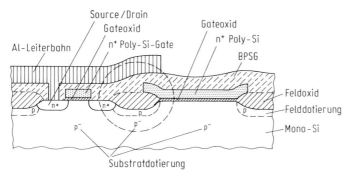

Abb. 3.4.2. Veranschaulichung der Notwendigkeit eines dicken Feldoxids und einer erhöhten Felddotierung am Beispiel von zwei benachbarten n-Kanal-MOS-Transistoren. (Beim rechten MOS-Transistor verläuft der Stromkanal senkrecht zur Bildebene). Eine ausreichende Dicke des Feldoxids (ca. >0,4 μm) wird vor allem deshalb benötigt, um bei der Source/Drain-Dotierung die Feldbereiche zu maskieren. Eine gegenüber der Substrat- bzw. Kanaldotierung erhöhte Felddotierung benötigt man, um einerseits einen Punchthrough zwischen den beiden Transistoren zu unterdrücken und andererseits den durch einen gestrichelten Kreis markierten parasitären Feldoxid-Transistor bei allen möglichen Betriebsbedingungen gesperrt zu halten. Der Rand der Felddotierung muß mit dem Feldoxidrand zusammenfallen (Selbstjustierung), weil andernfalls die Kanalweite der aktiven MOS-Transistoren nicht definiert wäre, wie man sich am rechten Transistor klarmachen kann

Kanalbereich der MOS-Transistoren (z. B. zur Einstellung der Einsatzspannungen oder zur Vermeidung eines Drain-Source-Punchthrough) sollten durch diese Hilfsschicht hindurch erfolgen. Für die Qualität des Gateoxids hat es sich als entscheidend erwiesen, daß das Gate-Poly-Si unmittelbar nach der Gateoxidation abgeschieden wird.

Der Übergangsbereich zwischen Feldoxid und Gateoxid wird wegen seines typischen Profils als Vogelschnabel (bird's beak) bezeichnet. Vorteilhaft ist der sanfte Stufenübergang sowohl im Mono-Silizium (er dient als Justierkante, s. Abschn. 4.2.7, und sorgt dafür, daß keine übermäßigen mechanischen Spannungen auftreten) als auch an der SiO₂-Oberfläche (z. B. Vermeidung von Poly-Si-Resten nach der anisotropen Poly-Si-Ätzung, s. Abb. 5.3.1).

Nachteilig beim Vogelschnabel ist, daß er in den aktiven Transistorbereich hineinwächst (s. Abb. 3.4.3 e) und so wertvolle aktive Fläche in inaktive Feldoxidbereiche umwandelt.[19]

In Abb. 3.4.4 sind die beiden wichtigsten prozeßtechnischen Maßnahmen aufgezeigt, die zu einem kürzeren Vogelschnabel bzw. zu einer seitlichen Zurücksetzung des Vogelschnabels führen, nämlich die Erhöhung des Si₃N₄/SiO₂-Dickenverhältnisses und die Dünnung des Dickoxids durch ganzflächi-

---

[19] An 90°-Ecken ist der Vogelschnabel länger als an geraden Kanten. Dieser Effekt führt zu einer Eckenverrundung, die z. B. am Ende von schmalen, länglichen Strukturen besonders ausgeprägt ist.

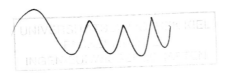

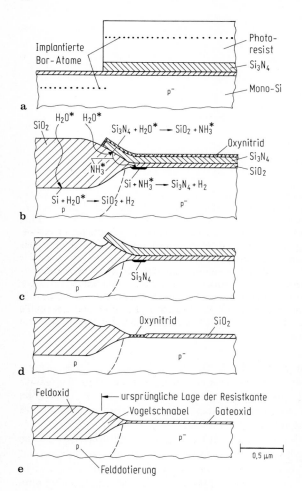

Abb. 3.4.3 a–e. Prozeßschritt-folge zur Erzeugung von LO-COS-Feldoxidbereichen mit selbstjustierter Felddotierung. Im Teilbild **b** sind die Vorgänge zur Ausbildung des White-Ribbon-Effekts gezeigt. 3 Oxidüberätzungen führen zu einer deutlichen Reduzierung der Feldoxiddicke.
a Nach anisotroper Ätzung der Si_3N_4-Schicht und Bor-Implantation für die selbstjustierte Felddotierung; **b** gegen Ende der Feldoxidation. Mit H_2O^* bzw. NH_3^* sind thermisch angeregte Moleküle gekennzeichnet, die chemisch sehr reaktiv sind; **c** nach isotroper SiO_2-Überätzung zur Entfernung des Oxinitrids; **d** nach Entfernen des Nitrids und des Dünnoxids sowie Reoxidation (feucht); **e** nach Entfernen der Reoxidations-schicht und Gate-Oxidation

ges SiO_2-Überätzen nach der Entfernung der Nitridmaske. Der Trend zu niedrigeren Prozeßtemperaturen erschwert die Verkürzung des Vogelschna-bels, weil mit sinkender Temperatur der Dickoxidation die Vogelschnabellän-ge größer wird.

Die dünne SiO_2-Schicht unter dem Nitrid hat die Funktion, die starken mechanischen Spannungen, die das Nitrid ausübt, vom Silizium fernzuhal-ten. Bei einer Schichtdickenkombination wie in Abb. 3.4.4b kann es bereits lokal zu einer Überschreitung der kritischen Schubspannung im Silizium und damit zur Bildung von Versetzungen kommen. Um diese zu vermeiden und dennoch zu einem kurzen Vogelschnabel zu kommen, sind mehrere Lö-sungen vorgeschlagen worden:

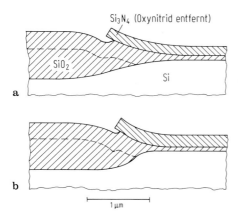

Abb. 3.4.4a, b. Verkürzung des beim LOCOS-Prozeß entstehenden Vogelschnabels durch Vergrößerung der Si$_3$N$_4$/SiO$_2$-Dickenverhältnisses. Der relativ lange Vogelschnabel in **a** entsteht bei einer Schichtkombination von 50 nm SiO$_2$ und 140 nm Si$_3$N$_4$ für die Oxidationsmaske. In **b** betragen die Schichtdicken 30 nm SiO$_2$ und 200 nm Si$_3$N$_4$. Ätzt man nach der Entfernung der Si$_3$N$_4$-Maske 300 nm SiO$_2$ vom 900 nm dicken Feldoxid weg (gestrichelte Linie), so beträgt der seitliche Abstand des Feldoxidrands von der (ursprünglichen) Nitridkante im Fall **a** 0,5 μm, im Fall **b** aber nur 0,3 μm. In beiden Fällen ist eine Temperatur von 970 °C für die Dickoxidation angenommen (maßstäbliche Profile)

– Man legt zwischen die SiO$_2$-Schicht und die Nitridschicht eine Polysiliziumschicht (z. B. 200 nm), die bei der LOCOS-Oxidation ganz aufoxidiert wird (PBL = *Poly Buffered LOCOS*). Da hier das Nitrid direkt auf Silizium liegt, wird der Vogelschnabel kurz. Das Polysilizium dient außerdem als Puffer gegen die vom Nitrid ausgehenden mechanischen Spannungen, so daß die SiO$_2$-Schicht, die hier lediglich die Funktion einer Ätzstoppschicht hat, sehr dünn (z. B. 20 nm) gemacht werden kann (Abb. 3.4.5).
– Anstelle der SiO$_2$-Schicht kann man CVD-Oxynitrid verwenden, in dem der Sauerstoff bei der LOCOS-Oxidation langsamer diffundiert.
– Die SiO$_2$-Schicht kann ganz weggelassen werden, wenn die Nitridschicht so dünn gemacht wird (<30 nm), daß sie keine übermäßigen Spannungen im Monosilizium erzeugt. Problematisch ist hier allerdings das Entfernen des Nitrids, ohne die Monosiliziumoberfläche zu schädigen.

Der einfachste Weg, den Vogelschnabel zu kompensieren, besteht darin, die Photoresistmaske in Abb. 3.4.3 entsprechend größer zu machen. Diese Methode funktioniert aber nur, so lange man nicht bei der minimalen Strukturbreite, die lithographisch beherrschbar ist, angelangt ist. Für kleinere Strukturen bietet die sog. Spacer-Technik (Spacer = Abstandsstück) und die thermische Oxidation einer Polysiliziumstruktur die Möglichkeit, Strukturkanten um ein definiertes Stück seitlich zu versetzen. Abbildung 3.4.6 zeigt drei Beispiele. Wie Spacer erzeugt werden, wird im Abschn. 3.5.3 beschrieben.

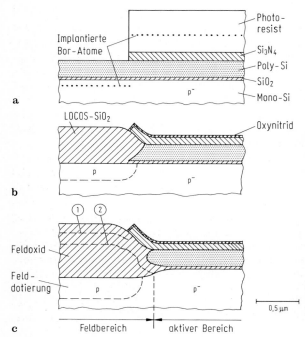

Abb. 3.4.5 a–c. Prozeßschritt-folge und Entwicklung des Feldoxidprofils bei der PBL-Technik (PBL = *Poly* *Buffered* *LOCOS*). **a** Nach Photore-sistmaskierung der aktiven Bereiche, Si$_3$N$_4$-Ätzung und Bor-Implantation. **b** Wäh-rend der LOCOS-Oxidation zum Zeitpunkt, wo das Po-ly-Si gerade ganz aufoxidiert ist. **c** Nach der LOCOS-Oxi-dation. Die gestrichelten Li-nien *1* und *2* markieren die Oxidoberfläche nach Entfer-nen des Oxinitrids bzw. nach Entfernen der Nitrid- und der Poly-Si-Schicht im aktiven Bereich

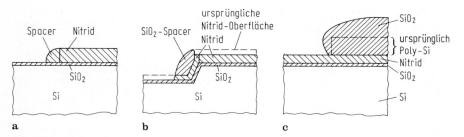

Abb. 3.4.6 a–c. Möglichkeiten zur seitlichen Rückversetzung des LOCOS-Vogelschna-bels. Der Spacer im Teilbild **a** kann aus Nitrid oder aus Polysilizium bestehen. Die Bor-Implantation in die Dickoxidbereiche wird nach der Spacerbildung durchgeführt. Im Teilbild **b** erreicht man mit Hilfe des SiO$_2$-Spacers eine über die Siliziumflanke hinaus erweiterte Nitridmaskierung. Der SiO$_2$-Spacer wird vor der Dickoxidation wie-der entfernt [3.27]. In **c** wird eine Poly-Si-Struktur durch thermische Oxidation ganz in SiO$_2$ umgewandelt. Dabei entsteht eine gegenüber der ursprünglichen Poly-Si-Kante seitlich versetzte SiO$_2$-Kante, die als Maskenkante für die Bor-Implantation und für die Nitridätzung dient

Außer den in den Abb. 3.4.5 und 3.4.6 gezeigten Möglichkeiten sind meh-rere andere Modifikationen des LOCOS-Prozesses vorgeschlagen worden, um das Größerwerden der Feldbereiche auf Kosten der aktiven Bereiche zu vermeiden, z.B. die PELOX-Technik [3.28] (PELOX = Polysilicon Encapsulated Local Oxidation). Auch bei Anwendung aller denkbaren Kunstgriffe wurde die Grenze der LOCOS-Technik bisher bei Feldoxidstegbreiten um 0,5 µm gesehen. Legt man eine Feldoxiddicke von mindestens 0,4 µm zugrunde (vgl. Abb. 3.4.2), ist diese Grenze realistisch. Wenn man aber mit einer LOCOS-Dicke von z.B. 0,1 µm auskommt[20], sind auch 0,1 µm breite Feldoxidstege denkbar. Schließlich bietet die PBL-Technik (Abb. 3.4.5) die Möglichkeit, aktive Bereiche ohne Maßverlust zu erzeugen, nämlich indem man die dünne Oxidschicht und das darüberliegende Poly-Si in Abb. 3.4.5 b gleich als Gateoxid bzw. als unteren Teil der Gate-Poly-Si-Schicht verwendet.

Die Alternative zur LOCOS-Technik ist die Grabenisolation (s. Abschn. 3.5.4), die aber bisher wegen des höheren Aufwands noch wenig eingesetzt wird. Die Grabenisolationstechnik, bei der schmale Gräben ins monokristalline Silizium geätzt und wieder mit isolierendem Material aufgefüllt werden, bietet darüber hinaus die Möglichkeit, tief ins Siliziumsubstrat reichende schmale Isolationsstege (mehrere µm tief) zu realisieren, die eine ideale Lösung für die Isolation eng benachbarter Bipolartransistoren (Abb. 8.3.10) bzw. von p- und n-Kanal-MOS-Transistoren in CMOS-Schaltungen darstellen.

Als eine Kombination von LOCOS- und Grabenisolation kann die sog. Recessed-LOCOS-Technik angesehen werden (Abb. 3.4.7), die bei der Oxidisolation von Bipolar-Transistoren Anwendung findet. Wie aus Abb. 3.4.7 zu ersehen ist, kann man durch die Ätzung des Monosiliziums in den Dickoxidbereichen eine ebene Oberfläche erreichen, allerdings mit Ausnahme der „Vogelkopf"-Bereiche.

Diese Oxiderhebung am LOCOS-Rand kann bei der in der Bipolartechnik üblichen Dicke der Oxidisolation von über 1 µm zu Topographieproblemen bei der Schichtabscheidung, bei der Lithographie und beim Ätzen führen. Man kann den Vogelkopf nachträglich mit Hilfe der Rückätztechnik mit Lacküberschichtung wegätzen (s. Abb. 3.5.4). Eine andere Vorgehensweise besteht darin, durch eine geänderte Prozeßfolge bei der LOCOS-Technik den Vogelkopf erst gar nicht entstehen zu lassen. Abbildung 3.4.8 zeigt eine mögliche Prozeßfolge, bei der der Trick darin besteht, anstelle der Ätzung des Siliziumsubstrats (Abb. 3.4.7) das Silizium bis zu einer Tiefe, die der Ätztiefe entspricht, aufzuoxidieren und dann das Oxid wegzuätzen. Dadurch verschwindet auch derjenige Siliziumzwickel unter der Nitridkante, dessen Aufoxidation sonst zu dem Vogelkopf führen würde. Diese abgewandelte LOCOS-Technik hat außer der Vermeidung des Vogelkopfs den Vorteil, daß ein sanfterer Stufenübergang im Mono-Si entsteht.

---

[20] Dünne LOCOS-Schichten sind z.B. bei dünnen SOI-Schichten (s. Abschn. 3.1.6) oder in solchen Fällen zulässig, wo keine Ionenimplantation hoher Dosis für die Source/Drain-Bereiche notwendig ist (z.B. im Speicherzellenfeld von DRAM-Speichern, vgl. Abb. 8.4.2).

ohne   mit
Siliziumätzung

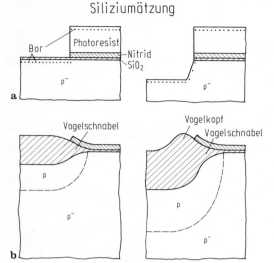

a

Abb. 3.4.7 a, b. LOCOS-Profile **a** nach der Bor-Implantation und **b** nach der Dickoxidation ohne bzw. mit Anätzung des Siliziums in den Dickoxidbereichen vor der LOCOS-Oxidation. Im Fall der Siliziumätzung (rechte Seite der Abbildung) führt der im Vergleich zum aufoxidierten Silizium etwa doppelte Platzbedarf des SiO_2 zu einer Oxiderhebung (Vogelkopf, bird's head) am LOCOS-Rand

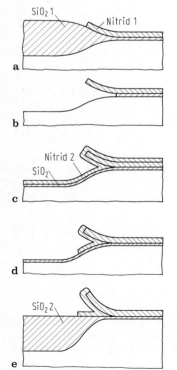

Abb. 3.4.8 a–e. Prozeßschrittfolge für einen LOCOS-Prozeß, der ein versenktes Dickoxid ohne Vogelkopf liefert. **a** Erste LOCOS-Oxidation (SiO_2 1); **b** isotropes Ätzen des SiO_2 (z. B. naßchemisch); **c** thermische Oxidation und konforme CVD-Nitridabscheidung (Nitrid 2); **d** anisotrope Ätzung der zweiten Nitridschicht; **e** zweite LOCOS-Oxidation (SiO_2 2)

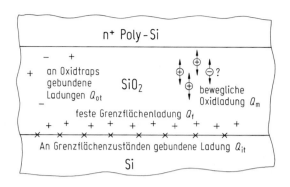

Abb. 3.4.9. Elektrische Ladungen in einer SiO$_2$-Schicht

3.4.3
Charakterisierung von dünnen thermischen SiO$_2$-Schichten

Von allen Anwendungen von SiO$_2$-Schichten in Integrierten Schaltungen werden an die Gateoxide bzw. Tunneloxide die höchsten elektrischen Anforderungen gestellt. Dieser Abschnitt konzentriert sich deshalb in erster Linie auf diese Oxidschichten.

Die Abweichungen vom rein dielektrischen Verhalten einer SiO$_2$-Schicht (relative Dielektrizitätskonstante $\varepsilon_r = 3{,}9$) sind auf gebundene oder bewegliche Ladungen im Oxid zurückzuführen.

Abbildung 3.4.9 zeigt schematisch die verschiedenartigen Ladungen, die z.B. zum Driften der Einsatzspannung und des Sättigungsstroms von MOS-Transistoren führen können [3.23].

Bei den beweglichen Ladungen im Oxid handelt es sich meist um Natriumionen (Na$^+$), die z.B. bei der thermischen Oxidation eingeschleppt werden können. Durch einen HCl-Zusatz zum Sauerstoff bei der thermischen Oxidation (s. Abschn. 3.1.2) kann der Einbau von Natrium ins Oxid weitgehend unterdrückt werden.

Natriumverunreinigungen, die in einem späteren Stadium des Herstellprozesses auf die Scheibenoberfläche gelangen (s. Kap. 7), diffundieren in die meist vorhandene PSG- oder BPSG-Schicht, wo sie ortsfest eingebunden („gegettert") und damit unschädlich gemacht werden.

Für die Erzeugung von festen, d.h. an Traps gebundenen (positiven), Grenzflächenladungen[21] sowie von Grenzflächenzuständen sind im Verlauf des Herstellprozesses der Integrierten Schaltungen vor allem die Plasmaprozesse verantwortlich. Wie z.B. in Abb. 3.1.5 veranschaulicht ist, vermag ein Plasma angeregte Atome bzw. Moleküle (Radikale) zu erzeugen, die chemisch stark reaktiv sind. Die Generierung der Grenzflächenladungen bzw. -zustän-

---

[21] Die festen Grenzflächenladungen, die bei einer thermischen Oxidation entstehen, können dadurch eliminiert werden, daß man nach der Oxidation Stickstoff oder Argon in den Oxidationsofen leitet (s. Abb. 3.1.15).

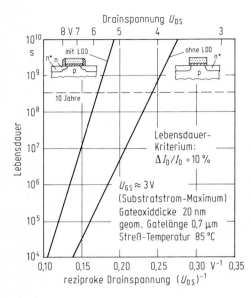

Abb. 3.4.10. Lebensdauer eines n-Kanal-MOS-Transistors unter Worst-Case-Hot-Electron-Bedingungen (Substratstrom-Maximum) ohne und mit *Lightly Doped Drain* (LDD). Würden diese Bedingungen im Betrieb dauernd herrschen, wäre die zulässige Drainspannung bei einer geforderten Lebensdauer von 10 Jahren 4,1 V ohne LDD bzw. 5,8 V mit LDD. Wenn die Worst-Case-Bedingungen z. B. nur während 10% der Betriebsdauer wirksam sind (Duty-Faktor 10), liest man aus dem Diagramm eine Lebensdauer von 10 Jahren bei einer Drainspannung von 4,5 V ohne LDD bzw. 6,3 V mit LDD ab [3.31]

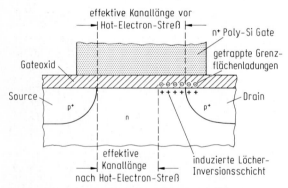

Abb. 3.4.11. Hot-Electron-Degradation in einem p-Kanal-MOS-Transistor. Die ins Gateoxid injizierten heißen Elektronen werden in Traps nahe der Si/SiO₂-Grenzfläche eingefangen. Sie bewirken eine Verkürzung der effektiven Kanallänge des Transistors. Damit verbunden ist ein erhöhter Sperrstrom, insbesondere im Fall des hier gezeigten Buried-Channel-Transistors (mit n⁺ Poly-Si-Gate)

de wird nun in erster Linie Wasserstoff-Radikalen (H*) zugeschrieben, die auch bei niedrigeren Temperaturen ohne weiteres an jede Stelle der Integrierten Schaltung diffundieren können (s. Abb. 6.4.1 und 6.4.2). Eine Wasserstoff- oder Formiergas-Temperung bei 400 bis 450 °C am Schluß des Herstellprozesses kann nun die Traps bzw. Grenzflächenzustände unter Umständen nicht vollständig ausheilen. Gegebenenfalls hilft eine Kurzzeit-Temperung bei höherer Temperatur (z. B. 30 Sekunden bei 500 °C in Formiergas).

Der heutige Stand der Herstellprozesse von thermischen Oxiden erlaubt somit die Erzeugung von „perfekten" Gateoxidschichten. Leider degradieren aber die Gateoxide unter dem Einfluß von Elektronen, die in das Oxid injiziert werden oder durchs Oxid tunneln. Auf die beiden wichtigsten Degradations-mechanismen, nämlich auf die HE-Degradation (HE = Hot Electron) und auf den zeitabhängigen Durchbruch (TDDB = Time Dependent Dielectric Break-down), soll hier näher eingegangen werden.

Beim Betrieb eines MOS-Transistors tritt am drainseitigen Kanalrand eine Feldstärkespitze auf, die die Kanalelektronen bis nahe an ihre Grenzge-schwindigkeit (10^7 cm s^{-1}) beschleunigen kann. Diese „heißen Elektronen" können die 3,2 eV hohe Potentialbarriere an der Si/SiO$_2$-Grenzfläche über-winden. Einige von ihnen werden an grenzflächennahen positiven Traps ein-gefangen, die dadurch neutralisiert werden. Ein zweiter Effekt der heißen Elektronen besteht darin, daß sie Si–H-Bindungen aufbrechen und so Grenz-flächenzustände erzeugen können [3.29].

Beim n-Kanal-MOS-Transistor äußern sich die Hot-Electron-Effekte vor allem in einer Degradation des Drainstroms, weil sowohl die Anzahl als auch die Be-weglichkeit der Kanalelektronen durch die oben beschriebenen Effekte reduziert werden. Als wirksame Gegenmaßnahme wird heute allgemein die LDD-Dotie-rung (LDD = Lightly Doped Drain, s. Abb. 3.5.2 a) angewandt. Der sanfte Über-gang der Draindotierung bewirkt eine Absenkung der Feldstärkespitze, die die heißen Elektronen auslöst. Abb. 3.4.10 zeigt ein Beispiel einer Drainstrom-De-gradation ohne und mit LDD. Wesentlich für die Wirksamkeit der LDD-Dotie-rung ist ein sicherer Überlapp der Gate-Elektrode über den LDD-Bereich.

Beim p-Kanal-MOS-Transistor induzieren die negativen festen Grenzflä-chenladungen am drainseitigen Kanalrand eine Löcher-Inversionsschicht an der Si-Oberfläche. Diese Inversionsschicht bedeutet eine Verkürzung der Ka-nallänge (Abb. 3.4.11). Die damit verbundene (betragsmäßige) Erniedrigung der Einsatzspannung führt zu erhöhten Drainströmen, und zwar auch im Un-terschwellenstrombereich. Der p-Kanal-Transistor sperrt unter Umständen bei 0 V nicht mehr ausreichend [3.30]. Ein Lightly Doped Drain (LDD) bringt auch hier Abhilfe. Eine Verbesserung des Unterschwellenstromverhaltens wird dar-über hinaus durch den Übergang vom Buried-Channel (bei n$^+$ Poly-Si-Gate) zum Surface-Channel (bei p$^+$ Poly-Si-Gate) erreicht (s. Tabelle 8.8).

Neben den Hot-Electron-Effekten stellt der zeitabhängige Durchbruch (TDDB = Time Dependent Dielectric Breakdown) den zweiten wichtigen De-gradations-Mechanismus in dünnen Oxidschichten dar. Bei elektrischen Feld-stärken nahe der Durchbruchfeldstärke kommt es zu einem Tunnelstrom im Oxid (Abb. 3.4.12). Die tunnelnden Ladungsträger erzeugen zusätzlich zu den bereits vorhandenen Traps weitere Traps im Oxid sowohl für positive als auch für negative Ladungen. Die Folge ist eine Erhöhung der Leitfähigkeit des Oxids bzw. eine Erniedrigung der Durchbruchspannung. Nach Durchfluß einer bestimmten Ladungsmenge pro cm^2 ist das Oxid so degradiert, daß die Durchbruchspannung praktisch 0 V ist. Diese von den Herstellbedingungen

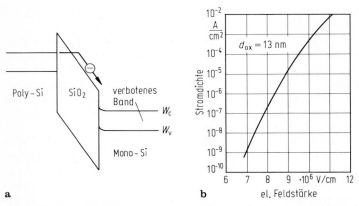

a   b

Abb. 3.4.12. a Mechanismus des Fowler-Nordheim-Tunnelstroms, demonstriert am Bänderschema; **b** Stromdichte als Funktion der Feldstärke bei einer 13 nm dicken SiO$_2$-Schicht

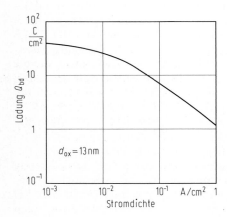

Abb. 3.4.13. Typische Degradation des elektrischen Durchbruchs dünner SiO$_2$-Schichten bei Stromfluß durchs Oxid. Q_{bd} ist diejenige Ladung, nach deren Durchfluß durch die Oxidschicht diese eine Durchbruchspannung von ca. 0 V aufweist

der thermischen Oxidschicht nur wenig abhängige charakteristische Ladung wird als Durchbruchsladung Q_{bd} (Charge to breakdown) bezeichnet. Bei höherer Stromdichte sinkt Q_{bd} stark ab (Abb. 3.4.13). Die Temperaturabhängigkeit folgt einem Arrhenius-Gesetz mit einer Aktivierungsenergie von ca. 1 eV.

Es ist zunächst nicht erkennbar, wieso der zeitabhängige Durchbruch, der Oxidbelastungen nahe der Durchbruchfeldstärke voraussetzt, in realen Integrierten Schaltungen überhaupt eine schädliche Rolle spielen soll. Wie aus Abb. 8.3.3 zu entnehmen ist, wird nämlich in den Gateoxiden von CMOS-Schaltungen nicht einmal die halbe Durchbruchfeldstärke erreicht. Dies würde eine Lebensdauer von vielen tausend Jahren garantieren, wie man sich anhand der Abb. 3.4.12 und 3.4.13 vergewissern kann. Auch bei den nichtflüch-

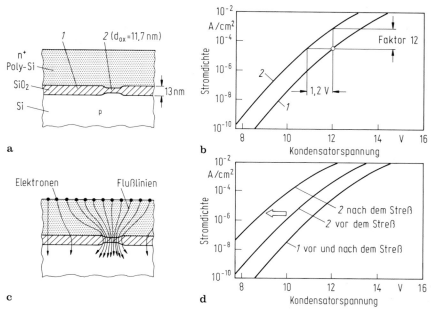

Abb. 3.4.14 a–d. Veranschaulichung der Degradation einer Schwachstelle in einer SiO_2-Schicht während eines Prozeßschrittes (z.B. Plasmaätzen), bei dem Ladung auf die Poly-Si-Elektrode gebracht wird. **a** Die Oxiddünnung an der Schwachstelle sei 10%. **b** Die Tunnelstrom-Charakteristik (vgl. Abb. 3.4.12) der Schwachstelle *2* ist bei 12 V um 1,2 V nach links verschoben. Bei 12 V würde in der Schwachstelle eine 12mal höhere Stromdichte herrschen. **c** Werden z.B. während eines Plasmaprozesses Elektronen auf die (nirgendwo mit dem Siliziumsubstrat verbundene) Poly-Si-Elektrode aufgebracht, so fließen diese wegen des 12mal geringeren Widerstands bevorzugt durch die Schwachstelle zum Si-Substrat. **d** Infolge der höheren Stromdichte in der Schwachstelle degradiert diese viel schneller: Die Tunnelstrom-Charakteristik bewegt sich nach links

tigen Speichern mit einem Floating-Gate (s. Abschn. 8.4.3), das mit Hilfe eines Tunnelstroms im Tunneloxid aufgeladen bzw. entladen wird, kann man ca. 10^6mal einschreiben und wieder löschen, bis z.B. $\frac{1}{10}$ Q_{bd} im Tunneloxid erreicht wird.

Das eigentliche Problem stellen Schwachstellen in den Gate- bzw. Tunneloxiden dar. Wie in Abb. 3.4.14 veranschaulicht wird, kann Q_{bd} an einer Stelle, wo das Gateoxid lokal nur geringfügig gedünnt ist,[22] bereits während des Herstellprozesses für die Integrierten Schaltungen erreicht werden. Der be-

---

[22] In [3.32] wird z.B. nachgewiesen, daß eine Schwermetallverunreinigung an der Siliziumoberfläche bei der thermischen Oxidation zu einer lokalen Oxiddünnung führen kann.

treffende Transistor weist einen Gate-Kanal-Kurzschluß auf, was zum Ausfall der Integrierten Schaltung führen kann.

Noch unangenehmer sind solche Schwachstellen, die am Ende des Herstellprozesses nur teilweise degradiert sind, also z. B. bei 6 V durchbrechen. Ein Funktionstest der Integrierten Schaltung mit 5 V Versorgungsspannung erkennt hier keinen Fehler. Unter Betriebsbedingungen setzt sich jedoch die Degradation fort, und die Integrierte Schaltung kann mitten im Betrieb ausfallen. Um diese Ausfälle zu minimieren, wird häufig ein sog. Burn-in durchgeführt, bevor die Schaltungen auf Funktion getestet werden. Beim Burn-in werden die Integrierten Schaltungen z. B. einige Tage lang bei erhöhter Temperatur (z. B. 85 °C) und erhöhter Versorgungsspannung (z. B. 7 V) gestreßt. Dabei werden die „angeschlagenen" Transistoren vollends zum Ausfall gebracht. Ein solcher Burn-in ist bei komplexen Schaltungen meist erforderlich, um eine Zuverlässigkeit von 10 Fit – das bedeutet 1 Bausteinausfall bei 1000 Bausteinen in 10jährigem Betrieb – zu erreichen.

Der zeitabhängige Oxiddurchbruch ist der weitaus wichtigste Ausfallmechanismus in MOS-Schaltungen. Während andere Ausfallmechanismen, wie die Hot-Electron-Degradation (siehe oben) oder die Elektromigration (s. Abschn. 3.11.3) durch entsprechende Dimensionierung bzw. Materialwahl der relevanten Strukturen optimiert werden können, wird der zeitabhängige Oxiddurchbruch durch lokale Defekte ausgelöst. Er stellt somit eine ständige Herausforderung an jede MOS-Prozeßlinie, aber auch an den Hersteller des Silizium-Grundmaterials dar, insbesondere was die Sauberkeit bei allen Prozeßschritten vor der Gateoxidation anbetrifft.

Mit Hilfe einer sog. Nitridierung in einer Kurzzeittemperanlage (s. Abschn. 3.1.8) kann man einen höheren Q_{bd}-Wert erzielen. Eine NH_3-RTN (Rapid Thermal Nitridation)-Behandlung der thermischen Oxidschicht bei 950 °C, gefolgt von einer O_2-RTO (Rapid Thermal Oxidation)-Behandlung bei 1150 °C vermag Q_{BD} nahezu zu verdoppeln, ohne die Elektronentrapdichte zu erhöhen [3.33]. Dies ist insbesondere für die Floating-Gate-Speicher (s. Abschn. 8.4.3) von Bedeutung. Nitridierte Oxide weisen an der Oberfläche und nahe der Si/SiO_2-Grenzfläche eine höhere Stickstoffkonzentration auf. Diese nitridartigen Schichten können z. B. das Eindiffundieren von Boratomen aus einer mit Bor dotierten Poly-Si-Elektrode ins Si-Substrat verhindern.

3.5
Abgeschiedene SiO₂-Schichten

Abgeschiedene SiO_2-Schichten wachsen im Gegensatz zu thermischen SiO_2-Schichten unabhängig vom Material der Unterlage (mit Ausnahme der selektiven SiO_2-Abscheidung, Abb. 3.1.3 b) und ohne die Unterlage zu verändern auf.

3.5.1
Erzeugung von abgeschiedenen SiO$_2$-Schichten

Die bei weitem am häufigsten eingesetzte Abscheidemethode ist das CVD-Verfahren, das im Abschn. 3.1.1 ausführlich beschrieben wurde. Neben den CVD-SiO$_2$-Schichten sind noch gesputterte SiO$_2$-Schichten (s. Abschn. 3.1.4) und Spin-on-Glasschichten (s. Abschn. 3.1.5) von Bedeutung.

Für die CVD-SiO$_2$-Abscheidung stehen mehrere Verfahren zur Verfügung. Die wichtigsten sind:

$$SiH_4 + O_2 \xrightarrow[1\,bar]{430°C} SiO_2 + 2H_2 \text{ (Silanoxid-Verfahren)}$$

$$SiH_4 + O_2 \xrightarrow[40\,Pa]{430°C} SiO_2 + 2H_2 \text{ (LTO-Verfahren) [23]}$$

$$Si(OC_2H_5)_4 \xrightarrow[40\,Pa]{700°C} SiO_2 + Gase \text{ (TEOS-Verfahren) [24]}$$

$$Si(OC_2H_5)_4 + O_3 \xrightarrow[0,5\,bar]{400°C} SiO_2 + Gase \text{ (SACVD-Verfahren) [25]}$$

$$SiH_2Cl_2 + 2N_2O \xrightarrow[40\,Pa]{900°C} SiO_2 + Gase \text{ (HTO-Verfahren) [26]}$$

$$SiH_4 + 4N_2O \xrightarrow[Plasma,\,40\,Pa]{350°C} SiO_2 + Gase \text{ (PECVD-Verfahren, Plasmaoxid) [27]}$$

$$SiH_4 + 4N_2O \xrightarrow[Plasma,\,Ionenbeschuß,\,40\,Pa]{350°C} SiO_2 + Gase \text{ (Dep./Etch-Verfahren) [28]}$$

Während für das Silanoxid-Verfahren Normaldruck-CVD-Reaktoren zum Einsatz kommen, wie sie in Abb. 3.1.4a, b und c skizziert sind, wird das LTO-Verfahren meist in einem Reaktortyp wie in Abb. 3.1.4e und das TEOS- und das HTO-Verfahren in einem Reaktortyp wie in Abb. 3.1.4c oder f durchgeführt. PECVD-Oxidschichten werden in CVD-Reaktoren wie in Abb. 3.1.6. abgeschieden, ebenso SACVD-Schichten.

Silanoxide, LTO-Schichten und PECVD-Oxidschichten weisen in verdünnter Flußsäure eine wesentlich höhere Ätzrate auf als thermisches Oxid, was auf einen relativ „lockeren" inneren Aufbau dieser Schichten schließen läßt. Eine Temperung führt allerdings zu einer gewissen „Verdichtung" der Schichten. TEOS- und HTO-Schichten verhalten sich bezüglich der Ätzrate fast wie thermische SiO$_2$-Schichten.

Die Kantenbedeckung ist bei den obigen Verfahren unterschiedlich: Das Silanoxid-Verfahren liefert die schlechteste Kantenbedeckung (wie in Abb. 3.1.2a und c). LTO- und PECVD-Schichten weisen eine mittelmäßige Kanten-

---

[23] LTO = Low Temperature Oxide.
[24] TEOS = Tetra-ethyl-ortho-silicate.
[25] SACVD = Sub-Atmospheric CVD (s. Abb. 3.1.3b).
[26] HTO = High Temperature Oxide.
[27] PECVD = Plasma Enhanced CVD.
[28] s. Abb. 3.1.7b.

bedeckung auf (s. Abb. 3.1.7 a), während TEOS- und HTO-Schichten an Stufen weitgehend konform abgeschieden werden [3.36] (s. Abb. 3.1.2 b und d). Mit dem SACVD- und dem Dep./Etch-Verfahren erzielt man sogar eine teilweise Einebnung (s. Abb. 3.1.3 b bzw. 3.1.7 b).

Die inneren mechanischen Spannungen in den Schichten können entweder Zugspannungen oder Druckspannungen sein. Bei den Anwendungen sind meist Druckspannungen erwünscht, weil Zugspannungen zur Rißbildung, insbesondere an Stufen, führen können. Silanoxid- und LTO-Schichten weisen innere Zugspannungen auf, während TEOS-, HTO- und Plasmaoxidschichten unter innerem mechanischen Druck stehen.

Wie bereits in Abb. 3.1.1 und 3.1.5 gezeigt wurde, findet die CVD-Reaktion nicht im Gasraum, sondern an den heißen Festkörperoberflächen statt. Wenn die Scheiben nicht auf einer Unterlage liegen, sondern wie bei einigen Reaktortypen (s. Abb. 3.1.4) senkrecht stehen, bedeutet dies, daß stets auch die Scheibenrückseite mit der gleichen Schichtdicke wie die Vorderseite belegt wird. Bei Heißwandreaktoren findet die CVD-Reaktion auch auf den Quarzbooten und an den Reaktorinnenwänden statt, da die Boote und Wände auf der gleichen Temperatur wie die Scheiben gehalten werden. Mit zunehmender Anzahl von Beschichtungsfahrten wächst die Gefahr des Abplatzens von Partikeln vom Boot und von den Rohrwänden. Aus diesem Grund setzen sich die Plattenreaktortypen wie in den Abb. 3.1.4 c, sowie 3.1.6 a und c zunehmend durch.

3.5.2
Anwendung abgeschiedener SiO$_2$-Schichten

Abgeschiedene SiO$_2$-Schichten werden in der Siliziumtechnologie dort eingesetzt, wo eine konforme Oberflächenbedeckung erwünscht ist (z.B. für die Spacertechnik, Abschn. 3.5.3, und für die Grabenisolation, Abschn. 3.5.4), oder wo das Aufoxidieren der Siliziumunterlage unerwünscht ist (z.B. für die SiO$_2$-Maske beim Grabenätzen), oder wo die thermische Oxidation grundsätzlich nicht möglich ist (z.B. für die Isolationsschicht bei der Mehrlagenverdrahtung, Abschn. 3.5.5). Besondere Bedeutung haben die mit einigen Gewichtsprozenten Phosphor oder Bor dotierten SiO$_2$-Schichten, die im Abschn. 3.6 behandelt werden.

3.5.3
Spacertechnik

Unter Spacer (= Abstandsstück) versteht man eine Struktur, die sich nur entlang einer Stufe ausbildet. Abbildung 3.5.1 zeigt die beiden wesentlichen Prozeßschritte zur Erzeugung von SiO$_2$-Spacern, nämlich die möglichst konforme SiO$_2$-Abscheidung (z.B. mittels des TEOS-Verfahrens) und die anisotrope Rückätzung der SiO$_2$-Schicht, wobei der Ätzabtrag der SiO$_2$-Dicke auf ebenen Gebieten entspricht. An steilen Stufen bleibt dann ein SiO$_2$-Spacer stehen.

SiO$_2$-Spacer werden in der Siliziumtechnologie dort eingesetzt, wo Strukturkanten um ein kleines Stück seitlich versetzt werden sollen bzw. wo Flan-

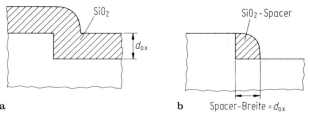

Abb. 3.5.1 a, b. Prozeßschritte zur Erzeugung eines SiO₂-Spacers an einer senkrechten Stufe. **a** Konforme SiO₂-Abscheidung (z. B. mit TEOS-Verfahren); **b** anisotropes Ätzen der SiO₂-Schicht bis zur Tiefe d_{ox}

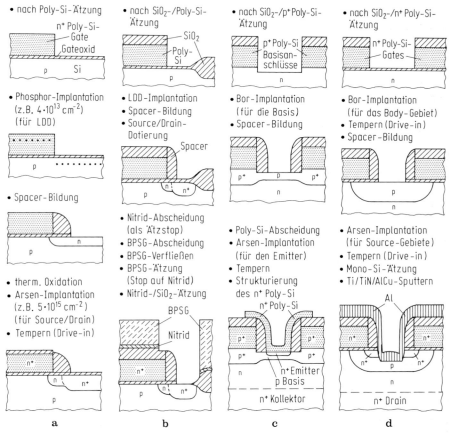

Abb. 3.5.2 a–d. Vier wichtige Anwendungen von SiO₂-Spacern. **a** Lightly Doped Drain (LDD); **b** bezüglich Feldoxid- und Poly-Si-Kante überlappender (selbstjustierter) Kontakt zu einem diffundierten Bereich, z.B. Source/Drain eines MOS-Transistors; **c** selbstjustierte Poly-Si-Basis- und Emitteranschlüsse eines Bipolartransistors; **d** selbstjustierter Source/Body-Kontakt eines DMOS-Transistors

ken isoliert werden sollen. Abbildung 3.5.2 zeigt vier Beispiele, nämlich die
Erzeugung eines LDD-Dotierprofils (LDD = Lightly Doped Drain) zur Ab-
schwächung der Feldstärkespitze an der Drainkante eines MOS-Transistors (s.
Abschn. 3.4.3), die Erzeugung eines überlappenden (selbstjustierten) Kontakts [3.34], die Erzeugung selbstjustierter Polysilizium-Basis- und Emitter-
kontakte eines Bipolartransistors [3.35] sowie die Erzeugung selbstjustierter
Source-/Body-Kontakte eines DMOS-Transistors (s. Abschn. 8.3.2).

Weitere Anwendungen der Spacertechnik sind in Abb. 3.4.6 gezeigt.
Schließlich sei erwähnt, daß man mit Hilfe der Spacertechnik Sub-μm-Struk-
turen realisieren kann, ohne diese lithographisch erzeugen zu müssen (s.
Abschn. 4.6). In diesem Fall ätzt man die Strukturen, an deren Stufen die
Spacer entstanden sind, wieder weg, so daß die Spacer allein stehenbleiben.
Diese indirekte Strukturerzeugung ist allerdings starken Einschränkungen
unterworfen (nur geschlossene Strukturen, einheitliche Strukturbreite).

3.5.4
Grabenisolation

Unter Grabenisolation (STI = Shallow Trench Isolation) versteht man die seit-
liche Isolation benachbarter Transistoren oder anderer aktiver Gebiete durch
Gräben, die ins monokristalline Silizium geätzt und mit isolierendem Materi-
al aufgefüllt sind. Für das Auffüllen der Gräben eignet sich z.B. das TEOS-
Verfahren (s. Abschn. 3.5.1) sehr gut, weil damit eine weitgehend konforme
Abscheidung auch in engen Gräben möglich ist.

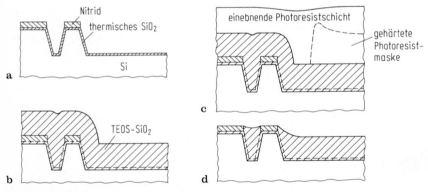

Abb. 3.5.3 a–d. Prozeßschrittfolge einer Grabenisolationstechnik. **a** Ätzung von Gräben
ins Monosilizium (z.B. mit Nitridmaske). Thermische Oxidation; **b** konforme Abscheidung einer SiO$_2$-Schicht oder Poly-Si-Schicht (Schichtdicke = Grabentiefe); **c** Aufbringen einer Photoresistmaske in den breiten Gräben (Resistdicke = Grabentiefe). Härtung
des Resists, so daß er vom nachfolgenden Photoresist nicht angelöst wird. Aufschleudern einer einebnenden Photoresistschicht; **d** Rückätzen der Resist- und SiO$_2$-Schich-
ten (Resistätzrate = SiO$_2$-Ätzrate) bis kurz vor Erreichen der Nitridmaske. Chemisch-
mechanisches Polieren (CMP, s. Abschn. 5.1.2) des SiO$_2$ bis zum Nitrid-Polierstop

In Abb. 3.5.3 ist die Prozeßfolge für eine Grabenisolationstechnik (BOX-Technik, BOX = Buried Oxide) dargestellt. Mit einer solchen Technik kann man nicht nur sehr schmale SiO₂-Stege zur seitlichen Isolation benachbarter MOS-Transistoren realisieren (kein Vogelschnabelproblem wie bei der LO-COS-Technik), sondern auch tief ins monokristalline Silizium reichende Isolationswände (z. B. 3 μm tief), wie sie für fortschrittliche CMOS- und Bipolarschaltungen mit dichtgepackten Transistoren interessant sind. Dabei sollten die Isolationswände vorteilhafterweise mindestens so tief reichen wie die Wannen (bei CMOS-Schaltungen) bzw. wie die Buried-Layer-Schichten (bei Bipolarschaltungen, vgl. Abb. 3.3.4 a). Die Grabenauffüllung kann anstatt mit SiO₂ auch mit Polysilizium erfolgen (Abb. 3.5.3 b).

3.5.5
SiO₂-Isolationsschichten für die Mehrlagenverdrahtung

Für die metallischen Leitbahnen in Integrierten Schaltungen wird heute fast ausschließlich Aluminium verwendet. Wegen des Aluminium-Silizium-Eutektikums bei 570 °C sind die Prozeßtemperaturen auf den Bereich unterhalb ca. 500 °C beschränkt, sobald Aluminium auf der Siliziumscheibe abgeschieden ist. Für die Isolationsschicht zwischen einer ersten und einer zweiten Aluminiumebene kommen deshalb von den SiO₂-CVD-Abscheideverfahren (s. Abschn. 3.5.1) das Silanoxid-Verfahren, das LTO-Verfahren, das SACVD-Verfahren, das PECVD-Verfahren und das Dep./Etch-Verfahren in Frage.

Wegen ihrer nicht-konformen Kantenbedeckung sind das Silanoxid-, das LTO- und das PECVD-Verfahren allerdings nicht für IMD-Schichten (IMD = *Inter*metall*d*ielektrikum) geeignet, weil die Stufenüberquerung der Aluminiumbahnen der zweiten Metallisierungsebene massiv erschwert wird (vgl. Abb. 8.5.1). Kombiniert man diese Verfahren mit einebnenden Prozeßschritten (Beispiele in Abb. 3.5.4. und 3.5.5.), erhält man als Unterlage für die

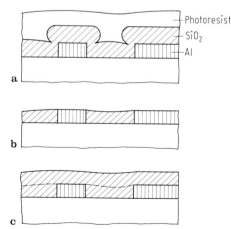

Abb. 3.5.4. Prozeßschrittfolge für die Einebnung einer PECVD-Oxidschicht zur Erzeugung einer stufenlosen Oberfläche für die zweite Leiterbahnebene einer Mehrlagenmetallisierung. **a** Abscheidung von Plasmaoxid (PECVD) und Überschichtung mit Photoresist; **b** Rückätzen mit gleicher Ätzrate für Photoresist und Plasmaoxid; **c** Abscheidung von Plasmaoxid (s. auch Absch. 5.3.7)

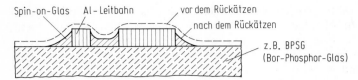

Abb. 3.5.5. Einebnung von stufenbehafteten Oberflächen durch Aufschleudern von Spin-on-Glas (s. Abschn. 3.12.1) und Rückätzung. Das Rückätzen kann isotrop (z. B. in verdünnter Flußsäure) oder anisotrop (mit reaktivem Ionenätzen) erfolgen. Das Spin-on-Glas übernimmt bei dieser Methode lediglich die Funktion des Kantenabschrägens und Grabenauffüllens, während die eigentliche Isolatorschicht über den Al-Leiterbahnen eine gesputterte oder PECVD-SiO$_2$-Schicht ist (s. Abb. 8.5.3). Anstatt Spin-on-Glas kann für die Einebnung auch Polyimid verwendet werden (s. Abschn. 3.12.2)

zweite Metallisierungsebene die gewünschte planarisierte Oberfläche (s. auch Abb. 8.5.3.).

Das SACVD- und das Dep./Etch-Verfahren liefern für sich allein bereits einigermaßen eingeebnete Oberflächen (s. Abb. 3.1.3 b bzw. 3.1.7 b). Das gleiche gilt für das Bias-Sputter-Verfahren (Abb. 3.1.19.), das allerdings aus wirtschaftlichen Gründen (geringe Aufwachsrate von ca. 1 μm/h) weitgehend verdrängt worden ist.

3.6
Phosphorglasschichten

Phosphorglasschichten oder PSG-Schichten (PSG = *P*hosphorous *S*ilicate *G*lass) sind SiO$_2$-Schichten mit Massenanteilen von 2 bis 10% Phosphor. Ihre Bedeutung in der Siliziumtechnologie verdanken sie zwei markanten Eigenschaften, nämlich ihrer Getterwirkung für Alkali- und Schwermetalle und ihrem Fließvermögen bei Temperaturen um 1000 °C.

3.6.1
Erzeugung von Phosphorglasschichten

Analog zu den SiO$_2$-Schichten können Phosphorglasschichten entweder thermisch oder mittels CVD-Abscheidung erzeugt werden. Die Implantation hoher Phosphordosen in SiO$_2$ ist ebenfalls möglich, wird aber selten praktiziert.

Die thermische Methode (Abb. 3.6.1), bei der bereits vorhandene Silizium- bzw. SiO$_2$-Schichten bei typisch 900 °C in phosphorhaltiger (PH$_3$ oder POCl$_3$) oxidierender Atmosphäre oberflächlich in Phosphorglas umgewandelt werden, erlaubt aus praktischen Gründen nur relativ dünne Phosphorglasschichten (max. 0,2 μm). Ist eine SiO$_2$-Schicht vorhanden (linke Spalte in Abb. 3.6.1), wird die SiO$_2$-Schicht ohne nennenswerte Änderung der Gesamtschichtdicke bis zu einer bestimmten Tiefe (typisch 0,1 μm) in Phosphorglas umgewandelt. Der Phosphorgehalt ist dann sehr hoch (ca. 12%). Bei einer nachfolgenden thermischen Oxidation (oder Temperung in inerter Atmosphäre) bei höherer Temperatur (z. B. 1000 °C) sinkt der Phosphorgehalt im PSG auf ca. 8%, während die Phosphorglasdicke nahezu unverändert bleibt.[29]

Auf einer monokristallinen bzw. polykristallinen Siliziumunterlage (mittlere bzw. rechte Spalte in Abb. 3.6.1) wächst unter gleichen Bedingungen etwa die gleiche PSG-Schicht wie auf einer SiO_2-Unterlage. Die in PSG umgewandelte Si-Dicke entspricht etwa der Hälfte der PSG-Schichtdicke. Ein Teil des Phosphors diffundiert ins Silizium und bildet dort einen n^+-dotierten Bereich. Bei einer nachfolgenden thermischen Oxidation entsteht eine SiO_2-Schicht zwischen dem Silizium und der PSG-Schicht, während der Phosphor im Silizium weiterdiffundiert.

Neben den thermischen Phosphorglasschichten sind die abgeschiedenen Phosphorglasschichten nicht weniger bedeutsam. Für die Abscheidung kommt jedes der in Abschn. 3.5.1 aufgeführten CVD-Verfahren in Frage. Der Phosphor wird bei den Verfahren mit gasförmiger Quelle in Form von Phos-

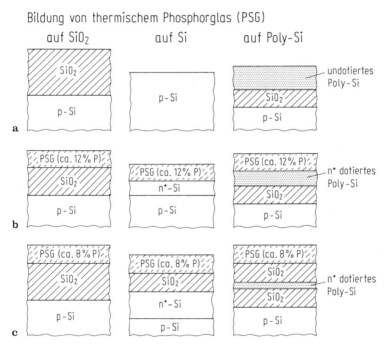

Abb. 3.6.1 a–c. Prozeßschritte bei der Bildung von thermischem Phosphorglas (PSG) auf einer SiO_2-Schicht bzw. auf Silizium. **a** Ausgangszustand; **b** nach Temperaturbehandlung (900 °C) in $POCl_3$ (oder PH_3) und Sauerstoff; **c** nach thermischer Oxidation (1000 °C)

---

[29] Die Phosphordiffusion aus dem PSG in darunterliegendes undotiertes SiO_2 beträgt bei 1000 °C in 1 h weniger als 10 nm (s. Abschn. 6.3.6).

phin (PH$_3$) zugeführt. Im Fall der flüssigen TEOS-Quelle Si(OC$_2$H$_5$)$_4$ (TEOS-
und SACVD-Verfahren) wird P(OC$_2$H$_5$)$_3$ oder PO(OC$_2$H$_5$)$_3$ beigemischt.[30]

CVD-PSG-Schichten weisen im Gegensatz zu den phosphorfreien Silan-
oxid- bzw. LTO-Schichten innere mechanische Druckspannungen auf. Dies ist
vorteilhaft, weil Rißbildungen z.B. an Stufen vermieden werden.

3.6.2
Flow-Glas

Bei Temperaturen um 1000 °C beginnen Phosphorgläser zu verfließen. Diese
Eigenschaft wird insbesondere bei MOS-Prozessen ausgenutzt, um die häufig
steilen Flanken an Polysiliziumstrukturen abzuflachen [3.37] (Abb. 3.6.2). Damit schafft man eine ideale Topographie für die Aluminiumleitbahnen auf
der Flow-Glas-Oberfläche.

Die zum Verfließen des Phosphorglases mindestens erforderliche Temperatur hängt vom Phosphorgehalt und von der Gasatmosphäre ab. Die Phos-
phorkonzentration im Phosphorglas sollte ca. 8% nicht übersteigen, weil
sonst die Gefahr der Korrosion von darüberliegenden Aluminiumleitbahnen
besteht. Bei dieser Konzentration benötigt man in Stickstoff- oder Sauerstoff-
atmosphäre eine Temperatur von ca. 1000 °C für ein gutes Verfließen. Eine
Temperaturbehandlung von z.B. 30 min bei 1000 °C läßt nun aber die Dotieratome in Silizium merklich diffundieren, so daß die für fortschrittliche
Schaltungen erforderlichen flachen Dotierprofile nicht mehr aufrechterhalten
werden können. Daraus ergibt sich die Forderung nach einem Flow-Glas-Prozeß mit geringerer Temperaturbelastung der Siliziumscheiben.

Führt man das Verfließen der PSG-Schicht in Wasserdampfatmosphäre
durch, kommt man mit einer Temperatur von ca. 930 °C aus. Allerdings werden
unter diesen Umständen die unter dem Phosphorglas liegenden Siliziumgebiete
thermisch oxidiert, was meist unerwünscht ist. Weitere Möglichkeiten, das
Phosphorglas mit möglichst geringer Temperaturbelastung zum Verfließen zu
bringen, sind die Behandlung bei hohem Druck (z.B. in einer Hochdruckoxida-
tionsanlage bei 20 bar und 850 °C) oder in sehr kurzer Zeit (z.B. 5 s bei 1100 °C)

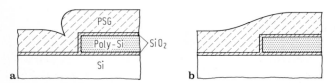

Abb. 3.6.2 a, b. Abflachung einer steilen Stufe durch Flow-Glas. **a** Oberflächenprofil
nach der CVD-Abscheidung der PSG-Schicht; **b** Oberflächenprofil nach dem Verfließen der PSG-Schicht (Flow-Glas)

---

[30] Durch Beimischung von As(OC$_2$H$_5$)$_3$ oder AsO(OC$_2$H$_5$)$_3$ zum Si(OC$_2$H$_5$)$_4$ kann mit
dem TEOS-Verfahren Arsenglas (AsSG) erzeugt werden, das z.B. für die Arsen-
dotierung von Gräben Verwendung findet (s. Abschn. 6.1).

in einer Kurzzeittemperanlage (vgl. Abb. 3.1.25). Schließlich kann man durch Zusatz von Bor (oder Germanium) zum Phosphorglas die Fließtemperatur herabsetzen. Da hierbei ein weiterer Parameter, nämlich die Borkonzentration im Borphosphorglas (BPSG) kontrolliert werden muß, ist das Verfahren entsprechend aufwendiger. Mit Massenanteilen von 4% B und 4% P im BPSG erreicht man bereits bei 900 °C unter sonst gleichen Bedingungen gleiches Fließverhalten wie bei 1000 °C im Fall von PSG mit einem Massenanteil von 8% P ohne Borzusatz. Liegt die BPSG-Schicht unmittelbar auf Silizium, so diffundieren z. B. bei 900 °C sowohl Bor als auch Phosphor in gewissem Umfang aus dem BPSG ins Silizium. Wo dies unerwünscht ist, kann wie in Abb. 3.6.2 eine dünne undotierte SiO_2-Schicht zwischen der BPSG-Schicht und der Siliziumoberfläche durch thermische Oxidation oder CVD-Abscheidung vorgesehen werden.

3.6.3
Thermisches Phosphorglas

Thermisches Phosphorglas, das durch oberflächliche Umwandlung einer SiO_2-Schicht in PSG erzeugt wird (Abb. 3.6.1 linke Spalte), wird z. B. bei Bipolarprozessen angewandt, um vor dem Aufbringen der Metallisierung eine getternde und damit stabilisierende Schicht zur Verfügung zu haben. Die PSG-Schichtdicke ist in solchen Fällen ca. 0,1 µm. Die einebnende bzw. kantenabflachende Wirkung beim Verfließen so dünner Schichten ist allerdings fast bedeutungslos.

Bei MOS-Prozessen mit Aluminiumgate, die allerdings kaum mehr angewandt werden, wird das Gateoxid zur Stabilisierung vorteilhafterweise ebenfalls oberflächlich in eine PSG-Schicht umgewandelt. Bei Polysilizium-Gate-Elektroden mit hohem Phosphorgehalt ist eine solche Stabilisierung des Gateoxids nicht erforderlich.

Thermisches Phosphorglas fällt auch automatisch an, wenn monokristallines Silizium (z. B. für die Rückseitengetterung, s. Abschn. 3.2.3) oder Polysiliziumschichten entsprechend der Prozeßfolge in Abb. 3.6.1 (rechte Spalte) thermisch mit Phosphor dotiert werden. Das Phosphorglas wird in diesen Fällen nach dem Dotierprozeß (Abb. 3.6.1 b) in verdünnter Flußsäure wieder abgelöst.

3.7
Siliziumnitridschichten

Siliziumnitrid wird in der Siliziumtechnologie vor allem wegen seiner hervorragenden Barrierewirkung gegenüber Diffusionen aller Art angewandt. Wegen seiner im Vergleich zu SiO_2 doppelt so hohen Dielektrizitätskonstante ($\varepsilon_r = 7,8$) ist Si_3N_4 auch als Dielektrikum von Kondensatoren interessant.

3.7.1
Erzeugung von Siliziumnitridschichten

Fast alle der für die Erzeugung von SiO_2-Schichten bekannten Verfahren sind bei entsprechender Abwandlung auch für die Erzeugung von Si_3N_4-Schichten anwendbar. Die größte Bedeutung haben gegenwärtig das dem HTO-Verfahren entsprechende Hochtemperaturnitridverfahren und das dem Plasmaoxid entsprechende Plasmanitridverfahren (vgl. Abschn. 3.5.1).

Beim Hochtemperaturnitridverfahren, das meist in CVD-Reaktoren vom Typ wie in Abb. 3.1.4 f durchgeführt wird, läuft die folgende Reaktion ab:

$$3SiH_2Cl_2 + 4NH_3 \xrightarrow[30\,Pa]{750°C} Si_3N_4 + Gase \; (LPCVD\text{-}Verfahren).$$

Plasmanitridschichten werden durch die folgende Reaktion erzeugt:

$$3SiH_4 + 4NH_3 \xrightarrow[Plasma,\,30\,Pa]{300°C} Si_3N_4 + 12H_2 \; (PECVD\text{-}Verfahren, Plasmanitrid).$$

Das Schema von 3 Plasma-CVD-Reaktortypen ist in Abb. 3.1.6 dargestellt. Während Hochtemperaturnitridschichten praktisch keinen Wasserstoff enthalten und bei Temperaturen unter 500 °C auch undurchlässig für Wasserstoff sind, enthalten Plasmanitridschichten je nach den Herstellungsbedingungen verhältnismäßig viel Wasserstoff.

Analog zur thermischen Oxidation kann Silizium in NH_3-Atmosphäre oberflächlich in Siliziumnitrid umgewandelt werden. Allerdings benötigt man für eine nur 7 nm dicke Nitridschicht eine Temperatur von ca. 1200 °C [3.38]. Die ablaufende Reaktion bei der thermischen Nitridation ist:

$$3Si + 4NH_3 \xrightarrow[1\,bar]{1200°C} Si_3N_4 + 6H_2.$$

Mit Hilfe einer Plasmaaktivierung kann die Nitridationstemperatur abgesenkt werden. Die thermische Nitridation ist noch in Entwicklung und wird deshalb noch kaum angewandt.

Interessanter als thermische Nitridschichten sind nitridierte Oxidschichten, insbesondere für das Tunneloxid von Floating-Gate-Speichern (s. Abschn. 3.4.3).

3.7.2
Nitridschichten als Oxidationssperre

Siliziumnitridschichten, die mit dem Hochtemperaturnitridverfahren erzeugt worden sind, werden unter den Bedingungen einer thermischen Oxidation nur ganz geringfügig oberflächlich oxidiert, d. h. in Oxinitrid umgewandelt (meist weniger als 10 nm). Somit können bereits relativ dünne Nitridschichten darunterliegende Siliziumschichten vor einer thermischen Oxidation schützen. Diese Funktion als Oxidationssperre wird vor allem bei der LOCOS-Technik genutzt, die ausführlich im Abschn. 3.4.2 beschrieben wurde. Weitere Anwendungen sind in Abb. 3.7.1 gezeigt.

3.7.3
Nitridschichten als Kondensator-Dielektrikum

Für das Dielektrikum des Kondensators z. B. von dynamischen Speicherzellen ist eine Si_3N_4-SiO_2-Doppelschicht (NO) bzw. eine SiO_2–Si_3N_4–SiO_2-Dreifachschicht (ONO) interessant (s. Tabelle 8.3), nicht nur wegen der hohen Dielek-

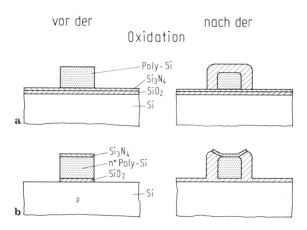

vor der   nach der
            Oxidation

a

b

Abb. 3.7.1 a, b. Zwei Beispiele für die Anwendung von Si_3N_4 als Oxidationssperre. **a** Relativ dicke Umhüllung von Polysiliziumstrukturen mit SiO_2, ohne das Si-Substrat zu oxidieren; **b** relativ dicke Oxidation der Seitenwände von Polysiliziumstrukturen (z. B. für selbstjustierte Silizidbildung ausschließlich auf den Poly-Si-Gebieten, ohne daß die Mono-Si-Gebiete siliziert werden; vgl. Salicide-Technik im Abschn. 3.9.1)

trizitätskonstante des Si_3N_4, sondern auch wegen der Möglichkeit, lokale Defekte in der Doppel- bzw. Dreifachschicht fast vollständig zu vermeiden [3.39] (Abb. 3.7.2). Als Gateisolator ist eine Si_3N_4–SiO_2- bzw. SiO_2–Si_3N_4–SiO_2-Schichtkombination nicht unproblematisch, weil an der Si_3N_4/SiO_2-Grenzfläche eine hohe Trapdichte zu elektrischen Instabilitäten führen kann. Beim sog. MNOS-Transistor (*M*etal *N*itride *O*xide *S*emiconductor), bei dem die SiO_2-Dicke nur ca. 2 nm beträgt, dienen eben diese umladbaren Traps dazu, eine nichtflüchtige Ladungsspeicherung zu realisieren (s. Abschn. 8.4.3).

3.7.4
Nitridschichten als Passivierung

Die meisten Integrierten Schaltungen haben als oberste Schicht, die nur noch Öffnungen für die Anschlußkontakte aufweist, eine ca. 1 µm dicke Plasmani-

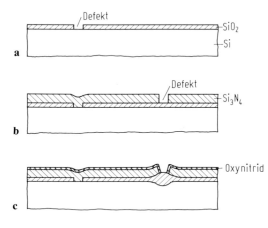

a

b

c

Abb. 3.7.2 a–c. Prozeßschrittfolge zur Eliminierung von lokalen Defekten in dünnen Si_3N_4-SiO_2-Doppelschichten. **a** Thermische Oxidation; **b** Nitridabscheidung; **c** thermische Oxidation. Das Ergebnis ist eine Oxynitrid/Si_3N_4/SiO_2-Dreifachschicht (ONO)

tridschicht (s. Abschn. 8.5.4). Wegen ihrer hervorragenden Sperrwirkung gegen das Eindringen von Wasserdampf, Natriumionen und anderen kontaminierenden bzw. korrodierenden Stoffen hat die Plasmanitridschicht die Funktion einer Passivierungsschicht.

Der in Plasmanitridschichten reichlich vorhandene Wasserstoff kann allerdings beim Langzeitbetrieb von Integrierten Schaltungen zu Instabilitäten führen, die bei negativen Gatespannungen an MOS-Transistoren und erhöhten Betriebstemperaturen besonders ausgeprägt sind. Oxinitridschichten bzw. Doppelschichten aus Plasmaoxid und Plasmanitrid scheinen günstiger zu sein.

Der Einfluß von Plasmanitrid auf Polysilizium-Hochohmwiderstände wird im Abschn. 3.8.3 beschrieben.

3.8
Polysiliziumschichten

Die Einführung des polykristallinen Siliziums (Polysilizium) in die MOS-Technologie und später in die Bipolartechnologie hat zahlreiche neue Möglichkeiten eröffnet, die auch heute noch nicht voll ausgeschöpft sind. Vor allem die ausgezeichnete Kompatibilität mit den anderen Materialien der Siliziumtechnologie, die Temperaturstabilität bis über 1000 °C, die Dotierbarkeit, die Oxidierbarkeit und die Möglichkeit der konformen Kantenbedeckung werden genutzt, um selbstjustierte Anordnungen, dreidimensional integrierte Anordnungen, sowie stabile Leitbahnen, Gateelektroden, Widerstände und Kontakte zu erzeugen.

3.8.1
Erzeugung von Polysiliziumschichten

Gegenwärtig werden Polysiliziumschichten fast ausnahmslos mit Hilfe des Niederdruck-CVD-Verfahrens abgeschieden. Dabei zerfällt Silan an den heißen Oberflächen im CVD-Reaktor in Silizium und Wasserstoff:

$$SiH_4 \xrightarrow[60\,Pa]{630\,°C} Si + 2H_2.$$

Als Reaktor kommt meist ein Heißwandreaktor (vgl. Abb. 3.1.4 f) zur Anwendung, aber auch der Reaktortyp wie in Abb. 3.1.4 c wird eingesetzt. Bei Rohrreaktoren wie in Abb. 3.1.4 f ist es üblich, die Silanverarmung längs der Rohrachse durch einen axialen Temperaturgradienten (höhere Abscheiderate bei höherer Temperatur) zu kompensieren, so daß über mehr als 100 Scheiben eine gleichmäßige Abscheiderate erzielt werden kann.

Eine Spülung des Reaktors mit HCl vor der Abscheidung bzw. eine geringe Beimischung von HCl zum Silan erhöhen die Qualität der Polysiliziumschichten. Die Abscheiderate liegt bei 20 nm/min, während sich typische Schichtdicken in Integrierten Schaltungen meist zwischen 0,3 und 0,5 μm bewegen. Polysiliziumschichten, die mit dem Niederdruck-CVD-Verfahren abgeschieden worden sind, zeigen aufgrund der reaktionsbestimmten CVD-Reaktion eine geradezu ideale konforme Oberflächenbedeckung (vgl. Abb. 3.1.2 b, d).

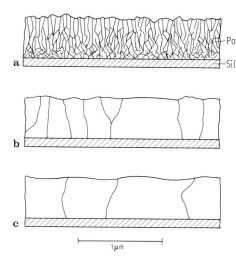

Abb. 3.8.1 a–c. Kornstruktur von Polysiliziumschichten; **a** nach einer Niederdruck-CVD-Abscheidung bei 630 °C; **b** nach einer nachfolgenden thermischen Phosphordotierung ($3 \cdot 10^{20}$ cm^{-3}) mit POCl$_3$- bzw. PH$_3$-Quelle bei 900 °C; **c** nach einer nachfolgenden Temperaturbehandlung bei 1000 °C

Da undotierte Polysiliziumschichten sehr hochohmig sind (um 10^4 Ωcm), verlangen alle Anwendungen, bei denen das Polysilizium eine elektrisch leitende Funktion hat, eine Dotierung mit Bor, Phosphor oder Arsen. Um sich einen Extra-Dotierschritt zu ersparen, ist eine Dotierung während der Polysiliziumabscheidung durch Beimischung von B$_2$H$_6$, PH$_3$ oder AsH$_3$ zum SiH$_4$ wünschenswert. Mit einem Kaltwandreaktor wie in Abb. 3.1.4 c ist dies realisierbar. Allerdings hat sich diese Methode der Dotierung bei Horizontalrohrreaktoren aus technischen Gründen (Problem der Gleichmäßigkeit über viele Scheiben und geringe Aufwachsraten) kaum durchgesetzt. Das am häufigsten verwendete Verfahren für die Erzeugung niederohmiger n$^+$-dotierter Polysiliziumschichten ist die Bildung einer thermischen Phosphorglasschicht mit Hilfe einer POCl$_3$- oder PH$_3$-Quelle (vgl. Abb. 3.6.1, rechte Spalte). In allen anderen Fällen (Bor- bzw. Arsendotierung, niedrige Dotierungen) wird die Ionenimplantation bevorzugt (s. Abschn. 6.2).

3.8.2
Kornstruktur von Polysiliziumschichten

Polysiliziumschichten bestehen aus einzelnen Körnern, deren Größe sowohl von den Abscheidebedingungen als auch von nachfolgenden Prozeßschritten abhängt. Mit abnehmender Abscheidetemperatur im CVD-Reaktor werden die Körner immer kleiner. Während bei 630 °C die Korngröße bei 10 bis 50 nm liegt (Abb. 3.8.1 a), sind Schichten, die unterhalb von 590 °C abgeschieden wurden, praktisch amorph. Eine Behandlung der Schichten in inerter oder oxidierender Atmosphäre bei Temperaturen bis über 1000 °C ändert den feinkristallinen bzw. amorphen Zustand nur unwesentlich. Das gleiche gilt für niedrig dotierte Polysiliziumschichten. Dagegen kommt es vor allem bei

hohen Phosphorkonzentrationen ($>10^{20}$ cm^{-3}) im Temperaturbereich oberhalb 800 °C zu einem kräftigen Kornwachstum. Die Körner können dann
0,5 μm und größer werden und können sich somit über die gesamte Dicke
der Polysiliziumschicht erstrecken (Abb. 3.8.1 b und c).

Während amorphe Siliziumschichten eine vollkommen glatte Oberfläche
aufweisen, wirkt sich die Kornstruktur der polykristallinen Schichten in einer
rauhen Oberfläche aus.

Wie in den Abschn. 3.1.8 und 3.3.1 beschrieben wurde, kann man mit Hilfe
eines rasterförmig bewegten energiereichen Strahls eine polykristalline Schicht
auch über einer SiO$_2$-Schicht in eine monokristalline Siliziumschicht überfüh-
ren. Damit ist eine dreidimensionale Integration möglich (Beispiel Abb. 3.3.2).

3.8.3
Leitfähigkeit von Polysiliziumschichten

Wie im monokristallinen Silizium sind auch im Polysilizium Dotieratome
(Bor, Phosphor, Arsen) auf aktiven Plätzen für die elektrische Leitfähigkeit
verantwortlich. Gegenüber einkristallinem Silizium sind bei Polysilizium zwei
wesentliche Unterschiede im Dotierverhalten festzuhalten, und zwar die um
etwa eine Größenordnung größere Diffusionskonstante für die Diffusion entlang der Korngrenzen und eine Dotierstoffsegregation an den Korngrenzen.
Außerdem stellen die Korngrenzen Energieschwellen für den Ladungstrans-
port dar (Abb. 3.8.2).

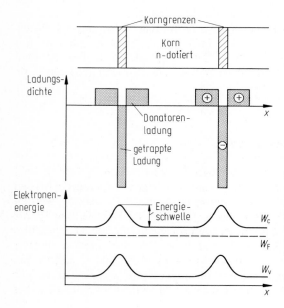

Abb. 3.8.2. Schematische Darstellung der Ausbildung einer Energieschwelle für Elektronen, die
über eine Korngrenze in Polysilizium fließen. Ursache der Energieschwelle sind an den Korngrenzen getrappte Elektronen,
die eine Elektronenverarmung in
den korngrenznahen Bereichen
der Körner zur Folge haben.
W_c Leitungsbandkantenenergie;
W_v Valenzbandkantenenergie;
W_F Fermienergie

Der erstgenannte Effekt führt zu einer relativ schnellen Verteilung des Dotierstoffs über die gesamte Schichtdicke, während sich die Dotierstoffsegregation an den Korngrenzen dahingehend auswirkt, daß ein Teil des Dotierstoffs elektrisch nicht aktiv ist. Die Segregation nimmt mit sinkender Temperatur stark zu, wobei sich das Gleichgewicht der Fremdatomkonzentration in den Körnern bzw. an den Korngrenzen durch Diffusion der Fremdatome einstellt. Die tatsächlich resultierende Fremdatomkonzentration in den Körnern hängt somit von dem zeitlichen Temperaturprogramm ab, das einem Herstellprozeß zugrundeliegt. Die Energieschwellen an den Korngrenzen wirken ebenso wie die Fremdatomsegregation widerstandserhöhend.

Abbildung 3.8.3 zeigt den Widerstand von Polysiliziumschichten, die mit relativ hohen Dosen von Bor, Phosphor und Arsen dotiert und bei 1000 °C getempert wurden. Auffallend ist, daß man mit Phosphor den niedrigsten Widerstand erreicht, der praktisch gleich wie bei monokristallinem Silizium ist (vgl. Abb. 3.2.2).

Das drastisch von monokristallinem Silizium abweichende Widerstandsverhalten von niedrigdotierten Polysiliziumschichten zeigt Abb. 3.8.4. Als Beispiel, wie empfindlich die hohen Widerstände von der Prozeßführung bei der Herstellung der Integrierten Schaltung abhängig sind, sind in Abb. 3.8.4 die Kurven mit und ohne Plasmanitridpassivierung eingezeichnet. Offenbar vermag der im Plasmanitrid enthaltene Wasserstoff an die Korngrenzen des Polysiliziums zu diffundieren und dort die für die Potentialbarriere verantwortlichen Traps zu reduzieren.

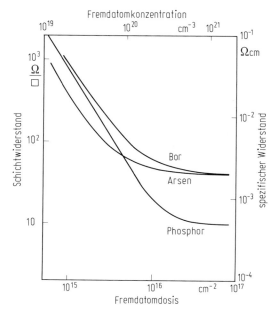

Abb. 3.8.3. Schichtwiderstand und spezifischer elektrischer Widerstand von 0,5 µm dicken Polysiliziumschichten bei Bor-, Arsen- bzw. Phosphordotierung nach einer halbstündigen Ofentemperung bei 1000 °C

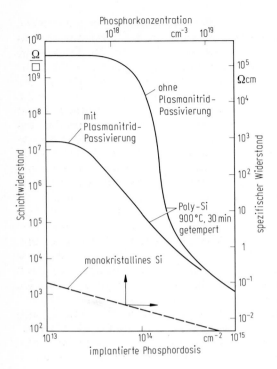

Abb. 3.8.4. Schichtwiderstand bzw. spezifischer Widerstand einer 0,5 μm dicken Polysiliziumschicht, in die Phosphorionen mit niedriger Dosis implantiert wurden. Die mittlere Kurve zeigt den Effekt einer Plasmanitridpassivierung. Zum Vergleich ist die Kurve für monokristallines Silizium eingetragen

Wie bei allen physikalischen Vorgängen, bei denen eine Energieschwelle durch thermische Energie überwunden werden muß, sagt auch das Barrieremodell eine exponentielle Abhängigkeit des spezifischen Polysiliziumwiderstands von der Temperatur entsprechend einem Arrhenius-Gesetz voraus. Dies wird auch experimentell bestätigt. Allerdings ist der Widerstand niederohmiger Polysiliziumschichten wegen Durchtunnelns der Potentialbarriere nur schwach von der Temperatur abhängig.

3.8.4
Anwendung von Polysiliziumschichten

Polysilizium war in den frühen Bipolar- und MOS-Schaltungen überhaupt nicht enthalten. Die erste Anwendung als Polysiliziumgate im MOS-Prozeß (etwa im Jahre 1970) brachte für die MOS-Technik einen entscheidenden Durchbruch, konnte man doch Nutzen aus den wesentlichen Vorteilen des Polysiliziums ziehen. Diese Vorteile sind die Hochtemperaturverträglichkeit (die die Selbstjustierung von Source und Drain in bezug auf die Gateelektrode ermöglichen), die thermische Oxidierbarkeit, die Dotierbarkeit, die ohmsche Kontaktbildung zu Aluminium und Monosilizium, die elektrische Stabilität als Gateelektrode über dünnem Gateoxid, der Gewinn einer zusätzlichen (allerdings im Vergleich zu Aluminium um drei Größenordnungen höherohmigen) Verdrahtungsebene und die mit Hilfe der Niederdruck-CVD-Abscheidung mögliche konforme Abscheidung an Stufen. Inzwischen werden die Vorzüge des Polysiliziums in zahlreichen weiteren Anwendungen genutzt.

Die thermische Oxidierbarkeit des Polysiliziums wird vielfach genutzt. Beispiele hierfür sind in den Abb. 3.4.5 und 3.4.6 aufgeführt. Auch in der modernen Bipolartechnik wird Polysilizium zunehmend eingesetzt. Mit einem n^+-dotierten Polysiliziumemitter kann die Emitterergiebigkeit gesteigert werden (konstante Stromverstärkung über mehrere Dekaden des Kollektorstroms). Werden auch die Basisanschlüsse in Polysilizium (p^+-dotiert) ausgeführt, so kann man selbstjustierte Emitter/Basis-Anordnungen realisieren, die einen minimalen Flächenbedarf der Emitter/Basis-Anordnung und dadurch sehr kapazitätsarme, schnelle Bipolartransistoren ermöglichen (s. Abb. 3.5.2 c und 8.3.8).

Niedrigdotierte Poly-Si-Schichten können als Hochohmwiderstände in Bipolar- und MOS-Schaltungen dienen, und zwar vor allem als Lastelemente in Inverterschaltungen (poly loads), die dadurch eine kleinere Fläche benötigen.

MOS-Transistoren in Poly-Si (TFT = *Thin Film Transistor*) weisen zwar schlechtere elektrische Eigenschaften auf, sind aber an bestimmten Stellen brauchbar, z.B. als Lasttransistoren in Invertern oder SRAM-Speicherzellen (s. Abschn. 8.4.1).

Polysilizium wird auch bevorzugt verwendet, um Schaltungen zu programmieren. In redundanten Schaltungen werden Polysiliziumstrecken lokal unterbrochen (durch lokales Verdampfen mit einem Stromstoß oder einem feinfokussierten Laserstrahl) oder lokal leitfähig gemacht (z.B. durch eine lokale

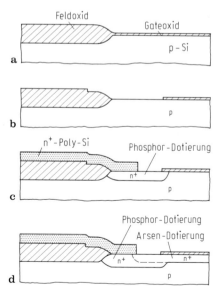

Abb. **3.8.5 a–d.** Prozeßschrittfolge für die Erzeugung eines Buried-Kontakts. **a** Ausgangszustand nach der Gateoxidation; **b** Ätzung des Buried-Kontaktlochs; **c** Poly-Si-Abscheidung, Phosphor-Dotierung, Ätzung des Poly-Si; **d** Arsen-Implantation für Source/Drain, Eintreiben der Dotieratome

Dotierstoffaktivierung mit einem feinfokussierten Laserstrahl nach einer Ionenimplantation), um defekte Schaltungsteile abzutrennen und redundante
intakte Schaltungsteile hinzuzuschalten. Die einmalige Programmierung von
Festwertspeichern (ROMs = Read-Only Memories) kann auf gleiche Weise erfolgen. Bei den löschbaren programmierbaren Festwertspeichern (EPROMs =
Erasable Programmable ROMs und E²PROMs = Electrically Erasable Programmable ROMs) sind die programmierbaren Elemente MOS-Transistoren mit
floatendem (d.h. elektrisch isoliertem) Polysiliziumgate, das bei hohen Feldstärken durch den im dünnen Oxid fließenden Tunnelstrom aufgeladen wird
(s. Abschn. 3.4.3 und 8.4.3).

Der Kontakt von Polysilizium zu monokristallinen Siliziumbereichen im Si-
Gate-MOS-Prozeß wird als Buried-Kontakt bezeichnet. Die wesentlichen Prozeßschritte zur Realisierung eines Buried-Kontakts sind in Abb. 3.8.5 wiedergegeben. Typisch für diesen Kontakt ist, daß das Poly-Si das Kontaktloch nur teilweise bedeckt. Dies ist erforderlich, weil andernfalls die für eine niederohmige
Verbindung notwendige Überlappung von Phosphor- und Arsen-dotierten Gebieten nicht sichergestellt wäre. Nachteilig bei diesem Buried-Kontakt-Prozeß
ist, daß das empfindliche Gateoxid vor der Bedeckung mit Polysilizium einigen
Prozeßschritten ausgesetzt ist, die lokale Defekte im Gateoxid verursachen können, und daß bei der Ätzung des Polysiliziums (Abb. 3.8.5 c) kein Ätzstop zum
Monosilizium existiert, so daß zwangsläufig ins Monosilizium hineingeätzt
wird. Ein Buried-Kontakt-Prozeß wie in Abb. 3.8.6 vermeidet beide Nachteile.[31]

Bei den beiden Buried-Kontakten in den Abb. 3.8.5 und 3.8.6 wird davon
ausgegangen, daß die Polysiliziumebene – wie für selbstjustierte Gateelektroden erforderlich – vor der Source-Drain-Dotierung erzeugt wird. Ist dagegen
im MOS-Prozeß eine zusätzliche Polysiliziumebene vorgesehen, die nur als
Leiterbahnebene und nicht als Gateebene fungiert (z.B. als Bitleitung einer
dynamischen Speicherschaltung), so kann eine übliche Kontakttechnik mit
einem das Kontaktloch vollständig bedeckenden Polysilizium angewandt werden. In Abb. 3.5.2 b ist ein solcher Kontakt gezeigt, der hier außerdem die Eigenschaft hat, daß er überlappend (selbstjustiert) über eine erste Polysiliziumstruktur ausgeführt werden kann. Alle beschriebenen Polysilizium/Monosiliziumkontakte haben gemeinsam, daß bei n⁺-Dotierung des Polysiliziums
ohmsche Kontakte nur zu n⁺-dotierten Monosiliziumgebieten möglich sind.

Die gleichmäßige Oberflächenbedeckung von Polysilizium selbst in engen,
tiefen Gräben wird z.B. bei der Erzeugung von Grabenzellen für dynamische
Speicher sowie bei der Grabenauffüllung genutzt. Abbildung 3.8.7 zeigt den
Querschnitt durch den Kondensator einer dynamischen Speicherzelle, bei der
die Fläche des Kondensators durch die Ausbildung eines tiefen Grabens vergrö
ßert wird. Falls – wie in Abb. 3.8.7 angenommen – die Dicke der Poly-Si-Elektrode nicht ausreicht, um den Graben ganz mit Polysilizium zu füllen, kann der

---

[31] Die beiden Nachteile können auch mit der Prozeßschrittfolge in Abb. 3.8.5 vermieden werden, nämlich dann, wenn man nach der Gateoxidation einen Teil (z.B.
0,1 µm) der späteren Gate-Poly-Si-Schicht abscheidet.

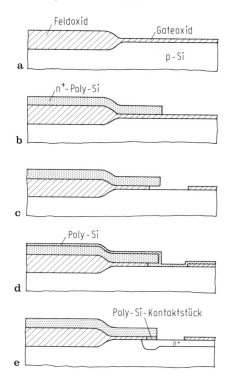

Abb. 3.8.6 a–e. Prozeßschrittfolge für einen Buried-Kontakt ohne die Nachteile des Buried-Kontakt-Prozesses in Abb. 3.8.5. Der wesentliche Prozeßschritt ist der Schritt **d**, bei dem infolge der konformen Abscheidung der Hohlraum unter der Polysiliziumkante mit Polysilizium ausgefüllt wird.
a Ausgangszustand nach der Gateoxidation; **b** n$^+$ Poly-Si-Abscheidung und -Ätzung; **c** isotrope SiO$_2$-Ätzung; **d** konforme Poly-Si-Abscheidung; **e** ganzflächige Ätzung der dünnen Poly-Si-Schicht und anschließend Source/Drain-Dotierung

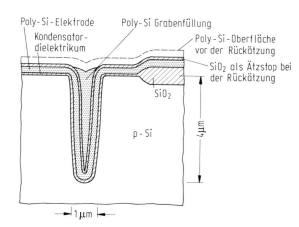

Abb. 3.8.7. Querschnitt durch den Kondensator einer dynamischen Grabenspeicherzelle

Graben mit einer zweiten Poly-Si-Abscheidung eingeebnet werden, wobei eine
dünne SiO$_2$-Schicht als Ätzstop bei der Rückätzung dieser Poly-Si-Schicht dienen kann (vgl. auch die Grabenisolationstechnik im Abschn. 3.5.4).

Im Abschn. 8.6.4 wird die Prozeßschrittfolge zur Erzeugung eines Grabenkondensators für eine Speicherzelle von nur 0,6 µm^2 diskutiert. Im Unterschied zu dem Grabenkondensator in Abb. 3.8.7 weist dieser Grabenkondensator eine Strukturierung entlang der Grabenwand auf, um die Buried Plate,
den Collar und den Buried-Strap-Kontakt zu realisieren (vgl. Abb. 8.4.3 b).
Diese Strukturierung kann allerdings nicht mehr mit der üblichen lithographischen Technik (Kap. 4) erfolgen. An ihre Stelle treten die Schrägimplantation, die Spacertechnik (s. Abschn. 3.5.3), der Resistabtrag bis zu einer bestimmten Grabentiefe, sowie die teilweise Rückätzung (Recess Etch) des zuvor z. B. mit Poly-Si aufgefüllten Grabens.

Ein weiteres Beispiel, bei dem eine solche Grabentechnik angewandt wird,
sind vertikale MOS-Transistoren [3.40; 3.41].

Die vollkommen gleichmäßige Poly-Si-Abscheidung auch in engen Spalten
mit großem Aspektverhältnis (= Verhältnis von Spalttiefe zu Spaltbreite) macht
man sich auch bei den Stapelkondensatoren zunutze (s. Abb. 8.4.3 c und d).

Abschließend sei noch auf die optischen Eigenschaften von Polysilizium
hingewiesen, die in der Lithographie eine große Rolle spielen (s. Kap. 4). Der
große Unterschied der Brechungsindices von Silizium und SiO$_2$ (4,75 bzw.
1,45) führt zu einer starken Lichtreflexion an jeder Si/SiO$_2$-Grenzfläche.
Diese Reflexion wird vorteilhaft bei der Justiermarkenerkennung genutzt (s.
Abb. 4.2.24 a). Andererseits ist die Lichtreflexion nachteilig, weil sie Linienbreitenschwankungen verursacht (s. Abschn. 4.2.3). Eine dünne gesputterte
amorphe Si-Schicht auf Aluminium wirkt als Antireflexschicht (s. Abschn.
4.2.3).

3.9
Silizidschichten

Silizide sind Metall/Siliziumverbindungen, die in der Siliziumtechnologie als
temperaturstabile niederohmige Leitbahnen und Kontakte Verwendung finden. Die Silizidschichten sind typisch 0,1 bis 0,2 µm dick. Am häufigsten
werden die Silizide MoSi$_2$, WSi$_2$, TaSi$_2$ und TiSi$_2$ (als Leitbahnschichten) sowie PtSi und PdSi$_2$ (als Kontaktschichten) angewandt. Daneben sind noch
CoSi$_2$, NbSi$_2$, NiSi$_2$ und die Silizide der seltenen Erden zu nennen, die aber
bisher kaum eine Rolle spielen. Tabelle 3.1 gibt einen Überblick über die Eigenschaften der wichtigsten Silizide.

3.9.1
Erzeugung von Silizidschichten

Die drei wichtigsten Verfahren zur Erzeugung von Silizidschichten sind das
gleichzeitige Sputtern des Metalls und des Siliziums, das Sputtern des Metalls

Tabelle 3.1. Eigenschaften der wichtigsten Silizide

	$MoSi_2$	WSi_2	$TaSi_2$	$TiSi_2$	PtSi	Pd_2Si
Spezifischer Widerstand ($\mu\Omega$ cm) [a]	40...110	30...100	35...70	15...25	30...35	30...35
Schichtwiderstand ($\Omega/\square$) bei 0,2 μm Siliziddicke	2...5,5	1,5...5	1,75...3,5	0,75...1,25	1,5...1,75	1,5...1,75
Schottky-Barrierenhöhe auf n-Si (mV)	570	650	600	600	880	730
chemische Resistenz	sehr gut	sehr gut	gut	schlecht (in verdünnter Flußsäure löslich)	sehr gut	mittel (löslich in HNO_3 und $HF+HNO_3$)
Temperaturstabilität in °C	>1000	>1000	>1000	800	800	700
Temperaturstabilität von Al-Silizid-Kontakten in °C	500	500	500	450	300	300

[a] Der spezifische Widerstand hängt von den Temperaturbedingungen bei der Silizidbildung (Silizilierung) ab. Beispielsweise erreicht man bei WSi_2 mit 900 °C-Temperung 100 $\mu\Omega$ cm und mit 1000 °C 40 $\mu\Omega$ cm.

allein auf eine Siliziumunterlage mit nachfolgender Silizidbildung (Silizierung) sowie die CVD-Abscheidung [3.42].[32]

Das gleichzeitige Sputtern des Metalls und des Siliziums wurde im Abschn. 3.1.4 beschrieben. Dieses Verfahren wird bevorzugt für die Disilizide $MoSi_2$, WSi_2, $TaSi_2$ und $TiSi_2$ angewandt. Das Metall und das Silizium müssen im richtigen Verhältnis – meist wird das stöchiometrische Verhältnis angestrebt, also zwei Siliziumatome auf ein Metallatom – auf die Siliziumscheiben aufgebracht werden. Dies kann, wie in Abb. 3.1.16 illustriert wurde, entweder durch Co-Sputtern oder durch Sputtern von einem Mosaiktarget oder von einem Sintertarget (Mischtarget) erfolgen.

Beim Co-Sputtern werden die Siliziumscheiben zyklisch unter den beiden Targets, deren Sputterrate getrennt gesteuert werden muß, vorbeigeführt. Es entsteht so ein mehrlagiger Schichtaufbau mit alternierenden Schichten aus Metall und Silizium. Das Co-Sputtern bietet die Möglichkeit, das pauschale Metall/Siliziumverhältnis zu variieren sowie die erste bzw. letzte Schicht des mehrlagigen Schichtaufbaus festzulegen. Nachteilig ist aber die erforderliche exakte gleichzeitige Steuerung von zwei Targets. Im Gegensatz zum Co-Sputtern ist beim Sputtern vom Mosaiktarget bzw. vom Sintertarget die Schicht-

---

[32] Auf die Möglichkeit der Erzeugung monokristalliner Silizidschichten mit Hilfe der Molekularstrahlepitaxie wurde im Abschn. 3.3.1 hingewiesen.

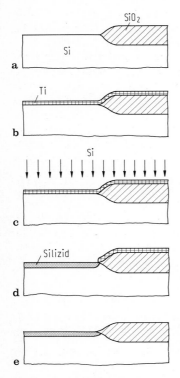

Abb. 3.9.1 a–e. Prozeßschrittfolge für die Erzeugung von Silizidschichten, die nur auf freiliegenden Siliziumgebieten entstehen (Salicide-Technik). Der Prozeßschritt c kann auch weggelassen werden (s. Text). **a** Ausgangszustand; **b** Sputtern der Metallschicht (z. B. Ti); **c** Metall/Silizium-Vermischung durch Ionenimplantation (z. B. Si); **d** Silizierung durch Temperung (z. B. 900 °C); **e** Wegätzen der Metallschicht auf SiO$_2$-Gebieten

zusammensetzung durch das Target festgelegt. Die beiden Komponenten sind in der aufgesputterten Schicht ideal durchmischt.

Bei allen drei beschriebenen Varianten des Sputterns der Silizidkomponenten, die nach dem Sputtern als amorphe Schichten vorliegen, erfolgt bei Temperaturen von 600 bis 1000 °C die eigentliche Silizidbildung (Silizierung).[33] Dabei kommt es zu einer Materialschrumpfung (ca. 25%), die relativ hohe Zugspannungen in der Silizidschicht (um 10^5 N cm^{-2}) verursacht. Die Silizidschichten weisen eine feinkristalline Kornstruktur auf.

Das Verfahren, bei dem das silizidbildende Metall allein aufgesputtert wird und anschließend mit einer Siliziumunterlage zur Silizidreaktion gebracht wird, ist in Abb. 3.9.1 dargestellt. Dort, wo die Metallschicht auf einer SiO$_2$-Unterlage liegt, bleibt das Metall bei der Silizierungstemperung praktisch unverändert[34] und kann (z. B. mit H$_2$O$_2$ im Fall von Titan) weggeätzt werden.

---

[33] Die Silizierungstemperung kann auch vorteilhaft mit einem Kurzzeittemperverfahren (s. Abschn. 3.1.8) durchgeführt werden. Das nachteilige Ausdiffundieren von Dotieratomen aus dem Silizium ins Silizid kann dadurch minimiert werden.

[34] Dies gilt nicht für Titan. Dieses wird in Stickstoffatmosphäre (z. B. bei 700 °C) in TiN umgewandelt. Auf dem TiSi$_2$ bildet sich eine dünne TiN-Schicht.

Das Ergebnis ist eine selektive (selbstjustierte) Silizidschicht auf den freiliegenden Siliziumgebieten (Salicide = Self-aligned silicide). Der Siliziumverbrauch entspricht einer halben bis ganzen Silizidschichtdicke.

Ein kritischer Punkt bei diesem Verfahren ist das dünne natürliche Oxid (0,8 bis 1,8 nm) auf dem Silizium, das nur eine ungleichmäßige Silizidbildung zuläßt. Das natürliche Oxid muß deshalb durch Rücksputtern vor dem Metallsputtern entfernt werden (s. Abschn. 3.1.4). Eine weitere Maßnahme zur Verbesserung der Gleichmäßigkeit der Silizidschicht und damit des Kontaktwiderstands besteht in einer Ionenimplantation z.B. von Silizium oder Arsen (ITM = Implantation Through Metal, s. Abb. 3.9.1 c): Aufgrund der Stöße, die die implantierten Ionen ausüben (recoil), kommt es über die dünne Schicht des natürlichen Oxids hinweg zu einer gewissen Durchmischung (IBIM = Ion Beam Induced Mixing) von Metall- und Siliziumatomen. Beim Silizieren entsteht so eine gleichmäßige Silizidschicht.

Neben dem Sputterverfahren gewinnt das CVD-Verfahren für die Erzeugung von Silizidschichten zunehmend an Bedeutung. Die folgenden Gasphasenreaktionen seien als Beispiele genannt:

$$4SiH_4 + 2WF_6 \xrightarrow[30\,Pa]{400^\circ C} 2WSi_2 + 12HF + 2H_2,$$

$$4SiH_2Cl_2 + 2TaCl_5 + 5H_2 \xrightarrow[60\,Pa]{600^\circ C} 2TaSi_2 + 18HCl,$$

$$2SiH_4 + TiCl_4 \xrightarrow[Plasma,\,30\,Pa]{450^\circ C} TiSi_2 + 4HCl + 2H_2.$$

Als CVD-Reaktoren kommen Kaltwandreaktoren (Typ wie in Abb. 3.1.4 c) bzw. Plasma-CVD-Reaktoren (Typ wie in Abb. 3.1.6 c) in Frage.

Bei der CVD-Abscheidung wachsen im Gegensatz zum Sputtern bereits fertige feinkristalline Silizidschichten auf. Die Kantenbedeckung ist besser als beim Sputtern. Vor allem aber ist es mit der CVD-Abscheidung besser möglich, sehr reine Schichten zu erzeugen. Beim Sputtern können nämlich die Targets (namentlich die Sintertargets) eine Quelle der Verunreinigung darstellen.

Durch Variation der CVD-Abscheidebedingungen kann man entweder ganzflächige oder selektiv auf freiliegenden Siliziumgebieten aufwachsende CVD-Silizidschichten erhalten. Im Gegensatz zu den mittels Metallsputtern und Silizieren gewonnenen selektiven Silizidschichten (s. Abb. 3.9.1) haben die selektiven CVD-Silizidschichten den Vorteil, daß in den Siliziumbereichen kein Silizium verbraucht wird.

3.9.2
Polyzidschichten

Eine wichtige Anwendung der Silizide sind die Polyzidschichten, das sind Doppelschichten aus einer meist hoch mit Phosphor oder Bor dotierten Polysiliziumschicht (ca. 0,3 μm dick) und einer darüberliegenden Silizidschicht (ca. 0,2 μm), die in der Regel im Sputterverfahren unmittelbar nach der Abscheidung und Dotierung der Polysiliziumschicht erzeugt wird. Mit einer Poly-

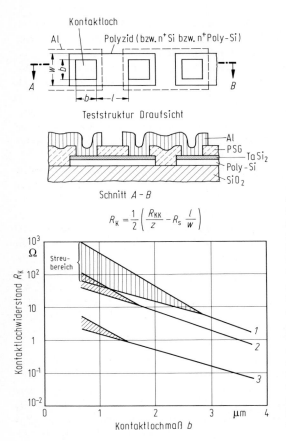

Abb. 3.9.2. Kontaktlochwiderstand für Aluminiummetallisierung (mit 1% Siliziumzusatz) auf 1 n$^+$-dotierten monokristallinem Si, 2 n$^+$-dotiertem Polysilizium und 3 Polyzid (Poly-Si+TaSi$_2$) bei verschieden großen quadratischen Kontaktlöchern. Der Kontaktlochwiderstand R_K wurde durch Messung des Widerstands R_{KK} einer Kontaktlochkette mit z Kontaktlöchern bestimmt. R_s ist der Schichtwiderstand (in $\Omega/\square$) des Polyzids bzw. des n$^+$-dotierten Siliziums bzw. des n$^+$-dotierten Polysiliziums. Der Schichtwiderstand der Aluminiummetallisierung (ca. 30 m$\Omega/\square$) kann hier vernachlässigt werden

zidschicht erreicht man im Vergleich zum hochdotierten Polysilizium eine Herabsetzung des Widerstands von Leiterbahnen um etwa eine Größenordnung: Während 0,4 µm dicke stark mit Phosphor dotierte Polysiliziumschichten einen Schichtwiderstand von 15 bis 25 $\Omega/\square$ aufweisen, haben Polyzidschichten mit 0,2 µm Siliziddicke Schichtwiderstände von 1 bis 5 $\Omega/\square$[35] (vgl. Tabelle 3.1). Auch der Kontaktwiderstand an der Grenzfläche zu einer Al (1% Si)-Metallisierung ist insbesondere bei kleinen Kontaktlöchern wesentlich niedriger (Abb. 3.9.2).

Gegenwärtig werden Polyzidschichten fast ausschließlich als niederohmiger Ersatz für das hochdotierte Polysilizium angewandt, und zwar können die Polyzidebenen in den Integrierten Schaltungen entweder reine Leiterbahnebenen darstellen oder als Gateelektroden- und Leiterbahnebenen fungieren. In jedem

---

[35] Zum Vergleich: Eine 0,8 µm dicke Aluminiumschicht mit 1% Siliziumzusatz hat einen Schichtwiderstand von 40 m$\Omega/\square$.

Fall können im Herstellprozeß nach dem Aufbringen der Polyzidschichten noch Temperaturen von $900\,^{\circ}C$ oder höher vorkommen (z.B. bei der Source/Drain-Dotierstoffaktivierung oder beim Flow-Glas-Prozeß). Die Silizide müssen deshalb bei diesen Temperaturen stabil bleiben. Aus diesem Grund werden für Polyzidschichten fast ausschließlich die Silizide $MoSi_2$, WSi_2, $CoSi_2$, $TaSi_2$ und $TiSi_2$ verwendet, nicht aber $PtSi$ und Pd_2Si (vgl. Tabelle 3.1).

Polyzidstrukturen sind thermisch oxidierbar. Das beim Oxidationsprozeß verbrauchte Silizium diffundiert dabei von der Polysiliziumschicht durch die Silizidschicht an die Oberfläche. Dadurch schrumpft die Polysiliziumdicke, während die Siliziddicke praktisch unverändert bleibt.

In strombelasteten Polyzidstrukturen wurde Elektromigration nachgewiesen, aber unter realen Betriebsbedingungen dürfte die Elektromigration keine Rolle spielen.

Das Polysilizium hat bei den Polyzidschichten die Funktion, die bewährten günstigen Eigenschaften von Polysilizium-Gateelektroden beizubehalten, wie z.B. die ausgezeichnete Stabilität auf dünnen SiO_2-Schichten, die gute Kantenbedeckung, den Buried-Kontakt und die thermische Oxidierbarkeit. Es gibt aber auch Versuche, Silizidschichten direkt auf Gateoxiden abzuscheiden, und zwar vor allem deshalb, weil z.B. $TaSi_2$ eine um 0,4 eV positivere Austrittsarbeitsdifferenz φ_{MS} im Vergleich zu n^+-dotiertem Polysilizium hat. Damit brauchen die Kanalbereiche von n-Kanal-MOS-Transistoren nicht so hoch mit Bor dotiert werden.

3.9.3
Silizierung von Source/Drain-Bereichen

Der erreichbare minimale Schichtwiderstand von n^+- bzw. p^+-dotierten Bereichen – in MOS-Schaltungen sind dies die Source/Drain-Bereiche – wird mit kleinerer Eindringtiefe der dotierten Bereiche immer größer (s. Abb. 6.3.7). In verkleinerten MOS-Schaltungen können die relativ großen Zuleitungswiderstände zu den Transistorkanälen zu einer Absenkung der Transistorsteilheit bzw. zu einer Geschwindigkeitseinbuße infolge zu großer RC-Zeiten führen.

Durch eine selektive Silizidbildung auf den Source/Drain-Bereichen kann auch bei geringer Eindringtiefe (z.B. $0,2\,\mu m$) ein kleiner Schichtwiderstand von wenigen $\Omega/\square$ erzielt werden. Am häufigsten kommt $TiSi_2$, das mit dem in Abb. 3.9.1 beschriebenen Verfahren erzeugt wird, zur Anwendung. Aber auch das in Abschn. 3.9.1 erwähnte selektive CVD-Verfahren ist möglich.

Die für die selektive Silizierung erforderliche Freilegung der Source/Drain-Gebiete bei gleichzeitiger Rundumisolierung der Gateelektroden kann z.B. mit Verfahren erfolgen, wie sie in den Abb. 3.5.2b oder 3.7.1a beschrieben sind. Sollen die Polysilizium-Gate-Strukturen ebenfalls mitsiliziert werden, kann die notwendige Seitenwandisolation des Polysiliziums (andernfalls besteht Gate-Drain-Kurzschlußgefahr durch zusammenwachsendes Silizid) durch ein Verfahren wie in Abb. 3.5.2a oder 3.7.1b realisiert werden.

Mit einigen zusätzlichen Prozeßschritten ist eine Silizidbildung auch an gewünschten Stellen auf SiO_2-Bereichen möglich. Damit können Silizidverbin-

dungen zwischen benachbarten silizierten Bereichen bzw. vergrößerte Kontaktflächen für das Anbringen von Kontaktlöchern realisiert werden. Hierzu werden mit Hilfe eines Lithographieschrittes vor dem Aufbringen der Metallschicht (Schritt a in Abb. 3.9.1) an den gewünschten Stellen ca. 0,1 μm dicke
Strukturen aus amorphem Silizium oder Polysilizium erzeugt. Bei der Silizierung (Schritt d in Abb. 3.9.1) werden dann auch diese Siliziumstrukturen in
Silizidstrukturen („straps") umgewandelt. Mit dieser Straptechnik sind auch
niederohmige Verbindungen zwischen n- und p-dotierten Gebieten möglich.

3.10
Refraktär-Metallschichten

Die Refraktär-Metalle Molybdän, Wolfram, Tantal und Titan finden in der Siliziumtechnologie nicht nur in Form ihrer Silizide, sondern auch als reine Metalle
zunehmende Verwendung. Von besonderer Bedeutung sind Titan und Wolfram.

Bei Metallisierungen im Sub-μm-Bereich hat sich eine Ti/TiN-Doppel-
schicht (ca. 20 nm Ti und ca. 100 nm TiN) zur Standard-Zwischenschicht
zwischen Silizium und Aluminium bzw. Wolfram entwickelt (vgl. Tabelle
8.10). Die dünne Ti-Schicht bildet mit dem Si eine niederohmige $TiSi_2$-Kon-
taktschicht, während das TiN als metallurgische Barriereschicht zwischen Si
und Al bzw. W fungiert. Für die Erzeugung der TiN-Schicht kommt entweder
PVD (Sputtern) oder CVD in Frage.

Für das Sputtern verwendet man ein mit Stickstoff gesättigtes Titan-Target.
Zur Verbesserung der Bodenbedeckung der Kontaktlöcher (s. Abschn. 3.11.4)
ist ein ebenfalls aus TiN bestehender Kollimator (s. Abschn. 3.1.4) vorteilhaft. Der spezifische elektrische Widerstand von gesputterten TiN-Schichten
beträgt 100 bis 400 μΩ cm.

Mit dem MOCVD-Verfahren (MOCVD = Metal Organic CVD) können TiN-
Schichten mit ausgezeichneter konformer Kantenbedeckung erzeugt werden
[3.43]. In einem CVD-Reaktor wie in Abb. 3.1.6 c können mit Hilfe eines sepa-
raten (remote) Mikrowellenplasmas Wasserstoff-Radikale (H^*) generiert werden, die auf der heißen Scheibenoberfläche die folgende Reaktion auslösen:

$$Ti[N(CH_3)_2]_4 + 9H^* \xrightarrow[40\,Pa]{400^{\circ}C} TiN + Gase.$$

Der hohe spezifische Widerstand von CVD-TiN-Schichten (ca. 10^4 μΩ cm) ist
eher vorteilhaft, weil er die Stromzusammendrängung (current crowding) in
Kontaktlöchern und Vias unterdrückt (vgl. Abb. 3.11.4).

TiN-Schichten sind nicht nur als Barriere-Schichten von Bedeutung. Als
Deckschichten auf Al-Schichten wirken sie als Antireflex-Schichten bei der
optischen Lithographie sowie zur Unterdrückung des Hillock-Wachstums (s.
Abschn. 3.11.2).

Wolfram hat in der Sub-μm-Siliziumtechnologie seinen festen Platz vor allem
als Kontaktlochfüller, aber auch als Leitbahnmaterial gefunden (s. Abb. 8.5.3).

Zur Vermeidung von unerwünschten Wolfram-Silizium-Reaktionen (en-
croachment, wormholes) dient eine Ti/TiN-Schicht als Kontakt- und Barriere-

schicht zwischen Silizium und Wolfram (siehe oben). Die CVD-Abscheidung erfolgt in zwei Stufen [3.44]: Zuerst wird eine ca. 50 nm dicke Keimschicht und dann die eigentliche Wolframschicht (z. B. 0,5 μm dick) abgeschieden. In einem CVD-Reaktor vom Typ wie in Abb. 3.1.4 c laufen die folgenden Reaktionen ab:

$$WF_6 + SiH_4 \xrightarrow[500\,Pa]{470\,°C} W + Gase \ (Keimschicht),$$

$$WF_6 + H_2 \xrightarrow[10^4\,Pa]{470\,°C} W + Gase \ (Bulkschicht).$$

Auf Grund der ausgezeichneten Konformität der Abscheidung werden Kontaktlöcher bzw. Vias lunkerfrei aufgefüllt (s. Abb. 3.1.2 d), auch wenn die Kontaktlochwände senkrecht sind.

Der spezifische Widerstand von CVD-Wolfram ist mit 9 μΩ cm nur 3mal größer als derjenige von Aluminium. Aus diesem Grund wird Wolfram auch für Leiterbahnen genutzt, z. B. für Local Interconnects (s. Abb. 8.5.5). Für die Strukturierung der Wolfram-Leiterbahnen kommt entweder eine Ätztechnik (s. Abschn. 5.3.4) oder die Damascene-Technik (s. Abschn. 8.5.1) in Betracht. Die Vorzüge von Wolfram gegenüber Aluminium als Leiterbahnmaterial liegen in seiner größeren Stabilität bei hohen Temperaturen (Prozeßtemperaturen bis 600 °C und Betriebstemperaturen über 300 °C möglich) und hohen Stromdichten (keine Elektromigration).

Wenn es nur um die Auffüllung von Kontaktlöchern geht, kann auch eine selektive Wolfram-Abscheidung angewandt werden. In diesem Fall darf die Keimschicht nur auf den geöffneten Siliziumbereichen erzeugt werden.

3.11
Aluminiumschichten

Aluminium ist bis heute das fast ausschließlich verwendete Metall für die oberste(n) Leiterbahnebene(n) von Integrierten Schaltungen geblieben, weil es wie kein anderes Metall die wichtigsten Funktionen solcher Leiterbahnebenen zu leisten vermag:

- niedriger Widerstand (3 μΩ cm),
- ohmscher Kontakt zu p- und n^+-dotierten Siliziumbereichen,
- gute Haftung auf SiO_2, Phosphorglas und Borphosphorglas,
- Kontaktierbarkeit mit den gebräuchlichen Drahtkontaktierverfahren (Golddrähte mit Thermokompression, Aluminiumdrähte mit Ultraschallkompression),
- Eignung für Mehrlagenmetallisierung.

Allerdings weist Aluminium auch mehrere einschränkende Eigenschaften auf, die bisher entweder in Kauf genommen oder durch gezielte Maßnahmen verbessert wurden. Zu diesen nachteiligen Eigenschaften gehören die Beschränkung der Prozeßtemperaturen auf unter 500 °C, die ungenügende mechanische und chemische Stabilität, die ausgeprägte Elektromigration, die nicht

optimale Kantenbedeckung, die spitzenartigen Auswüchse („Hillocks") auf
der Schichtoberfläche, die Reaktionen mit Silizium in den Kontaktlöchern,
sowie ein zu hoher Kontaktwiderstand bei kleinen Kontaktlöchern. Diese Eigenschaften und die Gegenmaßnahmen werden in den folgenden Abschnitten
ausführlicher behandelt.

3.11.1
Erzeugung von Aluminiumschichten

Während etwa bis zum Jahre 1980 Aufdampfverfahren mittels thermischer,
induktiver oder Elektronenstrahlverdampfung im Vordergrund standen (s.
Abschn. 3.1.3), überwiegt gegenwärtig das Sputterverfahren (s. Abschn.
3.1.4). Für diesen Wandel sind die im Abschn. 3.1.3 diskutierten Nachteile
des Aufdampfverfahrens verantwortlich, nämlich die schlechtere Kantenbedeckung und die schlechtere Reproduzierbarkeit definierter Schichtzusam-
mensetzungen, insbesondere bei dem üblichen 1%igen Siliziumzusatz zum
Aluminium (s. Abschn. 3.11.4).

Das Sputtern der Al (1% Si)-Schicht erfolgt meist von einem Legierungstar-
get (99% Al, 1% Si). Das gleiche gilt, wenn weitere Zusätze in der Al-Schicht
erwünscht sind (z. B. Cu oder Ti zur Erhöhung der Resistenz gegen Elektromigration). Die Siliziumscheiben können während der Sputterbeschichtung auf
erhöhter Temperatur (200 bis 400 °C) gehalten werden. Bei diesen Temperaturen haben die auf der Scheibenoberfläche auftreffenden Atome eine gewisse
Beweglichkeit, so daß z. B. enge Spalte an Strukturkanten vermieden werden.

Ein kurzzeitiges Rücksputtern (Sputter cleaning) vor der Aluminiumbe-
schichtung sowie das Bias-Sputtern und das kollimierte Sputtern werden vorteilhafterweise zur Erniedrigung des Kontaktwiderstands bzw. zur Verbesserung der Kantenbedeckung angewandt (s. Abschn. 3.1.4). Die Probleme der mäß-
igen Kantenbedeckung in kleinen Kontaktlöchern sind in Abb. 8.5.1 erläutert.

Ein neues Al-Abscheideverfahren ist das „planarisierende Al". Dabei wird
das Al unmittelbar nach dem Sputtern des Al zum Fließen gebracht. Das geschieht dadurch, daß die Siliziumscheiben auf 550 °C aufgeheizt („Hot Al")
oder einem hohen Druck ausgesetzt werden („Force Fill"). Das Al fließt in
die Kontaktlöcher und füllt sie auf (s. Abb. 8.5.3). Insbesondere beim Hot-
Al-Verfahren werden hohe Anforderungen an die Barriereschicht in den Kontaktlöchern gestellt. Wegen ihrer hervorragenden Kantenbedeckung scheint
eine CVD-TiN-Schicht am besten geeignet (s. Abschn. 3.10).

Nach dem Abscheiden der Aluminiumschicht folgt üblicherweise die Strukturierung der Schicht zur Erzeugung der Leiterbahnen. Daran schließt sich eine
Temperung bei typisch 450 °C in Wasserstoff oder Formiergas an. Dabei entstehen niederohmige Aluminium-Silizium-Kontakte und die durch das Plasma
beim Sputtern verursachten Strahlenschäden heilen aus (s. Abschn. 3.1.8).

Obwohl die CVD-Abscheidung von Aluminium erfolgreich demonstriert
worden ist, hat sie sich bisher nicht durchgesetzt. Die Schwierigkeiten liegen
bei der Handhabung der instabilen und hochexplosiblen Ausgangssubstanz
(z. B. Triisobutylaluminium) sowie bei der reproduzierbaren Einstellung der

Schichtzusammensetzung im Fall von Silizium- und anderen Zusätzen zum Aluminium.

3.11.2
Kristallstruktur von Aluminiumschichten

Aluminiumschichten, die bei einer Temperatur unter 100 °C aufgesputtert wurden, weisen eine feinkörnige Struktur mit Korngrößen von 50 bis 100 nm auf. Bei der Temperung bei 450 °C wachsen einige Körner, so daß nach dem Tempern die Korngröße bei 0,5 µm liegt. Sputtert man die Aluminiumschicht bei einer Substrattemperatur von 200 bis 400 °C auf, so erreichen die Körner nach dem Tempern eine Größe von mehreren µm. Sie sind dann größer als die Breite der Leiterbahnen in hochintegrierten Schaltungen. Man spricht in diesem Fall von einer Bambusstruktur der Leiterbahnen. Eine solche Struktur ist für eine Resistenz gegen Elektromigration besonders günstig (s. Abschn. 3.11.3).

Während Aluminiumschichten, die bei einer Substrattemperatur unter 100 °C aufgesputtert wurden, eine glatte Oberfläche aufweisen, zeigen heiß gesputterte Aluminiumschichten (200 bis 400 °C) eine Oberflächenrauhigkeit von wenigen Zehntel µm. Beim Tempern (450 °C) wachsen an einzelnen Stellen aus der Schichtoberfläche herausragende spitzenförmige Erhebungen („Hillocks"), deren Höhe mehr als 1 µm betragen kann. Bei der Mehrlagenmetallisierung können die Hillocks Kurzschlüsse zwischen den beiden Leiterbahnebenen verursachen, wenn die Intermetallisolatorschicht die Hillocks nicht vollständig bedeckt.

Hillocks können durch geringfügige Kupferzusätze zum Aluminium (ca. 0,5% Cu) weitgehend unterdrückt werden. Auch eine TiN-Schicht über der Al-Schicht hemmt die Ausbildung von Hillocks.

Aluminium ist vergleichsweise weich und deshalb mechanisch leicht zu beschädigen, z. B. bei der Handhabung der Siliziumscheiben oder der vereinzelten Chips. Hier hilft eine schützende Abdeckschicht, die heute meist aus einer Doppelschicht aus Plasmaoxid und Plasmanitrid besteht (s. Abschn. 8.5.4).

Außer der mechanischen Stabilität ist auch die chemische Stabilität von Aluminiumleiterbahnen beschränkt. Sie korrodieren in feuchter Umgebung z. B. bei Anwesenheit von Phosphationen (aus Phosphorglas) oder Fluoriden bzw. Chloriden (aus Prozeßkontaminationen). Auch hier kann eine dichte Passivierungsschicht Schutz bieten.

3.11.3
Elektromigration in Aluminiumleiterbahnen

Unter Elektromigration versteht man die Materialwanderung in Leiterbahnen unter dem Einfluß eines elektrischen Stromflusses. Die physikalische Ursache für den Materialtransport sind Stöße von bewegten Elektronen mit den positiven Metallionen des Kristallgitters. Der Materialtransport erfolgt demnach stets in Richtung des Elektronenflusses und entgegen dem (positiv definierten) Stromfluß. Die Materialverarmung kann lokal zur vollständigen Unter-

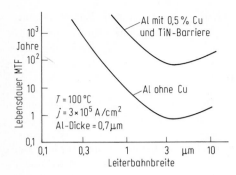

Abb. 3.11.1. Lebensdauer MTF (*Mean Time to Failure*) von gesputterten Aluminiumleiterbahnen bei verschiedenen Leiterbahnbreiten. Die höhere Lebensdauer der schmalen Leiterbahnen ist auf die Bambuskornstruktur der Leiterbahnen zurückzuführen. Durch einen Kupferzusatz zum Aluminium sowie durch eine TiN-Barriere kann die Lebensdauer um etwa zwei Größenordnungen gesteigert werden

brechung einer Leiterbahn und damit zum Totalausfall der Integrierten Schaltung führen.

Für die Lebensdauer MTF (MTF = *Mean Time to Failure*) kann mit guter Näherung die Blacksche Beziehung

$$\text{MTF} \sim j^{-2}\exp(-W_A/kT)$$

herangezogen werden. Dabei ist j die Stromdichte und W_A eine Aktivierungsenergie, deren Wert zu 0,65 eV ermittelt wurde. Diese Energie entspricht der Korngrenzendiffusion, die als die maßgebliche Ursache der Elektromigration gefunden wurde. Hieraus ist auch verständlich, warum schmale Aluminiumleiterbahnen mit Bambuskornstruktur (s. Abschn. 3.11.2) resistenter gegenüber der Elektromigration sind (Abb. 3.11.1).

Außer der Bambuskornstruktur gibt es mehrere andere Möglichkeiten, die Elektromigrationsresistenz der Aluminiumbahnen zu erhöhen. Ein 0,5 bis 2%iger Kupferzusatz zum Aluminium[36] verlängert die Lebensdauer unter sonst gleichen Bedingungen um etwa den Faktor 10. Ein vergleichbarer Effekt wurde bei einem Titanzusatz (0,2%) festgestellt. Auch Sandwichschichten aus Al–Cu, Al–Ti oder Al–TiSi$_2$ weisen eine höhere Resistenz gegen Elektromigration auf. Desgleichen wirkt eine TiN-Schicht unter oder über den Al-Leiterbahnen elektromigrationshemmend (s. Abb. 3.11.1).

Von der Elektromigration können nicht nur die Aluminiumleiterbahnen selbst, sondern auch die Aluminium-Siliziumkontakte betroffen sein. Infolge der Stromzusammendrängung an einer Kontaktlochkante (s. Abschn. 3.11.4) kann die lokale Stromdichtespitze ausreichen, um Siliziumatome ins Aluminium wandern zu lassen. Durch eine Diffusionsbarriereschicht zwischen dem Silizium und der Aluminiumschicht kann diese Materialwanderung unterdrückt werden.

Neben der Elektromigration gibt es noch einen weiteren Migrationseffekt in Aluminiumleiterbahnen, nämlich die sog. Streßmigration. Darunter versteht man die Wanderung von Aluminiumatomen unter dem Einfluß innerer

---

[36] Aluminiumleiterbahnen mit solchen Kupferkonzentrationen sind allerdings korrosionsanfälliger.

mechanischer Spannungen bei erhöhter Temperatur (z. B. 150 °C). Wie bei der Elektromigration kann es auch als Folge der Streßmigration zu Leitungs-unterbrechungen kommen, namentlich bei sehr schmalen Leiterbahnen mit einer Breite unter 1 μm. Als Gegenmaßnahme gegen die Streßmigration hat sich ein geringfügiger Kupferzusatz zum Aluminium (ca. 0,5% Cu) bewährt.

3.11.4
Aluminium-Siliziumkontakte

Verwendet man für die Leiterbahnen reines Aluminium, so kommt es beim Tempern (typisch 450 °C) zu einer Reaktion in den Kontaktlöchern. Es ent-steht kein Silizid, vielmehr diffundiert Silizium so lange ins Aluminium, bis die Löslichkeitsgrenze (0,5% bei 450 °C) erreicht ist. Die Diffusionslänge nach 30 min bei 450 °C beträgt ca. 40 μm. Die Siliziumdiffusion aus dem Kontaktloch erfolgt nicht gleichmäßig über die Kontaktlochfläche. Hierfür sind zwei Gründe verantwortlich. Zum einen wird das natürliche Oxid auf dem Silizium (ca. 1 nm dick), das die Diffusion behindert, nur stellenweise durch Reaktion mit Aluminium aufgebraucht, zum anderen wandert an der-jenigen Kontaktlochkante, die in Richtung der längeren Ausdehnung der Lei-terbahn liegt, besonders viel Silizium aus dem Kontaktloch, weil an dieser Stelle das Aluminiumangebot und damit der Siliziumbedarf für eine 0,5%ige Siliziumkonzentration im Aluminium größer ist (Abb. 3.11.2).
Eine weitere Besonderheit der Ausdiffusion des Siliziums besteht darin, daß (wie beim alkalischen Ätzen) bevorzugt $\langle 100 \rangle$-orientierte Flächen abge-tragen werden, während $\langle 111 \rangle$-orientierte Flächen praktisch als Diffusions-stopflächen wirken. Weist die Siliziumscheibe eine $\langle 100 \rangle$-Oberfläche auf – was meist der Fall ist –, so bilden sich pyramidenförmige Krater (Spikes) aus, deren Flächen $\langle 111 \rangle$-Flächen sind, die mit der $\langle 100 \rangle$-Oberfläche einen Winkel von 55° bilden (Abb. 3.11.2). Die Spikes stellen keine Hohlräume dar; vielmehr wird das verschwundene Silizium durch Aluminium ersetzt (Kir-kendahl-Effekt). Je kleiner das Kontaktloch (und damit das Siliziumangebot) und je größer das zu sättigende Aluminiumvolumen ist, umso tiefere Spikes bilden sich aus. Ragt ein Spike bis zu einem pn-Übergang, so ist dieser kurz-geschlossen, und die Integrierte Schaltung zeigt Totalausfall.

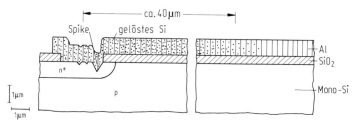

Abb. 3.11.2. Ausbildung von Spikes in einem Kontaktloch bei Verwendung von reinem Aluminium für die Leiterbahnen. Silizium diffundiert bei einer 30minütigen Tempe-rung bei 450 °C ca. 40 μm weit

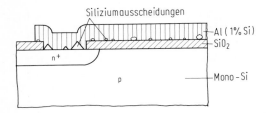

Abb. 3.11.3. Siliziumausscheidungen
bei Verwendung von Aluminium
mit 1% Siliziumzusatz

Wegen dieser Problematik ist man bereits seit etwa 1970 dazu übergegangen, dem Aluminium von vornherein ca. 1% Silizium zuzusetzen. Damit entfällt die treibende Kraft für die Ausdiffusion von Silizium aus den Kontaktlöchern. Allerdings beobachtet man beim Tempern (450 °C) den entgegengesetzten Effekt der Siliziumausscheidung vor allem in den Kontaktlöchern (Abb. 3.11.3). Auf den $\langle 100 \rangle$-orientierten Siliziumoberflächen wächst das Silizium epitaktisch auf; es entstehen pyramidenförmige Ausscheidungen. Solange die Siliziumausscheidungen nur einen kleinen Teil der Kontaktlochfläche bedecken, haben sie kaum nachteilige Auswirkungen. Bei kleinen Kontaktlöchern mit Abmessungen unterhalb ca. 2 μm kann es aber zu einer weitgehenden Bedeckung der Kontaktlöcher kommen. Dies hat eine Erhöhung des elektrischen Übergangswiderstands zwischen Aluminium und n^+-dotierten Siliziumbereichen zur Folge (vgl. Abb. 3.9.2), weil die mit Aluminium dotierten und damit p-leitenden Siliziumausscheidungen eine Art pn-Übergang im Kontaktloch bilden.

Wie im Abschn. 3.10 bereits erläutert wurde, kann eine $TiSi_2$-Schicht im Kontaktloch das Übergangswiderstandsproblem beheben. Um eine Diffusion von Silizium ins Aluminium bzw. von Aluminium ins Silizium vollständig zu unterbinden, fügt man eine Diffusionsbarriereschicht (z.B. TiN) zwischen das Silizid und die Aluminiumschicht.

Trotz TiN-Barriereschicht und Si-Zusatz zum Al kann es dennoch zu Spiking kommen, nämlich dann, wenn die TiN-Schicht den Kontaktlochboden nicht vollständig bedeckt. Man erklärt sich das folgendermaßen: Nach dem Sputtern der AlSiCu-Schicht ist das Si gleichmäßig in der Schicht verteilt. Beim Tempern bei 450 °C ändert sich daran wenig, weil das zugesetzte Si etwa der Löslichkeit in Al entspricht. Da die Löslichkeit mit sinkender Temperatur abnimmt, kommt es beim Abkühlen nach dem Tempern zu Si-Ausscheidungen auf der TiN-Schicht. Bei einer erneuten Temperung bei 450 °C (z.B. für eine zweite Al-Ebene) geht das ausgeschiedene Si offenbar nicht mehr oder nur stark verzögert in Lösung (wegen $TiSi_2$-Bildung?). Das nicht mit Si gesättigte Al „saugt" deshalb an undichten Stellen der TiN-Schicht das Si heraus. An der undichten Stelle entsteht ein Spike (vgl. Abb. 3.11.2).

Die Stromdichte in einem stromdurchflossenen Kontaktloch ist meistens nicht über die ganze Kontaktfläche gleich. Am ehesten werden diejenigen Kontaktlöcher mit gleichmäßiger Stromdichte durchflossen, wo der Stromfluß im Silizium in vertikaler Richtung weitergeht, z.B. bei Kollektorkontakten von Bipolartransistoren. In den anderen Fällen, in denen der Strom im Silizium parallel zur Oberfläche weiterfließt, kommt es zu einer Stromzusam-

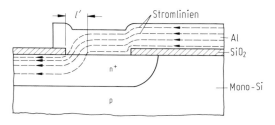

Abb. 3.11.4. Stromzusammendrängung an einer Kontaktlochkante

mendrängung an derjenigen Kontaktlochkante, die dem stromdurchflossenen Siliziumbereich zugewandt ist (Abb. 3.11.4). Der Grund hierfür liegt darin, daß der Strom den Weg des geringsten Widerstands nimmt und deshalb so lange als möglich im Aluminium mit seinem um ca. drei Größenordnungen geringeren Widerstand bleibt.

An der Grenzfläche zwischen Aluminium und (hochdotiertem) Silizium ist ein Übergangswiderstand zu berücksichtigen. Der spezifische Übergangswiderstand $\varrho_{\ddot{u}}$ zu p^+ bzw. n^+ dotierten Siliziumbereichen beträgt ca. $10^{-6}\ \Omega$ cm^2; er kann durch eine der oben erwähnten Kontaktschichten auf unter 10^{-7} $\Omega\ cm^2$ gesenkt werden. Sind $\varrho_{\ddot{u}}$ und der Schichtwiderstand R_s der (flachen) dotierten Schicht bekannt, so kann man grob die vom Strom durchflossene Länge l' des Kontaktlochs (Abb. 3.11.4) abschätzen [3.45]:

$$\frac{\varrho_{\ddot{u}}}{l'b} \approx R_s \frac{0{,}5l'}{b},$$

$$l' \approx \sqrt{\frac{2\varrho_{\ddot{u}}}{R_s}}.$$

Dabei ist b die Breite des Kontaktlochs senkrecht zur Stromrichtung. Für $\varrho_{\ddot{u}} = 10^{-7}\ \Omega\ cm^2$ und $R_s = 30\ \Omega/\square$ ergibt sich z. B. ein l' von ca. 0,8 μm. Das bedeutet, daß bei diesen Widerstandsverhältnissen eine Vergrößerung der Kontaktlochlänge über 0,8 μm hinaus elektrisch praktisch nichts mehr verändert.

Kontakte von Aluminium zu niedrig n-dotiertem Silizium weisen eine Diodencharakteristik auf (Schottky-Kontakte). Die Eigenschaften von Schottky-Kontakten sind ausführlich in [3.46] beschrieben.

3.11.5
Aluminium-Aluminium-Kontakte

Bei zwei und mehr Leiterbahnebenen (Mehrlagenverdrahtung) müssen auch Kontakte zwischen den Leiterbahnen der verschiedenen Leiterbahnebenen hergestellt werden. Diese Kontakte werden Vias genannt.

Um einen niederohmigen Kontakt zu erzeugen, muß die natürliche Al_2O_3-Schicht auf den Leiterbahnen der unteren Ebene beseitigt bzw. reduziert werden. Dies kann durch Rücksputtern unmittelbar vor dem Sputtern der oberen Al-Schicht oder durch Heißsputtern (ca. 350 °C) oder durch Zwischenfügen von Kontaktschichten, wie z.B. Ti/TiN, TiW oder $TiSi_2$ (vgl. Abb. 3.10) erreicht werden.

Wie bei den Aluminium-Siliziumkontakten tritt auch bei den Vias mit kleiner werdendem Querschnitt das Problem der Kantenbedeckung bzw. Viaauffüllung immer stärker in den Vordergrund. Mögliche Maßnahmen sind das Abschrägen der Viaflanken, das Al-Bias-Sputtern, das Heißsputtern, das Auffüllen der Vias mit CVD-Wolfram (s. Abschn. 3.10) bzw. mit Al (mit Hilfe des Hot-Al-Verfahrens).

3.12
Organische Schichten

Der Schichtaufbau der heutigen Integrierten Schaltungen wird fast ausschließlich durch anorganische Schichten beherrscht, obwohl organische Schichten mit dem billigen Schleuderverfahren (Abschn. 3.1.5) aufgebracht werden können. Der Grund hierfür liegt in der höheren Temperaturbelastbarkeit und der besseren elektrischen Stabilität der anorganischen Schichten. Lediglich Polyimid und Spin-on-Glas haben als Bestandteil des Schichtaufbaus Integrierter Schaltungen Eingang gefunden.

Von größerer Bedeutung sind diejenigen Anwendungen der organischen Schichten, in denen sie beim Herstellprozeß der Integrierten Schaltungen eine vorübergehende Hilfsfunktion ausüben. Im Vordergrund stehen hier die Resistschichten, die das Basismaterial des lithographischen Prozesses darstellen. Eine ausführliche Behandlung folgt im Abschn. 4.2.1.

Auch bei den meisten Anwendungen, die die hervorragende einebnende Wirkung der Schleuderbeschichtung (Abb. 3.1.23) ausnutzen, haben die organischen Schichten eine vorübergehende Hilfsfunktion. Erwähnt seien die Rückätztechnik einer mit Lack (z.B. Photoresist oder Polyimid) überschichteten stufenbehafteten Oberfläche (Abb. 3.5.4 bzw. 5.3.6) sowie die Multilevel-Resisttechniken, bei denen die unterste Schicht (hochausgeheizter Photoresist oder Polyimid) in erster Linie die Aufgabe hat, die Oberflächentopographie einzuebnen (s. Abschn. 4.2.4).

3.12.1
Spin-on-Glasschichten

Die Ausgangssubstanz für eine Spin-on-Glasschicht ist Siliziumtetraacetat, das, in einem Lösungsmittel gelöst, auf die Siliziumscheiben aufgeschleudert wird. Heizt man die Schicht bei ca. 200 °C aus, so entsteht durch Vernetzung eine SiO_2-artige Schicht, die gegenüber der ursprünglichen Schicht geschrumpft und im Vergleich zu thermischen oder CVD-SiO_2-Schichten sehr viel lockerer gepackt ist (höhere Ätzrate in verdünnter Flußsäure). Die organische Lackschicht wird demnach in eine anorganische Schicht umgewandelt.

Problematisch bei den Spin-on-Glasschichten sind die Haftung auf der Unterlage (evtl. Haftvermittler erforderlich), die Neigung zum Auskristallisieren aus der Lösung, die Neigung zur Rißbildung infolge des Schrumpfens, die im Vergleich zu thermischen oder CVD-SiO$_2$-Schichten mindere elektrische Qualität des SiO$_2$, sowie das sog. Via-Poisoning (s. Abb. 8.5.4).

Spin-on-Glasschichten werden zur Topographieeinebnung (Abb. 3.5.5 und 8.5.3), als Ätzmaske bei der Trilevel-Resisttechnik (Abschn. 4.2.4) sowie als Dotierquelle zur Fremdatomdotierung von Silizium eingesetzt (Abschn. 6.1). Im letzteren Fall wird dem Lack der gewünschte Dotierstoff zugesetzt.

3.12.2
Polyimidschichten

Als Ausgangssubstanz für eine Polyimidschicht dient die in einem Lösungsmittel gelöste chemische Vorstufe des Polyimids. Nach dem Aufschleudern des Lacks auf die Siliziumscheiben wird das Lösungsmittel bei ca. 100 °C abgedampft. Die eigentliche Umwandlung in ein Polyimid (Cyclisierung) erfolgt bei einer Temperatur von 300 bis 400 °C. Dabei kommt es zu einer Schrumpfung der Schichtdicke.

Zur Strukturierung der Polyimidschicht werden drei verschiedene Methoden angewandt (Abb. 3.12.1). Bei der ersten Methode (Abb. 3.12.1 a) nutzt man die Eigenschaft der Polyimidvorstufe, daß sie im alkalischen Entwickler der Positiv-Photoresists löslich ist. Allerdings ist diese Methode wegen der isotropen Ätzung des Polyimids für feine Strukturen ungeeignet. Bei der zweiten Methode (Abb. 3.12.1 b) wird das anisotrop arbeitende reaktive Ionenätzen angewandt. Da hierbei praktisch kein Ätzratenunterschied zwischen Photoresist und Polyimid erreichbar ist, muß als Ätzmaske eine anorganische Schicht (z.B. Spin-on-Glas oder Plasma-CVD-Nitrid) zwischen der Polyimidschicht und der Photoresistschicht eingefügt werden. Bei der dritten Methode (Abb.

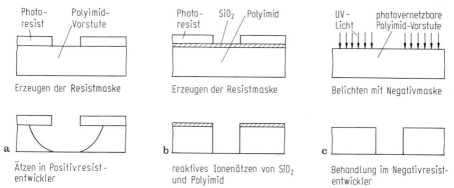

Abb. 3.12.1 a–c. Drei Methoden zur Strukturierung von Polyimidschichten. **a** „Ätzen" der Polyimidvorstufe in einem alkalischen Medium (z.B. Positivresistentwickler); **b** reaktives Ionenätzen des Polyimids mit anorganischer Hilfsmaske (z.B. SiO$_2$); **c** Verwendung einer photovernetzbaren Polyimidvorstufe, so daß diese selbst als Photoresist fungiert

3.12.1 c) der Polyimidstrukturierung macht man die Polyimidvorstufe selbst durch entsprechende Zusätze photoempfindlich, so daß in einem geeigneten Entwickler nur die zuvor nicht belichteten Bereiche weggelöst werden, während die belichteten Bereiche infolge Photovernetzung unlöslich sind (Wirkung als Negativresist[37]). Bei der ersten und dritten Methode erfolgt die Umwandlung der Polyimidvorstufe in Polyimid erst nach der Strukturierung.

Polyimidschichten haben in der Siliziumtechnologie einige Anwendungen gefunden. Als Abdeckschicht auf den Chips dienen sie als Spannungspuffer zwischen Chip und Gehäusepreßmasse (s. Abschn. 8.5.4). Wegen der ausgezeichneten Kratzfestigkeit kommen sie auch als mechanische Schutzschichten zum Einsatz. Allerdings sind sie feuchtedurchlässig, so daß sie sich nur bedingt als Einzelschicht für die Chippassivierung eignen.

Das gleiche gilt für die Verwendung von Polyimid als Isolatorschicht (Dielektrizitätskonstante $\epsilon = 3,6$) zwischen den Leiterbahnebenen einer Mehrlagenverdrahtung, wobei meist eine anorganische Isolatorschicht (SiO_2 oder Si_3N_4) unter oder über der Polyimidschicht eingefügt wird. Interessant ist auch eine Variante, bei der das Polyimid lediglich die Rolle des Kantenabschrägens und Grabenauffüllens übernimmt (vgl. Abb. 3.5.5), die eigentliche Zwischenmetallisolatorschicht aber eine SiO_2-Schicht ist. Diese Variante hat den Vorteil, daß bei der Viaätzung nur das SiO_2 geätzt werden muß und daß die einzelnen Polyimidinseln ohne weitere Maßnahmen überall vollständig mit feuchteundurchlässigem SiO_2 abgedeckt sind, so daß keine Gefahr eines vertikalen oder lateralen Eindringens von Feuchte in kritische Teile der Integrierten Schaltung besteht. Allerdings stellt die beschränkte elektrische Langzeitstabilität des Polyimids auch ohne die Einwirkung von Feuchte ein gewisses Problem dar, weshalb sich Polyimid zumindest bei der Mehrlagenverdrahtung von MOS-Schaltungen noch kaum durchgesetzt hat.

Bei denjenigen Anwendungen, bei denen das Polyimid nur eine vorübergehende Hilfsfunktion ausübt und dann wieder entfernt wird (z. B. mittels Plasmaveraschen), spielt die elektrische Stabilität keine Rolle. Erwähnt seien in diesem Zusammenhang der Einsatz des Polyimids als unterste Schicht einer Multilevelresisttechnik (Abschn. 4.2.4), als einebnende Schicht bei der Rückätztechnik (Abschn. 3.5.4) sowie als temperaturstabile (bis 400 °C) Maskierschicht bei stark beanspruchenden Prozeßschritten, wie z. B. bei einer Hochdosisimplantation, bei bestimmten reaktiven Ionenätzprozessen oder bei einer Lift-off-Technik mit Heißaufdampfen oder Heißsputtern des Metalls.

In Zukunft dürfte Polyimid in der Siliziumtechnik weitere Anwendungen finden, die vor allem die Temperaturstabilität des Polyimids sowie die hohe Ätzratenselektivität zwischen Polyimid und den anorganischen Schichten (SiO_2, Si_3N_4, Si, Al) beim reaktiven Ionenätzen nutzen.

---

[37] Es gibt auch positiv arbeitende photosensitive Isolierstoffe auf der Basis von Polybenzoxazol [3.47].

3.13
Literatur zu Kapitel 3

3.1   Kern, W.; Schnable, G.L.: IEEE Trans. Electron Devices ED-26 (1979) 674
3.2   Yieh, B.; Nguyen, B.; Tribula, D.: Semiconductor Fabtech. 94 (1994) 205
3.3   Venkatesan, M.; Beinglass, I.: Solid State Technology (March 1993) 49
3.4   Iida, S.: JST News, 2 (1983) 29
3.5   Firmenschrift P5000 der Firma AMAT
3.6   Mathuni, J.: Siemens AG, private Mitteilung
3.7   Chen, J.Y.; Henderson, R.: J. Electrochem. Soc. 131 (1984) 2147
3.8   Grove, A.S.: Physics and Technology of Semiconductor Devices. New York: Wiley 1967, p. 7–34
3.9   Hess, D.W.; Deal, B.: J. Electrochem. Soc. 124 (1977) 735
3.10 Razouk, R.R.; Lie, L.N.; Deal, B.E.: J. Electrochem. Soc. 128 (1981) 2214
3.11 Pawlik, D.: Siemens AG, private Mitteilung
3.12 Widmann, D.: IEEE J. Solid-State-Circuits SC-11 (1976)
3.13 Gossner, H.; Baumgärtner, H.; Hammerl, E.; Wittmann, F.; Eisele, I.; Lorenz, H.: Jpn. J. Appl. Phys. 33 (1994) 2268
3.14 Kasper, E.; Wörner, K.: VLSI Science and Technology (1984) 429
3.15 Maissel, L.: Handbook of Thin Film Technology. New York: McGraw-Hill 1970, Chap. 4
3.16 Deppe, H.R.; Hieke, E.; Sigusch, R.: Semiconductor Silicon (1977) 1082
3.17 Burggraaf, P.: Semiconductor International (Oct. 1982) 37
3.18 Colinge, J.P.: Silicon-On-Insulator Technology. Kluwer Academic Publishers, 1991
3.19 Yallup, K.: Semiconductor Fabtech. (1994) 189
3.20 Sedgwick, T.O.: Semiconductor Silicon (1982) 130
3.21 Lam, H.W.; Tasch, A.F.; Pinzotto, R.F.: VLSI Electronics 4 (1982) 1
3.22 Kolbesen, B.O.; Strunk, H.P.: VLSI Electronics. Microstructure Sci. 12 (1985) 143
3.23 Hoenlein, W.; Siemens AG, private Mitteilung
3.24 Murakami, S. et al.: IEEE J. Solid-State Circuits 26 (1991) 1563
3.25 Borland, J.O.; Schmidt, D.N.; Stivers, A.R.: Extended Abstracts Conf. Solid State Devices and Materials, Tokyo 1986, 53
3.26 Kooi, E.: The Invention of LOCOS, IEEE Case Histories of Achievement in Science and Technology, Vol. 1, 1991
3.27 Chin, K.Y.; Fang, R.; Lin, J.; Moll, J.L.: Technical Digest VLSI Symp., Oiso 1982, p. 28
3.28 Roth, S.S.; Ray, W.; Mazuré, C.; Kirsch, H.C.: IEEE Electron Device Letters 12 (1991) 92
3.29 Hofmann, K.; Weber, W.; Werner, C.; Dorda, G.: Technical Digest IEDM (1984) 104
3.30 Weber, W.; Brox, M.; Künemund, T.; Mühlhoff, H.M.; Schmitt-Landsiedel, D.: IEEE Trans. Electron Devices ED-38 (1991) 1859
3.31 Winnerl, J.; Lill, A.; Schmitt-Landsiedel, D.; Orlowski, M.; Neppl, F.: IEDM Tech. Dig. (1988) 204
3.32 Bergholz, W.; Mohr, W.; Drewes, W.: Materials Science and Engineering 4 (1989) 359
3.33 Kakoschke, R.: Proceedings 3rd International Rapid Thermal Processing Conference, Amsterdam (1995)
3.34 Küsters, K.H. et al.: Digest Symp. VLSI Technology, Karuizawa 1987, 93
3.35 Wieder, A.W.: Siemens Forsch. Entwicklungsber. 13 (1984) 246
3.36 Becker, F.S.; Pawlik, D.; Schäfer, H.; Staudigl, G.: J. Vac. Sci. Technol. B4,3 (1986) 732

3.37 Adams, A.C.; Capio, C.D.: J. Electrochem. Soc. 132 (1985) 1472
3.38 Ito, T.; Ishikawa, H.; Shinoda, M.: Jpn. J. Appl. Phys. 20-1 Supplement (1981) 33
3.39 Watanabe, T.; Menjoh, A.; Ishikawa, M.; Kumagai, J.: Technical Digest IEDM
      (1984) 173
3.40 Risch, L.; Krautschneider, W.H.; Hofmann, F.; Schäfer, H.: Extended Abstracts
      ESSDERC (1995)
3.41 Richardson, W.F. et al.: Technical Digest IEDM (1985) 714
3.42 Sinha, A.K.: J. Vac. Sci. Technol. 19 (1981) 778
3.43 Intemann, A.S.: Siemens AG, Dissertation 1994
3.44 Körner, H.; Erb, H.P.; Melzner, H.: Applied Surface Science (1995)
3.45 Murrmann, H.; Widmann, D.: IEEE Trans. Electron Devices ED-16 (1969) 1022
3.46 Ruge, I.; Mader H.: Halbleiter-Technologie, 3. Aufl. Berlin (1991) 123–134
3.47 Ahne, H.; Niederle, C.; Rubner, R.: Siemens-Zeitschrift Special, FuE (Frühjahr
      1994) 30
3.48 Gerthsen, Ch.; Kneser, H.O.; Vogel, H.: Physik, 14. Aufl. Berlin: Springer 1982, S.
      188–197
3.49 Koenig, H.R.; Maissel, L.I.: IBM J. Res. Dev. 14 (1970) 168

4
Lithographie

Die in der Siliziumtechnologie verwendeten Schichten (s. Kap. 3) müssen auf den Siliziumscheiben in eine Vielzahl von einzelnen Bereichen, z.B. Leiterbahnen unterteilt werden. Diese Strukturierung erfolgt heute fast durchweg mit Hilfe der lithographischen Technik (Abb. 4.1). Das wesentliche Merkmal dieser Technik ist eine strahlungsempfindliche Resistschicht, die in den gewünschten Bereichen so bestrahlt wird, daß in einem geeigneten Entwickler nur die bestrahlten (oder unbestrahlten) Bereiche entfernt werden. Das so entstehende Resistmuster dient dann als Maske bei einem darauffolgenden Prozeßschritt, z.B. bei einer Ätzung oder einer Ionenimplantation. Schließlich wird die Resistmaske wieder abgelöst. Die Resistmaske übt somit nur eine vorübergehende Funktion aus, ist also nicht Bestandteil der Integrierten Schaltung (Ausnahme s. Abb. 3.12.1 c).

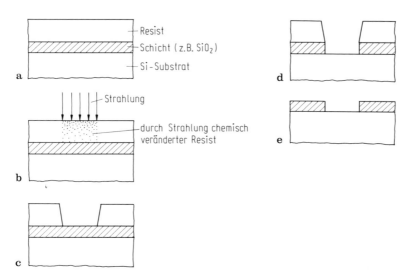

Abb. 4.1 a–e. Prinzip der lithographischen Technik. **a** Resistschicht aufbringen und vorbacken; **b** bereichsweises Belichten; **c** Entwickeln des Resists und Nachbacken; **d** Ätzen der Schicht; **e** Entfernen des Resists

Direkte Strukturierungsverfahren, bei denen die Schichten ohne Zuhilfe-
nahme einer Resistmaske von vornherein an den gewünschten Stellen bereichsweise aufgebracht bzw. geätzt werden (Beispiele hierfür sind strahlungsindu-
zierte Abscheidungen bzw. Ätzungen sowie das Ionenstrahlschreiben von Dotieratomen), spielen aus wirtschaftlichen Gründen bisher für die Strukturerzeugung keine Rolle. Dagegen werden solche Verfahren für das lokale Trennen
oder Verbinden von Leiterbahnen (z. B. für die Programmierung von Schaltungen oder für die Aktivierung redundanter Schaltungsteile) sowie für die Be-
schriftung von Siliziumscheiben (z. B. mittels Laserstrahl) angewandt.

Für die Bestrahlung der Resistschicht kommen ultraviolettes Licht, Röntgenstrahlen sowie beschleunigte Elektronen und Ionen in Frage. In den
Abschn. 4.2 bis 4.5 werden diese vier verschiedenen Lithographieverfahren
nacheinander behandelt.

4.1
Strukturgröße, Lagefehler und Defekte

Die Aufgabe der Lithographie besteht darin, die Vielzahl der einzelnen Resiststrukturen auf einer Siliziumscheibe maßgetreu, lagerichtig und defektfrei
zu erzeugen. Die Leistungsfähigkeit eines Lithographieverfahrens wird nach
der feinsten erreichbaren Strukturgröße, der Linienbreitenstreuung, der La-
gefehlerstreuung sowie der Defektdichte beurteilt.

In Abb. 4.1.1 sind häufig verwendete Begriffe erläutert, die die Resiststrukturgrößen und ihre Linienbreitenstreuung betreffen. Die zulässige Linienbreitenstreuung beträgt typisch ±10 bis ±30% der minimalen Struktur (critical
dimension).

Bei den Lagefehlern und ihrer Streuung (Abb. 4.1.2) ist nur die relative
Lage von Bedeutung, d. h. die Lage einer Struktur z. B. der Strukturebene *B*
in bezug auf die Lage einer Struktur der Strukturebene *A*. Deshalb treten in
den Ausdrücken für den Mittenlagefehler und den Kantenlagefehler (Abb.
4.1.2) stets die Differenzen der Lagen und nicht die Lagen selbst auf.

Für den Schaltungsdesigner ist der Kantenlagefehler die interessierende
Größe. In Abb. 4.1.2 könnte z. B. die Struktur *a* die Polysilizium-Gateelektrode eines MOS-Transistors und die Struktur *b* das Kontaktloch zum Drainge-

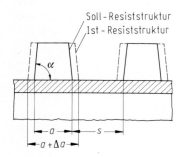

Abb. 4.1.1. Erläuterung häufig verwendeter Begriffe
bei Resiststrukturgrößen und ihrer Linienbreitenstreuung. *a* minimale Resiststrukturbreite; *s* minimaler Resiststrukturabstand; *a+s* minimales Raster;
Δa Linienbreitenfehler; α Flankenwinkel der Resiststrukturen

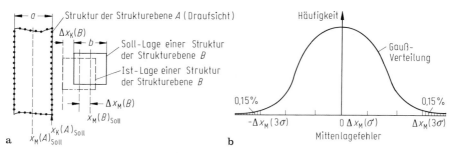

Abb. 4.1.2 a, b. Erläuterung häufig verwendeter Begriffe bei der Angabe von Lagefehlern. $x_M(B)_{Soll} - x_M(A)_{Soll} =$ Soll-Abstand der Mittenlagen der Strukturen a und b in den Strukturebenen A bzw. B;

$\Delta x_M = \Delta x_M(B) - \Delta x_M(A) =$ Mittenlagefehler;

$\pm \Delta x_M(3\sigma) = 3\sigma$-Mittenlagefehlerstreuung;

$\Delta x_K = \Delta x_K(B) - \Delta x_K(A) = \Delta x_M - \frac{1}{2}\Delta a - \frac{1}{2}\Delta b =$ Kantenlagefehler;

$$\pm \Delta x_K(3\sigma) = \sqrt{[\Delta x_M(3\sigma)]^2 + [\tfrac{1}{2}\Delta a(3\sigma)]^2 + [\tfrac{1}{2}\Delta b(3\sigma)]^2} = 3\sigma\text{-Kantenlagefehlerstreuung}$$

biet dieses Transistors sein. Setzt der Designer die linke Kontaktlochkante im Abstand $\Delta x_K(3\sigma)$ von der rechten Polysilizium-Strukturkante, so muß er bei Annahme einer Gaußverteilung für die Mittenlagefehlerstreuung und für die Linienbreitenstreuung damit rechnen, daß auf 0,3% der Chips das Kontaktloch bereits auch auf dem Polysilizium liegt. Dies bedeutet wegen der Aluminiummetallisierung im Kontaktloch einen Gate-Drain-Kurzschluß und damit den Totalausfall dieser Chips. Der zulässige 3σ-Kantenlagefehler beträgt typisch 30 bis 50% der minimalen Struktur. Der zulässige 3σ-Mittenlagefehler (overlay error) bewegt sich zwischen 20 und 40% der minimalen Struktur.

Die Annahme einer statistischen Verteilung der Lagefehler (Gauß-Verteilung) ist in der Praxis nicht immer gegeben. Es hat sich aber gezeigt, daß man damit die tatsächlichen Verhältnisse mit guter Näherung beschreiben kann. Dies gilt insbesondere auch für die Addition von Einzelbeiträgen als statistisch unabhängige Größen in Form einer Quadratsummenwurzel[1] (s. Abb. 4.1.2).

Eine defekte Reiststruktur kommt z. B. zustande, wenn bei der Belichtung des Resists auf einem zu belichtenden Bereich ein Partikel liegt (s. Kap. 7). Ist das Partikel größer als die Breite des zu belichtenden Bereichs, so kommt es zu einem „Kurzschluß" benachbarter Reiststrukturen (vgl. Abb. 4.1), was meist den Totalausfall der betreffenden Schaltung bedeutet (z. B. Leiterbahnkurzschluß). Ähnliches gilt für vollständige Unterbrechungen von Resist-

---

[1] Die vektorielle statistische Addition von x- und y-Lagefehlern führt übrigens zu dem (naheliegenden) Ergebnis, daß in 45°-Richtung der gleiche Lagefehler mit der gleichen Streuung $\Delta d(3\sigma)$ wie in x- und y-Richtung existiert:

$$\Delta d(3\sigma) = \frac{1}{\sqrt{2}}\sqrt{[\Delta x(3\sigma)]^2 + [\Delta y(3\sigma)]^2} = \Delta x(3\sigma)\,.$$

strukturen, die z. B. durch mechanische Beanspruchung (Kratzer, Reibung an Scheibenhalterungen) verursacht sein können. Aber auch Strukturdefekte, die kleiner als die minimale Strukturgröße sind, können zum Ausfall des betroffenen Schaltungselements und damit zum Ausfall der gesamten Schaltung führen. So kommt es z. B. bei einer Polysilizium-Gateelektrode, deren Gatelänge durch einen Strukturdefekt lokal um 30% verringert wurde, zu erhöhten Unterschwellenströmen sowie zu einem verfrühten Drain-Source-Durchbruch. Beides kann die Schaltung zum Ausfall bringen.

Was die zulässige Defektdichte anbetrifft, so zeigt eine einfache Abschätzung, daß bei einem 1 cm^2 großen Chip mit 4 kritischen Strukturebenen nur ca. 0,1 tödliche Strukturdefekte pro cm^2 oder ein tödlicher Strukturdefekt auf 10 cm^2 in jeder Strukturebene zulässig sind, wenn man eine Chipausbeute von 70% allein aufgrund von Strukturdefekten[2] zugrundelegt. Um eine so niedrige Defektdichte zu erreichen, müssen außerordentlich hohe Anforderungen an die Reinheit der verwendeten Materialien sowie an die Sauberkeit der Arbeitsweise von Geräten und Bedienpersonal gestellt werden (s. auch Kap. 7).

4.2
Photolithographie

4.2.1
Photoresistschichten

Man unterscheidet grundsätzlich zwischen Positivresists und Negativresists, je nachdem ob die belichteten oder die unbelichteten Bereiche beim Entwickeln weggelöst werden. Vor allem aufgrund ihres schlechteren Kontrasts und ihrer Neigung zum Quellen sind die früher verbreiteten Negativresists für Strukturabmessungen unterhalb 3 µm von den Positivresists verdrängt worden. Der Schwerpunkt soll deshalb ganz bei den Positivresists liegen. Auf interessante neuere Negativresist-Entwicklungen wird kurz eingegangen.

Die gebräuchlichsten Positivresists enthalten drei wesentliche Bestandteile, nämlich ein Novolak-Harz, das für die Schichtbildung verantwortlich ist, die photoaktive Verbindung sowie ein Lösungsmittel. Die photoaktive Verbindung in den am häufigsten verwendeten Positivresists ist Diazonaphthochinon. In Abb. 4.2.1 sind die charakteristischen chemischen Reaktionen des Diazonaphthochinons aufgezeigt, die beim Belichten und Entwickeln der Positivresistschichten ablaufen und letztlich zur Entfernung der belichteten Bereiche führen.

Die photochemische Umwandlung des Diazonaphthochinons im ultravioletten Licht (300 bis 450 nm Wellenlänge) ist mit einer Lichtabsorption verbunden. Mit fortschreitender Belichtungszeit ist demnach eine abnehmende Lichtabsorption zu erwarten, weil die Zahl der nicht umgewandelten Mole-

---

[2] Außer den Strukturdefekten gibt es noch andere Defekte, z. B. Schwachstellen in Schichten, die nichts mit der Lithographie zu tun haben (s. Kap. 7).

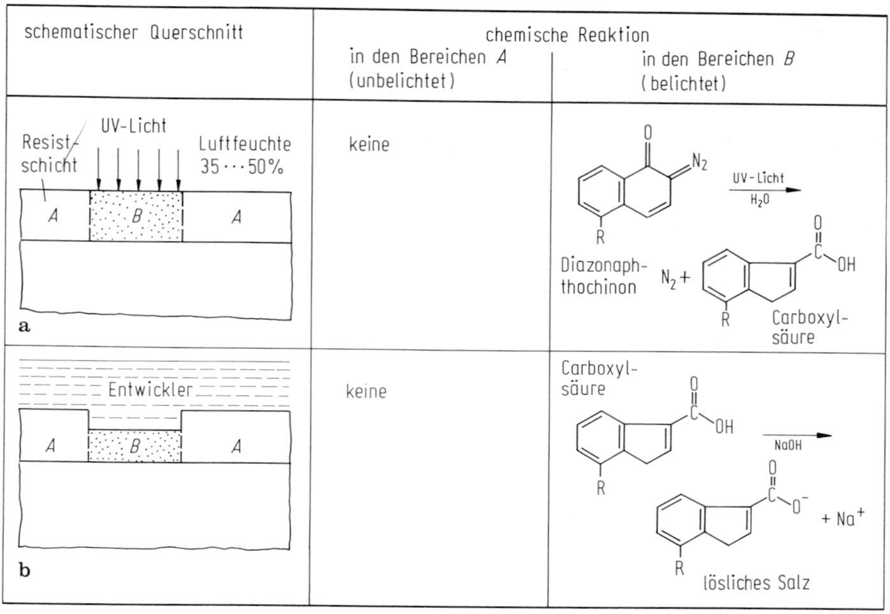

schematischer Querschnitt	chemische Reaktion	
	in den Bereichen A (unbelichtet)	in den Bereichen B (belichtet)
a Resist-schicht / UV-Licht Luftfeuchte 35···50% A B A	keine	Diazonaph-thochinon $\xrightarrow[H_2O]{UV-Licht}$ N_2 + Carboxyl-säure
b Entwickler A B A	keine	Carboxyl-säure $\xrightarrow{NaOH}$ + Na$^+$ lösliches Salz

Abb. 4.2.1. Chemische Reaktionen beim Belichten (**a**) und Entwickeln (**b**) eines Positivresists, der Diazonaphthochinon als photoaktive Verbindung enthält. Charakteristisch sind das Freiwerden von Stickstoff während der Belichtung sowie die Erfordernis eines Feuchtegehalts im Resist. Eine definierte Luftfeuchte (35 bis 50% rel. Feuchte) ist hierfür notwendig. Der untere schematische Querschnitt zeigt einen Zwischenzustand während des Entwickelns. Am Ende des Entwicklungsprozesses ist der Bereich B ganz weggelöst. Der Lösungsvorgang beruht auf der Reaktion einer Säure (Carboxylsäure) mit einem alkalischen Entwickler (hier NaOH)

küle ständig abnimmt. Man spricht von einem Ausbleichen (bleaching) der Resistschicht. Abbildung 4.2.2 zeigt den Absorptionskoeffizienten in Abhängigkeit von der in den Resist eingestrahlten Belichtungsdosis (das ist das Produkt aus Lichtintensität im Resist und Belichtungszeit) für einen typischen Positivresist.

Diese Kurve kann auch als ein Maß für die Resistempfindlichkeit interpretiert werden, weil man daraus ablesen kann, wie schnell die photoaktive Verbindung im Resist bei der Belichtung umgewandelt wird. Allerdings ist es üblicher, die Resistempfindlichkeit über die verbleibende Resistdicke nach dem Belichten mit einer bestimmten Dosis und nachfolgendem Entwickeln zu bestimmen. Abbildung 4.2.3 zeigt diese verbleibende Resistdicke als Funktion der Belichtungsdosis für einen typischen Positivresist. Die Dosis D_0 am Fußpunkt der Kurve ist diejenige Dosis, die ausreicht, um den Resist unter den gegebenen Entwicklungsbedingungen gerade ganz wegzuentwickeln. Diese Dosis wird als „Resistempfindlichkeit" bezeichnet.

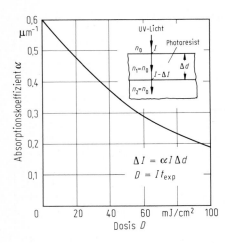

Abb. 4.2.2. Absorptionskoeffizient α eines typischen Photoresists in Abhängigkeit von der Belichtungsdosis D. Die Belichtungswellenlänge ist 436 nm. Der eingefügte schematische Querschnitt soll die Bedingungen bei der experimentellen Bestimmung von α aufzeigen (kleine Resistdicke Δd, angepaßte Brechungsindizes $n_0 = n_1 = n_2$ zur Vermeidung von Reflexionen an den Grenzflächen). t_{exp} ist die Belichtungszeit (exposure time)

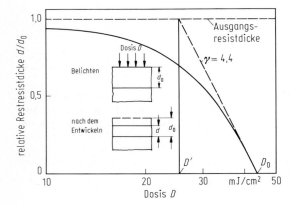

Abb. 4.2.3. Restresistdicke nach dem Entwickeln (feste Entwicklungszeit) als Funktion der Belichtungsdosis bei $\lambda = 436$ nm für einen typischen Positivresist. Die Dosis D_0 ist ein Maß für die Resistempfindlichkeit. Die Steigung γ der Kurve im Fußpunkt wird als Resiststeilheit oder Resistkontrast bezeichnet

Eine weitere wichtige den Resist kennzeichnende Größe ist die Resiststeilheit oder der Resistkontrast γ. Wie aus Abb. 4.2.3 hervorgeht, ist γ die Steigung im Fußpunkt der Resistdickenkurve[3]

$$\gamma = [\log (D_0/D')]^{-1} \, .$$

Sowohl die Resistempfindlichkeit als auch die Resiststeilheit können durch die Prozeßbedingungen beim Vorbacken des Resists vor dem Belichten sowie beim Entwickeln innerhalb einer gewissen Bandbreite variiert werden. Im allgemeinen steigt die Resistempfindlichkeit (d.h. kleinere D_0-Werte) mit niedrigerer Vorbacktemperatur, höherer Entwicklungskonzentration und höherer

---

[3] Manchmal wird γ statt aus dem dekadischen aus dem natürlichen Logarithmus der Dosiswerte berechnet. Es ergeben sich dann um den Faktor 2,3 kleinere γ-Werte.

Entwicklungstemperatur[4], während die Resiststeilheit mit niedrigerer Vor-backtemperatur, niedrigerer Entwicklungskonzentration und niedrigerer Entwicklungstemperatur[4] ansteigt [4.1].

In modernen Fertigungslinien erfolgt sowohl die Resistbeschichtung als auch das Entwickeln vollautomatisch auf sog. Tracks, auf denen die Scheiben hintereinander einzeln die verschiedenen Prozeßstationen durchlaufen. Dabei werden die Scheiben entweder auf Bändern oder auf Luftkissen transportiert.

Die erste Prozeßstation auf dem Resistbeschichtungstrack ist meist eine Heizplatte (hot plate), auf der die Scheiben auf ca. 200°C hochgeheizt werden, um oberflächlich adsorbierte Wassermoleküle abzudampfen (dehydration bake). Dieser Schritt dient ebenso wie der darauffolgende, nämlich das Aufbringen einer nur wenige Atomlagen dicken Haftvermittlerschicht, der Verbesserung der Haftung der Resistschicht auf der Unterlage. Als Haftvermittler wird meist HMDS (Hexamethyldisilazan) verwendet, das entweder aus der Gasphase abgeschieden oder in gelöster Form auf die Scheiben getropft und dann abgeschleudert wird. Es folgt die eigentliche Resistbeschichtung, die ebenfalls auf einer zentrischen Schleuder (s. Abschn. 3.1.5) bei ca. 5000 min^{-1} durchgeführt wird. Die Resistdicke bewegt sich zwischen 0,5 μm bei ebenen bzw. eingeebneten Oberflächen und 2 μm bei stark stufenbehafteten Oberflächen. Auf einer Heizplatte wird dann anschließend bei ca. 100°C das Lösungsmittel vollständig ausgetrieben (Vorbacken oder Prebake des Resists).

Die Resistschicht ist dann zwar fest, aber dennoch äußerst empfindlich gegen mechanische Beanspruchungen, bei denen die Schicht lokal von der Unterlage abplatzt und in einzelne kleine Resistsplitter zerbricht, die an entfernten Stellen als störende Partikel wieder zu liegen kommen können. Da besonders der Scheibenrand gegenüber mechanischen Beschädigungen gefährdet ist (Scheibenhalterungen, Horden), wird häufig bereits bei der Resistbeschichtung auf der Schleuder die Photoresistschicht am Scheibenrand mit Hilfe eines feinen, gerichteten Lösungsmittelstrahls entfernt.

Auf das Vorbacken des Resists folgt das Justieren und Belichten in einem Scheibenbelichtungsgerät (s. Abschn. 4.2.5). Danach gelangen die Scheiben, wiederum auf einem Track geführt, zum Entwickeln des Photoresists[5]. Dabei wird aus Düsen Entwicklerflüssigkeit[6] auf die Resistoberfläche aufgesprüht (spray development) oder einfach bis zur vollständigen Bedeckung der Oberfläche aufgetropft (puddle development). Nach Ablauf der vorgegebenen Entwicklungszeit[7] wird der Entwickler mit Wasser abgespült, und das Wasser

---

[4] Dies gilt nur für metallhaltige Entwickler; bei metallionenfreien Entwicklern ist es umgekehrt.

[5] Vor dem Entwickeln kann gegebenenfalls noch ein weiterer Ausheizschritt (post exposure bake) eingefügt werden (s. Abschn. 4.2.3).

[6] Um eine Kontamination von SiO$_2$-Schichten mit Natrium zu vermeiden (s. Abschn. 3.4.3), wird häufig mit alkaliionenfreiem Entwickler gearbeitet.

[7] Manchmal wird auch mit Endpunkterkennungsmethoden gearbeitet, z.B. mit Laserinterferenz (s. Abschn. 5.2.7).

wird durch Zentrifugieren abgeschleudert. Ein weiterer Ausbackschritt (Nachbacken oder Postbake) auf einer Heizplatte dient der vollständigen Austrocknung des Photoresists sowie der Erhöhung der chemischen Resistenz durch Vernetzen. Je nach der Beanspruchung durch den nachfolgenden Prozeßschritt (Naßätzen, Plasmaätzen, Ionenimplantation) bewegt sich die Ausheiztemperatur zwischen 100 und 180°C. Dabei ist aber zu beachten, daß oberhalb ca. 120°C der Resist zu fließen beginnt, so daß sich die Reliststrukturen verformen. Das Fließen des Resists kann durch eine Härtung der Resistoberfläche (resist hardening) vor dem Nachbacken weitgehend verhindert werden.[8] Als Härtungsmethoden kommen eine Bestrahlung mit kurzwelligem ultraviolettem Licht (Wellenlänge ca. 250 nm) oder eine Plasmabehandlung in Betracht.

Nach dem Nachbacken werden die Scheiben auf Maßhaltigkeit, Lagegenauigkeit und mögliche Defekte der Resiststrukturen inspiziert. Dies geschieht entweder manuell oder automatisch mit Hilfe hochauflösender Lichtmikroskope oder Rasterelektronenmikroskope.

Die Siliziumscheiben dürfen während der gesamten Zeit von der Resistbeschichtung bis zu dem auf die Photolithographie folgenden Prozeßschritt (Ätzen, Ionenimplantation) nicht mit Tageslicht in Kontakt kommen, da die gebräuchlichen Photoresists bis zu einer Wellenlänge von ca. 500 nm noch eine Restempfindlichkeit aufweisen. Es wird deshalb in Gelblichträumen gearbeitet, und in den Lichtmikroskopen für die Inspektion muß der kurzwellige Teil des sichtbaren Spektrums ausgefiltert werden.

Das Entfernen des Resists (Strippen) nach dem Ätzen oder der Ionenimplantation erfolgt meist in einem Doppelschritt, der aus einer Behandlung im Sauerstoffplasma eines Barrelreaktors und aus einer naßchemischen Behandlung z.B. in Caroscher Säure ($H_2SO_4+H_2O_2$) besteht (s. Abschn. 7.3). Ist die Resistschicht zuvor stark beansprucht worden (z.B. durch eine Ionenimplantation sehr hoher Dosis) oder bei hoher Temperatur (z.B. 180°C) ausgeheizt worden, so kann das vollständige Beseitigen der Resistschicht auf Schwierigkeiten stoßen. In diesen Fällen kann z.B. mit rauchender Salpetersäure oder mit stark alkalischen Lösungen[9] gearbeitet werden. Eine weitere mögliche Maßnahme ist eine Belichtung der Resistmaske nach dem Entwickeln des Resists. Die Umwandlung der photochemisch aktiven Komponente (Diazonaphthochinon) verhindert bis zu einem bestimmten Grad die Vernetzung des Resists bei hohen Temperaturen bzw. bei starkem Ionenbeschuß.

---

[8] Gehärtete und danach hoch ausgeheizte Resiststrukturen bleiben auch bei einer zweiten über den Resiststrukturen aufgeschleuderten Resistschicht sowie bei deren Entwicklung stabil. Damit ergibt sich die Möglichkeit der Erzeugung zweier Resistmasken übereinander, was z.B. für bestimmte Planarisierungstechniken von Vorteil ist (s. Abb. 3.5.3).

[9] Alkalische Lösungen sind aber nicht zulässig, wenn die Resistschicht auf Aluminium oder Silizium liegt, weil Aluminium und Silizium in alkalischen Lösungen angegriffen werden.

4.2.2
Ausbildung von Photoresiststrukturen

In diesem Abschnitt soll genauer betrachtet werden, in welcher Weise sich die Linienbreite der Resiststrukturen in Abhängigkeit von den Belichtungs- und Entwicklungsbedingungen ausbildet bzw. verändert.

Bei der Belichtung des Photoresists ist der Übergang zwischen einem un-belichteten und einem belichteten Bereich nicht abrupt, sondern aufgrund der Lichtbeugung (s. Abschn. 4.2.6) „verschmiert". Abbildung 4.2.4 a zeigt ei-nen solchen Lichtintensitätsverlauf bzw. Dosisverlauf am Übergang zwischen einem unbelichteten und einem belichteten Bereich (Dosis = Intensität×Be-lichtungszeit).

Wir nehmen zunächst an, daß die auf die Resistoberfläche auftreffende Lichtintensität auch über die gesamte Resistdicke wirksam ist. Unter der wei-teren vereinfachenden Annahme, daß der Entwickler den Resist nur in verti-kaler Richtung abträgt[10], kann man aus dem Dosisverlauf (Abb. 4.2.4 a) und der Restresistdickenkurve (Abb. 4.2.4 b) die Resiststruktur nach Belichten und Entwickeln konstruieren (Abb. 4.2.4 c). Der Fuß der Resiststruktur stellt sich an der Stelle x_1 ein, an der die eingestrahlte Dosis den gleichen Wert aufweist wie die Dosis D_1 am Fußpunkt der Restresistdickenkurve.

Verdoppelt man die Entwicklungszeit, so wird an jeder Stelle doppelt so viel Resist in vertikaler Richtung abgetragen. Dadurch ergibt sich eine ande-re Restresistdickenkurve (Abb. 4.2.4 b, gestrichelt) und eine geschrumpfte Re-siststruktur (Abb. 4.2.4 c, gestrichelt), deren Fußpunkt sich von x_1 nach x_2 verschoben hat. Das bedeutet, daß die Linienbreite der Resiststrukturen um $2(x_1 - x_2)$ kleiner geworden ist. Wie man sich anhand von Abb. 4.2.4 leicht überlegen kann, ist die Linienbreitenänderung umso geringer, je steiler die Restresistdickenkurve verläuft, d.h. je höher der Resistkontrast γ ist (vgl. Abb. 4.2.3). Außerdem wird die Flanke der Resiststruktur steiler, so daß man auch bei weichen Dunkel/Hell-Übergängen nahezu senkrechte Resistflanken erreichen kann, was vor allem beim reaktiven Ionenätzen wichtig ist. Eine weitere günstige Auswirkung eines hohen γ-Werts, die man sich ebenfalls an-hand von Abb. 4.2.4 überlegen kann, besteht darin, daß die Linienbreite der Resiststrukturen bei gleicher eingestrahlter Dosis nur wenig von der Resist-dicke abhängt.

Zusammenfassend kann man feststellen, daß ein hoher Resistkontrast steile Resistflanken und eine Unempfindlichkeit der Linienbreite der Resist-strukturen gegenüber Schwankungen der Resistdicke und der Entwicklungs-zeit garantiert. Dagegen können Schwankungen der Belichtungsdosis im Re-

---

[10] In Wirklichkeit trägt der Entwickler den Resist stets senkrecht zur augenblicklichen Lackoberfläche ab, wobei die Abtragrate eine Funktion der Belichtungsdosis an der betreffenden Stelle ist. Diese realen Verhältnisse werden in Simulationsprogrammen [4.2] berücksichtigt, die zur Berechnung von Resistprofilen angewandt werden. In-folge der isotropen Wirkung des Entwicklers wird der Resist in lateraler Richtung stärker abgetragen als in Abb. 4.2.4 zum Ausdruck kommt.

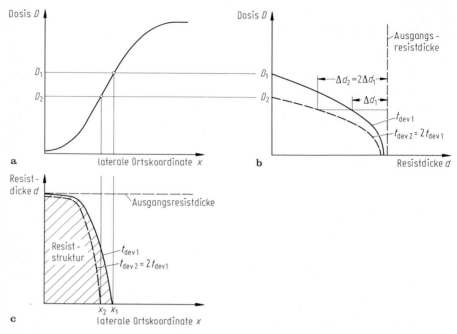

Abb. 4.2.4 a–c. Konstruktion der Resiststruktur (c) aus dem Dosisverlauf (a) und der in (b) dargestellten verbleibenden Resistdicke in Abhängigkeit von der Dosis (vgl. Abb. 4.2.3). D_1 ist die Dosis, bei der die Resistschicht nach der Entwicklungszeit t_{dev1} gerade abgetragen ist. Die gestrichelten Kurven in (b) und (c) ergeben sich, wenn man die Entwicklungszeit verdoppelt. Der Fuß des Resistprofils verschiebt sich dabei von x_1 nach x_2

sist durch einen hohen γ-Wert nicht kompensiert werden, wie in Abb. 4.2.5 erklärt wird. Diese Schwankungen führen unabhängig vom γ-Wert zu Linienbreitenschwankungen, deren Größe von der Steilheit des Dosisverlaufs im Resist abhängt. Ändert sich die Belichtungsdosis D_{max} um ΔD_{max} (Abb. 4.2.5 a), so resultiert daraus eine Verringerung der Linienbreite der Resiststruktur um

$$2\Delta x = \frac{-2\left(\dfrac{\Delta D_{max}}{D_{max} + \Delta D_{max}}\right)}{\left[\dfrac{1}{D}\left(\dfrac{dD}{dx}\right)\right]} \quad \text{an der Resistkante}$$

Die im Nenner stehende Größe wird häufig als Belichtungskontrast bezeichnet. Der Belichtungskontrast ist im wesentlichen durch das abbildende optische System gegeben (s. Abschn. 4.2.6). Mit Hilfe kontrastverstärkender Schichten (s. Abb. 4.2.15) kann man den Belichtungskontrast im Resist gegenüber dem an der Resistoberfläche wirksamen Belichtungskontrast etwas vergrößern.

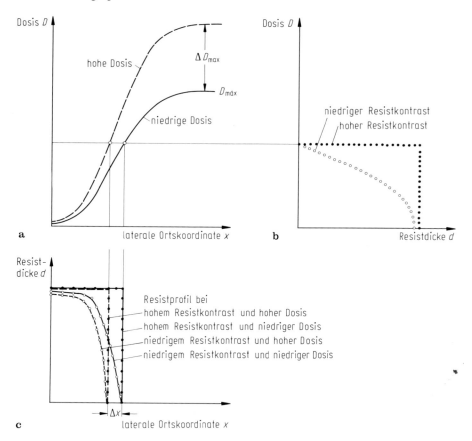

Abb. 4.2.5 a–c. Konstruktion des Resistprofils (**c**) aus dem Dosisverlauf (**a**) und der Restresistdickenkurve (**b**). In (**a**) ist eine hohe bzw. eine niedrige maximale Belichtungsdosis und in (**b**) ein hoher bzw. ein niedriger Resistkontrast angenommen. Der Fußpunkt des Resistprofils verschiebt sich infolge der Dosisänderung ΔD_{max} um Δx, unabhängig vom Resistkontrast. Der höhere Resistkontrast wirkt sich hier nur in den steilen Resistflanken aus

   In der Praxis kann es nun tatsächlich zu starken örtlichen Schwankungen der Lichtintensität I_{max} und damit der Belichtungsdosis D_{max} im Resist kommen ($D_{max} = I_{max} \cdot t_{exp}$), auch wenn die vom optischen Abbildungssystem erzeugte und auf die Resistoberfläche auftreffende Intensität bzw. Dosis gleichmäßig ist. Diese Problematik soll im nächsten Abschnitt behandelt werden.

4.2.3
Schwankung der Lichtintensität im Photoresist

Für die Belichtung des Photoresists wird in den heutigen Wafersteppern (s. Abschn. 4.2.5) schmalbandiges Licht aus einer Quecksilberhöchstdrucklampe oder aus einem Laser verwendet.[11] Es kommt deshalb zu ausgeprägten Interferenzeffekten zwischen einfallenden und reflektierten Lichtwellen. In Abb. 4.2.6 sind die Auswirkungen der Welleninterferenz auf das Intensitätsprofil im Photoresist bei Belichtung mit einer einzigen Spektrallinie dargestellt.

Zwei Extremfälle sind von Bedeutung; alle übrigen Fälle liegen zwischen diesen. Der eine Extremfall ist dadurch gekennzeichnet, daß die Resistdicke d_r der Bedingung

$$d_r = k\frac{\lambda}{2n_r} \ , \quad \text{mit } k = 1, 2, 3, \ldots$$

genügt.

Dabei ist λ die Vakuumwellenlänge des Lichts und n_r der Brechungsindex des Photoresits, der kleiner sein soll als der Brechungsindex n_s des Substrats. In diesem Fall sind in Abb. 4.2.6 a die Wellen *1* und *3* an jedem Ort im Resist gegenphasig (ebenso die Wellen *2* und *4*), da einerseits der Gangunterschied der Wellen λ/n_r, also eine volle Wellenlänge beträgt und andererseits bei der Reflexion an der Resist/Silizium-Grenzfläche ein Phasensprung von π auftritt.

Der andere Extremfall liegt vor, wenn

$$d_r = (k - 1/2)\frac{\lambda}{2n_r} \ , \quad \text{mit } k = 1, 2, 3, \ldots \ .$$

In diesem Fall sind in Abb. 4.2.6 b die Wellen *1* und *3* gleichphasig, ebenso die Wellen *2* und *4*.

In beiden Fällen kommt es zu ausgeprägten örtlichen Intensitätsschwankungen im Resist in der Richtung senkrecht zur Oberfläche als Folge der Interferenz entgegengesetzt laufender kohärenter Wellen. Dieser Stehwelleneffekt wirkt sich bei der Erzeugung von Reststrukturen so aus, daß die Restflanken wellig werden. Man kann allerdings die welligen Flanken weitgehend vermeiden, wenn man die Resistschicht nach dem Belichten bei ca. 100°C tempert (post exposure bake). Dabei diffundieren die photochemisch umgewandelten Moleküle im Resist ca. 50 nm weit, so daß die zunächst stark ausgeprägten Maxima und Minima der Konzentration der photochemisch umgewandelten Moleküle eingeebnet werden. Die Wirkung dieses Temperschritts ist demnach die gleiche, als wenn der Resist über seine gesamte Dicke gleichmäßig mit einer Intensität belichtet worden wäre, die dem Mittelwert der lokalen Intensitäten entspricht. Dieser Intensitätsmittelwert ist in Abb. 4.2.6 a und b gestrichelt eingezeichnet.

---

[11] Die wichtigsten Belichtungswellenlängen sind 436 nm (g-line), 365 nm (i-line), 248 nm (deep UV) und 193 nm (far UV).

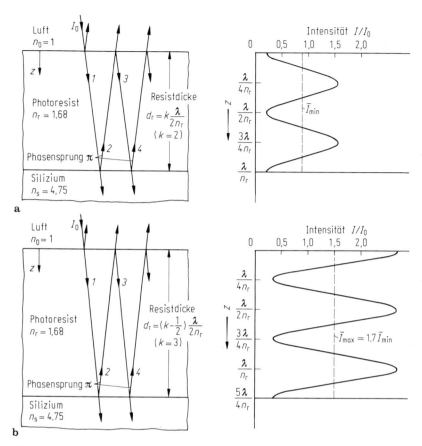

Abb. 4.2.6 a, b. Intensitätsprofile in einer Photoresistschicht (Brechungsindex $n_r = 1,68$) auf Silizium ($n_s = 4,75$ bei $\lambda = 436$ nm) für zwei unterschiedliche Resistdicken. **a** es ist eine Resistdicke $d_r = \lambda/n_r = 260$ nm angenommen. In diesem Fall ist die Welle *3* gegenphasig zur Welle *1*. Daraus resultiert eine minimale über die Resistdicke gemittelte Intensität $\bar{I}_{min}$; **b** der Resist ist um $\lambda/4n_r = 65$ nm dicker als in **a**. Wegen der Gleichphasigkeit der Wellen *1* und *3* ist hier die mittlere Intensität im Resist $\bar{I}_{max}$ ca. 1,7 mal größer als in **a**. In beiden Fällen ist eine identische auf den Resist auftreffende Lichtintensität I_0 vorausgesetzt. Die Lichtabsorption im Resist ist übersichtshalber vernachlässigt. Der Lichteinfall wird senkrecht zur Resistoberfläche angenommen; lediglich aus Darstellungsgründen ist ein schräger Lichteinfall eingezeichnet

Wesentlich bedeutsamer als der Stehwelleneffekt ist der Unterschied der Intensitätsmittelwerte $\bar{I}_{min}$ und $\bar{I}_{max}$ für die beiden Extremfälle [4.3]. Der Unterschied kommt dadurch zustande, daß die Welle *3* einmal gegenphasig und einmal gleichphasig mit Welle *1* ist. Gleiches gilt für die Wellen *4* und *2*. Der Effekt ist physikalisch identisch mit dem Effekt der Newtonschen Interferenzstreifen („Farben dünner Plättchen"). Er soll deshalb auch hier als Newtonscher Interferenzeffekt bezeichnet werden. Das Verhältnis $\bar{I}_{max} : \bar{I}_{min}$ hat bei $\lambda = 436$ nm den Wert 1,7 für Siliziumsubstrat (s. Abb. 4.2.6) und 2,8 für 100%ig reflektierendes Substrat (s. Abb. 4.2.9). Bei kürzeren Wellenlängen sind die Werte größer.

Wie in Abb. 4.2.5 veranschaulicht wurde, führt eine unterschiedliche Dosis bzw. Intensität, wie sie der Newtonsche Interferenzeffekt bei der Strukturerzeugung mit monochromatischer Belichtung im Resist hervorruft, zu unterschiedlichen Resiststrukturbreiten. Je nachdem, ob die lokale Resistdicke der Bedingung minimaler oder maximaler mittlerer Intensität im Resist genügt, erhält man größere oder kleinere Resiststrukturbreiten. Der Resistdickenunterschied zwischen den beiden Extremfällen beträgt $\lambda/4n_r$, das sind bei $\lambda = 436$ nm nur ca. 65 nm. Wenn es gelingt, die Resistdicke auf dem Substrat mit einer Schwankung von weniger als ±15 nm um einen Extremwert (z.B. $5\lambda/4n_r = 325$ nm) einzuhalten, sind die Linienbreitenschwankungen nur schwach ausgeprägt. Dies ist z.B. bei ebenen Substraten (chrombeschichtete Glasplatten für Masken, unstrukturierte Siliziumscheiben) und dünneren Resistschichten (<0,5 µm) realisierbar [12]. Dagegen sind die Linienbreitenschwankungen unvermeidlich, wenn die Resiststrukturen auf stufenbehafteten Oberflächen erzeugt werden müssen (Abb. 4.2.7), was in der Siliziumtechnologie bis auf die erste Strukturebene fast immer der Fall ist.

Es gibt mehrere Möglichkeiten, um den Newtonschen Interferenzeffekt selbst bzw. seine Auswirkungen auf Linienbreitenschwankungen abzuschwächen.

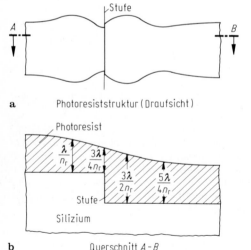

a   Photoresiststruktur (Draufsicht)

b   Querschnitt A - B

Abb. 4.2.7. **a** Schematische Darstellung der Linienbreitenschwankungen einer Photoresiststruktur, die quer über eine Oberflächenstufe läuft. **b** Die Linienbreitenschwankungen sind eine Folge der Resistdickenänderungen in der Umgebung der Stufe [4.3]

---

[12] Ungünstig sind hierfür Resists, die zu sog. „Striations" neigen, das sind leicht gewellte Resistoberflächen, die sich beim Aufschleudern der Resistschicht ausbilden können.

Wie aus der schematischen Darstellung in Abb. 4.2.5 hervorgeht, würde ein hoher Belichtungskontrast, d.h. ein steiler Dunkel/Hell-Übergang an der Grenze zwischen unbelichteten und belichteten Bereichen bei der Resistbelichtung die durch den Interferenzeffekt hervorgerufenen Linienbreitenschwankungen reduzieren. Im Abschn. 4.2.6 wird erläutert, daß bei der Projektionsbelichtung vor allem eine kürzere Wellenlänge, eine höhere numerische Apertur des abbildenden Systems sowie eine exakte Positionierung der Resistschicht in der Fokusebene zu einem steileren Dunkel/Hell-Übergang beitragen.

Mit Hilfe spezieller Resisttechniken (Abschn. 4.2.4) kann man den wirksamen Belichtungskontrast im Resist ebenfalls vergrößern.

Wird die Resistbelichtung breitbandig oder mit mehreren Wellenlängen durchgeführt, so können sich die einzelnen Newtonschen Interferenzeffekte bei den verschiedenen Wellenlängen kompensieren. Diese Kompensation gelingt aber nur teilweise.

Eine Reduzierung des Newtonschen Interferenzeffekts selbst kann nur durch eine Schwächung der Welle 3 in Abb. 4.2.6 bewerkstelligt werden. Um dies zu erreichen, sind mehrere Maßnahmen denkbar, die im folgenden ausgeführt sind.

Geeignete Antireflexschichten zwischen dem Substrat und der Photoresistschicht können die vom Substrat in den Resist zurückreflektierte Lichtwelle (Welle 2 in Abb. 4.2.6) und damit auch die Welle 3 schwächen. [13] So kann z. B. eine dünne aufgesputterte amorphe Siliziumschicht zwischen einer hochreflektierenden Aluminiumoberfläche und der Photoresistschicht die Intensität des reflektierten Lichts um mehr als eine Größenordnung herabsetzen. Ähnliche Antireflexschichten sind auch zwischen den anderen in der Siliziumtechnologie vorkommenden Schichten und der Resistschicht möglich [4.4]. Da hierbei bereits die Welle 2 (Abb. 4.2.6) geschwächt wird, kann durch eine solche Maßnahme auch ein anderer häufig störender Belichtungseffekt vermindert werden, nämlich die Belichtung von Bereichen, die eigentlich unbelichtet bleiben sollen, als Folge von Lichtreflexionen an Stufen (Abb. 4.2.8).

Antireflexschichten haben allerdings generell den Nachteil, daß ihre optische Dicke in sehr engen Grenzen gehalten und der Unterlage angepaßt werden muß. Außerdem verteuern bzw. komplizieren solche Schichten meistens den Herstellprozeß für integrierte Schaltungen, weil eine zusätzliche Schicht aufgebracht, geätzt und gegebenenfalls wieder ganz entfernt werden muß.

Die Lichtabsorption im Resist kann außerdem durch eine dickere Resistschicht (Abb. 4.2.9), durch Absorptionszusätze zum Resist (Dyed Resist) und durch Belichtung mit einer Wellenlänge, bei der der Resist stärker absorbiert, erhöht werden. Beispielsweise absorbieren die gebräuchlichen Positiv-Photoresists bei den Quecksilberspektrallinien 365 nm und 405 nm stärker als bei 436 nm.

---

[13] Eine Antireflexschicht auf der Resistoberfläche könnte die Welle 3 ebenfalls schwächen. Diese Möglichkeit hat sich aber in der Praxis nicht durchgesetzt.

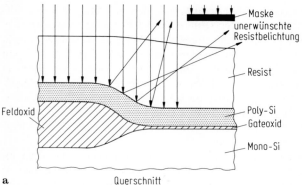

a   Querschnitt

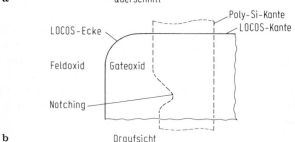

b   Draufsicht

Abb. 4.2.8. a Unerwünschte Resistbelichtung durch Lichtreflexion an einer LOCOS-Kante. **b** Besonders ausgeprägt ist der Effekt z. B. an einer LOCOS-Ecke, die bei der Resistbelichtung wie ein Brennglas wirkt: Die Poly-Si-Struktur weist eine Einschnürung (Notching) auf

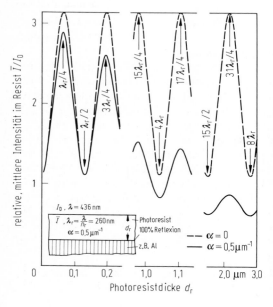

Abb. 4.2.9. Intensität im Photoresist (gemittelt über die Resistdicke) bei 100%ig reflektierender Unterlage als Funktion der Photoresistdicke. Die gestrichelte Kurve gilt für verschwindende Lichtabsorption im Resist. In diesem Fall kommt es zu Intensitätsschwankungen um den Faktor 2,8. Die ausgezogene Kurve gilt für den Fall einer Absorptionskonstante $\alpha = 0,5\ \mu m^{-1}$ (vgl. Abb. 4.2.2). Als Belichtungswellenlänge wird $\lambda = 436$ nm angenommen. Man kann erkennen, wie eine große Resistdicke wegen ihrer starken dämpfenden Wirkung die Interferenzeffekte vermindert. Bei 2 μm Resistdicke ist der Intensitätsunterschied nur noch 40%

Die Lichtdämpfung im Resist darf allerdings nicht beliebig gesteigert werden, weil sonst der oberflächennahe Teil der Resistschicht zu stark und der substratnahe Teil zu schwach belichtet würden. Dies hätte zu lange Belichtungszeiten, abgeschrägte Resistflanken und mit zunehmender Resistdicke zunehmende Reststrukturbreiten zur Folge.

Die Stärke des Newton'schen Interferenzeffekts kann durch einen Faktor a_N beschrieben werden, der das Verhältnis von maximaler zu minimaler in den Resist eingekoppelter Intensität darstellt:

$$a_N = \left(\frac{I_{RO} \, (\text{max})}{I_{RO} \, (\text{min})} \right)_{\text{Newton}} .$$

Im ungünstigsten Fall (100%ig reflektierendes Substrat und nicht absorbierender Resist, s. Abb. 4.2.9) ist $a_N = 2,8$ bei $\lambda = 436$ nm. Im Fall „Nicht absorbierender Photoresist auf Silizium" (s. Abb. 4.2.6) beträgt $a_N = 1,7$. Niedrigere a_N-Werte erzielt man mit stark absorbierenden Resists (Dyed Resist) bzw. mit dickeren Photoresistschichten (vgl. Abb. 4.2.9). Mit Antireflexschichten kann man a_N-Werte von 1,2 bis 1,0 erreichen. Der Idealfall ist ein Top-Surface-Imaging-Resistsystem (siehe nächster Abschnitt) mit 100%ig absorbierendem Bottomresist. Hier ist $a_N = 1$, unabhängig vom Schichtaufbau und von der Topographie unterhalb der Resistschicht. Auf diese und andere spezielle Resisttechniken soll nun näher eingegangen werden.

4.2.4
Spezielle Photoresisttechniken

Wie aus den Abschn. 4.2.1 bis 4.2.3 hervorgeht, würde ein ideales Photoresistsystem folgende Anforderungen erfüllen:

- hoher Resistkontrast (γ),
- hohe Empfindlichkeit (kurze Belichtungszeit),
- geringe Lichtabsorption,
- Vermeidung des Newtonschen Interferenzeffekts,
- Formstabilität der Resiststrukturen beim reaktiven Ionenätzen und bei Hochdosis-Ionenimplantationen,
- gute Entfernbarkeit der Resistmaske.

Die Lösungsansätze, einem solchen idealen Photoresistsystem nahezukommen, gehen davon aus, die verschiedenen Anforderungen nicht durch eine einzelne Resistschicht zu erfüllen, sondern auf mehrere Schichten bzw. auf mehrere Zonen einer einzelnen Schicht zu verteilen (Top Surface Imaging).

Für alle diese Resisttechniken muß aber als prinzipieller Nachteil festgehalten werden, daß sie aufgrund der größeren Zahl der Einzelprozeßschritte teurer sind und evtl. eine höhere Defektdichte aufweisen als die im Abschn. 4.2.1 beschriebene einfache Resisttechnik.

Als erste der Top-Surface-Imaging-Resisttechniken soll die sog. Trilevel-Resisttechnik diskutiert werden. Von den zahlreichen vorgeschlagenen Varianten

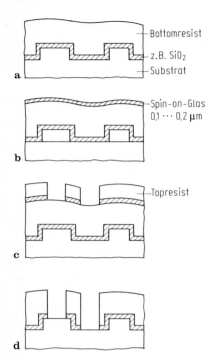

Abb. 4.2.10 a–d. Schematische Querschnitte der Prozeßschritte einer Trilevel-Resisttechnik.
a Aufschleudern einer Bottomresistschicht und Tempern bei ca. 200 °C; **b** Aufschleudern einer Spin-on-Glasschicht und Tempern bei ca. 200 °C; **c** Erzeugung einer Resistmaske (Topresist) und Ätzen der Spin-on-Glasschicht; **d** reaktives Ionenätzen des Bottomresists (und der Topresist-Maske) im O_2-Plasma und reaktives Ionenätzen der SiO_2-Schicht (und der Spin-on-Glas-Maske)

ist eine in Abb. 4.2.10 näher beschrieben. Die drei Schichten des Trilevel-Resistsystems sind eine sog. Bottomresistschicht, eine Spin-on-Glas-Zwischenschicht (s. Abschn. 3.12.1) und eine sog. Topresistschicht. Bei allen Trilevel-Resisttechniken fungiert die oberste Schicht (Topresist) als die eigentliche photochemisch aktive Schicht. Die unterste Schicht kann z. B. ein Positivresist oder dessen Harz sein, die durch einen Absorberzusatz oder durch hohes Ausheizen (ca. 200°C) stark absorbierend gemacht werden können. Eine solche Bottomresistschicht sorgt nicht nur dafür, daß praktisch kein Licht vom Substrat in die Topresistschicht reflektiert wird, sondern sie wird auch ausreichend dick gemacht (z. B. 1,5 μm), um die auf Siliziumscheiben meist vorhandenen steilen Stufen einzuebnen. Dadurch kann die Topresistschicht mit einer von den Oberflächenstufen unbeeinflußten gleichmäßigen Dicke aufgeschleudert werden. Die Bottomresistschicht ist schließlich auch die wirksame Maskierschicht beim Ätzen der darunter liegenden zu strukturierenden Schicht (z. B. SiO_2), so daß diese Funktion nicht von der Topresistschicht übernommen werden muß. Die Topresistschicht muß lediglich beim Ätzen der dünnen Spin-on-Glasschicht ausreichend resistent sein. Letztere dient als Ätzmaske beim anisotropen reaktiven Ionenätzen der Bottomresistschicht im Sauerstoffplasma (s. Abschn. 5.3.7).

Wenn es gelingt, die Topresist-Strukturen ätzresistent gegenüber der Bottomresist-Ätzung zu machen, kann man auf die Spin-on-Glasschicht verzichten. Eine solche weniger aufwendige sog. Bilevel-Resisttechnik ist in Abb.

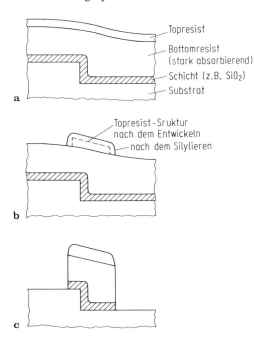

a

Topresist
Bottomresist
(stark absorbierend)
Schicht (z.B. SiO$_2$)
Substrat

b

Topresist-Sruktur
nach dem Entwickeln
nach dem Silylieren

c

Abb. 4.2.11 a–c. Wesentliche Prozeß-schritte einer Bilevel-Resisttechnik, bei der die Topresist-Strukturen durch Silylierung ätzresistent ge-macht werden. **a** Aufbringen der Bottomresistschicht und der Topre-sistschicht. Die Bottomresistschicht wird durch Ausheizen bei ca. 200 °C für den Topresist unlöslich gemacht. **b** Belichten, Entwickeln und Silylie-ren (Einbau von Si) des Topresists. **c** Reaktives Ionenätzen des Bottom-resists (im O$_2$-Plasma) und der SiO$_2$-Schicht

4.2.11 beschrieben [4.5]. Hier wird die Ätzresistenz durch Silylierung der To-presiststrukturen bewerkstelligt, d.h. durch Einbau von Si in den Topresist. Bei der Silylierung in einer Si-haltigen Flüssigkeit (z.B. Hexamethyldisilazan HMDS) quellen die Topresiststrukturen[14]. Diese Aufweitung der Topresist-strukturen ist erwünscht, weil sie den Maßverlust kompensieren kann, der durch die notwendige Überbelichtung (s. Abschn. 4.2.6) und durch die Ätzschritte entsteht.

Ein weiteres Beispiel einer Bilevel-Resisttechnik ist in Abb. 4.2.12 darge-stellt. Hier ist der Topresist ein anorganisches Resistsystem, das mittels Auf-dampfen oder Sputtern aufgebracht wird. Da mit diesen Beschichtungsver-fahren steile Stufen nicht genügend eingeebnet werden können, benötigt man die einebnende Bottomresistschicht. Der Mechanismus des bekanntesten anorganischen Resists, nämlich des Ag$_2$S/GeSe-Systems [4.6], ist in Abb. 4.2.12 erläutert. Interessant an diesem Resistsystem ist, daß alle Prozeß-schritte einschließlich des Entwickelns trocken durchgeführt werden können, daß hohe Resistkontrastwerte erzielt wurden und daß eine gewisse belich-tungskontrastverstärkende Wirkung beobachtet wurde. Allerdings hat sich diese Resisttechnik bisher kaum durchgesetzt, wohl vor allem wegen der Ge-fahr der Silberkontamination des Siliziums (s. Abschn. 6.4).

---

[14] Bei einem anderen Vorschlag [4.7] wird von vornherein Si in den Topresist einge-baut.

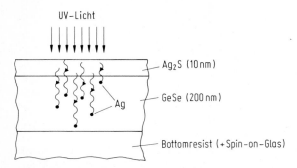

Abb. 4.2.12. Mechanismus des anorganischen Resistsystems $Ag_2S/GeSe$. Bei UV-Bestrahlung wandert das Silber aus dem Ag_2S in die darunterliegende GeSe-Schicht. Das Entwickeln erfolgt in einem CF_4/O_2-Plasma, in dem das nicht mit Silber dotierte GeSe eine hohe Abtragrate aufweist, während die mit Silber dotierten Teile der GeSe-Schicht stehenbleiben. Das $Ag_2S/GeSe$-Resistsystem wirkt demnach als Negativresist

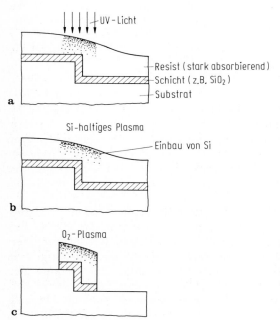

Abb. 4.2.13 a–c. Wesentliche Prozeßschritte einer Resisttechnik, bei der in den belichteten Bereichen Silizium eingebaut wird, so daß sie beim reaktiven Ionenätzen im Sauerstoffplasma ätzresistent sind (Negativresist). Die Punktdichte in den belichteten Bereichen soll ein Maß für die Konzentration der photochemisch umgewandelten photoaktiven Moleküle sein. **a** Oberflächennahe Belichtung des stark absorbierenden Resists; **b** Silylierung der belichteten oberflächennahen Bereiche im Si-haltigen Plasma; **c** reaktives Ionenätzen des Resists im O_2-Plasma (=Entwickeln des Resists) und Ätzen der SiO_2-Schicht

In Abb. 4.2.13 ist eine Single-Level-Resisttechnik [4.8] gezeigt, die im großen und ganzen zum gleichen Ergebnis führt wie die Bilevel-Technik in Abb. 4.2.11, indem der oberflächennahe Teil der Resistschicht die Funktion des Topresists übernimmt. Interessant bei dieser Resisttechnik ist, daß auch das Silylieren des Resists trocken durchgeführt wird. Nachteilig im Vergleich zur

Bilevel-Technik in Abb. 4.2.11 sind die geringeren Freiheitsgrade bei der Konditionierung von Bottom- und Topresist.

Das Prinzip, von einem stark absorbierenden Resist auszugehen und so nur in einem oberflächennahen Teil der Resistschicht das latente Bild zu erzeugen, kann generell mit einem Negativresist realisiert werden. Da beim Negativresist die unbelichteten Bereiche im Entwickler schneller abgetragen werden als die belichteten Bereiche, kann man im Gegensatz zu einem stark absorbierenden Positivresist bereits beim Entwickeln die gesamte Resistdicke abtragen, ohne auf reaktive Ionenätzverfahren zurückgreifen zu müssen.

Abbildung 4.2.14 zeigt die Prozeßschrittfolge und die dabei ablaufenden chemischen Reaktionen einer Negativ-Resisttechnik, die von einem Positivresist ausgeht (Image Reversal) [4.9]. Man vergleiche hierzu die chemischen Reaktionen beim normalen Positivresistprozeß (Abb. 4.2.1). Die Bildumkehr wird dadurch erreicht, daß die Carboxylsäure in den belichteten Bereichen bei einer Temperung in Ammoniakgas in eine im alkalischen Entwickler unlösliche Verbindung überführt wird.[15] Bei der anschließenden ganzflächigen Belichtung wird in den zuvor unbelichteten Bereichen das Diazonaphthochinon in Carboxylsäure umgewandelt, während in den zuvor belichteten Bereichen kein Diazonaphtochinon mehr vorhanden ist. Somit werden im alkalischen Entwickler die zuvor unbelichteten Bereiche abgetragen, während die zuvor belichteten stehenbleiben.

Die Image-Reversal-Technik hat den Vorteil, daß bei einer Überbelichtung die Resiststrukturen breiter und nicht wie bei der Positivtechnik schmaler werden. Im Hinblick auf möglichst geringe Linienbreitenschwankungen wird eine gewisse Überbelichtung angestrebt (s. Abschn. 4.2.6). Eine Aufweitung der Resiststrukturen beim Überbelichten ist deshalb meist vorteilhaft, weil damit die bei den Prozeßschritten nach der Lithographie (Ätzen, LOCOS-Technik) häufig auftretende Schrumpfung der den Resiststrukturen entsprechenden Strukturen kompensiert werden kann.

Die bisher beschriebenen Resisttechniken sind (bis auf die anorganische Resisttechnik) nicht in der Lage, den Belichtungskontrast im Resist zu erhöhen. Die CEL-Technik (CEL = Contrast Enhancing Layer) zielt auf eine solche Kontrasterhöhung [4.10] ab. Das Prinzip der CEL-Technik besteht darin, auf die eigentliche Resistschicht vor der Belichtung eine photoempfindliche Schicht (CEL-Schicht) mit einer sehr hohen Konzentration photoaktiver Moleküle aufzubringen.[16] Belichtet man eine solche Doppelschicht, so kommt zunächst nur wenig Licht in die eigentliche Resistschicht, weil die hohe Konzentration an photoaktiven Molekülen in der CEL-Schicht mit einer starken Lichtabsorption verbunden ist (vgl. Abb. 4.2.2).[17] Mit zunehmender Lichtdosis wird aber die

---

[15] Es gibt auch Resists, die eine basische Komponente enthalten, so daß die Temperung ohne Ammoniakgasatmosphäre möglich ist.

[16] Das Aufbringen der ca. 0,5 μm dicken CEL-Schicht erfolgt im Schleuderverfahren. Die CEL-Schicht wird nach dem Belichten wieder ganz abgelöst.

[17] Während bei einem normalen Positivresist der Absorptionskoeffizient bei 0,6 μm^{-1} liegt, bewegt er sich bei CEL-Schichten zwischen 1,5 und 5 μm^{-1}.

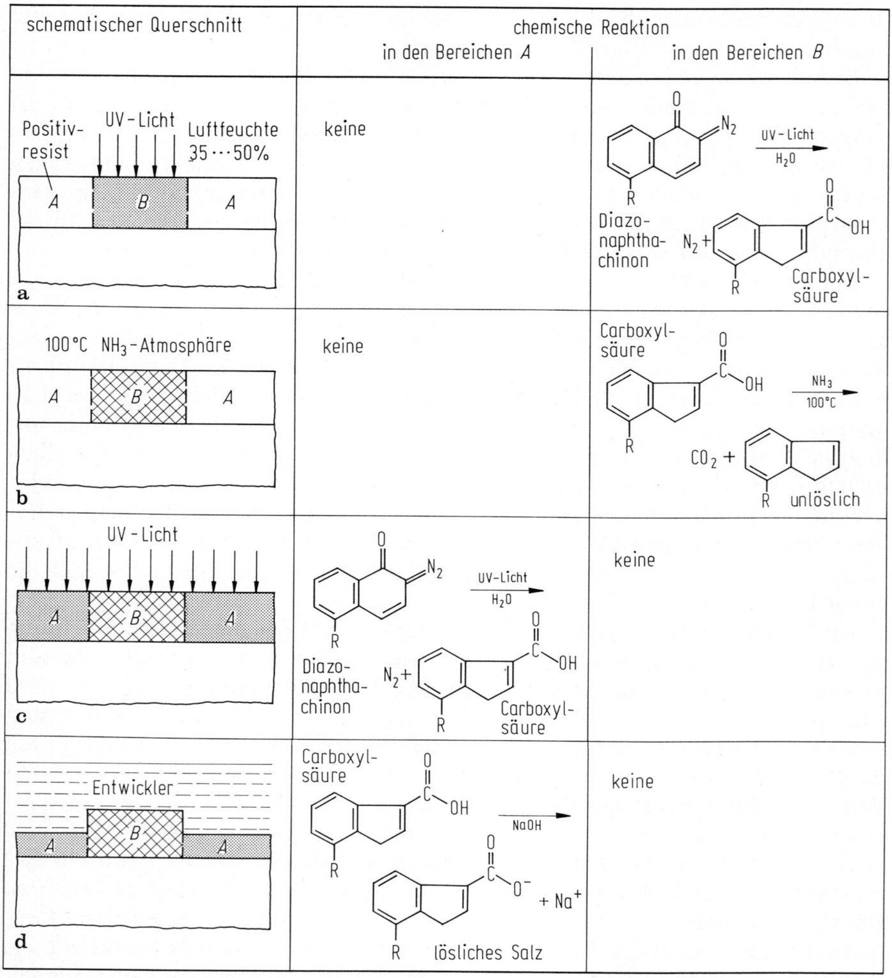

schematischer Querschnitt	chemische Reaktion	
	in den Bereichen A	in den Bereichen B

Abb. 4.2.14 a–d. Chemische Reaktionen bei den Prozeßschritten der Image-Reversal-Technik, bei der man mit einem üblichen Positivresist eine Bildumkehr erreichen kann. Der wesentliche Prozeßschritt, der zur Bildumkehr führt, ist die Temperung in Ammoniakgas. Dabei wird die Carboxylsäure in den belichteten Bereichen zerstört, so daß die belichteten Bereiche im alkalischen Entwickler unlöslich bleiben. **a** Bereichsweises Belichten; **b** Tempern in Ammoniakgas; **c** ganzflächiges Belichten; **d** Entwickeln im alkalischen Entwickler

Konzentration abgebaut und die Lichtabsorption nimmt wie bei einem normalen Photoresist ab. Der belichtungskontrastverstärkende Effekt, d.h. die Aufsteilung des Intensitätsverlaufs am Übergang zwischen einem dunklen und einem hellen Bereich, kommt nun dadurch zustande, daß die Bereiche hoher Dosis lichtdurchlässiger werden als die Bereiche niedriger Dosis (Abb. 4.2.15).

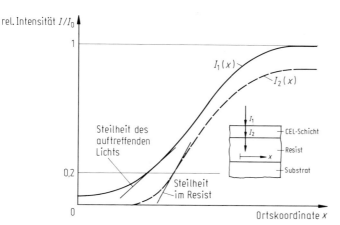

Abb. 4.2.15. Erhöhung des Belichtungskontrasts (Intensitätssteilheit) bei der CEL-Technik (Contrast Enhancing Layer). Die Steilheiten der Intensitätsverläufe bei $I/I_0 = 0{,}2$ sind deshalb hervorgehoben, weil bei etwa 20% der maximalen Belichtungsintensität I_0 die Kante der Resiststruktur zu liegen kommt (s. Abschn. 4.2.6). Für die Maßhaltigkeit der Resiststrukturen ist die Steilheit der Intensität an dieser Stelle entscheidend

Ein Nachteil der CEL-Technik sind die erforderlichen längeren Belichtungszeiten; denn sowohl das Ausbleichen der CEL-Schicht als auch eine vorhandene Restabsorption in der CEL-Schicht kosten Belichtungszeit.

4.2.5
Optische Belichtungsverfahren

Das Belichtungsverfahren hat in der lithographischen Technik die Aufgabe, die gewünschten Lichtfiguren auf die Oberfläche der mit einer Photoresistschicht bedeckten Substrate abzubilden. Eine möglichst hohe Auflösungsleistung des abbildenden Systems (das ist gleichbedeutend mit einem möglichst steilen Dunkel/Hell-Übergang an den Rändern der Lichtfiguren) ist dabei eines von vier in der Praxis wesentlichen Beurteilungskriterien (vgl. Abschn. 4.1). Die drei anderen Kriterien sind die erreichbare Überlagerungsgenauigkeit übereinanderliegender Muster, die erreichbare Defektdichte sowie die Belichtungskosten. Letztere werden unter anderem vom Geräteanschaffungspreis und von der Zahl der pro Stunde belichtbaren Siliziumscheiben bestimmt.

In Abb. 4.2.16 sind die Geräte aufgeführt, die heute verbreitet eingesetzt werden, um von den auf einem Magnetband gespeicherten Figurendaten (z. B. Abmessungen und Mittelpunktslage von Rechtecken) zu den gewünschten lagerichtigen Lichtfiguren auf der Resistoberfläche zu kommen.

In älteren optischen Maskenzeichnern („pattern generator") wird die Öffnung einer rechteckigen Blende mit ultraviolettem Licht über ein Projektionsobjektiv auf eine mit einer Chromschicht und einer Photoresistschicht be-

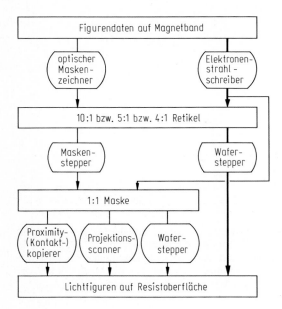

Abb. 4.2.16. Die wichtigsten heute eingesetzten Geräte, mit denen man die auf einem Magnetband gespeicherten Figurendaten in die gewünschten lagerichtigen Lichtfiguren auf der Resistoberfläche umsetzen kann. Im Sub-μm-Bereich hat sich der durch die dikken Pfeile hervorgehobene Weg durchgesetzt. Außer dem Elektronenstrahlschreiber (rechts oben) sind alle anderen Geräte in dieser Abbildung lichtoptische Geräte

deckten Glasplatte projiziert. Dabei wird, vom Magnetband gesteuert, die Blendenöffnung in x- und y-Richtung variiert, so daß in zeitlicher Folge verschieden große Rechtecke abgebildet werden können. Durch Bewegung des Tisches, auf dem die Glasplatte liegt, wird die gewünschte Lage eines jeden Rechtecks eingestellt, wobei die Tischsteuerung ebenfalls vom Magnetband ausgeht. Bedingt durch die relativ zeitraubenden mechanischen Bewegungen der Blende und des Tisches würde es sehr lange dauern, um alle Figuren, die sich auf einer Siliziumscheibe üblicherweise befinden, auszubilden. Es werden deshalb nur die für eine einzige Integrierte Schaltung, also für einen einzigen Chip, benötigten Figuren in 10-, 5- oder 4facher Vergrößerung projiziert,[18] und die Vervielfachung dieses Figurenmusters erfolgt mit einem anderen Gerät, einem Stepper (s. Abb. 4.2.16).

Bei höchstintegrierten Schaltungen ist allerdings der Zeitaufwand bereits für einen einzigen Chip so groß, daß sich hierfür der schnellere Elektronenstrahlschreiber durchgesetzt hat [4.11]. Das Gerät wird im Abschn. 4.4.2 näher beschrieben. Neuerdings gibt es allerdings auch schnelle optische Maskenzeichner, die auf der Basis eines elektrooptisch abgelenkten Laserstrahls arbeiten.

Wie aus Abb. 4.2.16 hervorgeht, können Stepper an verschiedenen Stellen eingesetzt werden. Alle Stepper haben gemeinsam, daß sie ein Muster, z.B.

---

[18] Wenn die Belichtungsprozedur im Maskenzeichner beendet ist, wird der Resist entwickelt und anschließend die Chromschicht an den vom Resist nicht bedeckten Stellen geätzt. Das Ergebnis ist eine Chrommaske. Liegen die Strukturen in 10-, 5- oder 4facher Vergrößerung vor, spricht man von einem Chromretikel.

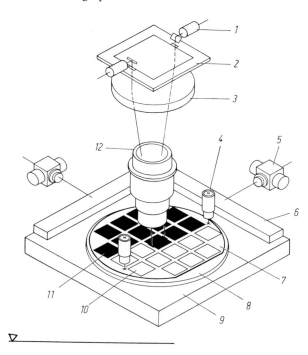

Abb. 4.2.17. Schema eines lichtoptischen Wafersteppers [4.12]. *1* Justieroptik; *2* Retikel; *3* Linse für telezentrische Abbildung; *4* Vorjustieroptik; *5* Laserinterferometer; *6* Spiegelfläche; *7* Wafer; *8* Waferchuck, *9* x-y-Tisch; *10* belichtetes Bildfeld; *11* noch nicht belichtetes Bildfeld; *12* Objektiv

die Figuren, die zu einem einzigen Chip gehören, dadurch vervielfältigen, daß ein exakt steuerbarer Tisch, auf dem das Substrat liegt, nacheinander alle Positionen anfährt, die das Muster erhalten sollen. Die sich wiederholende Übertragung des Musters erfolgt bei den optischen Steppern, die in Abb. 4.2.16 aufgeführt sind, durch hochauflösende Linsen- oder Spiegelobjektive. Da man die volle Auflösungsleistung des Objektivs nur dann erhält, wenn die Substratoberfläche innerhalb des Schärfentiefebereichs liegt, wird bei den Steppern der Tisch vor jeder Belichtung in der Richtung senkrecht zur Tischoberfläche automatisch nachgeführt und ggfs. gekippt (leveling), um eventuelle Substratunebenheiten auszugleichen. Das Anfahren der einzelnen lateralen Tischpositionen erfolgt mit Hilfe von Laserinterferonmetern mit einem Lagefehler <0,1 µm. Waferstepper benötigen im Gegensatz zu Maskensteppern eine Justiervorrichtung, um das zu projizierende Lichtmuster exakt in bezug auf die bereits auf den Scheiben vorhandenen Strukturen zu positionieren. Die Justierung erfolgt entweder vor jeder einzelnen Belichtung (site-by-site alignment) oder nur einmal pro Scheibe vor der ersten Belichtung. Heutige Waferstepper erreichen eine Justiergenauigkeit von ±50 nm.

   Das Schema eines Wafersteppers ist in Abb. 4.2.17 dargestellt [4.12]. Waferstepper sind zwar die teuersten Scheibenbelichtungsgeräte, aber sie haben die höchste Leistungsfähigkeit in bezug auf Auflösung, Lagegenauigkeit und Defektdichte. Sie werden deshalb verbreitet im Strukturbereich unterhalb 2 µm eingesetzt.

Um den Zeitaufwand bei der Scheibenbelichtung zu verkürzen, werden auf den in einen Waferstepper eingelegten Retikels so viele Chips angeordnet, wie in das Bildfeld des Projektionsobjektivs (z.B. 30 mm ∅) hineinpassen (Block-Retikel). Moderne Waferstepper können so in 1 Stunde bis zu 50 Scheiben mit 200 mm Durchmesser belichten.

Die Weiterentwicklung der Projektionsobjektive zu feineren Strukturen bei größer werdendem Bildfeld ist mit einem dramatisch ansteigenden technischen Aufwand verbunden. Im Strukturbereich unterhalb 0,3 µm zeichnet sich deshalb ein neuer Waferstepper-Typ ab, nämlich der Scanning-Waferstepper. Wie in Abb. 4.2.18 dargestellt ist, benötigt der Scanning-Waferstepper ein erheblich kleineres Projektionsbildfeld als der normale Waferstepper. Dies wird dadurch ermöglicht, daß bei der Belichtung Retikel und Scheibe unter einem Belichtungsschlitz (z.B. 30×5 mm) vorbei bewegt (gescannt) werden, um so das gesamte Retikelfeld auf die Scheibe abzubilden. Die Entspannung, die dieses Belichtungsprinzip beim Projektionsobjektiv bringt, muß durch den komplizierten Scanning-Mechanismus erkauft werden, der die exakte simultane Bewegung von Retikel und Scheibe mit unterschiedlicher Geschwindigkeit (Retikel 4mal schneller bei 4:1 Projektion) erfordert. Das Step- und -Scan-Prinzip erlaubt auch eine bessere Fokussierung der Waferoberfläche, indem während des Scannens („on the fly") ständig automatisch nachfokussiert wird.

Für die früher vorherrschende Strukturübertragung von 1:1-Masken auf Scheiben kommen Proximity- (bzw. Kontakt-) Kopiergeräte, Projektionsscanner und Waferstepper in Frage (vgl. Abb. 4.2.16).

Bei der Proximity-Belichtung werden Maske und Scheibe in einem Abstand von 5 bis 40 µm gehalten, während bei der Kontaktbelichtung Maske und Scheibe mit mehr oder weniger Druck aneinandergepreßt werden. Der Einsatz der Proximity-Belichtungsgeräte ist aus Auflösungsgründen (s. Ab-

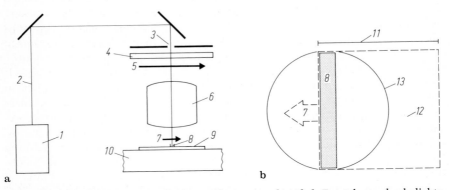

Abb. 4.2.18. a Schema eines Scanning-Wafersteppers [4.13]. **b** Entstehung des belichteten Feldes auf dem Wafer. *1* Lichtquelle; *2* Strahlengang; *3* Belichtungsschlitz am Retikel; *4* 4:1 Retikel; *5* Retikel-Scanning; *6* Projektionsobjektiv; *7* Wafer-Scanning; *8* Belichtungsschlitz am Wafer; *9* Scheibe; *10* x-y-Tisch; *11* Scanning-Länge der Scheibe; *12* belichtete Scheibenfläche nach dem Scannen; *13* Projektionsbildfeld

schn. 4.2.6) auf den Strukturbereich oberhalb 3 μm beschränkt. Bei der Kontaktbelichtung ist die Gefahr der mechanischen Beschädigung von Resistschicht und Maske so groß, daß sie nur dort zum Einsatz kommt, wo eine größere Defektdichte in Kauf genommen werden kann.

Der Projektionsscanner nutzt die charakteristische Eigenschaft eines Spiegelprojektionssystems aus, in einem bogenförmigen Bereich scharf und verzerrungsfrei abzubilden. Eine besonders zeitsparende Ganzscheibenbelichtung erhält man, wenn die Länge des bogenförmigen Bereichs so groß wie der Scheibendurchmesser gemacht werden kann. Bewegt man nämlich den bogenförmigen Bereich quer zu seiner Längsausdehnung mit gleichförmiger Geschwindigkeit über Maske und Scheibe hinweg (scanning), so erreicht man eine scharfe Strukturabbildung auf der gesamten Scheibe (vgl. Abb. 4.2.18). Bei den am weitesten verbreiteten Geräten dieses Typs wird allerdings nicht der bogenförmige belichtete Bereich bewegt (also nicht die Projektionsoptik), sondern Maske und Scheibe, die starr miteinander verbunden sind, werden gemeinsam im ruhenden Strahlengang bewegt.

4.2.6
Auflösungsvermögen der lichtoptischen Belichtungsgeräte

Das Auflösungsvermögen eines abbildenden Systems wird physikalisch durch den kürzesten Abstand zweier Punkte oder zweier Linien definiert, der gerade noch einen erkennbaren Intensitätsunterschied in der Mitte zwischen den Punkten oder Linien zuläßt. Diese Definition ist allerdings im Himblick auf die Erzeugung von Resiststrukturen wenig sinnvoll. Vielmehr ist der Intensitätsverlauf im Übergangsbereich zwischen einer unbelichteten und einer belichteten Struktur (Dunkel/Hell-Übergang) von Bedeutung (s. Abschn. 4.2.2).

Bei der Proximity-Belichtung wird dieser Intensitätsverlauf durch die Lichtbeugung an einer Maskenstrukturkante (Fresnelbeugung) bestimmt. Abbildung 4.2.19 zeigt die Intensitätskurven für drei verschiedene Abstände s zwischen Maske und Scheibe. Für den Intensitätsgradienten am Ort der Soll-Lage der Strukturkante ($x = 0$) ergibt sich

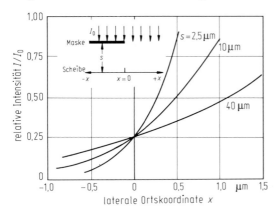

Abb. 4.2.19. Berechneter Intensitätsverlauf an einer Strukturkante bei der Proximity-Belichtung (Wellenlänge $\lambda = 400$ nm) mit verschiedenen Abständen s zwischen Maske und Scheibe

$$d\left(\frac{I}{I_0}\right)/dx \approx \frac{0,7}{\sqrt{\lambda s}}\ .$$

Legt man näherungsweise einen linearen Intensitätsverlauf mit dieser Steigung zugrunde, so ist die ungefähre Breite Δb des Dunkel/Hell-Übergangsbereichs der Reziprokwert dieses Ausdrucks, also

$$\Delta b \approx 1,5\sqrt{\lambda s}\ .$$

Diese beiden Beziehungen gelten zunächst nur für einen isolierten Dunkel/Hellübergang, also für unendlich ausgedehnte Dunkel- und Hellbereiche. Tatsächlich sind sie aber für die in den Anwendungen vorkommenden Strukturen mit guter Näherung gültig. Erst wenn die Breite des dunklen und/oder des hellen Bereichs so klein wird, daß sie der Breite Δb des Übergangsbereichs entspricht, beginnt der Intensitätsgradient bei $x = 0$ merklich kleiner zu werden. Dieser Grenzfall entspricht auch etwa der praktischen Auflösungsgrenze bei der Strukturerzeugung. Die minimale übertragbare Strukturbreite ergibt sich so als

$$b_{\min} \approx 1,5\sqrt{\lambda s}\ .$$

Für eine Proximity-Abbildung mit einer Wellenlänge $\lambda = 400$ nm und einem Abstand s zwischen Maske und Scheibe von 10 µm ist $b_{\min} = 3$ µm. Dies ist auch etwa die Grenze, bis zu der man die Proximity-Belichtung einsetzen kann.

Bei einer Kontaktkopie ist für s etwa die halbe Resistdicke einzusetzen. Legt man eine Resistdicke von 1 µm zugrunde, so erhält man bei $\lambda = 400$ nm für $b_{\min} = 0{,}7$ µm. Trotz dieser hervorragenden Auflösung wird das Kontaktkopierverfahren wegen seiner hohen potentiellen Defektdichte für höchstintegrierte Schaltungen kaum angewandt.

Sowohl bei der Proximity- als auch bei der Kontaktbelichtung ist zu berücksichtigen, daß das Auflösungsvermögen schlechter wird, wenn die Scheibenoberfläche und die Maskenoberfläche auftreffendes Licht in die Resistschicht zurückreflektieren. Chrommasken mit einem niedrigen Reflexionskoeffizienten („Schwarzchrom") sind hier vorteilhaft.

Das Auflösungsvermögen, von Projektionssystemen (Linsenoptik oder Spiegeloptik) soll anhand der Abb. 4.2.20 veranschaulicht werden (1:1-Projektion). Dabei wird zunächst angenommen, daß keine Linsenfehler und sonstigen Störeffekte vorhanden sind. Auf der Maske sei je ein Strichmuster mit einem Rastermaß $2b = 4$ µm (2 µm breite Chromstege, die einen Abstand von ebenfalls 2 µm aufweisen) bzw. $2b = 2$ µm. Bei der Projektionsbelichtung wird nun die Lichtquelle mit Hilfe einer Beleuchtungsoptik durch die Maske hindurch in die Objektivöffnung abgebildet. An den Strichmustern auf der Maske wird das Licht gebeugt. In der Ebene der Objektivöffnung entsteht deshalb nicht nur das eigentliche Bild der Lichtquelle (nullte Beugungsordnung), sondern auch die Beugungsbilder höherer Ordnung. Der Winkel ϑ zwischen den einzelnen Beugungsordnungen ergibt sich (bei Annahme kleiner Winkel) zu

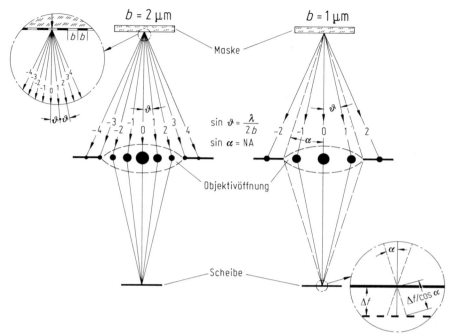

Abb. 4.2.20. Veranschaulichung der Beugungsordnungen (0, 1, -1, 2, -2, ...) in der Objektivöffnung und der Defokussierung bei einer beugungsbegrenzten Projektionsbelichtung. Die Fläche der ausgefüllten Kreise in der Objektivöffnung soll die Intensität der einzelnen Beugungsordnungen andeuten. Δf ist die Defokussierung. Die unter dem Winkel α einfallenden Randwellen haben gegenüber der Zentralwelle einen Gangunterschied von $\Delta f / \cos \alpha - \Delta f$

$$\vartheta \approx \sin \vartheta = \frac{\lambda}{2b}.$$

In die Objektivöffnung fallen nur diejenigen Beugungsordnungen, für die gilt:

$$|\,k\vartheta\,| \leq \alpha \,(k = 0, \pm 1, \pm 2, \ldots).$$

Dabei ist k die Beugungsordnung und α ist der halbe von der Maske aus gesehene Öffnungswinkel des Objektivs. α bzw. $\sin \alpha$) wird als die numerische Apertur (NA) des Objektivs bezeichnet.[19]

$$\alpha \approx \sin \alpha = \mathrm{NA}.$$

Das Objektiv bildet nun das Muster auf der Maske in die Ebene der Scheibenoberfläche ab, in der sich die Resistschicht befindet. Die Bildwiedergabe

---

[19] Bei einer verkleinernden Abbildung wird der von der Siliziumscheibe aus gesehene halbe Öffnungswinkel als numerische Apertur des Ojektivs bezeichnet.

ist um so getreuer, je mehr Beugungsordnungen in die Objektivöffnung fallen, da jede Beugungsordnung (allerdings mit fallender Tendenz bei den hohen Ordnungen) einen Teil der Bildinformation trägt. Bei dem in Abb. 4.2.20 dargestellten Beispiel, das die realen Verhältnisse bei einer Lichtwellenlänge $\lambda = 436$ nm und einer numerischen Apertur NA = 0,28 zeigt, fallen bei dem Strichmuster mit 4 µm Raster die Beugungsordnungen 0, 1, -1, 2 und -2 in die Objektivöffnung, während es bei dem 2 µm-Raster nur die Ordnungen 0, 1 und -1 sind. Die Auflösungsgrenze ist dann zu erwarten, wenn gerade auch die beiden ersten Beugungsordnungen aus der Objektivöffnung verschwinden. Das ist der Fall, wenn $\vartheta = \alpha$ wird. Mit $\vartheta \approx \lambda/2b$ und $\alpha \approx$ NA ergibt sich für die minimale Strukturbreite b_{min}

$$b_{min} \approx \frac{\lambda}{2\,(NA)}\;.$$

Geht man von einer punktförmigen Lichtquelle aus, dann sind auch die Beugungsbilder der Objektivöffnung punktförmig. Dann würde auch das Verschwinden der beiden ersten Beugungsordnungen aus der Objektivöffnung ziemlich abrupt passieren, wenn die Strukturgröße auf der Maske gerade b_{min} ist. Solche Sprünge sind in der Praxis ungünstig. Die gebräuchlichen Projektionsbelichtungsgeräte arbeiten deshalb mit einer ausgedehnten Lichtquelle[20], so daß die nullte Beugungsordnung etwa 50% des Durchmessers der Objektivöffnung füllt. Man spricht dann von einem Füllfaktor $\sigma = 0,5$.

Bei ausgedehnten Beugungsbildern muß man allerdings in Kauf nehmen, daß bereits oberhalb der Auflösungsgrenze ein Teil der ersten Beugungsordnung außerhalb der Objektivöffnung liegt und damit für die Bildwiedergabe nicht zur Verfügung steht. Dadurch wird der Intensitätsgradient an den Dunkel/Hellübergängen der abgebildeten Strukturen etwas verkleinert.

In Abb. 4.2.21 ist der Verlauf $I(x)$ der auf die Siliziumscheibe auftreffenden Lichtintensität an einem Dunkel-Hell-Übergang für einen Füllfaktor $\sigma = 0,5$ dargestellt [4.15]. Die Soll-Lage der Resistkante ist bei $I \approx 0,25\,I_0$. Der Intensitätsgradient an dieser Stelle beträgt

$$\frac{dI}{dx} \approx \frac{2\,(NA)}{\lambda}\,I_0 \text{ für } \sigma = 0,5\;.$$

Eine Intensitätsschwankung ΔI_0 führt demnach bei einem steilen Resist (s. Abschn. 4.2.2) zu einer Verschiebung der Resistkante (s.a. Abschn. 4.2.2) um den Betrag Δx:

$$\Delta x \approx \frac{\lambda}{2\,(NA)}\cdot\frac{\Delta I_0}{4\,(I_0 + \Delta I_0)} \text{ für } \sigma = 0,5\;.$$

Die minimale sicher übertragbare Struktur b_{min} ist diejenige, bei der die Überlagerung der beiden Dunkel/Hell-Übergänge der Struktur gerade noch

---

[20] Ein weiterer Grund für ausgedehnte Lichtquellen ist die damit erreichbare höhere Belichtungsintensität.

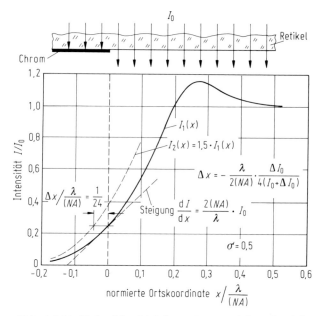

Abb. 4.2.21. Verlauf der Lichtintensitäten $I_1(x)$ und $I_2(x)$ an einer Dunkel-Hell-Grenze für die beiden eingestrahlten Intensitäten I_0 und $1,5\,I_0$. λ ist die Belichtungswellenlänge, NA die numerische Apertur des Projektionsobjektivs und σ der Füllfaktor. Eine Erhöhung der eingestrahlten Intensität um 50% führt zu einer Verschiebung der Resistkante um $-\Delta x = \frac{1}{24} \cdot \frac{\lambda}{(\text{NA})}$

nicht zu einer Reduzierung des Intensitätsgradienten an den Strukturkanten führt (Abb. 4.2.22) [4.16]:

$$b_{\min} \approx \frac{\lambda}{2\,(\text{NA})} \quad \text{für } \sigma = 0,5\,.$$

Wenn die Resistschicht auf der Siliziumscheibe nicht exakt in der Fokusebene des Objektivs liegt, ist mit einer schlechteren Auflösung zu rechnen und der Intensitätsgradient an den Dunkel/Hell-Grenzen wird kleiner [4.16]. Der untere Ausschnitt in Abb. 4.2.20 veranschaulicht die Situation bei einer um den Betrag Δf von der Fokusebene entfernten Bildebene: Die an einem Bildpunkt unter dem Winkel α einfallenden Randstrahlen haben gegenüber dem Mittelstrahl einen Gangunterschied Δl von

$$\Delta l = \frac{\Delta f}{\cos \alpha} - \Delta f \approx \frac{1}{2}\Delta f \alpha^2 \quad \text{für kleine } \alpha\,.$$

Das Bild beginnt merklich zu degradieren, wenn der Gangunterschied Δl etwa $\lambda/4$ wird (Rayleigh-Kriterium). Danach kann man einen Tiefenschärfebereich $\pm\Delta f_R$ (Rayleigh-Tiefe) definieren, innerhalb dessen das Bild noch als „scharf" anzusehen ist

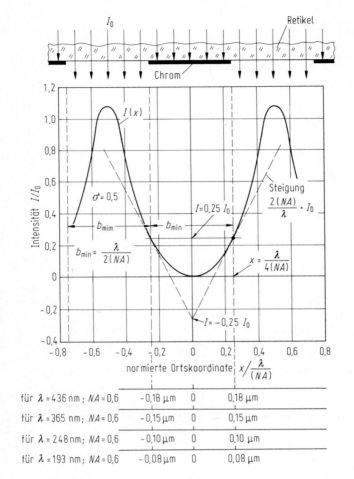

Abb. 4.2.22. Verlauf der Lichtintensität $I(x)$ bei der Projektion des „minimalen" Linienrasters mit Linien- und Spaltbreiten von je $b_{\min}$. Bei $b_{\min}$ ist der Intensitätsgradient an der Strukturkante gerade noch ebenso groß wie bei einem einzelnen Dunkel-Hell-Übergang (s. Abb. 4.2.21). Im unteren Teil der Abbildung sind die Zahlenwerte von $\pm b_{\min}/2$ für 4 wichtige Belichtungswellenlängen eingetragen

$$\Delta f_{\mathrm{R}} = \pm \frac{\lambda}{2\,\alpha^2} \approx \pm \frac{\lambda}{2\,(\mathrm{NA})^2}\ \text{für}\ \Delta l = \frac{\lambda}{4}\,.$$

Die Rechnung [4.16] liefert für eine Defokussierung $\Delta f_{\mathrm{R}} = \pm\lambda/2\,(\mathrm{NA})^2$ die folgenden Beziehungen.

Intensitätsgradient an den Strukturkanten:

$$\frac{\mathrm{d}I}{\mathrm{d}x} \approx 0,7 \cdot \frac{2\,(\mathrm{NA})}{\lambda} \cdot I_0\ \text{für}\ \Delta f = \Delta f_{\mathrm{R}},\ \sigma = 0,5\,.$$

Minimale übertragbare Strukturbreite:

$$b_{min} \approx 1,4 \cdot \frac{\lambda}{2\,(NA)} \text{ für } \Delta f = \Delta f_R,\ \sigma = 0,5\,.$$

Linienbreitenschwankung bei einer Intensitätsschwankung ΔI_0:

$$2\Delta x \approx \left[-0,1 - \frac{\Delta I_0}{2\,(I_0 + \Delta I_0)}\right] \cdot b_{min} \text{ für } \Delta f = \Delta f_R,\ \sigma = 0,5\,.$$

Tabelle 4.1 zeigt diese Größen für die 4 wichtigen Belichtungswellenlängen bei der größten technisch machbaren numerischen Apertur $NA = 0{,}6$.

Anstelle der Linienbreitenschwankung ist in Tabelle 4.1 die zulässige Intensitätsschwankung (Exposure Latitude) angegeben, wenn die Linienbreitenschwankung 20% der minimalen Linienbreite bei der zulässigen Defokussierung $2\Delta f_R$ (Focus Latitude) nicht überschreiten soll. Diese Intensitätsschwankung $\Delta I_0/I_0$ beträgt gemäß obiger Beziehung 37%.

Der Hauptbeitrag zur lokalen Intensitätsschwankung ΔI_{R0} im Resist kommt meist vom Newton'schen Interferenzeffekt. In Abschn. 4.2.3 wurde ausgeführt, daß die Intensitätsschwankung $\Delta I_{R0}/I_{RO}$ zum Beispiel für den Fall „Nichtabsorbierender Photoresist auf Poly-Si" 70% beträgt (s. Abb. 4.2.6). Geeignete Schichten zwischen Poly-Si und Resist können als Antireflexschichten dienen (SiO_2, Si_3N_4, amorphes Si, TiN) und so die Intensitätsschwankungen bis in den Bereich 10 bis 40% herabsetzen. Mit einer TSI-Resisttechnik (TSI = Top Surface Imaging, s. Abschn. 4.2.4) mit stark absorbierender Bottomresistschicht kann man ebenfalls bis in den 10%-Bereich kommen.

Eine zweite Quelle für lokale Schwankungen der Belichtungsintensität im Resist sind die Reflexionen an Stufen, die an ungünstigen Stellen zu einer lokalen Einschnürung (Notching) der Resiststruktur führen können (s. Abb. 4.2.8).

Eine weitere Ursache für Intensitätsschwankungen ist das von den Quarz-Grenzflächen des Retikels reflektierte Licht. Wie in Abb. 4.2.23 erläutert ist, führen diese Reflexionen zu einer additiven auf den Resist auftreffenden In-

Tabelle 4.1. Minimale übertragbare Struktur b_{min} und zulässige Intensitätsschwankung $\Delta I_0/I_0$ (Exposure Latitude) bei der zulässigen Fokustiefe $2\Delta f_R$ (Focus Latitude) für die 4 wichtigen Belichtungswellenlängen $\lambda = 436$ nm, 365 nm, 248 nm und 193 nm. Für die numerische Apertur NA ist der größte technisch machbare Wert $NA = 0{,}6$ und für den Füllfaktor σ der Wert $\sigma = 0{,}5$ angenommen

Belichtungs-wellenlänge λ	Zulässige Fokustiefe $2\Delta f_R$	Minimale übertragbare Struktur b_{min}	Zulässige Intensitäts-schwankung $\Delta I_0/I_0$ für eine Linienbreiten-schwankung $< 0,2\, b_{min}$
436 nm (g-linie)	1,2 μm	0,51 μm	37%
365 nm (i-linie)	1,0 μm	0,43 μm	37%
248 nm (Deep UV)	0,7 μm	0,29 μm	37%
193 nm (Far UV)	0,55 μm	0,22 μm	37%

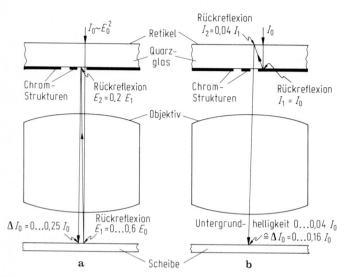

Abb. 4.2.23 a, b. Additive auf den Resist auftreffende Lichtintensität bei der Projektionsbelichtung infolge von Reflexionen an den Retikel-Grenzflächen. **a** Das auf die Scheibe projizierte Lichtmuster wird zum Retikel und von dort wieder zurück zur Scheibe projiziert. Da sich Retikel und Scheibe im Fokus befinden, ist das rückprojizierte Licht kohärent zum direkt auftreffenden Licht. Deshalb addieren sich die Feldstärken E und nicht die Intensitäten $I (\sim E^2)$. **b** Hier wird das Muster der Chromstrukturen wegen der größeren optischen Weglänge unscharf auf die Scheibe projiziert. An einer Strukturkante wirkt die Untergrundhelligkeit von max. $0,04\, I_0$ wie ein ΔI_0 von max. $0,16\, I_0$ (vgl. Abb. 4.2.21). Die Rückreflexionen von den Chromstrukturen ist hier vernachlässigt, da entspiegeltes Chrom („Schwarzchrom") angenommen wird

tensität ΔI_0 von 0 bis 0,25 I_0 je nach Reflexionsgrad der Scheibe (Abb. 4.2.23 a) bzw. von 0 bis 0,16 I_0 je nach dem Chrombelegungsgrad auf dem Retikel (Abb. 4.2.23 b). Die maximale Untergrundhelligkeit in Abb. 4.2.23 b in Höhe von 0,04 I_0, entsprechend einem ΔI_0 von 0,16 I_0 (vgl. Abb. 4.2.21), entsteht bei einer Struktur in dunkler (also mit Chrom belegter) Umgebung (nested line). Insgesamt kann somit $\Delta I_0 / I_0$ auf Grund von Retikel-Reflexionen Werte zwischen 0 und 40% annehmen.

In der Praxis ist es von großer Bedeutung, ab wann man bei der Strukturverkleinerung zur nächstkürzeren Belichtungswellenlänge übergehen muß. Aus Tabelle 4.1 kann man z. B. entnehmen, daß eine 0,35 μm-Technologie mit DUV-Lithographie machbar ist, aber nicht mehr mit i-line-Lithographie.

Aus wirtschaftlichen Gründen möchte man nun möglichst lange eine existierende Lithographie-Ausrüstung nutzen, bevor man zu einer kürzeren Belichtungswellenlänge übergeht. Auch für den zulässigen Fokustiefenbereich wünscht man sich größere Werte als in Tabelle 4.1 angegeben.

Mit dem Ziel, bei gleichbleibender Wellenlänge, sowohl eine kleinere minimale Struktur als auch eine größere zulässige Fokustiefe zu erreichen, kom-

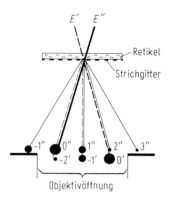

Abb. 4.2.24. Veranschaulichung der höheren Auflösung bei Schrägbeleuchtung im Vergleich zur Köhlerschen Beleuchtung (vgl. Abb. 4.2.20). Durch die beiden kohärenten Beleuchtungswellen E' und E'' entstehen im Falle von periodischen Retikelstrukturen 2 nullte Beugungsordnungen an der Peripherie der Objektivöffnung. Entscheidend für die höhere Auflösung ist, daß auch zweite Beugungsordnungen ($-2'$ und $2''$) in die Objektivöffnung fallen. Die Kreisflächen in der Abbildung sollen die Intensität der einzelnen Beugungsordnungen andeuten

men zunehmend 2 Maßnahmen zum Einsatz, nämlich die Schrägbeleuchtung (OAI = Off Axis Illumination) und die Verwendung von Phasenmasken (PSM = Phase Shifting Mask).

Abbildung 4.2.24 veranschaulicht die Wirkung einer Schrägbeleuchtung bei der Projektionsbelichtung [4.16, 4.18]. Im Unterschied zur Köhler'schen Beleuchtung, bei der die Lichtquelle in der Mitte der Objektivöffnung abgebildet wird (s. Abb. 4.2.20), wird bei der Schrägbeleuchtung die Lichtquelle z.B. mit Hilfe einer Fliegenaugenlinse ringförmig (annular illumination) oder an 4 Stellen an der Peripherie der Objektivöffnung (quadrupole illumination) abgebildet. Dadurch gelangen auch höhere Beugungsordnungen in die Objektivöffnung, was die Auflösung erhöht.

Die größere Fokustiefe bei Schrägbeleuchtung kann man sich so erklären, daß der Gangunterschied der auf der Resistoberfläche auftreffenden Wellen insgesamt kleiner ist als in Abb. 4.2.20. Zum Beispiel sind die Lichtwellen 1. Ordnung bei der Schrägbeleuchtung in der Mitte der Objektivöffnung lokalisiert, während sie bei Köhlerscher Beleuchtung an der Peripherie der Objektivöffnung liegen und somit einen großen Gangunterschied zu den Wellen in der Mitte der Objektivöffnung aufweisen.

Die Wirkung der Schrägbeleuchtung kann noch weiter gesteigert werden, indem man die Intensitäten der in der Objektivöffnung abgebildeten Lichtquellen unterschiedlich dämpft. Zum Beispiel führt eine Schrägbeleuchtung mit 3 konzentrischen ringförmigen Lichtquellen unterschiedlicher Intensität zu einer höheren Auflösung als eine ringförmige Lichtquelle allein [4.18].

Phasenmasken (PSM = Phase Shifting Mask) unterscheiden sich von Standard-Chrommasken (COG = Chrome On Glass) dadurch, daß sie 2 Arten von transparenten Bereichen enthalten. Die optische Weglänge der Lichtwellen in den beiden Bereichen ist um $\lambda/2$ verschieden, was einer Phasenverschiebung von $180°$ entspricht. Wenn n_{PS} der Brechungsindex der Phasenschieberschicht ist, gilt für deren Dicke d_{PS}:

$$d_{PS} = \frac{\lambda}{2\,(n_{PS} - 1)}\;.$$

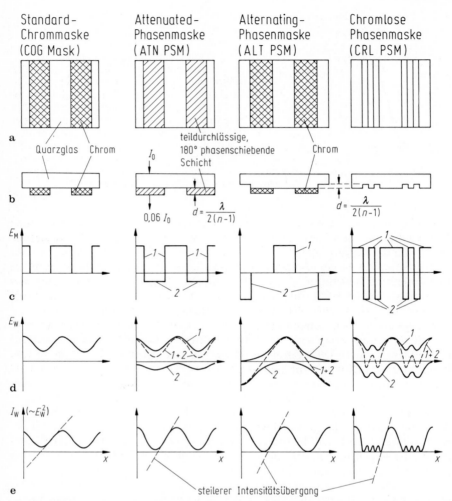

Abb. 4.2.25 a–e. Veranschaulichung der kontraststeigernden Wirkung von 3 wichtigen Typen von Phasenmasken im Vergleich zu einer Standard-Chrommaske. **a** Draufsicht auf die Maske. **b** Querschnitt durch die Maske. **c** Amplitude E_M der elektrischen Feldstärke der Lichtwelle unmittelbar hinter der Maske. **d** Feldstärke-Amplitude E_W an der Waferoberfläche. **e** Lichtintensität $I_W \sim E_W^2$ an der Waferoberfläche. Der steilere Dunkel-Hell-Übergang an den Strukturkanten resultiert aus der teilweisen Auslöschung des in die dunklen Bereiche gebeugten Lichts

Abbildung 4.2.25 veranschaulicht die Wirkungsweise von 3 wichtigen PSM-Typen. In allen Fällen ist das Ergebnis ein größerer Intensitätsgradient an den Strukturkanten im Vergleich zur Standard-Chrommaske. Wie weiter oben ausgeführt wurde, bedeutet ein um den Faktor k größerer Intensitätsgradient auch eine um den Faktor k kleinere minimale übertragbare Struktur.

Eine Attenuated-PSM (Abb. 4.2.25, 2. Spalte), auch Halftone-PSM genannt, enthält anstatt der lichtundurchlässigen Chrom-Bereiche einer Standard-Chrommaske (COG Mask) teildurchlässige (ca. 6%) phasenschiebende (180°) Bereiche [4.19]. Bei einer Alternating-PSM (Abb. 4.2.25, 3. Spalte), auch Levenson-PSM genannt, weisen benachbarte transparente Bereiche um 180° verschobene Phasen auf [4.22]. Dieser Typ von Phasenmasken ist schwierig herzustellen, weil die phasenschiebenden Strukturen zu den Chrom-Strukturen auf der Maske justiert werden müssen. Die chromlosen Phasenmasken bestehen nur aus volltransparenten Strukturen, die gegenüber dem Umgebungsgebiet einen Phasenunterschied von 180° aufweisen (Abb. 4.2.25, 4. Spalte). Bei diesem Typ von Phasenmasken nutzt man den Effekt, daß ein 180°-Phasensprung auf dem Retikel als schmale dunkle Linie abgebildet wird, deren Intensitätsgradient doppelt so groß wie an einer Chromkante ist [4.20]. Größere dunkle Bereiche werden durch ein Phasengitter realisiert, dessen Strukturabmessungen so klein sind (<0,2 λ/NA), daß sich benachbarte dunkle Phasensprung-Linien überlappen. Bei den Rim-Phasenmasken (Rim = Saum), die in Abb. 4.2.25 nicht dargestellt sind, läuft ein 180° phasenschiebender Saum entlang den Rändern der Chromstrukturen [4.21]. Nachteilig bei diesem PSM-Typ sind die Schwierigkeiten bei der Inspektion und Reparatur der Masken.

Die bisherigen Erkenntnisse bezüglich Schrägbeleuchtung (OAI) und Phasenmasken (PSM) lassen den Schluß zu, daß durch intelligenten Einsatz dieser Techniken die Strukturauflösung bis zu einem Faktor 2 gesteigert und der zulässige Fokustiefenbereich ebenfalls etwa um den Faktor 2 erweitert

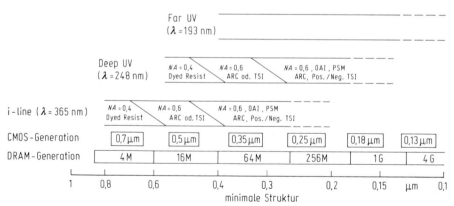

Abb. 4.2.26. Lithographie-Szenario für den Sub-µm-Bereich. Als Referenz ist der Strukturbereich der CMOS-Generationen (vgl. Abb. 8.3.3) und der DRAM-Generationen (vgl. Tab. 8.9) angegeben. Bei gegebener Belichtungswellenlänge λ können feinere Strukturen durch eine größere numerische Apertur NA, durch Schrägbeleuchtung (OAI), durch Phasenmasken (PSM) sowie durch reflexionsmindernde Maßnahmen (ARC, TSI) erzielt werden

werden kann (vgl. Tabelle 4.1). Abbildung 4.2.26 zeigt das sich hieraus erge-
bende Lithographie-Szenario für den Sub-µm-Bereich. Demnach ist z. B. ein
Umstieg von i-line auf Deep UV erst in der 256M-Generation erforderlich.
Eine weitere Schlußfolgerung aus Abb. 4.2.26 ist, daß die lichtoptische Lithographie voraussichtlich bis herab zu 0,1 µm einsetzbar ist.

4.2.7
Justiergenauigkeit von lichtoptischen Belichtungsgeräten

Bei Integrierten Schaltungen darf der relative Mittenlagefehler (s. Abb. 4.1.2)
zweier übereinanderliegender Strukturen (z. B. Leiterbahn über Kontaktloch)
nur etwa ein Drittel der minimalen Struktur betragen, weil man sonst die
mit der minimalen Struktur mögliche Packungsdichte nicht voll nutzen
kann.

Der Vorgang der Justierung in einem Belichtungsgerät zur genauen
Überlagerung einer Maskenstruktur mit einer bereits auf der Scheibe vorhandenen Struktur zerfällt in drei Teile: Zunächst müssen geeignete Justiermarken auf der Scheibe erkannt werden (durch ein Mikroskop mit dem Auge
oder automatisch). Dann muß ihr Lagefehler in bezug auf den Ort entsprechender Marken auf der Maske oder in bezug auf den Ort von Referenzmarken nach Größe und Richtung festgestellt werden. Schließlich müssen Rela-
tivbewegungen zwischen Maske und Scheibe ausgeführt werden, um den relativen Lagefehler zum Verschwinden zu bringen.

Abbildung 4.2.27 zeigt die wichtigsten Prinzipien der Justiermarkener-
nung auf einer belackten Siliziumscheibe. Keine der Methoden ist unproblematisch, weil der Kontrast der Justiermarken von der Oberflächenbeschaffen-
heit der Scheiben (Schichtdicken, Oberflächenrauhigkeit, Kantenprofil) abhängt.

Bei der Hellfeldversion der Kantenkontrastmethode[21] können Newtonsche
Interferenzstreifen stören, die sich in der Umgebung der Stufen aufgrund von
Resistdickenschwankungen ausbilden können (vgl. Abschn. 4.2.3). Die Dun-
kelfeldversion der Kantenerkennung ist zwar frei von Interferenzproblemen,
aber die Stufen erscheinen häufig zu lichtschwach. Beim Phasenkontrast
kann der Fall eintreten, daß sich die Resistdicken in den Bereichen 1 und 2
gerade um $\lambda/2n$ unterscheiden, so daß $I_2 = I_1$ wird (vgl. Abschn. 4.2.3).
Ähnliches gilt bei der Beugungskontrast- und bei der Fresnelzonenmethode.
Bei letzterer kann im Fokuspunkt die Summe der Wellen der erhabenen Bereiche gerade eine Phasenlage haben, die um $180°$ gegenüber der Summe der
Wellen der nicht erhabenen Bereiche gedreht ist. Bei gleicher Amplitude der
beiden Beiträge verschwindet die Intensität im Fokus.

---

[21] Eine Kante wird um so besser optisch erkannt, je größer der Sprung im Brechungsindex ist. Zum Beispiel ist eine Stufe im Silizium (z. B. LOCOS-Stufe) viel besser zu
erkennen als eine entsprechende resistbedeckte SiO$_2$-Stufe, weil die Brechungsindizes von SiO$_2$ und Photoresist nur wenig unterschiedlich sind ($n_{\text{Photoresist}} = 1,7$,
$n_{\text{SiO}_2} = 1,45$, $n_{\text{Si}} = 4,75$ bei $\lambda = 436$ nm).

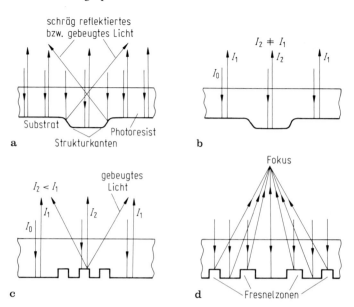

Abb. 4.2.27 a–d. Prinzip der vier wichtigsten lichtoptischen Justiermarkenerkennungsmethoden. **a** Kantenkontrastmethode: Infolge eines relativ kleinen Öffnungswinkels des Justierobjektivs gelangen die an den Kanten der Justiermarke reflektierten Strahlen nicht ins Objektiv. Die Kanten erscheinen deshalb als dunkle Linien in einem helleren Umfeld (Hellfeldmethode). Strahlt man das Licht unter einem schrägen Winkel ein oder blendet man die senkrecht reflektierten Strahlen aus, so erhält man helle Linien in einem dunklen Umfeld (Dunkelfeldmethode). **b** Phasenkontrastmethode: Durch unterschiedliche optische Dicke in den Bereichen 1 und 2 sind die reflektierten Intensitäten I_1 und I_2 unterschiedlich. **c** Beugungskontrastmethode: Im gitterförmig strukturierten mittleren Bereich wird ein Teil des reflektierten Lichts unter bestimmten Winkeln abgebeugt. Sowohl die Intensität des gebeugten Lichts als auch die Intensität I_2 des senkrecht reflektierten Lichts ($I_2 < I_1$) können zur Justiermarkenerkennung herangezogen werden. **d** Fresnelzonenmethode: Der Fokuspunkt liegt in einem solchen Abstand vom Substrat, daß der Gangunterschied der reflektierten Strahlen von benachbarten erhabenen Zonen λ beträgt. Dasselbe gilt für die nicht erhabenen Zonen. Der Fokuspunkt liegt genau über dem Mittelpunkt der ringförmigen Fresnelzonenanordnung

Die Justiermarkenerkennung erfolgt entweder mit der gleichen Wellenlänge wie bei der Resistbelichtung oder mit einer Wellenlänge im sichtbaren Bereich, in dem der Resist nicht photoaktiv ist.

Verwendet man die Belichtungswellenlänge oder eine Wellenlänge nahe der Belichtungswellenlänge, so hat man den Vorteil, daß man die Justiermarken ohne Zusatzoptik durch das Objektiv in die Retikelebene, abbilden kann (through-the-lens alignment, on-axis alignment), so daß man mit einer Justieroptik oberhalb des Retikels die Waferjustiermarke und die zugehörige Retikeljustiermarke z. B. auf einen optischen Sensor abbilden kann (s. Abb. 4.2.17).

Ein Problem bei der Justiermarkenerkennung mit der Belichtungswellenlänge kann die geringe Lichtintensität der Justiermarke sein. Die geringe Intensität ist dadurch bedingt, daß die Resistschicht bei der Belichtungswellenlänge eventuell stark absorbiert (z. B. beim Top-Surface-Imaging), und dadurch, daß der Resist durch den Justiervorgang möglichst nicht vorbelichtet werden soll.

Bei Verwendung von sichtbarem Licht zur Justiermarkenerkennung existiert diese Problematik nicht. Dafür muß aber bei Linsenobjektiven die Schwierigkeit überwunden werden, daß das Bild der rückprojizierten Justiermarke unscharf ist und nicht in der Retikel- bzw. Maskenebene liegt, weil das Ojektiv meist nur für die Belichtungswellenlänge fehlerkorrigiert ist. Das Problem wird auf unterschiedliche Weise gelöst. Eine Möglichkeit besteht darin, die Siliziumscheibe mit Hilfe eines extra Justiermikroskops zu justieren, wobei Justiermarken im Justiermikroskop, die eine ortsfeste Lage in bezug auf die optische Achse des Belichtungsobjektivs haben, als Referenzjustiermarken dienen (off-axis alignment). Nach diesem Justiervorgang wird die Siliziumscheibe um eine feste Strecke verschoben. Sie liegt dann zum Retikel justiert unter dem Belichtungsobjektiv.

Diese Art der Justierung läßt nur eine einmalige Justierung der Scheibe (global alignment), also keine Bildfeld-für-Bildfeld-Justierung (site-by-site alignment) zu. Bei einigen Justier- und Belichtungsgeräten, die mit sichtbarem Licht für die Justiermarkenerkennung arbeiten, wird deshalb durchs Belichtungsobjektiv hindurch justiert. Das Problem der unscharfen Abbildung der Waferjustiermarken in der Retikelebene wird durch optische Korrekturglieder im Justierstrahlengang kompensiert.

Bei der Fresnelzonen-Justiermethode wird das vom Fokuspunkt ausgehende Licht zwar auch über das abbildende Objektiv zurückprojiziert, aber nicht in die Maskenebene, sondern mittels eines Umlenkspiegels auf einen Quadrantensensor. Der Tisch, auf dem die Scheibe liegt, wird so lange verschoben (mechanisch oder piezoelektrisch), bis der Fokuspunkt im Mittelpunkt des Quadrantensensors abgebildet wird, d. h. alle vier Quadranten die gleiche Lichtintensität empfangen.

Die besten heute verfügbaren Waferstepper können mit einer Genauigkeit von ±50 nm justieren. Bei Gerätewechsel (Mix and Match) werden ±100 nm erreicht. Schwierigkeiten kann es allerdings durch geometrische Verzüge der Siliziumscheibe geben. Einen linearen Verzug vermögen die meisten Waferstepper durch eine geringfügige Veränderung des Abbildungsmaßstabs der Projektionsbelichtung zu kompensieren. Dies geschieht z. B. durch eine definierte Änderung des Luftdrucks in der Objektivkammer (Änderung des Brechungsindex der Luft).

Nichtlineare Verzüge innerhalb eines Bildfeldes können durch das Justiersystem grundsätzlich nicht kompensiert werden. Abbildung 4.2.28 zeigt, wie es infolge einer Scheibenverbiegung (wafer warpage) zu einem nichtlinearen Verzug von einigen Zehntel µm kommen kann. Hier hilft nur die Beseitigung der Ursache der Scheibenverbiegung, z. B. die Vermeidung von Temperaturgradienten in der Scheibe bei den Hochtemperaturprozessen (s. Abschn.

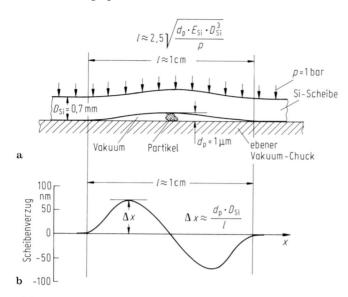

Abb. 4.2.28. a Ein 1 μm großes Partikel auf dem Vakuum-Chuck eines Waferssteppers führt zu einer Scheibenverbiegung von ca. 1 cm Durchmesser. **b** Diese Durchbiegung verursacht einen lateralen Scheibenverzug bis zu 70 nm. E_{Si} = Elastizitätsmodul von Silizium

3.2.3) bzw. die Vermeidung von Partikeln auf dem Vakuum-Chuck des Waferssteppers.

4.2.8
Defekte bei der lichtoptischen Lithographie

Im Abschn. 4.1 wurde bereits auf die Defektdichte als eines der wesentlichen Kriterien zur Beurteilung der Güte bzw. des Reifegrads eines lithographischen Prozesses eingegangen.

Zur Vermeidung lokaler Defekte müssen nicht nur die Scheiben und die Resistschicht, sondern auch die Masken bzw. Retikels defektfrei gehalten werden. Die Ursachen von Defekten auf der Scheibenoberfläche und Maßnahmen zu ihrer Vermeidung werden im Kap. 7 behandelt. Auf die Gefahr der mechanischen Beschädigung von Resistschichten wurde an den relevanten Stellen hingewiesen (z.B. beim Kontaktkopieren und bei unsachgemäßer Scheibenhandhabung).

Um Defekte auf Masken bzw. Retikels zu vermeiden, müssen ähnliche Vorkehrungen wie bei der Vermeidung von Defekten auf Scheiben getroffen werden. Allerdings sind die Anforderungen bezüglich der zulässigen Defektdichte schärfer, weil infolge der vielfachen Belichtung mit ein und derselben Maske ein vorhandener Maskendefekt auf der Scheibe vervielfacht wird. Besonders gravierend ist dies bei einem Retikel, das z. B. nur aus zwei gleichen Chips besteht. Hier würde ein einziger tödlicher Defekt auf dem Retikel gleich 50% aller Chips auf der Scheibe zum Ausfall bringen. Retikels müssen deshalb vollkommen defektfrei sein und bei wiederholtem Einsatz auch defektfrei bleiben.

Um defektfreie Retikels zu erhalten, wird heute verbreitet die Methode der Retikelreparatur angewandt. Chromreste werden dabei entweder mit einem feinfokussierten Laserstrahl weggedampft oder mit einem Ionenstrahl (z. B. Gallium) weggesputtert, während Löcher in der Chromschicht z. B. durch eine laserinduzierte lokale Chromabscheidung (Zersetzung von Chromcarbonyl im energiereichen Laserstrahl) geschlossen werden. Zum Auffinden der Defekte werden automatische Verfahren eingesetzt, bei denen die örtliche Hell/Dunkelverteilung auf dem Retikel registriert und entweder mit den Figurendaten auf dem Magnetband oder mit der entsprechenden Verteilung auf einem benachbarten gleichen Chip verglichen wird. Dabei werden alle Unterschiede als Defekte registriert.

Ein fehlerfreies Retikel kann z. B. durch ein auf die Retikeloberfläche fallendes Partikel erneut fehlerbehaftet werden. Mit Hilfe einer im Abstand von einigen mm von der Retikeloberfläche aufgespannten Nitrozellulosemembran (pellicle) kann man solche Partikel weitgehend unwirksam machen [4.23] (Abb. 4.2.29). Da die Membran und eventuell darauf liegende Partikel weit außerhalb des Schärfentiefebereichs [22] des abbildenden Objektivs liegen, werden die Partikel so unscharf abgebildet, daß sie nur zu einem geringfügigen lokalen Intensitätsabfall führen.

Um die Abbildung der Retikelstrukturen nicht durch die an den Pellicleoberflächen reflektierten Lichtwellen zu beeinträchtigen, muß die Pellicledikke gleichmäßig über die gesamte Retikelfläche ein Vielfaches von $\lambda/2n$ sein (λ Belichtungswellenlänge, n Brechungsindex des Pellicles), oder die beiden Pellicleoberflächen müssen durch Antireflexschichten entspiegelt sein.

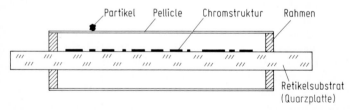

Abb. 4.2.29. Pellicletechnik zum Unwirksammachen von Partikeln, die auf ein Retikel fallen. Auch auf der Retikelrückseite kann ein Pellicle angebracht werden

---

[22] Wie im Abschn. 4.2.6 ausgeführt wurde, ist auf der Retikelseite eines Objektivs die Schärfentiefe um den Faktor v^2 größer als auf der Scheibe, wenn v der Verkleinerungsfaktor der Abbildung ist.

Problematisch bei der Pellicletechnik ist die Gefahr der mechanischen Beschädigung der Membran sowie die beschränkte Möglichkeit der Retikelkontrolle, da man nur mit speziellen hochauflösenden Mikroskopobjektiven, die einen großen Arbeitsabstand aufweisen, arbeiten kann.

4.3
Röntgenlithographie

Eine Lithographie mit weichen Röntgenstrahlen, die eine Wellenlänge um 1 nm haben, erscheint im Prinzip als die natürliche Weiterentwicklung, die sich an die lichtoptische Lithographie anschließt, um die durch die Wellenlänge bedingte Auflösungsgrenze in den Strukturbereich unter 0,5 μm zu verschieben. Wegen ihrer elektromagnetischen Wellennatur sind Röntgenstrahlen ebenso wie Lichtwellen von äußeren elektrischen und magnetischen Feldern nicht beeinflußbar. Gravierende Unterschiede bestehen aber hinsichtlich der Wechselwirkung mit Materie. Aus diesem Grunde sind nicht nur die Strahlenquellen, sondern auch die Abbildungsprinzipien und die Maskentechnik wesentlich verschieden [4.24] und erfordern deshalb eine eigene Entwicklung, die nur wenig von dem lichtoptischen Knowhow nutzen kann.

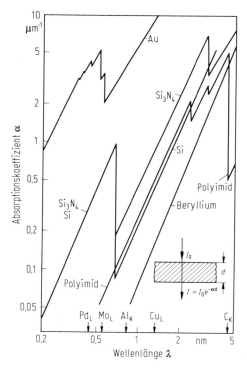

Abb. 4.3.1. Absorption von weichen Röntgenstrahlen in einigen wichtigen Materialien. An der Abszisse sind auch die Wellenlängen der wichtigsten charakteristischen Röntgenstrahlungen eingetragen

Da der Brechungsindex für Röntgenstrahlen bei allen Materialien kaum unterschiedlich ist ($n \approx 1$), gibt es keine entsprechenden Spiegel oder Linsen, wie sie für abbildende lichtoptische Systeme gebräuchlich sind. Damit scheidet die Röntgenlithographie als Methode für Maskenzeichner oder Direktschreiber sowie für Projektionsgeräte aus (vgl. Abb. 4.2.16). Nur die Proximity- bzw. Kontaktkopie von einer geeigneten Röntgenmaske sind möglich. Neuerdings wird allerdings an einer verkleinernden Röntgenprojektion gearbeitet, die Hohlspiegel bei streifender Inzidenz benutzen.

Die Absorption von Röntgenstrahlen in verschiedenen Materialien ist zwar unterschiedlich, aber die Unterschiede bewegen sich bei einer Wellenlänge von 1 nm nur im Bereich von knapp zwei Größenordnungen (Abb. 4.3.1) im Vergleich zu mehr als zehn Größenordnungen bei UV-Licht. Röntgenmasken lassen deshalb keinen mechanisch stabilen Maskenträger entsprechend der Glasplatte bei den lichtoptischen Chrommasken zu und sind somit vergleichsweise instabile Gebilde.

4.3.1
Wellenlängenbereich für die Röntgenlithographie

Das Auflösungsvermögen bei der Proximity-Belichtung mit parallelen Röntgenstrahlen wird zum einen durch die Beugung der Strahlen an den Maskenstrukturen, zum anderen durch den Streubereich der Photoelektronen bestimmt, die von den Röntgenstrahlen im Röntgenresist ausgelöst werden und für dessen „Belichtung" verantwortlich sind.

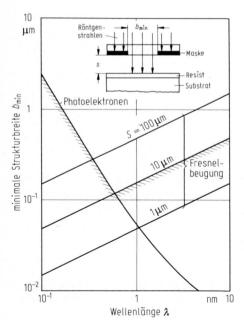

Abb. 4.3.2. Die minimale Strukturbreite b_{min}, die bei Proximity-Belichtung mit parallelen weichen Röntgenstrahlen übertragbar ist [4.25]. Auflösungsbegrenzend wirken zum einen die Fresnelbeugung (Abstand s zwischen Maske und Scheibe) und zum anderen der Streubereich der durch die Röntgenstrahlen im Resist ausgelösten Photoelektronen. Als Beispiel ist für einen Maskenabstand $s = 10$ μm die minimale übertragbare Strukturbreite b_{min} in Abhängigkeit der Wellenlänge durch Schraffur hervorgehoben

Wie im Abschn. 4.2.6 ausgeführt wurde, gilt für die beugungsbedingte minimale Struktur b_{min}, die bei der Proximity-Belichtung übertragen werden kann:

$$b_{min} \text{ (Beugung)} \approx 1,5\sqrt{\lambda s}.$$

Dabei ist s der Abstand zwischen Maske und Scheibe. In Abb. 4.3.2 ist b_{min} in Abhängigkeit von der Wellenlänge λ der Röntgenstrahlen für drei verschiedene Abstände s aufgetragen [4.25]. Vorausgesetzt ist dabei, daß die Maskenstrukturen die Röntgenstrahlung vollständig absorbieren und daß die Maskenstrukturkanten senkrecht sind.

Nimmt man die doppelte Reichweite der Photoelektronen als die minimale realisierbare Strukturbreite an, so erhält man die ebenfalls in Abb. 4.3.2 eingetragene Kurve, die zu kurzen Wellenlängen hin ansteigt.

Bei einem Maskenabstand von 10 μm ist im günstigsten Fall, nämlich bei einer Wellenlänge von 0,6 nm, eine Auflösung von ca. 0,1 μm zu erwarten. Bei kleineren Wellenlängen sind es die Photoelektronen und bei größeren Wellenlängen die Fresnelbeugung, die die Auflösung verschlechtern. Demnach ist der Wellenlängenbereich zwischen 0,5 und 1 nm der optimale Wellenlängenbereich für die Röntgenlithographie.

4.3.2
Röntgenresists

Röntgenstrahlen lösen in Materie Photoelektronen aus. Jeder elektronenempfindliche Resist ist deshalb prinzipiell auch als Röntgenresist geeignet. Auch die im Abschn. 4.2.1 ausführlich beschriebenen Positiv-Photoresists können als Röntgenresists eingesetzt werden, da der Mechanismus der chemischen Umwandlung des Diazonaphtochinons in Carboxylsäure nicht nur durch UV-Licht, sondern auch durch Elektronen ausgelöst werden kann.

Da aber Röntgenstrahlen in organischen Schichten nur schwach absorbiert werden (vgl. Abb. 4.3.1), sind die Belichtungszeiten relativ lang. Nur bei Verwendung eines Synchrotrons (s. Abschn. 4.3.3), das ca. 200 mW/cm^2 Strahlleistung auf der Resistoberfläche liefert, kommt man auch bei den unempfindlicheren Resists (z.B. bei den erwähnten Positiv-Photoresists oder PMMA, die eine Röntgenempfindlichkeit von 500 bis 1000 mJ/cm^2 aufweisen[23]) zu Belichtungszeiten von einigen Sekunden [4.26].

Die empfindlicheren Röntgenresists[24] wie PBS, COP, FBM oder MFA, die eine Röntgenempfindlichkeit unter 100 mJ/cm^2 aufweisen [4.27], haben den Nachteil, daß sie weniger resistent gegenüber beanspruchenden Prozessen, wie z.B. gegenüber reaktivem Ionenätzen oder einer Hochdosis-Ionenimplan-

---

[23] Definition der Empfindlichkeit s. Abb. 4.2.3.
[24] Eine Möglichkeit, die Röntgenempfindlichkeit z.B. von PMMA zu steigern, besteht darin, Chlor- oder Fluor-Gruppen in das PMMA einzubauen und so die Absorption der Röntgenstrahlen zu erhöhen.

tation sind. Hier bietet sich ein (allerdings aufwendiger) Ausweg über eine Trilevel-Technik (s. Abb. 4.2.10) an, bei der der Bottomresist die Funktion der Ätz- bzw. Implantationsmaske übernimmt.

Da es bei der Röntgenbelichtung praktisch keine Rückreflexionen von der Substratoberfläche (wie in der Lichtoptik) und auch kaum Rückstreuungen[25] vom Substrat (wie bei der Elektronenbelichtung) gibt, wird die Geometrie der Resiststrukturen allein von der in den Resist einfallenden Röntgenstrahlung sowie vom Resistkontrast (Definition s. Abb. 4.2.3) bestimmt. Die in Abb. 4.3.2 angegebenen Grenzen für die Strukturauflösung konnten auch praktisch realisiert werden.

4.3.3
Röntgenquellen

Für die Röntgenlithographie kommen drei Arten von Quellen in Frage, nämlich Standardröntgenröhren, Plasmaquellen und Synchrotronstrahlung.

Abbildung 4.3.3 zeigt das Prinzip einer Röntgenröhre sowie die geometrischen Verhältnisse bei der Proximity-Belichtung. Wegen der endlichen Brennfleckgröße d kommt es zu einem verschmierten Intensitätsverlauf beim Übergang von einem bestrahlten zu einem unbestrahlten Bereich. Die Breite Δb des Übergangsbereichs beträgt

$$\Delta b = s\frac{d}{S} \, ,$$

wenn s der Abstand zwischen Maske und Scheibe und S der Abstand zwischen Brennfleck und Maske ist. Nimmt man für die minimale zu übertragende Linienbreite $b_{\min} = 2\Delta b$ an, so erhält man

$$b_{\min} = 2\,s\frac{d}{S}$$

und damit neben den in Abb. 4.3.2 eingetragenen Grenzen eine weitere Grenze. Beispielsweise ergibt sich für $s = 10\,\mu\text{m}$, $d = 6\,\text{mm}$[26] und $S = 30\,\text{cm}$ eine minimale Linienbreite von 0,4 µm.

Wegen der Divergenz der Röntgenstrahlen ist das Bildfeld auf der Scheibe um ΔB größer als die Abmessung B des Bildfelds auf der Maske, wobei (Abb. 4.3.3)

$$\Delta B = s\left(\frac{B + d}{S}\right) .$$

---

[25] Besteht die Substratoberfläche aus einem Schwermetall (z. B. Gold oder Tantal), werden allerdings mehr Photoelektronen in die Resistschicht rückgestreut, so daß es am Fuß der Resiststrukturen zu einer Überbelichtung kommt.

[26] 6 mm ist ein typischer Brennfleckdurchmesser für Hochleistungsröntgenröhren, bei denen durch intensive Wasserkühlung und/oder Rotation der Anode bis zu 30 kW Verlustwärme abgeführt werden können.

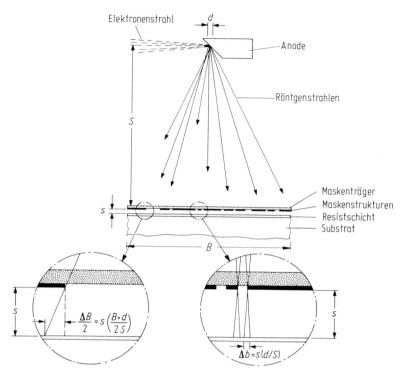

Abb. 4.3.3. Die geometrischen Verhältnisse bei der Proximity-Belichtung mit Röntgenstrahlen aus einer Röntgenröhre. Die Energie des Elektronenstrahls beträgt typisch 25 keV, die Strahlleistung 5 bis 30 kW. Die Anode ist wassergekühlt und besteht aus Metallen wie z. B. Palladium, Kupfer, Aluminium oder Silizium. Die Röntgenstrahlung tritt durch ein Berylliumfenster aus der evakuierten Kammer der Röntgenquelle in die mit Helium bei Normaldruck gefüllte Kammer, die die Maske und die Scheibe enthält

Diese Bildfeldvergrößerung muß bei der Justierung berücksichtigt werden. Eine Änderung Δs des Proximity-Abstands von einer Strukturebene einer Integrierten Schaltung zur nächsten Strukturebene, führt zu einem durch die Formel gegebenen Bildverzug und damit zu einem entsprechenden Lagefehler. Zum Beispiel erhält man für $\Delta s = 2\,\mu m$, $B = 10\,cm$, $d = 6\,mm$ und $S = 30\,cm$ eine Änderung von ΔB um 0,7 μm. Das bedeutet am Rand des Bildfelds einen Lagefehler von 0,35 μm; das ist bereits mehr, als bei einer 1-μm-Technologie zulässig ist.

Die bekanntesten Röntgenröhren haben als Anodenmaterial Palladium, Kupfer, Aluminium oder Silizium und erzeugen charakteristische Röntgenstrahlung im Bereich 0,4 bis 1,4 nm (vgl. Abb. 4.3.1). Aber selbst mit Hochleistungsröntgenröhren (30 kW) erhält man in 30 cm Abstand nur eine Intensität von ca. 1 mW/cm². Es müssen deshalb lange Belichtungszeiten (weit

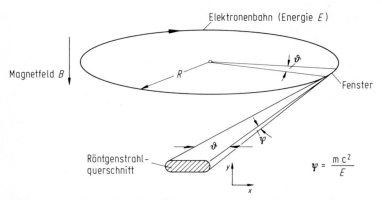

Abb. 4.3.4. Prinzip der Abstrahlung von einer kreisförmigen Elektronenbahn

über 1 min) in Kauf genommen werden, wenn nicht extrem empfindliche Lacke verwendet werden (s. Abschn. 4.3.2).

Wegen der geschilderten Einschränkungen dürfte eine Röntgenlithographie mit einer Röntgenröhre als Strahlungsquelle kaum für eine Technologie mit Strukturen unter 1 μm in Frage kommen.

Mit Plasmaquellen kann man kleinere Quellendurchmesser (ca. 1 mm) und höhere Strahlintensitäten (ca. 10 mW/cm² zeitlich gemittelte Intensität bei 50 cm Abstand) erreichen. Allerdings hat noch keine der verschiedenartigen Plasmaquellen, die alle im Pulsbetrieb arbeiten (Pulsdauer ca. 20 ns, Pulsfrequenz 0,1 bis 1 Hz), einen technischen Stand erreicht, der eine Anwendung dieser Röntgenquellen für die Röntgenlithographie rechtfertigen könnte.

Von den Leistungsdaten her gesehen, stellt die Synchrotronstrahlung eine nahezu ideale Röntgenquelle für die Röntgenlithographie dar [4.28]. Das Prinzip der Synchrotronstrahlung beruht darauf, daß beschleunigte relativistische Elektronen (d.h. Elektronen mit einer Geschwindigkeit nahe der Lichtgeschwindigkeit) Strahlung abgeben. Haben die Elektronen in einem Synchrotron auf ihrer Kreisbahn die maximale Geschwindigkeit erreicht, so erfolgt die Beschleunigung der Elektronen senkrecht zu ihrer Bewegungsrichtung, und die kontinuierliche Röntgenstrahlung wird in Bewegungsrichtung abgegeben (Abb. 4.3.4). Die Theorie liefert für die Wellenlänge λ_p (angegeben in nm), bei der das Intensitätsmaximum, liegt, die Beziehung:

$$\left(\frac{\lambda_p}{nm}\right) = 0,23\left(\frac{R}{m}\right)\left(\frac{E}{GeV}\right)^{-3}.$$

Dabei ist R der Radius der Elektronenbahn (angegeben in m) und E die Elektronenenergie (angegeben in GeV). Die maximale Elektronenenergie E_{max} hängt folgendermaßen vom maximal erreichbaren Magnetfeld B_{max} (angegeben in T = Tesla) ab:

$$\left(\frac{E_{max}}{GeV}\right) = 0,3\left(\frac{R}{m}\right)\left(\frac{B_{max}}{T}\right).$$

Das Berliner Synchrotron BESSY besteht aus einem Beschleunigerring und drei daran angekoppelten Speicherringen, in denen die Elektronenenergie konstant bleibt. Der Radius eines Speicherrings beträgt 1,8 m [27], und das mit konventionellen Magneten erreichbare Magnetfeld ist 1,5 T. Somit ergibt sich für $E_{max} = 0,8$ GeV und für $\lambda_p = 0,8$ nm, also eine Wellenlänge im erwünschten Bereich (vgl. Abb. 4.3.2). Es wird ein kontinuierliches Spektrum zwischen etwa 0,3 nm und 2 nm abgestrahlt, wobei das Maximum bei 0,8 nm liegt. Allerdings ist das auf die resistbeschichtete Siliziumscheibe auftreffende Röntgenspektrum gegenüber dem abgestrahlten Spektrum verändert, weil der Röntgenstrahl durch eine oder mehrere Membranen aus Beryllium, Silizium oder Polyimid (einige µm dick) sowie durch die Maskenträgerschicht (z. B. Silizium) hindurchgeht. Die Membranen markieren die Druckstufen, mit denen sich der Übergang vom Ultrahochvakuum des Speicherrings zum Normaldruck der Umgebung der Siliziumscheibe vollzieht. Wie aus dem Verlauf der Absorptionskurven für Beryllium, Silizium und Polyimid hervorgeht (Abb. 4.3.1), werden die Wellenlängen oberhalb (und bei Silizium auch unterhalb) des Intensitätsmaximums bei 0,8 nm stärker gedämpft, so daß die Bandbreite des kontinuierlichen Spektrums kleiner wird. Die integrale Intensität, die auf die Resistoberfläche auftrifft, beträgt bei BESSY etwa 200 mW/ cm^2. Diese Intensität ist groß genug, um auch mit unempfindlicheren, dafür aber stabileren Resists zu akzeptablen Belichtungszeiten zu kommen (s. Abschn. 4.3.2).

Wie in Abb. 4.3.4 dargestellt ist, wird die Röntgenstrahlung mit einer gewissen Divergenz abgestrahlt. Die Divergenz in x-Richtung kann durch die Winkelöffnung ϑ des Fensters im Speicherring eingestellt werden. Sie wird so gewählt, daß bei einer Strahlrohrlänge von 10 m (das ist der Abstand zwischen Speicherringfenster und Maske) die x-Ausdehnung des Strahls etwa 5 cm wird, entsprechend einer maximalen Bildfeldabmessung von 5 cm. Damit ergibt sich für sin ϑ ein Wert von etwa 0,005 im Vergleich zu etwa 0,15 bei der Proximity-Belichtung mit Röntgenröhren. Bei dieser niedrigen Divergenz spielen die daraus abgeleiteten Lagefehler (s. oben) praktisch keine Rolle.

In y-Richtung ist der Divergenzwinkel ψ nach der Theorie gegeben durch das Verhältnis der Elektronenenergie E zur Ruheenergie $E_0 = m_0 c^2$ der Elektronen:

$$\psi = \frac{E_0}{E}.$$

---

[27] Tatsächlich ist der Radius größer (ca. 10 m), weil zwischen den Ablenkmagneten gerade Strecken vorgesehen sind, so daß sich die Ringbahn aus einzelnen Kreisbahnstücken und dazwischen liegenden geraden Strecken zusammensetzt. Der Kreis, der sich durch Zusammenfügen der Kreisbahnstücke ergeben würde, hat einen Radius von 1,8 m.

E_0 beträgt ca. 0,5 MeV, so daß sich bei $E = 0,8\,\text{GeV}$ für $\psi = 6,2 \cdot 10^{-4}$ ergibt. Bei einer Strahlrohrlänge von 10 m erhält man eine Ausdehnung des Strahls in y-Richtung von 6,2 mm. Da aber die Bildfeldabmessung z.B. 5 cm beträgt, müssen bei der Belichtung von Siliziumscheiben entweder die Scheiben oder der Röntgenstrahl mit konstanter Geschwindigkeit in y-Richtung bewegt („gescannt") werden. Für die Strahlbewegung gibt es zwei Lösungen, nämlich die Kippung eines Röntgenstrahlspiegels (bei streifender Inzidenz des Röntgenstrahls) oder ein Wobbeln des Elektronenstrahls im Speicherring (Wobbelfrequenz 1 Hz).

Der Durchmesser des Elektronenstrahls im Speicherring (Strahlstrom 0,5 A) und damit der Durchmesser der Röntgenquelle beträgt ca. 0,5 mm. Bei dem großen Abstand zwischen Quelle und Maske von 10 m ist der Einfluß der Quellenausdehnung auf die Strukturauflösung entsprechend der obigen Formel völlig vernachlässigbar.

Für eine mögliche Anwendung von Synchrotronstrahlung in der Halbleitertechnologie stellt der große Flächenbedarf eines Speicherrings wie bei BESSY ein großes Hindernis dar. Allerdings können erheblich kleinere Speicherringe realisiert werden, wenn man sich nur auf die Erfordernisse einer Scheibenbelichtung beschränkt und wenn man mit supraleitenden Magneten arbeitet, mit denen man Magnetfelder von 5 T erreichen kann.

Der Kompaktspeicherring COSY (*C*ompact *Sy*nchrotron) [4.29] hat einen Krümmungsradius von 38 cm, eine Elektronenenergie von 0,56 GeV und strahlt bei $\lambda = 0,5$ nm die maximale Energie ab. Die integrale Röntgenintensität, die auf die Maske auftrifft, beträgt 250 mW/cm^2 und ist damit ausrei-

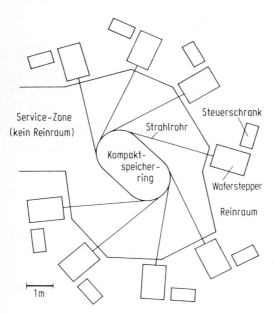

Service-Zone (kein Reinraum)

Steuerschrank

Strahlrohr

Kompaktspeicherring

Waferstepper

Reinraum

1m

Abb. 4.3.5. Geometrische Anordnung der acht Belichtungsstationen (Waferstepper), die an den Kompaktspeicherring COSY angeschlossen werden können

chend groß. Der Flächenbedarf ist etwa 100 m², und man kann acht Strahlrohre anschließen, an deren Ende je ein Waferstepper steht (Abb. 4.3.5). Waferstepper sind bei größeren Scheibendurchmessern erforderlich, wenn deren Durchmesser größer als das maximale Einzelbildfeld von ca. 4 cm×4 cm ist.

4.3.4
Röntgenmasken

Eine Röntgenmaske besteht aus den maskierenden Strukturen und einer Maskenträgerschicht, auf der die maskierenden Strukturen angeordnet sind.

Die Dimensionierung der Schichtdicken der Maskenstrukturen und des Maskenträgermaterials ergibt sich aufgrund folgender Abschätzungen: Im interessierenden Röntgenwellenlängenbereich um 0,8 nm hat Gold, das zu den am stärksten absorbierenden Materialien gehört, eine Absorptionskonstante α von ca. 4 μm^{-1} (vgl. Abb. 4.3.1). Wenn Gold als Maskenmaterial eingesetzt wird, bedeutet dies, daß die Golddicke mindestens 0,8 μm betragen muß, um die durchgelassene Intensität unter 4% zu bringen. Läßt man für den Maskenträger eine 50%ige Röntgenabsorption zu, so ergibt sich bei Verwendung von schwach absorbierenden Materialien [28] wie Silizium, Siliziumnitrid, Siliziumcarbid, Bornitrid oder Polyimid, die bei $\lambda = 0,8$ nm eine Absorptionskonstante α um 0,2 μm^{-1} aufweisen (vgl. Abb. 4.3.1), eine Maskenträgerdicke von etwa 3 μm. Um die Röntgenmaske handhabbar zu machen, liegt die dünne Maskenträgermembran am Rand des Maskenfelds auf einem massiven Rahmen aus Silizium, Glas oder Metall auf.

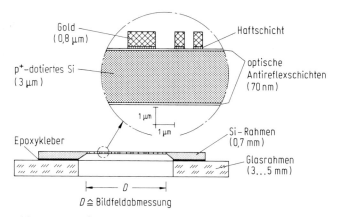

Abb. 4.3.6. Aufbau einer Röntgenmaske mit einer Siliziummaskenträgermembran und Goldmaskenstrukturen

---

[28] Das ebenfalls schwach absorbierende Beryllium kommt nicht in Frage, wenn die Justierung mit sichtbarem Licht erfolgt (s. Abschn. 4.3.5).

Abbildung 4.3.6 zeigt als Beispiel den Aufbau einer Röntgenmaske mit Silizium als Maskenträgerschicht und mit galvanisch abgeschiedenem Gold für die Maskenstrukturen [4.30]. Die dünne Siliziummembran wird erzeugt, indem man die in alkalischen Ätzlösungen um Größenordnungen höhere Ätzrate von niedrig dotiertem Silizium im Vergleich zu p^+-dotiertem Silizium ausnutzt (vgl. Tab. 5.1): Ätzt man eine auf der Vorderseite bis in eine Tiefe von 3 µm p^+-dotierte Siliziuumscheibe von der Rückseite her mit Äthylendiamin, so stoppt die Ätzung bei Erreichen der p^+-dotierten Schicht.

Im Vergleich zu einem lichtoptischen 5:1 Retikel stellt eine Röntgenmaske ein sehr kompliziertes Gebilde dar. Vor allem die mechanische Stabilität und die wegen der 1:1-Abbildung erheblich höheren Anforderungen an Linienbreitentoleranz und kritische Defektgröße stellen größere Probleme dar.

Die Anforderung bezüglich der mechanischen Stabilität bei einer 0,4 µm-Technologie lautet etwa so, daß der Maskenverzug am Rand eines Einzelbildfelds von z. B. 4×4 cm maximal 60 nm betragen darf[29], das entspricht einem relativen Verzug von $3 \cdot 10^{-6}$. Um diesen Wert zu erreichen, müssen die inneren Spannungen der einzelnen Schichten der Röntgenmaske extrem genau aufeinander abgestimmt werden. Auch die Temperaturdehnung aufgrund der beim Belichtungsvorgang in der Maske absorbierten Energie muß berücksichtigt werden.

Die Anforderungen an die Röntgenmaske bezüglich Linienbreitentoleranz und kritischer Defektgröße lauten bei einer 0,4 µm-Technologie folgendermaßen: Die Linienbreitenschwankungen müssen innerhalb $\pm 0{,}02$ µm liegen, wenn man der Maske die Hälfte der Toleranz der Chipstrukturen zugesteht (s. Abschn. 4.1). Lokale Strukturdefekte mit einer Abmessung von 0,13 µm (ca. 1/3 der minimalen Struktur) können bereits tödlich sein (s. Abb. 7.1.3). Angesichts der Tatsache, daß die Maskenstrukturen zunächst mit einem Elektronenstrahlschreiber im 1:1-Maßstab erzeugt und dann in die 0,8 µm dikken Goldstrukturen überführt werden müssen, kann man ermessen, wie schwierig es ist, eine Linienbreitentoleranz einzuhalten, die nur 2,5% der Höhe der Maskenstrukturen beträgt. Ähnlich schwierig dürfte die Reparatur von Maskendefekten (z. B. mit feinfokussiertem Ionenstrahl) bei der Kleinheit der zu beseitigenden Defekte (0,15 µm) sein.

Dagegen ist das Problem von Partikeln, die bei der Röntgenbelichtung auf der Maske oder auf der resistbeschichteten Oberfläche liegen, geringer als bei der Lichtoptik, aber nicht vernachlässigbar. Als Beispiel soll die Auswirkung eines 1 µm dicken Resistplättchens (z. B. abgeplatztes Stück einer Resistschicht) auf die Linienbreite einer Resiststruktur abgeschätzt werden. Nach der im Abschn. 4.2.6 angegebenen Formel gilt für den Intensitätsgradienten an einer Strukturkante bei der Proximity-Belichtung:

$$ \mathrm{d}\left(\frac{I}{I_0}\right) \Big/ \mathrm{d}x \approx \frac{0,7}{\sqrt{\lambda s}} \, . $$

---

[29] Der Wert von 60 nm kommt zustande, wenn man dem Maskenverzug die Hälfte des zulässigen 3σ-Mittenlagefehlers zugesteht, der ca. 30% der minimalen Struktur beträgt (s. Abschn. 4.1).

Das heißt, daß bei einer lokalen Änderung der Belichtungsintensität um $\Delta I / I_0$ die Lage der Resistkante um Δx verschoben ist, wobei

$$\Delta x \approx \frac{\sqrt{\lambda s}}{0,7} \frac{\Delta I}{I_0} \,.$$

Im Falle eines 1 µm dicken Resistplättchens ist

$$\frac{\Delta I}{I_0} = \left(1 - e^{-\frac{0,15}{\mu m} \cdot 1\,\mu m} \right) = 0,14 \,,$$

wenn man für die Absorptionskonstante α des Resists den Wert $0,15\,\mu m^{-1}$ annimmt (vgl. Abb. 4.3.1). Somit erhält man für Δx bei $\lambda = 0,8\,nm$ und einem Masken-zu-Wafer-Abstand $s = 10\,\mu m$:

$$\Delta x \approx \frac{\sqrt{0,8\,nm \cdot 10\,\mu m}}{0,7} \cdot 0,14 \approx 18\,nm \,.$$

Erstreckt sich das Plättchen über beide Kanten einer länglichen Struktur, so ändert sich die Linienbreite um $2 \cdot 18\,nm = 36\,nm$, was bereits etwa 10% einer angenommenen minimalen Struktur von 0,4 µm ausmacht. Bei einem Maskenabstand $s = 40\,\mu m$ beträgt die durch das Plättchen hervorgerufene Linienbreitenänderung bereits 72 nm und liegt damit evtl. über der zulässigen Toleranz.

4.3.5
Justierverfahren der Röntgenlithographie

Für die Justierung der Siliziumscheiben zur Röntgenmaske dürften sich lichtoptische Justierverfahren durchsetzen. Die verschiedenen lichtoptischen Justierprinzipien sind in Abb. 4.2.25 veranschaulicht. Eine Besonderheit bei Belichtung mit Synchrotronstrahlung ist lediglich, daß Wafer und Maske vertikal angeordnet sind. Dies erfordert eine besondere Konstruktion des Justiertisches [4.31].

Mit einer Kontrasterkennungsmethode (Abb. 4.2.25 a) mit gescanntem Laserstrahl konnte eine Justiergenauigkeit besser als 30 nm demonstriert werden.

4.3.6
Strahlenschäden bei der Röntgenlithographie

Da die Röntgenstrahlen bei der Scheibenbelichtung die üblichen Schichten auf den Siliziumscheiben durchdringen, erhebt sich die Frage nach möglichen Strahlenschäden, die zu einer Degradation der elektrischen Eigenschaften der Transistoren führen könnten. Die bisherigen Ergebnisse deuten darauf hin, daß die Strahlenschäden (z.B. werden Traps in Gateoxidschichten erzeugt) bei Temperaturen oberhalb 400 °C weitgehend ausgeheilt werden können. Ob auch die Langzeitstabilität der Transistoren unbeeinflußt bleibt, ist noch zu klären.

4.3.7
Chancen der Röntgenlithographie

Für die industrielle Herstellung Integrierter Schaltungen wird die Weiterentwicklung der optischen Lithographie in den Sub-0,4 μm-Bereich weltweit mit großem Aufwand vorangetrieben. Es ist zu erwarten, daß man damit bis zu Strukturabmessungen von 0,1 μm kommt (vgl. Abb. 4.2.27). Ein Wechsel zur Röntgenlithographie ist deshalb oberhalb 0,1 μm kaum wahrscheinlich.

Im Strukturbereich unterhalb 0,1 μm sind die mit einer 1:1-Abbildung verbundenen Probleme wahrscheinlich unüberwindlich. Prinzipiell hat die verkleinernde Röntgen-Projektion unterhalb 0,1 μm eine Chance.

4.4
Elektronenlithographie

Elektronenstrahlen können mit Hilfe von elektrischen und magnetischen Feldern fokussiert und abgelenkt werden. Sie eignen sich daher im Prinzip sowohl für das Schreiben von Strukturen (Schreiben von Masken oder Direktschreiben auf Scheiben) als auch für die Abbildung von Maskenstrukturen (Projektion oder Proximity-Belichtung). In Abb. 4.4.1 sind diese verschiedenen Möglichkeiten dargestellt. Die gegenwärtig wichtigste Anwendung der Elektronenlithographie in der Siliziumtechnologie ist das Schreiben von Masken bzw. Retikels (vgl. Abb. 4.2.16). Das Direktschreiben auf Siliziumscheiben kommt bei der Herstellung von kundenspezifischen Schaltungen kleiner Stückzahlen zum Einsatz.

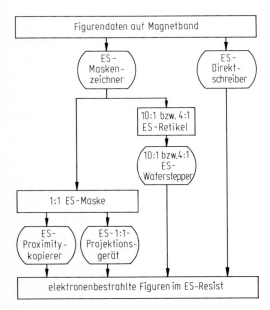

Abb. 4.4.1. Elektronenstrahllithographiegeräte für die Umsetzung der auf einem Magnetband gespeicherten Figurendaten in elektronenbestrahlte Figuren in einer Resistschicht (ES = Elektronenstrahl)

4.4.1
Elektronenresists

Es gibt zahlreiche elektronenstrahlempfindliche Positiv- und Negativresists
[4.32]. In Tabelle 4.2 sind die Daten der bekanntesten Elektronenresists zusammengestellt. Die eingestrahlte Belichtungdosis und die Empfindlichkeit
werden nicht wie bei den optischen Resists und den Röntgenresists in mJ/
cm^2, sondern in C/cm^2 (Coulomb/cm^2) angegeben. Die Definition der Empfindlichkeit und der Steilheit ist aber ganz analog zur Definition bei den optischen Resists (vgl. Abb. 4.2.3).

Bei den Negativresists ist der chemische Mechanismus bei der Elektronenstrahlbelichtung eine Vernetzung (cross-linking) von Kettenmolekülen. In bestimmten organischen Lösungsmitteln (Entwickler) sind die Kettenmoleküle,
nicht aber die vernetzten Moleküle löslich. Die bekannten Negativresists sind
zwar empfindlich, aber nur wenig technologiestabil.

Bei den Positivresists gibt es verschiedene Mechanismen. Die bekannten
Positiv-Photoresists können auch als Elektronenresists verwendet werden,
weil die Umwandlung des Diazonaphthochinons in Carboxylsäure (vgl. Abb.
4.2.1) nicht nur durch UV-Licht, sondern auch durch Elektronen ausgelöst
werden kann. Der Entwickler ist der gleiche. Auch eine Bildumkehrtechnik
(vgl. Abb. 4.2.14) ist bei diesen Resists mit Elektronenstrahlbelichtung möglich. Beim PMMA- und beim PBS-Resist werden langkettige Moleküle durch
die Elektronen aufgebrochen. Die Bruchstücke sind in geeigneten Lösungsmitteln (Entwickler) löslich.

Der empfindliche PBS-Resist ist gleichzeitig am wenigsten resistent gegenüber beanspruchenden Prozessen. Er wird deshalb ebenso wie der COP-Ne-
gativresist bevorzugt für die Erzeugung von Chromretikels bzw. Chrommas-

Tabelle 4.2. Eigenschaften einiger wichtiger Elektronenresists. Es ist eine Bestrahlungs-
energie von 10 keV angenommen. Unter Technologiestabilität ist die Widerstandsfähig-
keit der Resists gegenüber beanspruchenden Prozessen, z.B. gegenüber reaktivem Ionenätzen zu verstehen

Resist	Handelsbe-zeichnung	positiv/negativ	Empfind-lichkeit in $\mu C/cm^2$	Steilheit	Technologie-stabilität
Polyglycidyl-methacrylat-coäthylacrylat	COP	neg.	0,4	1	gering
Positiv-Photo-resist (s. Ab-schnitt 4.2.1)		pos.	20	3	gut
Polymethyl-methacrylat	PMMA	pos.	30	3	gering bis mittel
Polybuten-sulfon	PBS	pos.	0,7	1	gering

ken eingesetzt, wo nur eine sehr dünne Chromschicht (70 nm) geätzt werden muß. Auf Wafern wird entweder einer der technologiestabilen Positiv-Photoresists herangezogen, oder man greift bei Verwendung der instabilen Resists auf eine Trilevel-Resisttechnik (vgl. Abb. 4.2.10) zurück, die allerdings ziemlich aufwendig ist.

4.4.2
Auflösungsvermögen der Elektronenlithographie

In Elektronenlithographiegeräten werden die Elektronen mit Spannungen im Bereich von 5 bis 50 kV beschleunigt. Die zugeordnete Wellenlänge λ der Elektronenstrahlen ist gemäß der Beziehung

$$\left(\frac{\lambda}{\text{nm}}\right) = \sqrt{\frac{1,5}{\left(\frac{U}{V}\right)}}$$

in der Größenordnung von 0,01 nm. Obwohl die numerische Apertur elektronenoptischer Abbildungssysteme etwa 100mal kleiner ist als bei lichtoptischen Projektionssystemen, spielen Beugungseffekte in dem für die Halbleitertechnologie interessierenden Strukturbereich gemäß der Beziehung $n_{\min} \approx \lambda/2\,(NA)$ (vgl. Abschn. 4.2.6) keine Rolle. Wie im nächsten Abschnitt ausgeführt wird, können die Elektronenstrahlen (wenn auch evtl. auf Kosten des Strahlstroms) mit einem quasi-abrupten Anstieg der Strahlstromdichte am Rand des Strahlquerschnitts erzeugt werden.

Das Auflösungsvermögen wird bei der Elektronenlithographie nicht durch den Elektronenstrahl, sondern durch die Elektronenstreuung beim Abbremsen des Elektronenstrahls im Resist bzw. im Substrat bestimmt. In Abb. 4.4.2 sind die mit Monte-Carlo-Stimulation berechneten Bahnen mehrerer Elektronen wiedergegeben, wenn die Elektronen an der Stelle $x=0$ mit der Energie 10 bzw. 20 keV senkrecht auf eine PMMA-Resistoberfläche auftreffen [4.33].

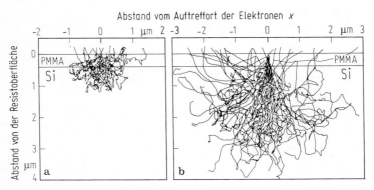

Abb. 4.4.2a, b. Mit Monte-Carlo-Simulation berechnete Bahnen von Elektronen, die an der Stelle $x=0$ mit **a** der Energie 10 keV bzw. **b** 20 keV auf eine PMMA-Resistoberfläche auftreffen [4.33]

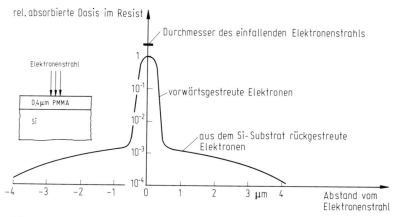

Abb. 4.4.3. Durch Elektronenabbremsung in einer 0,4 μm dicken PMMA-Resistschicht absorbierte Energiedichte (Dosis) als Funktion des Abstands von einem auf die Resistoberfläche auftreffenden Elektronenstrahl mit 0,3 μm Durchmesser und 20 keV Energie. Die seitliche Streuung des Elektronenstrahls im Resist setzt sich aus einem strahlnahen Anteil hoher Dosis und einem strahlferneren Anteil niedriger Dosis zusammen

Man sieht, daß bei 10 keV einzelne Elektronen bis 1 μm und bei 20 keV bis 3 μm weit seitlich gestreut werden.

Eine genauere Betrachtung zeigt, daß sich die seitliche Elektronenstreuung im wesentlichen aus zwei Anteilen zusammensetzt [4.34]: Der eine Anteil ist auf die Kleinwinkel-Vorwärtsstreuung der in den Resist einfallenden hochenergetischen Elektronen zurückzuführen, und der zweite Anteil ist den Elektronen zuzuschreiben, die aus dem Substrat in die Resistschicht zurückgestreut werden. In Abb. 4.4.3 sind die beiden Anteile gut zu erkennen. Die Abbildung zeigt die berechnete durch Elektronenabbremsung absorbierte Energiedichte (Dosis) in einer 0,4 μm dicken PMMA-Resistschicht auf einem Siliziumsubstrat[30], wenn ein Elektronenstrahl mit einem Durchmesser von 0,3 μm und einer Energie von 20 keV auf die Resistoberfläche fällt.

Der Naheffekt der Elektronenstreuung (seitliche Reichweite der Vorwärtsstreuung ca. 0,1 μm in Abb. 4.4.3) hat zur Folge, daß unter den Bedingungen der Abb. 4.4.3 die minimale erreichbare Strukturgröße ca. 0,25 μm beträgt. Bei dünnerem Resist (z. B. 0,2 μm) und höherer Elektronenenergie (z. B. 50 keV) oder sehr kleiner Energie (unter 10 keV) ist der Naheffekt geringer, man kommt dann zu einer Auflösung von ca. 0,1 μm.

Der Ferneffekt der Elektronenstreuung (seitliche Reichweite der rückgestreuten Elektronen ca. 3 μm in Abb. 4.4.3) sieht auf den ersten Blick harm-

---

[30] In Abb. 4.4.3 ist ein Siliziumsubstrat angenommen. Da die Elektronenstreueigenschaften für Si, SiO_2 und Glas kaum unterschiedlich sind, gilt Abb. 4.4.3 z.B. auch mit guter Näherung für ein Glassubstrat, wie es für optische Masken und Retikels üblich ist.

los aus, da die Stördosis nur ca. 1‰ der Dosis am Ort des Elektronenstrahls ausmacht. Der Effekt kann aber bedeutend werden, wenn sich die Stördosen aus einer Umgebung mit einem Radius von ca. 3 μm addieren (Proximity-Effekt). Im Extremfall einer einzelnen unbelichteten Insel (z. B. 0,5 μm Durchmesser) inmitten eines belichteten Umfelds erhält das Inselgebiet unter den Bedingungen der Abb. 4.4.3 eine Stördosis von ca. 10% der Belichtungsdosis des Umfelds. Unter ungünstigeren Bedingungen, z. B. bei höherer Elektronenenergie (z. B. 50 keV) und stärker elektronenstreuendem Substrat (z. B. Gold) kann die Stördosis auf 50% anwachsen. Umgekehrt kann der Rückstreueffekt durch eine niedrige Elektronenenergie (10 keV und geringer) und durch Vermeidung stark elektronenstreuender Substrate (z. B. Trilevel-Technik mit dikker Bottomresistschicht bei Goldsubstrat) wesentlich abgeschwächt werden.

Eine weitere Möglichkeit, die durch den Elektronenrückstreueffekt bedingten Linienbreitenschwankungen der Reststrukturen zu kompensieren, besteht darin, bei der Elektronenstrahlbelichtung gezielt dort die Belichtungsdosis abzusenken, wo eine Stördosis zu erwarten ist (Proximity-Korrektur) [4.35].

4.4.3
Elektronenstrahlschreibgeräte

In Abb. 4.4.4 ist der schematische Aufbau eines Elektronenstrahlschreibgeräts dargestellt. Als Elektronenquelle dient eine geheizte Wolframwendel oder

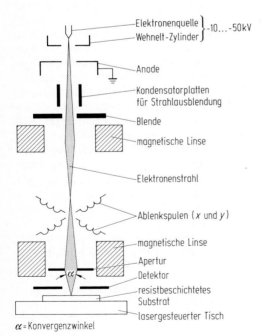

α = Konvergenzwinkel

Abb. 4.4.4. Schematischer Aufbau eines Elektronenstrahlschreibgeräts

eine indirekt geheizte Lanthanhexaboridspitze, die wegen der geringen Elektronenaustrittsarbeit eine besonders ergiebige Elektronenquelle ist.[31] Die Elektronenquelle wird auf negatives Potential (10 bis 50 kV) gelegt, während die Anode, die in der Mitte ein Loch für den Durchtritt des Elektronenstrahls hat, geerdet ist. Ein Wehnelt-Zylinder, der wie die Elektronenquelle auf negativem Potential liegt, dient zur Bündelung der Elektronen. Nachdem der Elektronenstrahl durch das Loch des Anodenblechs hindurchgetreten ist, werden die Elektronen nicht mehr weiter in Strahlrichtung beschleunigt, sondern nur noch senkrecht zur Strahlrichtung abgelenkt. Zur Ausblendung des Elektronenstrahls ist das elektrische Feld eines Kondensatorplattenpaars vorgesehen. Auf seinem weiteren Weg wird der Elektronenstrahl mit Ringspulen, die als magnetische Linsen wirken, auf eine Fleckgröße von 10 bis 100 μm fokussiert. Die gezielte seitliche Ablenkung des Elektronenstrahls in x- und y-Richtung erfolgt durch Zylinderspulen, deren Längsachse in y-Richtung (für die x-Ablenkung) bzw. in x-Richtung (für die y-Ablenkung) orientiert ist. Schließlich wird der Elektronenstrahl mit einer magnetischen Linse auf einen Durchmesser von 0,01 bis 0,5 μm in der Schreibebene fokussiert. Die Resistschicht auf dem Substrat wird in die Schreibebene gelegt. Das Substrat wiederum liegt auf einem lasergesteuerten Tisch, der mit hoher Genauigkeit in x- und y-Richtung bewegt werden kann. Auf der gesamten Länge des Elektronenstrahls muß Hochvakuum herrschen. Auch die Resistschicht und der Tisch sind im Vakuum. Somit kann das Substrat nicht wie in der optischen und in der Röntgenlithographie an einen ebenen Tisch angesaugt werden. Das Substrat muß entweder mechanisch oder elektrostatisch an die Unterlage (Chuck) angedrückt werden.

Bei vorgegebenem Strahlstrom hat der Strahldurchmesser eine untere Grenze, die durch die sphärische und die chromatische Aberration[32] der magnetischen Linsen sowie durch die Helligkeit der Elektronenquelle gegeben ist. Bei 1 μA Strahlstrom kann ein Strahldurchmesser von minimal ca. 0,2 μm erreicht werden. Der zugehörige optimale Konvergenzhalbwinkel $\alpha/2$ des Elektronenstrahls (s. Abb. 4.4.4) in der Schreibebene[33] beträgt etwa 0,5°.

Auch die Ablenkspulen sind keineswegs fehlerfreie lineare Elemente. Bei größeren Ablenkungen des Elektronenstrahls müssen die Fehler durch Korrekturelmente in der elektronenoptischen Säule bzw. durch entsprechend korrigierte Steuerströme in den Ablenkspulen kompensiert werden.

Die modernen Elektronenstrahlschreibgeräte haben eine umfangreiche Steuerelektronik, um die auf einem Magnetband gespeicherten Figurendaten

---

[31] Auch Feldemissionskathoden kommen zum Einsatz.

[32] Eine chromatische Aberration ergibt sich vor allem durch eine elektrostatische Wechselwirkung eng benachbarter Elektronen in Strahlrichtung. Die Folge ist, daß die Elektronen nicht mehr eine einheitliche Energie, sondern eine gewisse Energieverteilung (Streuung einige eV) aufweisen. Auch die seitliche Abstoßung der Elektronen führt zu einer Strahlaufweitung.

[33] Der Kovergenzhalbwinkel entspricht der numerischen Apertur bei optischen Projektionssystemen.

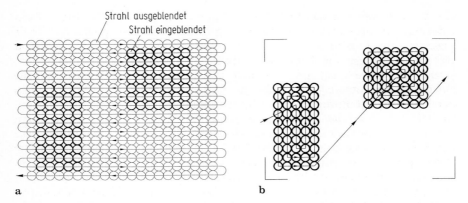

Abb. 4.4.5. a Das Rasterscan-Prinzip und **b** das Vektorscan-Prinzip beim Elektronen-strahlschreiben, erläutert am Beispiel von zwei rechteckigen Schreibfiguren

in Steuerströme für die Ablenkspulen bzw. für die Tisch-Schrittmotoren um-zusetzen. Darüber hinaus muß die Stabilität aller wichtigen Teile der elektro-nenoptischen Säule durch elektronische Steuerung sichergestellt werden.

Für das Schreiben von Mustern in einer Resistschicht gibt es zwei Kon-zepte, nämlich das Rasterscan-Konzept und das Vektorscan-Konzept [4.36].

Beim Rasterscan-Prinzip (Abb. 4.4.5a) wird der Elektronenstrahl schritt-weise in x-Richtung abgelenkt, wobei die Schrittweite dem Strahldurchmes-ser entspricht und die Schrittfrequenz mehrere MHz beträgt. An denjenigen Stellen, an denen keine Resistbelichtung erwünscht ist, wird der Elektronen-strahl ausgeblendet. Sobald der Elektronenstrahl über eine volle Zeilenlänge ausgelenkt worden ist, erfolgt eine Verschiebung des Elektronenstrahls um ei-nen Strahldurchmesser in y-Richtung. Die Verschiebung geschieht entweder durch Ablenkung des Elektronenstrahls oder durch eine mechanische Tisch-bewegung.

Im Gegensatz zum Rasterscan-Prinzip wird beim Vektorscan-Prinzip der Elektronenstrahl mittels Strahlablenkung in x- und y-Richtung gezielt von ei-ner Schreibfigur zur anderen geführt (Abb. 4.4.5b). Das Belichten einer Figur erfolgt durch schrittweises Ablenken des Elektronenstrahls, wobei die Schritt-weite dem Strahldurchmesser entspricht. Der Elektronenstrahl kann inner-halb der rechteckigen Figur z. B. spiralförmig bewegt werden (wie in Abb. 4.4.5b). Durch Absenken oder Anheben der Schreibfrequenz am Rand der Figur kann man den Proximity-Effekt teilweise kompensieren. Anstatt ei-nes kleinen Strahldurchmessers, der typisch 1/4 bis 1/10 der minimalen Struktur beträgt, kann ein quadratischer Strahlquerschnitt (shaped beam) vorteilhaft sein, der dem kleinsten Strukturelement (z. B. 1 µm×1 µm) ent-spricht. Einige Elektronenstrahlschreibgeräte haben sogar einen variablen Strahlquerschnitt (variable shaped beam) [4.37]. Dieser variable Strahlquer-schnitt entsteht durch Abbildung eines quadratischen Strahls auf eine quadratische Blende. Je nach Ablenkung des quadratischen Strahls tritt nur ein mehr oder weniger großer Teil des Strahls durch die Blende hindurch. Damit kann der Strahlquerschnitt wahlweise die Form aller Rechtecke annehmen, die in die quadratische Blende hineinpassen.

Ein in der Praxis bedeutsamer Unterschied zwischen Rasterscan- und Vektorscan-Elektronenstrahlscheiben betrifft die freie Wahl der zu belichtenden Bereiche. In beiden Fällen sind auf dem Steuermagnetband des Elektronenstrahlschreibgeräts die geometrischen Daten der gewünschten Figuren, also z.B. der Leiterbahnen einer Integrierten Schaltung, gespeichert. Bei einem Rasterscan-Schreibgerät ist es nun durch bloße Umkehr der Befehle für die Strahlausblendung ohne weiteres möglich, nach Wunsch entweder die Bereiche der Leiterbahnen oder die Zwischenräume zwischen den Leiterbahnen zu belichten. Das Vektorscan-Prinzip erlaubt demgegenüber keine einfache Invertierung der Schreibbereiche. Hier ist man praktisch darauf angewiesen, daß in dem obigen Beispiel die Leiterbahnbereiche belichtet werden. Das bedeutet, daß bei Verwendung eines Positivresists die Leiterbahnbereiche nach dem Entwickeln resistfrei werden. Würde man jetzt die Leiterbahnschicht ätzen, dann würde die Leiterbahnschicht in den Zwischenräumen stehenbleiben, wo sie ja gerade verschwinden soll. Die erforderliche Invertierung der zu maskierenden Bereiche kann bei Verwendung eines Vektorscan-Schreibgeräts eigentlich nur durch den Übergang zu einem Negativresist (bzw. zu einem Positivresist mit Bildumkehrtechnik, vgl. Abb. 4.2.14) oder durch den Einsatz einer Lift-off-Technik (s. Abschn. 3.1.3) bewirkt werden.

Das am weitesten verbreitete Elektronenstrahlschreibgerät MEBES (*Mask Electron Beam Exposure System*) [4.38] arbeitet nach dem Rasterscan-Prinzip. Abbildung 4.4.6 zeigt die Funktionsweise des MEBES-Geräts. Der Elektronenstrahl hat einen einstellbaren Durchmesser zwischen 0,1 und 1,1 µm. Mit einer Schrittfrequenz von bis zu 100 MHz wird der Strahl in 1024 Schritten in x-Richtung abgelenkt (Rasterscan). Die Schrittweite entspricht dem Strahldurchmesser, so daß sich der Ablenkbereich bei einem 0,25 µm-Strahl 128 µm in $+x$-Richtung und 128 µm in $-x$-Richtung erstreckt, entsprechend einem Strahlablenkwinkel von $\pm 0,5°$. Bei jedem Schritt kann der Elektronenstrahl ein- oder ausgeblendet werden, je nachdem, ob an der jeweiligen Stelle eine Resistbelichtung erwünscht ist oder nicht. Gleichzeitig mit der schrittweisen Auslenkung des Elektronenstrahls in x-Richtung wird der Tisch, auf dem die mit einer dünnen Chromschicht (70 nm) und einer Resistschicht (0,25 µm) beschichtete Glasplatte liegt, kontinuierlich in y-Richtung bewegt. Dank einem hochgenauen Laserinterferometer kann die Tischposition in bezug auf die Lage des Elektronenstrahls auf 15 nm genau eingestellt werden. Die Tischgeschwindigkeit wird so gesteuert, daß der Tischvorschub während der 1024 Ablenkschritte in x-Richtung gerade einen Strahldurchmesser beträgt. Sobald der Tisch die volle Strecke der Schreibfeldabmessung in y-Richtung (max. 150 mm) durchfahren hat, wird der Tisch um eine Chipbreite in x-Richtung verschoben, und der nächste gleichartige Streifen wird belichtet. Sind alle gleichartigen Streifen belichtet, werden die Figurendaten des nächsten Streifens in den Maschinenspeicher geladen, und die Belichtungsproze-

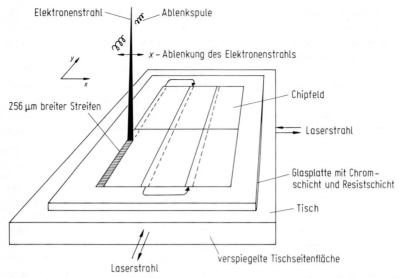

Abb. 4.4.6. Funktionsweise des Elektronenstrahlschreibgeräts MEBES für das Schreiben von Masken- bzw. Retikelmustern

dur wiederholt sich entsprechend wie beim ersten Streifen. Die Zeit zum Schreiben des gesamten Schreibfelds (maximal 150 mm×150 mm) errechnet sich nach der Beziehung

$$\text{Schreibzeit} = \frac{\text{Schreibfeldfläche}}{(\text{Strahldurchmesser})^2 \times \text{Schreibfrequenz}}.$$

Bei einem Strahldurchmesser von 0,25 µm und einem Schreibfeld von 25 mm×25 mm – das ist z.B. das Schreibfeld für die Retikels eines 5:1 verkleinernden Wafersteppers mit einem Bildfeld von 25 mm×25 mm – erhält man eine Schreibzeit von ca. 110 min. Die gesamte Bearbeitungszeit pro Retikel ist noch etwas länger, weil z.B. das Be- und Entladen des Retikels oder das blockweise Einlesen der Figurendaten in den Maschinenspeicher zusätzliche Zeit beanspruchen.

Während eine solche Bearbeitungszeit für Masken und Retikels noch tragbar ist, wäre eine Scheibenbelichtung bei diesen Zeiten viel zu teuer. Für das Elektronenstrahl-Direktschreiben auf Scheiben sind deshalb Geräte entwickelt worden, die mit Hilfe des Vektorscan-Konzepts und eines variablen geformten Strahls (s. oben) die Schreibzeit erheblich verkürzen [4.39]. Allerdings erfordern diese Konzepte einen sehr viel größeren Steuer- und Kontrollaufwand für die Formung und Ablenkung des Elektronenstrahls, so daß der Preis für ein solches Gerät weit über 10 Million DM liegen kann. Dennoch kann das Direktschreiben mit einem solchen Gerät wirtschaftlich sein, z.B.

wenn nur wenige Scheiben eine bestimmte Verdrahtung erhalten sollen (z. B. für ASICs = Application Specific Integrated Circuits).

Eine Grenze für die Geschwindigkeit des Direktschreibens ist durch die starke Erwärmung des Resists bei der kurzzeitigen Belichtung der Einzelfiguren gegeben (s. Abschn. 4.4.6). Mit einem Mehrstrahlschreibsystem, bei dem z. B. 1000 einzeln angesteuerte Elektronenstrahlen im Parallelbetrieb arbeiten, könnte dieses Problem umgangen und die Schreibzeit gegenüber heute verfügbaren Elektronenstrahlschreibgeräten weiter verkürzt werden.

4.4.4
Elektronenprojektionsgeräte

Wie in Abb. 4.4.1 dargestellt ist, ist mit Elektronenstrahlen eine 1:1-Abbildung bzw. eine verkleinernde Abbildung von Elektronenstrahlmasken möglich. Es sind auch bereits mehrere Maskenkopiergeräte mit unterschiedlichen Abbildungsprinzipien hergestellt worden. Sie sind aber bisher über das Stadium von Laborgeräten nicht hinausgekommen und dürften auch in absehbarer Zukunft keine große Rolle spielen. Für die Elektronenstrahlmasken gibt es zwei grundsätzlich verschiedene Prinzipien, nämlich die Photokathodenmasken [4.40] und die elektronenstrahldurchlässigen Masken [4.41].

Eine Photokathodenmaske geht von einer Chrommaske aus, wie sie in der optischen Lithographie verwendet wird. Die Maskenoberfläche ist ganzflächig mit einer dünnen Schicht aus einem Material mit kleiner Elektronenaustrittsarbeit (z. B. Cäsiumjodid) bedeckt. Wird die Maske von der Rückseite her mit ultraviolettem Licht bestrahlt, so treten in den chromfreien Bereichen Elektronen aus der Cäsiumjodidschicht aus. Wenn die Cäsiumjodidschicht auf negatives Potential (z. B. −10 kV) gelegt wird, werden die Elektronen von der Maske weg beschleunigt und mit Hilfe eines Magnetfelds auf eine resistbeschichtete Siliziumscheibe fokussiert.

Eine elektronendurchlässige Maske ist erforderlich, wenn die Maske in den Strahlengang einer elektronenoptischen Säule (vgl. Abb. 4.4.4) eingefügt ist [4.41]. Die von der Maskenrückseite her quasi parallel ankommenden Elektronen müssen von den Maskenstrukturen absorbiert, aber zwischen den Maskenstrukturen ohne Energieverlust durchgelassen werden. Da aber eine noch so dünne Folie eine unzulässig große Energiesteuerung der Elektronen verursachen würde (Verlust der Monochromasie), hat man keinen Maskenträger wie bei den lichtoptischen Masken und den Röntgenmasken. Während bei zusammenhängenden Maskenstrukturen diese sich selbst stützen können, muß man bei nicht zusammenhängenden Maskenstrukturen zu Sondermaßnahmen [34] greifen, die aber eine Einbuße an Abbildungsqualität nach sich ziehen.

---

[34] Als Sondermaßnahmen seien zwei Lösungen erwähnt, nämlich die Verwendung eines feinmaschigen Stützgitters und die Doppelbelichtung mit Masken mit komplementären Stützstrukturen.

4.4.5
Justierverfahren der Elektronenlithographie

Während das Schreiben von Masken keine Justierung erfordert, muß beim Direktschreiben auf Siliziumscheiben und bei der Elektronenmaskenprojektion das Belichtungsmuster mit hoher Lagegenauigkeit auf ein bereits auf der Siliziumscheibe vorhandenes Muster justiert werden.

In der Elektronenlithographie wird zur Justierung der Effekt genutzt, daß an geeigneten Justiermarken auf der Siliziumscheibe die Intensität der von einem auftreffenden Elektronenstrahl ausgelösten Rückstreuelektronen bzw. Sekundärelektronen verschieden von der Intensität in der Umgebung der Justiermarke ist [4.42]. Zur Registrierung der Rückstreu- bzw. Sekundärelektronen ist oberhalb der Siliziumscheibe ein Elektronendetektor angebracht (vgl. Abb. 4.4.4). Als Justiermarken dienen entweder Gräben, die einige μm tief ins monokristalline Silizium hineingeätzt werden, oder Tantalstrukturen, die in einem Extraschritt am Beginn des Herstellungsprozesses der Integrierten Schaltungen erzeugt werden. Erschwert wird die Justiermarkenerkennung dadurch, daß die Justiermarken zum Zeitpunkt der Justierung mindestens von der zur Strukturierung anstehenden Schicht (z.B. 1 μm Aluminium[35]) und der Resistschicht[36] bedeckt sind.

Die Justiermarken sind z.B. in den vier Ecken eines Chips angebracht. Innerhalb des Chips sind in der Regel keine Justiermarken erlaubt. Beim Elektronenstrahlschreiben dienen deshalb die Justiermarken am Chiprand zur Lokalisierung des Koordinatennetzes für die zu schreibenden Figuren. Die einzelnen Koordinatenpunkte werden dann durch die definierte Auslenkung des Elektronenstrahls bzw. durch die laserinterferometrisch gesteuerte Tischbewegung angefahren.

4.4.6
Strahlenschäden bei der Elektronenlithographie

Beim Abbremsen der Elektronen in der Resistschicht, in den unter der Resistschicht liegenden Schichten und im Siliziumsubstrat kann es zu folgenden Schädigungen kommen:

- Die chemischen Bindungen zwischen den Atomen der Schichten können verändert werden.
- Die bestrahlten Bereiche können elektrostatisch aufgeladen werden.
- Es kann zu starken kurzzeitigen lokalen Erwärmungen kommen.

---

[35] Wird mit Lift-off-Technik gearbeitet (s. Abschn. 3.1.3), erfolgt die Schichtabscheidung erst nach dem Lithographieschritt. In diesem Fall ist die Justiermarkenerkennung einfacher.

[36] Man kann im Prinzip vor der Justierung die Resistschicht über den Justiermarken entfernen, indem man mit Hilfe einer relativ grob justierten lichtoptischen Maske den Resist in der Umgebung der Justiermarken belichtet und durch Entwickeln entfernt. Dieses Vorgehen ist allerdings aufwendig.

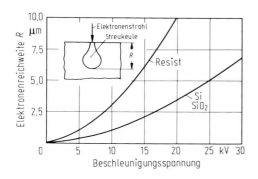

Abb. 4.4.7. Reichweite von Elektronen in Resistschichten und in Silizium bzw. SiO_2 in Abhängigkeit der Beschleunigungsspannung der Elektronen

Was die Veränderung der chemischen Bindungen anbetrifft, sind die Vorgänge im Resist und in SiO_2-Schichten hervorzuheben. Während das Aufbrechen von chemischen Bindungen bzw. die Vernetzung von Kettenmolekülen im Resist erwünscht sind, weil diese Effekte ja gerade die Resistfunktion bewirken (vgl. Abschn. 4.4.1), führt das Aufbrechen von Bindungen in einem SiO_2-Verband zu Traps, die z. B. bei der Injektion von heißen Elektronen in die SiO_2-Schicht geladen werden können und damit zur Instabilität von Transistoren beitragen. Zwar kann der Großteil dieser Strahlenschäden bei Temperaturen um 900°C ausgeheilt werden, aber es bleibt noch zweifelsfrei nachzuweisen, daß die verbliebenen Schäden auch bei Langzeit-Streßtests vernachlässigbar sind.

Die bei der Elektronenstrahlbelichtung eingebrachte elektrische Ladung führt zu elektrischen Störfeldern[37], wenn die Ladung nicht über leitende Pfade abgeführt wird. Man kann nun annehmen, daß innerhalb des Abbremsbereichs des Elektronenstrahls (Streukeule) auch in Isolatorschichten eine ausreichende elektrische Leitfähigkeit gegeben ist. Um aber die Ladung aus dem Volumen der Streukeule abzuführen, ist es erforderlich, daß sich die Streukeule bis zu einer leitenden Schicht erstreckt. Im Falle des Elektronenstrahlschreibens zur Erzeugung einer Chrommaske reicht die Streukeule ohne weiteres durch die normalerweise nichtleitende Resistschicht hindurch bis zu der leitenden Chromschicht, die für eine Abführung der Ladung sorgt.

In Abb. 4.4.7 ist die Reichweite der Elektronen in Resistschichten und in Silizium bzw. SiO_2 in Abhängigkeit von der Beschleunigungsspannung wiedergegeben. Aus den angegebenen Reichweiten kann man schließen, daß bei Beschleunigungsspannungen oberhalb ca. 20 kV die Streukeule nicht nur beim Maskenschreiben sondern auch beim Direktschreiben auf Siliziumscheiben leicht bis ins Siliziumsubstrat bzw. in leitende Schichten auf der Siliziumscheibe hineinreicht. Bei 10 kV Beschleunigungsspannung sind diese Verhältnisse unter Umständen nicht mehr gegeben. Es kann dann zu den oben erwähnten elektrostatischen Aufladungen kommen.

---

[37] Die Störfelder können z. B. den Elektronenstrahl ablenken, so daß dieser abseits der Sollposition auf den Resist auftrifft.

Abschließend soll die kurzzeitige lokale Erwärmung des Resists beim Elektronenstrahlschreiben abgeschätzt werden. Unter realen Bedingungen ist die lokale Belichtungszeit so kurz (beim MEBES-Gerät z.B. 25 ns), daß es gar nicht zum stationären Zustand kommt, der durch das Gleichgewicht zwischen eingestrahlter Leistung und Wärmeableitung zum Substrat gekennzeichnet ist. Vielmehr hat man es mit dem ballistischen Fall zu tun, bei dem die Wärmeableitung zum Substrat vernachlässigbar ist. In diesem Fall ist die lokale Temperaturerhöhung ΔT im Resist bei der Elektronenstrahlbelichtung

$$\Delta T = \frac{Q}{c_v}\frac{dU}{dz} \ .$$

Dabei ist Q die eingestrahlte Ladungsdichte (in C/cm^2), c_v die spezifische Wärme des Resists und dU/dz die Abnahme des Beschleunigungspotentials der Elektronen beim Abbremsen im Resist.

Setzt man für $c_v = 1{,}7$ J/cm^3K und für $dU/dx = 3{,}3$ $kV/\mu m$ ein[38], so erhält man bei $Q = 0{,}7$ $\mu C/cm^2$ – das entspricht der Empfindlichkeit des PBS-Resists (s. Tab. 4.2) – eine Temperaturerhöhung des Resists von $13{,}5\,°C$, während bei $Q = 20\,C/cm^2$ – das entspricht der Empfindlichkeit eines typischen Positivphotoresists (s. Tab. 4.2) – der Resist kurzzeitig auf $390\,°C$ erwärmt wird. Letztere Temperaturerhöhung kann zu einer Degradation der Resisteigenschaften führen.

4.5
Ionenlithographie

Da Ionen ähnlich wie Elektronen mit Hilfe von elektrischen und magnetischen Feldern fokussiert und abgelenkt werden können, eignen sie sich grundsätzlich sowohl für das Schreiben von Strukturen als auch für die Abbildung von Maskenstrukturen. Die Strukturerzeugung erfolgt entweder mit der konventionellen Resisttechnik oder mit den in Abb. 4.5.1 zusätzlich dargestellten Methoden.

Bei Verwendung der herkömmlichen Resisttechnik (Abb. 4.5.1a) wird die Löslichkeit eines geeigneten Resists durch Ionenbestrahlung verändert. Wie bei den in Abschn. 4.2 bis 4.4 beschriebenen Lithographieverfahren gibt es auch hier Positiv- und Negativresists.

Eine weitere Möglichkeit der Strukturerzeugung zeigt Abb. 4.5.1b. Dabei wird durch Ionenimplantation im Resist eine Maske für einen anschließenden anisotropen Ätzprozeß erzeugt. In der Ionenlithographie können auch anorganische Resists wie z.B. $Ag_2S/GeSe$ eingesetzt werden (Abb. 4.5.1c). Durch Ionenbeschuß erfolgt eine Migration der Ag-Atome aus der Ag_2S- in

---

[38] Der Wert von $3{,}3$ $kV/\mu m$ ergibt sich als gemittelter Potentialgradient bei einer Beschleunigungsspannung von 10 kV. Aus Abb. 4.4.7 entnimmt man nämlich eine Reichweite im Resist von 3 μm, also eine mittlere Potentialabnahme von 10 kV/ 3 $\mu m = 3{,}3$ $kV/\mu m$.

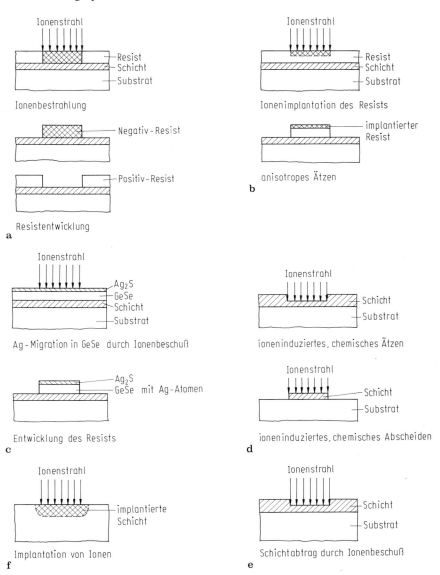

Abb. 4.5.1 a–f. Methoden der Strukturerzeugung bei der Ionenlithographie [4.43].
a konventionelle Resisttechnik; **b** Resist-Implantation; **c** anorganischer Resist; **d** ionenunterstütztes Ätzen und Abscheiden; **e** Ionenstrahlätzen; **f** Ionenimplantation

die GeSe-Schicht (s. auch Abb. 4.2.12). Dadurch wird die Löslichkeit von Ge-
Se verkleinert. Von der Entwicklerlösung wird dann nur der nichtbestrahlte
Teil entfernt.

Mit dem Ionenstrahl kann, wie in Abb. 4.5.1 d schematisch dargestellt, auch ein chemischer Ätz- oder Abscheidevorgang ausgelöst werden (s. Kap. 3 und 5). Darüber hinaus können die Ionen auch direkt zum Ätzen herangezogen werden (Abb. 4.5.1 e und Kap. 5). Die Ionenlithographie eignet sich zudem auch zur lokalen Ionenimplantation (Abb. 4.5.1 f und Kap. 6).

Alle hier beschriebenen Methoden der Strukturerzeugung mittels Ionenlithographie befinden sich mit wenigen Ausnahmen derzeit noch im Forschungs- oder Entwicklungsstadium.

4.5.1
Ionenresists

Die in den Resist einfallenden Ionen erzeugen durch Stöße Sekundärelektronen, die in Positivresits die langkettigen Moleküle aufbrechen und bei Negativresists zu einer Molekülvernetzung führen. Wie bei der Bestrahlung mit Röntgenlicht sind also auch hier für die Strukturbildung die Elektronen verantwortlich. Deshalb sind alle elektronenempfindlichen Resists auch für die Ionenlithographie geeignet. Wie aus Abb. 4.5.2 hervorgeht, besteht sogar ein fester Zusammenhang zwischen Protonen- und Elektronenstrahlempfindlichkeit. Die Protonen stehen dabei stellvertretend für die Ionen. Bei Ionenresists

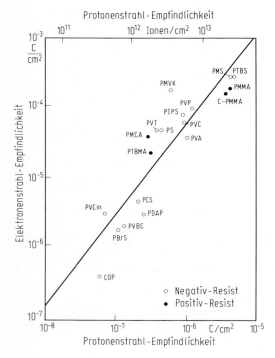

Abb. 4.5.2. Zusammenhang zwischen Protonen- und Elektronenstrahl-Empfindlichkeit für verschiedene Resists (Elektronenenergie = 20 keV, Protonenenergie = 100 keV) [4.47, 4.58]. Weitere Daten zu Ionenresists enthält [4.43]. Die Resists wurden mit den in der einschlägigen Literatur verwendeten Abkürzungen bezeichnet

wird die Empfindlichkeit in C/cm^2 oder in Anzahl der Ionen/cm^2 angegeben. Die Definition der Empfindlichkeit entspricht der für Photoresists (Abschn. 4.2.1). Wie Abb. 4.5.2 zeigt, sind die Resists gegenüber Ionen wesentlich empfindlicher als gegenüber Elektronen.

Die empflindlichsten Ionenresists wie z. B. COP (Polyglycidylmethacrylat-coäthyl-acrylat) weisen, wie bereits in Abschn. 4.4.1 beschrieben wurde, eine geringe Ätzresistenz auf. Sie eignen sich deshalb nur zur Strukturierung von sehr dünnen Schichten.

4.5.2
Ionenstrahlschreiben

Beim Ionenstrahlschreiben wird ein fokussierter Ionenstrahl (FIB, *Focussed Ion Beam*) über das zu strukturierende Substrat geführt. Die Strukturerzeugung erfolgt seriell und deshalb ähnlich langsam wie beim Elektronenstrahlschreiben. Die Vorteile des Verfahrens liegen insbesondere im hohen Auflösungsvermögen und in der großen Flexibilität bei der Strukturerzeugung.

Das Ionenstrahlschreiben eignet sich zur Reparatur von Masken für die Photo- und Röntgenlithographie. Leiterbahnkurzschlüsse können durch fokussiertes Ionenätzen beseitigt werden. Unterbrechungen von Leiterbahnen können durch ionenunterstütztes Abscheiden überbrückt werden. Denkbar ist auch der Einsatz des Ionenstrahlschreibens bei der Herstellung von Röntgenmasken.

Abbildung 4.5.3 zeigt schematisch den Aufbau eines Ionenstrahlschreibgeräts. Es besteht im wesentlichen aus folgenden Komponenten:

– *Ionenquelle mit Extraktor*. Zur Erzeugung der Ionen eignen sich Plasma-, Feldionisations- und Flüssigmetallquellen [4.43]. Mit dem Extraktor werden der Quelle Ionen entzogen und zu einem Strahl zusammengefaßt.
– *Strahljustierung*. Die Justierung des Ionenstrahls erfolgt durch an Kondensatorplatten angelegte elektrische Spannungen.
– *Strahlausblendung*. Entsprechend der zu schreibenden Struktur wird der Ionenstrahl durch eine an Kondensatorplatten angelegte elektrische Spannung bedarfsweise ein- und ausgeblendet.
– *Massenseparator*. In gekreuzten elektrischen und magnetischen Feldern werden die unerwünschten Ionen so abgelenkt, daß sie nicht durch die nachfolgende Blendenöffnung hindurchtreten können.
– *Objektivlinsen*. Mit den Objektivlinsen und der nachfolgenden Blende wird der Ionenstrahl in der Schreibebene fokussiert.
– *Ablenkelektroden*. Durch angelegte Sägezahnspannungen an die Ablenkelektroden wird der Ionenstrahl Zeile für Zeile über das Substrat geführt. Die lokale Bestrahlung der gewünschten Struktur erfolgt durch Ein- und Ausblenden des Ionenstrahls.
– *Probentisch*. Der Probentisch, auf dem sich das resistbeschichtete Substrat befindet, läßt sich mit hoher Genauigkeit in x- und y-Richtung verstellen. Damit ist es möglich, die beschriebenen Teilbereiche passend aneinanderzusetzen.

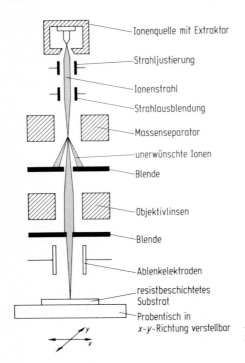

Abb. 4.5.3. Prinzipieller Aufbau eines Ionenstrahlschreibgeräts [4.46]

Zur Vermeidung von Ionenstößen muß im gesamten Bereich des Strahlengangs Hochvakuum herrschen. Die kinetische Energie der Ionen beträgt bei Verwendung von Flüssig-Gallium-Quellen typisch 60 keV.

Die auf einem Magnetband gespeicherten Figurendaten werden von einer umfangreichen Steuerelektronik in elektrische Spannungen umgesetzt zur Steuerung der Ausblendung und Ablenkung des Ionenstrahls sowie zur Verschiebung des Probentisches in x- und y-Richtung.

4.5.3
Ionenstrahlprojektion

Bei der Ionenstrahlprojektion wird eine Lochmaske auf die zu strukturierende Oberfläche abgebildet (MIBL, *Masked Ion Beam Lithography*). Die Strukturerzeugung erfolgt parallel und damit schneller als beim Ionenstrahlschreiben. Mit der Ionenstrahlprojektion lassen sich Strukturen im Sub-µm-Bereich erzeugen.

Abbildung 4.5.4 zeigt schematisch den Aufbau eines Elektronenstrahlprojektionsgeräts. Es setzt sich im wesentlichen aus folgenden Komponenten zusammen:

– *Ionenquelle mit Extraktor.* Zur Erzeugung eines stabilen Ionenstrahls mit der erforderlichen hohen Strahlstromdichte eignet sich das Duoplasma-

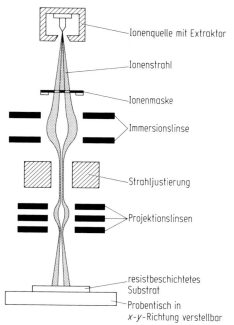

Ionenquelle mit Extraktor

Ionenstrahl

Ionenmaske

Immersionslinse

Strahljustierung

Projektionslinsen

resistbeschichtetes
Substrat
Probentisch in
x-y-Richtung verstellbar

Abb. 4.5.4. Prinzipieller Aufbau eines Geräts zur Ionenprojektionslithographie. (MIPL, *Masked Ion Projection Lithography*) [4.44, 4.45]

tron [4.44; 4.45]. Die Anodenblende und die Extrationselektrode sind bei ihm so ausgebildet, daß der Ionenstrahl die Quelle mit einem Öffnungswinkel von etwa 4° verläßt. Der Ionenstrom ist typisch größer als 200 µA. Die Ionenquelle ist an einen Massenseparator gekoppelt, der die unerwünschten Ionen ausblendet. Mit dem Duoplasmatron lassen sich Ionen von Wasserstoff, Stickstoff, Helium, Neon, Argon und Xenon erzeugen.

- *Immersionslinse.* Die Ionen treffen die Ionenmaske mit einer Energie von etwa 5 keV. Die durch die Maskenlöcher hindurchgetretenen Ionen werden in der Immersionslinse auf Energie von mehr als 60 keV beschleunigt.
- *Strahljustierung.* Für die Strahljustierung eignet sich besonders gut eine Oktopolanordnung [4.44].
- *Projektionslinsen.* Die Projektionslinsen erzeugen ein Abbild der Ionenmaske auf dem zu strukturierenden Substrat im gewünschten Maßstab. Üblich sind Verkleinerungen um den Faktor 5 oder 10.
- *Probentisch.* Der Probentisch ist wie bei lichtoptischen Projektionsgeräten (Abschn. 4.2.5) in *x*- und *y*-Richtung verstellbar, so daß auch hier im „Step- and -Repeat-Verfahren" die einzelnen bestrahlten Bereiche aneinandergesetzt werden können.

Durch eine geeignete Kombination der Immersions- und Projektionslinsen werden geometrische und chromatische Abbildungsfehler minimiert. Der chromatische Fehler wird durch die Streuung der Energie der Ionen aus der

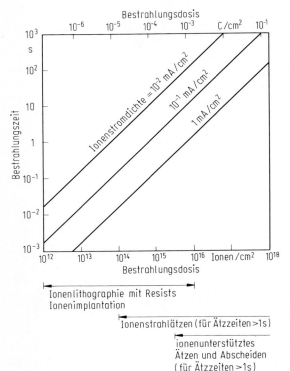

Abb. 4.5.5. Bestrahlungszeit in Abhängigkeit der Bestrahlungsdosis und der Ionenstromdichte [4.44] entsprechend der Beziehung Dosis = Stromdichte × Bestrahlungszeit

Quelle hervorgerufen. Sie liegt in der Größenordnung 1 bis 10 eV. Das ionenoptische System arbeitet mit einer sehr kleinen numerischen Apertur und weist deshalb eine relativ große Fokustiefe (in der Größenordnung von einigen 100 µm) auf.

Die Bestrahlungszeit hängt von der erforderlichen Bestrahlungsdosis und der Ionenstromdichte ab. Wie aus Abb. 4.5.5 hervorgeht, sollte für eine kurze Bestrahlungszeit die Ionenstromdichte möglichst hoch sein. Derzeit werden dafür Werte von bis zu 1 mA/cm² erreicht. Abbildung 4.5.5 zeigt ferner, daß für das ionenunterstützte chemische Ätzen und Abscheiden wesentlich längere Bestrahlungszeiten erforderlich sind als zur Ionenlithographie mit Resists oder zur Ionenimplantation.

Abbildung 4.5.6 zeigt den Aufbau einer Ionenmaske[39]. Sie besteht im wesentlichen aus einer Maskenschicht, einem Rahmen und einem Maskenträger. Die Maskenschicht enthält Löcher entsprechend der zu erzeugenden Figuren.

---

[39] Dieser Maskentyp ist eine Lochmaske. Isolierte Maskenstrukturen sind damit nicht machbar. Man behilft sich hier so, daß 2 Bestrahlungen mit 2 sich ergänzenden Masken (Komplementärmasken) durchgeführt werden.

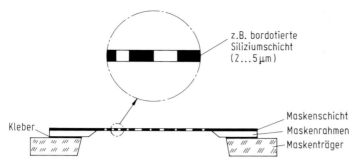

z.B. bordotierte
Siliziumschicht
(2...5 µm)

Kleber

Maskenschicht
Maskenrahmen
Maskenträger

Abb. 4.5.6. Aufbau einer Ionenmaske [4.44; 4.47; 4.60]

Die optimale Dicke der Maskenschicht liegt zwischen 2 und 5 µm. Diese Dikke ist groß genug, damit nur die parallelen ungestreuten Ionen die Maskenlöcher passieren [4.46]. Andererseits ist die Maskenschicht noch so dünn, daß die Löcher noch bis in den Sub-µm-Bereich maßhaltig erzeugt werden können. Damit lassen sich bei der verkleinernden Ionenprojektion Strukturen unter 0,1 µm realisieren.

Die Eigenschaften der Masken bezüglich Maßhaltigkeit, Temperaturverhalten und mechanischer Stabilität entsprechen weitgehend denen von Röntgenmasken (Abschn. 4.3). Bei der Ionenstrahlprojektion können allerdings thermische Verzüge über den Abbildungsmaßstab ausgeglichen werden. Außerdem reduziert eine verkleinernde Abbildung wesentlich die Maskenanforderungen bezüglich Lage- und Strukturtoleranz.

4.5.4
Auflösungsvermögen der Ionenlithographie

In der Ionenlithographie können mehrere Vorgänge auflösungsbegrenzend sein. Einer dieser Vorgänge ist die laterale Streuung der Ionen im Resist. Rückstreuung und sekundäre Elektronen, die das Auflösungsvermögen der Elektronenstrahllithographie bestimmen, sind hier meist vernachlässigbar. Aufgrund ihrer relativ hohen Masse produzieren die einfallenden Ionen nur niederenergetische Sekundärelektronen zwischen 5 und 50 eV. Das entspricht einer Reichweite von weniger als 10 nm, weshalb die Sekundärelektronen erst im Strukturbereich unter 0,02 µm auflösungsbegrenzend wirken.

Abbildung 4.5.7 zeigt die mit Monte Carlo-Simulation berechneten Bahnen von mehreren einfallenden Ionen in PMMA, PMMA auf Gold und PMMA auf Silizium. Der Ionenstrahldurchmesser wurde als unendlich dünn angenommen. Ein Vergleich mit Abb. 4.4.2 zeigt, daß Ionen wesentlich geringer gestreut werden als Elektronen. Rückstreuung der Ionen tritt hier nur in der Goldschicht auf. Eine weitere Grenze des Auflösungsvermögens ergibt sich durch die statistische Verteilung der Ionenemission aus der Ionenquelle. Je kleiner der zu strukturierende Bereich, desto geringer ist die Wahrschein-

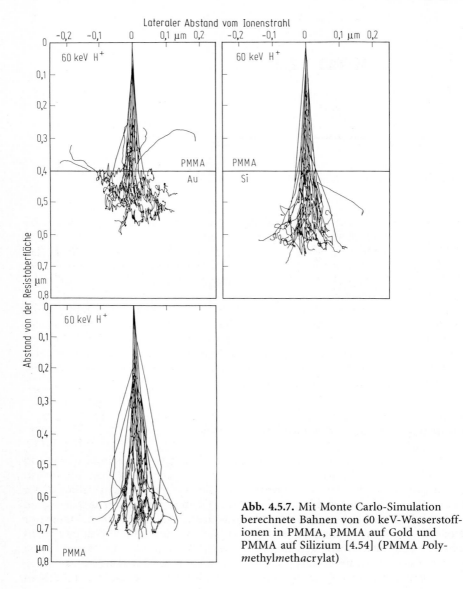

Abb. 4.5.7. Mit Monte Carlo-Simulation berechnete Bahnen von 60 keV-Wasserstoffionen in PMMA, PMMA auf Gold und PMMA auf Silizium [4.54] (PMMA *Poly-m*ethyl*m*eth*a*crylat)

lichkeit, daß er von einem Ion getroffen wird. Deshalb erfordern kleinere Strukturen eine höhere Bestrahlungsdosis. Dafür genügen aber, wie Abb. 4.5.8 zeigt, Resists mit geringer Empfindlichkeit.

Das Auflösungsvermögen der Ionenlithographie hängt auch vom verwendeten Lithographiesystem ab. So stellt z.B. beim Ionenstrahlschreiben der Strahldurchmesser eine absolute Auflösungsgrenze dar. Bei der Ionenstrahl-

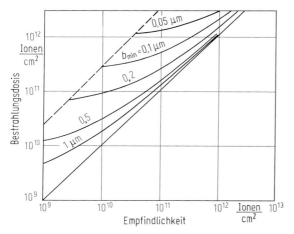

Abb. 4.5.8. Minimale Strukturgröße b_{min} in Abhängigkeit der Resistempfindlichkeit und der Bestrahlungsdosis, bestimmt durch die statistische Verteilung der Ionenemission. Die gestrichelte Linie stellt eine durch die Resistempfindlichkeit bestimmte Grenze dar. Dabei wird eine Fläche von b_{min}^2 gerade noch von einem Ion getroffen [4.55; 4.61]

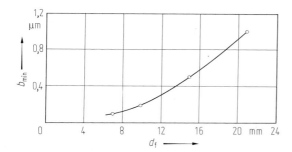

Abb. 4.5.9. Auflösungsvermögen b_{min} bedingt durch die Linsenaberration, in Abhängigkeit des Bildfelddurchmessers d_f bei dem in [4.56] beschriebenen Ionen-Projektionssystem

projektion wird die kleinste auflösbare Struktur vor allem durch die Linsenaberration (vgl. Abschn. 4.4.3, insbesondere Fußnote 32) bestimmt.

Abbildung 4.5.9 zeigt die durch Linsenaberration bestimmte Auflösungsgrenze b_{min} des in [4.56] beschriebenen Ionenprojektionssystems in Abhängigkeit vom Durchmesser d_f des Abbildungsfelds.

Die absolute Auflösungsgrenze eines aberrationsfreien Abbildungsystems wird durch Beugungseffekte bestimmt (Abb. 4.5.10). Die kleinste auflösbare Struktur ist dabei wie bei der lichtoptischen Projektion (Abschn. 4.2) gegeben durch

$$b_{min} = 0,5\,\lambda/\mathrm{NA}\,.$$

Die Länge b_{min} ist der minimale Abstand zwischen zwei Punkten, die gerade noch aufgelöst werden können, λ ist die de-Broglie-Wellenlänge der Ionen und NA die numerische Apertur des Projektionssystems.

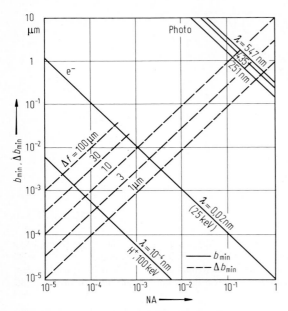

Abb. 4.5.10. Absolute Auflösungsgrenze b_{min} (ausgezogene Kurven) und Δb_{min} (gestrichelte Kurven) eines aberrationsfreien Ionenprojektionssystems ($\lambda = 10^{-4}$ nm, H$^+$, 100 keV) in Abhängigkeit der numerischen Apertur NA im Vergleich mit der Photo- und Elektronenlithographie [4.57]. b_{min} entspricht der minimalen Struktur, die aufgrund von Beugungseffekten gerade noch übertragen werden kann. Δb_{min} ist die Verschlechterung des Auflösungsvermögens aufgrund von Defokussierung. Dabei ist Δf der Abstand zwischen Bild- und Fokusebene. λ ist die de-Broglie-Wellenlänge der jeweiligen Bestrahlung

Wenn die zu strukturierende Substratoberfläche (Bildebene) nicht in der Fokusebene der Ionenprojektion liegt, ist wie bei der lichtoptischen Projektion (Abschn. 4.2) mit einer schlechteren Auflösung zu rechnen. Die durch Defokussierung bedingte Verschlechterung der Auflösungsgrenze ist gegeben durch:

$$\Delta b_{min} \simeq \Delta f \cdot \text{NA}.$$

Δf ist der Abstand zwischen Bild- und Fokusebene und NA die numerische Apertur.

Aus Abb. 4.5.10 kann man entnehmen, daß die Ionenprojektionslithographie selbst bei einer Defokussierung von 10 µm ein potentielles Auflösungsvermögen von 1 nm hat. Im Vergleich zur 1:1 Röntgenlithographie scheint auch das Maskenproblem wegen der verkleinernden Ionenprojektion wesentlich besser beherrschbar zu sein. Wenn es gelingt, die Linsenaberrationen (s. Abb. 4.5.9) bei der Ionenprojektion auch bei großen Bildfeldern in den Griff zu bekommen [4.59], hat die verkleinernde Ionenmaskenprojektion beste

- Erzeugung einer SiO$_2$-Stufe

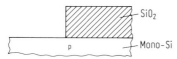

- Gateoxidation
- Erzeugung eines n⁺ Poly-Si-Spacers

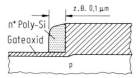

- Anisotrope SiO$_2$-Ätzung
- Thermische Oxidation
- Source/Drain-Implantation

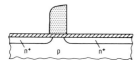

Abb. 4.6.1. Prozeßschrittfolge eines MOS-Transistors, dessen Gatelänge durch die Dicke eines Poly-Si-Spacers definiert ist

- Grabenätzung in Mono-Silizium

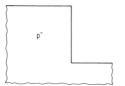

- Source/Drain-Implantation (senkrecht)
- Kanalimplantation (schräg)

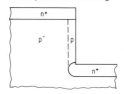

- Gate-Oxidation
- n⁺ Poly-Si Spacer

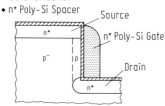

Abb. 4.6.2. Prozeßschrittfolge eines Vertikal-MOS-Transistors, bei dem die Gatelänge durch die Ätztiefe eines Grabens definiert ist

Aussichten, die Lichtoptik im Strukturbereich unterhalb 0,1 μm als wirtschaftliches Verfahren abzulösen.

4.6
Strukturerzeugung ohne Lithographie

Das in Abb. 4.1 beschriebene lithographische Prinzip ist nicht der einzige Weg, um gewünschte Strukturen zu erzeugen. Als Beispiele seien das Lightly Doped Drain (Abb. 3.5.2 a) und die Kanallänge des DMOS-Transistors (s. Abschn. 8.3.2). Die Abmessung des gewünschten dotierten Gebietes wird durch die Dicke eines Spacers bzw. durch die unterschiedliche Eindringtiefe zweier Dopanden definiert, also nicht durch eine Maskengeometrie. Der Vorteil dieser Art der Strukturerzeugung liegt vor allem darin, daß man Strukturabmessungen realisieren kann, die kleiner als die lithographische Minimaldimension sind. Die wesentliche Einschränkung ist, daß die gewünschte Geometrie innerhalb der Integrierten Schaltung nicht variiert werden kann.

In Abb. 4.6.1 und 4.6.2 sind zwei weitere Prozeßschrittfolgen für MOS-Transistoren gezeigt, bei denen die Gatelänge durch die Dicke eines Poly-Si-Spacers bzw. durch die Ätztiefe eines Grabens [3.40] definiert wird. Vertikal-Transistoren vom Typ wie in Abb. 4.6.2 sind besonders platzsparend aufgebaut, da sie auch vertikale Oberflächen ausnutzen. Sie dürften im Zuge der angestrebten immer größeren Packungsdichte der Transistoren in Zukunft eine große Rolle spielen.

Abschließend sei auf die detaillierte Prozeßschrittfolge für eine DRAM-Speicherzelle mit Grabenkondensator in Abschn. 8.6.4 hingewiesen. Die Strukturierung der Grabenwand zur Realisierung der Buried Plate, des Collars und des Buried Straps wird hier nicht lithographisch erzeugt, sondern unter Ausnutzung von Prozeßschritten wie Spacer-Bildung, definierter Resistabtrag, definierte Rückätzung und Schrägimplantation.

4.7
Literatur zu Kapitel 4

4.1   Dill, F.H.; Neureuther, A.R.; Tuttle, J.A.; Walker, E.J.: IEEE Trans. Electron Devices ED-22 (1975) 456
4.2   Oldham, W.G.; Nandgaonkar, S.N:, Neureuther, A.R.; O'Toole, M.M.: IEEE Trans. Electron Devices ED-26 (1979) 717
4.3   Widmann, D.W.; Binder, H.: IEEE Trans. Electron Devices ED-22 (1975) 467
4.4   Mader, L.; Widmann, D.; Oldham, W.G.: Proceedings Microcircuit Engineering (1981) 105
4.5   Sebald, M.; Berthold, J.; Beyer, M.; Leuschner, R.; Nölscher, C.; Scheler, U.; Sezi, R.; Ahne, H.; Birkle, S.: Proc. SPIE 1466 (1991) 227
4.6   Tai, K.L.; Vadimsky, R.G.; Ong. E.: Proc. SPIE 333 (1982) 32
4.7   Hatzakis, M.: Solid State Technol. (Aug. 1981) 74
4.8   Roland, B.; Coopmans, F.: Extended Abstracts 18th Conf. Solid State Devices and Materials, Tokyo 1986, p. 33
4.9   Mac Donald, S.A.; Miller, R.D.; Willson, C.G.: Proc. Kodak Interface 1982, p. 93

4.10 Griffing, B.F.; West, P.R.: Extended Abstracts 16th Conf. Solid State Devices and Materials, Kobe 1984, p. 7
4.11 Herriot, D.R.; Collier, R.J.; Alles, D.S., Stafford, J.W.: IEEE Trans. Electron Devices ED-22 (1975) 385
4.12 Firmenschrift der Firma Canon
4.13 Grassmann, A.; Prein, F.; Zell, T. et al.: Proc. SEMICON Europe, Geneva (April 95)
4.14 Markle, D.A.: Solid State Technology (Sept. 1984)
4.15 Cuthbert, J.D.: Solid State Technology (Aug. 1977) 59
4.16 Mader, L.; Lehner, N.: Proc. SPIE 2440 (1995)
4.17 Horiuchi, T.; Takeuchi, Y.; Matsuo, S.; Harada, K.: IEDM Digest of Techn. Papers (1993) 657
4.18 Shiraishi, N.; Hirukawa, S.; Takeuchi, Y.; Magome, N.: Microlithography World (July/August 1992)
4.19 Ferguson, R.; Ausschnitt, C.; Chang, I.; Farrel, T.; Hashimoto, K.; Liebmann, L.; Martino, R.; Maurer, W.: Symp. on VLSI Technol. (1994) 89
4.20 Jinbo, H.; Yamashita, Y.: IEDM Digest of Techn. Papers (1990) 285
4.21 Lin, B.J.: Solid State Technology (Jan. 1992) 43
4.22 Levenson, M.D.; Viswanathan, N.S.; Simpson, R.A.: IEEE Trans. Electron Devices ED-29 (1982) 1828
4.23 Hershel, R.: Proc. SPIE 275 (1981) 23
4.24 Spears, D.L.; Smith, H.I.: Electron. Lett. 8 (1972) 102
4.25 Tischer, P.: From Electronics to Microelectronics. Amsterdam: North-Holland 1980, p. 46
4.26 Taylor, G.N.: Solid State Technol. (June 1984) 124
4.27 Betz, H.; Chen, J.T.; Heuberger, A.; Asmussen, F.; Sotobayashi, H.; Schnabel, W.: J. Electrochem. Soc. 130 (1983) 180
4.28 Heuberger, A.; Betz, H.: Proc. ESSDERC, München 1982, p. 121
4.29 Trinks, U.; Nolden, F.; Jahnke, A.: Nucl. Instrum. Methods 200 (1982) 475
4.30 Heuberger, A.: Tagungsband NTG-Tagung Baden-Baden, März 1983, S. 105
4.31 Doemens, G: Proc. 11th CIRP Int. Seminar, June 1979
4.32 Roberts, E.: Solid State Technol. (Feb. 1984) 111
4.33 Kyser, D.F.; Viswanathan, N.S.: J. Vac. Sci. Technol. (1975) 1305
4.34 Greeneich, J.S.: Semiconductor Int. (April 1981) 159
4.35 Parikh, M.: J. Vac. Sci. Technol. 14 (1978) 931
4.36 Speth, A.J.; Wilson, A.D.; Kern, A.; Chang, T.H.P.: J. Vac. Sci. Technol. 12 (1975) 1235
4.37 Pfeiffer, H.C.: J. Vac. Sci. Technol. 15 (1978) 887
4.38 Firmenschrift „The MEBES System" der Firma Silicon Valley Group
4.39 Firmenschift „The AEBLE System" der Firma Silicon Valley Group
4.40 Scott, J.P.: J. Vac. Sci. Technol. 15 (1978) 1016
4.41 Lischke, B. et al.: Proc. Int. Conf. Microlithography, Paris 1977, p. 167
4.42 Friedrich, H.; Zeitler, H.U.; Bierhenke, H.: J. Electrochem. Soc. 124 (1977) 627
4.43 Mader, H.: Lithography. In: Landolt-Börnstein. Neue Serie Bd. 17c, Technologie von Si, Ge und SiC. Berlin: Springer 1984, S. 250–280, 542–555
4.44 Stengl, G.; Löschner, H.; Muray, J.J.: Solid State Technol. (Feb. 1986) 119
4.45 Stengl, G.; Löschner, H.; Maurer, W.; Wolf, P.: J. Vac. Sci. Technol. B4, 1 (1986) 194
4.46 Miyauchi, E.; Morita, T.; Takamori, A.; Arimoto, H.; Bamba, H.; Hashimoto, H.: J. Vac. Sci. Technol. B4, 1 (1986) 189
4.47 Bartelt, J.L.: Solid State Technol. (May 1986) 215
4.48 Stengl, G.; Kaitna, R.; Löschner, H.; Rieder, R.; Wolf, P.; Sacher, R.: Proc. Microcircuit Eng. 81, Lausanne 1981, p. 345

4.49 Morimoto, H.; Onoda, H; Kato, T.: Sasaki, Y.; Saitoh, K.; Kato, T.: J. Vac. Sci. Technol. B4, 1 (1986) 205
4.50 Randall, J.N.; Stern, L.A.; Donnelly, J.P.: J. Vac. Sci. Technol. B4, 1 (1986) 201
4.51 McGillis, D.A., Lithography. In: Sze, S.M. (Ed.): VLSI Technology. New York: McGraw-Hill 1983, p. 297
4.52 Fichtner, W.: Process Simulation. In: Sze, S.M. (Ed.): VLSI Technology. New York: McGraw-Hill 1983, p. 427
4.53 Brault, R.G.; Miller, L.J.: Polymer Eng. Sci. 20 (1980) 1064
4.54 Karapiperis, K.; Adesida, L.; Lee, S.A.; Wolf, E.D.: J. Vac. Sci. Technol. 19 (1981) 1259
4.55 Ryssel, H.: Proc. Microcircuit Eng., Lausanne, 1981
4.56 Stengl, G.; Kaitna, R.; Löschner, H.; Rieder , R.; Wolf, P.; Sacher, R.: J. Vac. Sci. Technol. 19 (1981) 1164
4.57 Rieder, R.; Löschner, H.; Kaitna, R.; Sacher, R.; Stengl, G.; Wolf, P.: Private Communication 1981
4.58 Ryssel, H.; Glawischnig, H.: Springer Series in Electrophysics; Ion Implantation 11 (1983) 242
4.59 Mohondro, R.: Semiconductor Fabtech (1996) 177
4.60 Csepregi, L.; Iberl, F.; Eichinger, P.: Microcircuit Engineering 80, Amsterdam (1980)
4.61 Ryssel, H.; Prinke, G.; Bernt, H., Haberger, K.; Hoffmann K.: Appl. Phys. A27 (1982) 239

5
Ätztechnik

Mit den Verfahren der Ätztechnik werden entweder Schichten ganzflächig entfernt oder lithographisch erzeugte Maskenmuster in die darunterliegende Schicht übertragen. Die Qualität der Strukturübertragung hängt von der Art des Ätzprozesses ab. Abbildung 5.1 zeigt charakteristische Ätzprofile. Bei einem isotropen Ätzprozeß erfolgt der Ätzangriff richtungsunabhängig. Die Schicht unter der Maske wird deshalb unterätzt (Abb. 5.1 a). Ein anisotroper Ätzprozeß zeichnet sich durch eine gerichtete Ätzwirkung aus. Erfolgt der Ätzabtrag ausschließlich senkrecht zur Scheibenoberfläche, so wird die Struktur der Maske maßhaltig in die darunterliegende Schicht übertragen (Abb. 5.1 b). Häufig stellt sich das in Abb. 5.1 c dargestellte Ätzprofil ein. Ein Maß für den Grad an Anisotropie ist der Anisotropiefaktor f. Für ihn gilt:

$$f = \frac{\text{vertikale Ätzrate }(r_v) - \text{horizontale Ätzrate }(r_h)}{\text{vertikale Ätzrate }(r_v)}$$

mit der Ätzrate

$$r = \frac{\text{Ätzabtrag }(\Delta z)}{\text{Ätzzeit }(\Delta t)} .$$

Bei einem isotropen Ätzprozeß ist die vertikale Ätzrate r_v gleich der horizontalen Ätzrate r_h. Der Anisotropiefaktor f ist für diesen Fall gleich Null. Bei einem rein anisotropen Ätzprozeß ergibt sich für f ein Wert von Eins.

Außer dem Grad der Anisotropie und der Ätzrate ist für einen Ätzprozeß noch die Selektivität S von großer Bedeutung. Sie ist wie folgt definiert:

$$\text{Selektivität } S_{12} \text{ zwischen Material 1 und Material 2} = \frac{\text{Ätzrate von Material 1 }(r_1)}{\text{Ätzrate von Material 2 }(r_2)} .$$

  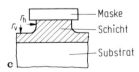

Abb. 5.1 a–c. Charakteristische Ätzprofile. **a** isotrop; **b** anisotrop; **c** häufiges Ätzprofil. r_v vertikale Ätzrate; r_h horizontale Ätzrate; $f = (r_v - r_h)/r_v$ Anisotropiefaktor; $f = 0$ isotroper Ätzprozeß; $f = 1$ anisotroper Ätzprozeß

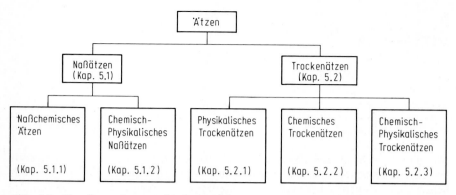

Abb. 5.2. Einteilung der verschiedenen Ätzprozesse zur Herstellung von Integrierten Schaltungen

An einen Ätzprozeß für die Herstellung von hochintegrierten Schaltungen werden folgende Anforderungen gestellt:

1. geringe Unterätzung (Anisotropiefaktor f möglichst nahe bei 1),[1]
2. hohe Selektivität zum darunterliegenden Material, damit es nur geringfügig angeätzt wird,[2]
3. geringe Kontamination und Schädigung der geätzten Oberfläche,
4. hohe Ätzrate (aus Gründen der Wirtschaftlichkeit),
5. hoher Grad an Gleichmäßigkeit der Ätzrate über der Halbleiterscheibe,
6. hoher Grad an Reproduzierbarkeit zur Einhaltung der Fertigungstoleranzen,
7. geringe Erwärmung der zu ätzenden Scheibe, da der Photoresist bereits ab einer Temperatur von etwa 100°C zu fließen beginnt,
8. geringe Aufladung zur Vermeidung von Oxiddurchbrüchen.

In den folgenden Kapiteln werden die unterschiedlichen Ätzprozesse in der in Abb. 5.2 vorgegebenen Reihenfolge beschrieben.

5.1
Naßätzen

Unter Naßätzen versteht man die Beseitigung von festem Material durch Auflösen in einer chemischen Lösung. Je nachdem, ob die Materialauflösung rein chemisch oder durch eine zusätzliche mechanische Komponente erfolgt, wird zwischen naßchemischem Ätzen und chemisch-physikalischem Naßätzen unterschieden.

---

[1] Teilweise werden auch schräge Ätzflanken benötigt (s. Abschn. 5.3.5).
[2] Gilt nicht für die Planarisierung (s. Abschn. 5.3.7).

5.1.1
Naßchemisches Ätzen

Die naßchemisch zu ätzenden Halbleiterscheiben werden in der Praxis entweder in chemische Bäder eingetaucht oder mit Ätzlösungen besprüht. Der Ätzangriff erfolgt im allgemeinen isotrop. Es gibt jedoch eine Reihe von Ätzlösungen wie z. B. KOH oder NaOH, die monokristallines Silizium anisotrop und dotierungsabhängig ätzen. Beide Effekte werden in der Mikromechanik zur Erzeugung feiner Strukturen genutzt [5.2, 5.54].

Beim Ätzen von monokristallinem Silizium mit KOH stellt ein np^+-Übergang einen Ätzstop dar. Die Ätzrate des hoch p-dotierten (p^+) Siliziums ist um mehr als den Faktor 100 niedriger als die des n-dotierten Bereichs [5.53].

Ein isotroper naßchemischer Ätzangriff führt zu einer Unterätzung der Ätzmaske (s. Abb. 5.1 a). Aus diesem Grund werden isotrope naßchemische Ätzverfahren nur noch selten zur Erzeugung feiner Strukturen in hochintegrierten Schaltungen eingesetzt. Eine Ausnahme bildet dabei die in Abb. 8.5.2 gezeigte Kantenabschrägung von Kontaktlöchern durch eine Kombination von isotropem und anisotropem Ätzen.

Generell zeichnen sich naßchemische Ätzverfahren aus durch:

– hohe Selektivität,
– sehr geringe Kontamination und Schädigung der geätzten Oberfläche,
– hohen Grad an Gleichmäßigkeit und Reproduzierbarkeit und
– eine über das Mischungsverhältnis der Ätzlösung einstellbare Ätzrate.

Naßchemische Ätzverfahren werden hauptsächlich zum ganzflächigen Abätzen von Schichten und zur Beseitigung von störenden dünnen Isolatorschichten eingesetzt.

In Tabelle 5.1 sind wichtige in der Technologie von Integrierten Siliziumschaltungen verwendete Ätzlösungen zusammengestellt. Beim Ansetzen dieser chemischen Lösungen ist darauf zu achten, daß noch geringe Zusätze an Netzmitteln hinzugefügt werden müssen. Andernfalls ist die notwendige gute Benetzung der zu ätzenden Oberfläche nicht gewährleistet.

5.1.2
Chemisch-Mechanisches Polieren

Das chemisch-mechanische Polieren (CMP, Chemical-Mechanical Polishing) ist ein Planarisierungsverfahren, das den erhöhten Anforderungen der Sub-0,5 μm-Technologie gerecht wird. Es kann entweder als chemisch unterstütztes mechanisches Polieren oder als durch mechanische Einwirkung unterstütztes chemisches Naßätzen aufgefaßt werden.

Abbildung 5.1.1 zeigt schematisch eine Vorrichtung zum chemisch-mechanischen Polieren.

Auf einem drehbar angeordneten Poliertisch befindet sich eine elastische, perforierte Auflage (Pad), die ein Poliermittel (Slurry) enthält. Die zu bear-

Tabelle 5.1. Ätzlösungen für die Herstellung von Integrierten Schaltungen. CVD = Chemical Vapour Deposition. LTO = Low Temperature Oxide, LP = Low Pressure, PSG = Phosphorsilicate Glass, thermisch = thermische Oxidation. – Die angegebenen Daten über die Ätzlösungen stammen hauptsächlich aus [5.1]. Diese Literaturstelle enthält eine umfassende Auflistung von naßchemischen Ätzmedien. Die Prozentangaben in den Klammern geben die Konzentration der verwendeten Lösung an

Ätzlösung	Zu ätzendes Material	Ätzrate nm/min	Schicht	Ätztemperatur °C	Bemerkungen
20 H_3PO_4 (85%) 1 HNO_3 (65%) 5 H_2O	Aluminium	220	gesputtert	40	selektiv zu SiO_2
76 H_3PO_4 (85%) 3 HNO_3 (65%) 15 CH_3COOH (100%) 5 H_2O und geringer Anteil von NH_4F (40%) bei 1 Vol% NH_4F bei 5 Vol% NH_4F	Aluminium	 160 100	gesputtert	40	selektiv zu SiO_2
7 NH_4 (40%) 1 HF (49%)	SiO_2 PSG	130 240– 800	thermisch PSG	30	gepufferte Flußsäure (BHF); selektiv zu Si; Ätzrate abhängig von SiO_2-Dotierung
3 HF (49%) 2 NHO_3 (65%) 640 H_2O	SiO_2 PSG	1,9 3...4	thermisch PSG	25	„PSG-Ätze", „P-etch" zum Ätzen von PSG und sehr dünnen SiO_2-Schichten
20 H_3PO_4 (85%) 1 NHO_3 (65%) 4 H_2O	SiO_2 PSG	5,8 7...41 (abhängig vom Phosphorgehalt)	thermisch PSG	25	„Backdoor-Ätze" zum Ätzen von PSG und sehr dünnen SiO_2-Schichten
H_3PO_4 (85%)	SiN_4	6,0	LP-CVD	160	selektiv zu SiO_2, Ätzrate von SiO_2 0,3...0,4 nm/min
2 HF (49%) 15 HNO_3 (65%) 5 CH_3COOH (100%)	Si	abh. von Dotierung	CVD-Poly-Si; monokristallines Si	25	„Planar-Ätze", selektiv zu SiO_2, isotrope Ätze

Tabelle 5.1 (Fortsetzung)

Ätzlösung	Zu ätzendes Material	Ätzrate nm/min	Schicht	Ätztemperatur °C	Bemerkungen
KOH (3...50%)	Si [100]-Richtung [111]-Richtung	20 ≃ 0	monokristallines Si oder Poly-Si	70...90	anisotrope Ätze bzgl. kristallographischer Orientierung für V-Gräben (greift Positiv-Photoresist an!) Ätzstop bei hoch p-dotierter Zone
1 HF (49%) 10 NH$_4$F (40%)	TaSi$_2$	20	gesputtert		Silizid auf Polysilizium
1 HF (49%) 10 NH$_4$F (40%)	TiSi$_2$	≥ 150	gesputtert		Silizid auf Polysilizium

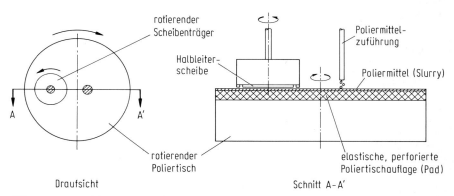

Abb. 5.1.1. Vorrichtung zum chemisch-mechanischen Polieren [5.55]

beitende Halbleiterscheibe wird vom Scheibenträger auf das Pad gedrückt. Dabei rotieren Halbleiterscheibe und Poliertisch in entgegengesetzter Richtung.

Im Gegensatz zu dem seit langem eingesetzten rein mechanischen Polieren [5.2] enthält das Poliermittel nicht nur Polierkörner (Abrasive) sondern auch aktive chemische Zusätze. Sie erlauben ein selektives Abtragen der Schichten auf den Halbleiterscheiben. Die Polierkörner mit einem Durchmesser von 20 bis 500 nm bestehen meist aus Quarz, Aluminiumoxid oder Ceriumoxid. Die chemischen Zusätze werden auf das abzutragende Schichtmaterial abgestimmt. So kann z. B. eine Wolframschicht mit einem Zusatz von Ferricyanid-Phosphat [5.55] selektiv zu SiO$_2$ planarisiert werden.

Das chemisch-mechanische Polieren wird vorwiegend in folgenden in Abb. 8.5.3 illustrierten Bereichen eingesetzt:

- Planarisierung von Grabenfüllungen,
- Planarisierung von Metall-Plugs (z. B. aus Wolfram) in Kontaktlöchern und Vias,
- Planarisierung von Zwischenoxiden und Intermetalldielektrika.

Neben der Planarisierung sind beim chemisch-mechanischen Polieren noch folgende Aspekte von Bedeutung:

- erhöhte Ausbeute durch reduzierte Defektdichte und einfachere Prozeßführung,
- vereinfachte Strukturübertragung beim Trockenätzen aufgrund der ebenen Unterlage,
- Erhöhung der Integrationsdichte durch verkleinerte Metallraster auf ebener Unterlage.

Da die Selektivität des Abtragprozesses zur darunterliegenden Schicht nicht unendlich hoch ist, kann beim chemisch-mechanischen Polieren nicht auf eine Endpunkterkennung verzichtet werden. Folgende zwei Verfahren eignen sich dazu gut:

- Erfassung der Dicke von isolierenden Schichten durch Kapazitätsmessung,
- Messung der Stromaufnahme des rotierenden Scheibenträgers. Der Strom ändert sich beim Übergang der Schichtmaterialien.

5.2
Trockenätzen

Beim Trockenätzen erfolgt der Ätzabtrag durch Atome bzw. Moleküle aus einem Gas und/oder durch Beschuß der zu ätzenden Oberfläche mit Ionen, Photonen oder Elektronen. Der Ätzprozeß kann dabei physikalischer, chemischer oder kombiniert chemisch-physikalischer Natur sein. In Abb. 5.2.1 sind diese unterschiedlichen Prozeßarten schematisch dargestellt.

5.2.1
Physikalisches Trockenätzen

Beim physikalischen Trockenätzen wird die zu ätzende Oberfläche mit Ionen, Elektronen oder Photonen bombardiert.

Der Beschuß mit Elektronen oder Photonen führt zur Verdampfung des zu ätzenden Materials. Diesbezügliche Verfahren sind das Elektronenstrahl – und das Laserverdampfen. Letzteres hat in der Halbleitertechnologie die größere Bedeutung. Es wird eingesetzt zur Reparatur von Photomasken, zum Abtrennen von defekten Bereichen in Integrierten Schaltungen und zum Beschriften von Halbleiterscheiben.

Ätzprozeß	Prinzip	Verfahren	Typische Ätzprofil
Physikalisches Trockenätzen **a**	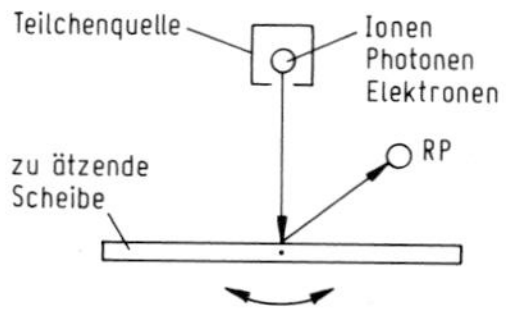 Teilchenquelle — Ionen, Photonen, Elektronen; zu ätzende Scheibe; RP	• Ionenätzen (IBE: Ion Beam Etching; Sputter Etching) • Laserverdampfen • Elektronenstrahl-verdampfen	Ionenätzen Maske Schicht Substrat 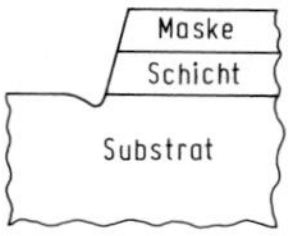
Chemisches Trockenätzen	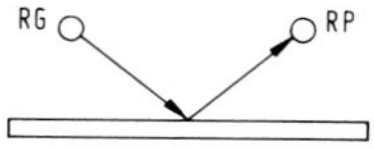 RG, RP	• Trockenätzen mit reaktivem Gas	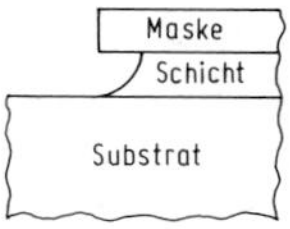 Maske Schicht
b	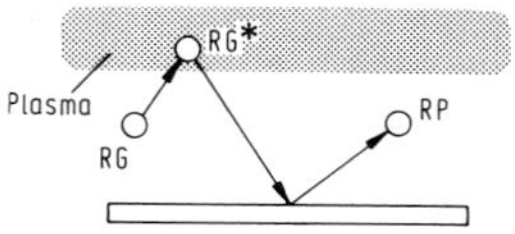 Plasma, RG*, RG, RP	• Chemisches Trockenätzen (CDE: Chemical Dry Etching) • Plasmaätzen im Barrelreaktor	Substrat
Chemisch-Physikalisches Trockenätzen	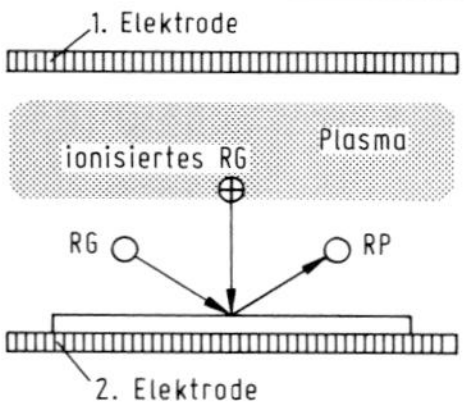 1. Elektrode; ionisiertes RG, Plasma; RG, RP; 2. Elektrode	• Reaktives Ionenätzen (RIE: Reactive Ion Etching) • Plasmaätzen im Parallelplatten-reaktor	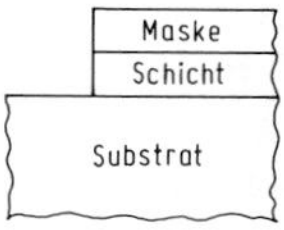
	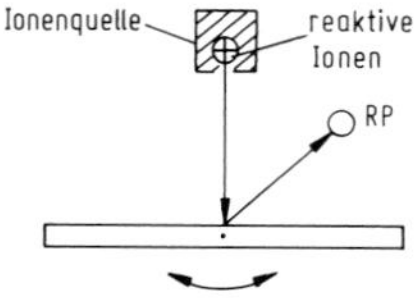 Ionenquelle — reaktive Ionen; RP	• Reaktives Ionenstrahlätzen (RIBE: Reactive Ion Beam Etching)	Maske Schicht Substrat
c	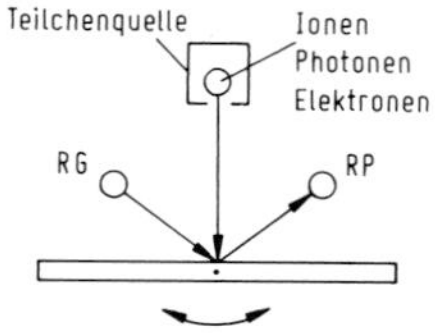 Teilchenquelle — Ionen, Photonen, Elektronen; RG, RP	• CAIBE: Chemically Assisted Ion Beam Etching • photonenunterstütztes chemisches Ätzen • elektronenunter-stütztes chemisches Ätzen	

Abb. 5.2.1 a–c. Verschiedene Arten des Trockenätzens: **a** physikalisch; **b** chemisch; **c** chemisch-physikalisch; RG = Reaktionsgas, RG* = angeregtes Reaktionsgas, RP = Reaktionsprodukt

Beim Ionenätzen werden durch Ionenbeschuß Atome aus der zu ätzenden Oberfläche herausgeschlagen. Damit lassen sich alle in der Halbleitertechnologie vorkommenden Materialien ätzen. Ionenätzverfahren haben jedoch folgende gravierende Nachteile:

1. die Ätzraten sind niedrig,
2. die Selektivität zwischen unterschiedlichen Materialien ist gering, was u.a. zu einem starken Abtrag der Resistmasken führen kann,
3. das Ätzprofil zeigt meist einen Flankenwinkel kleiner als 90°,
4. durch Reflexion der einfallenden Ionen an den schrägen Ätzflanken entstehen an den Rändern der zu ätzenden Schicht oder im Substrat Gräben („Trench-Effect"),
5. infolge der hohen Ionenenergie wird die zu ätzende Oberfläche häufig geschädigt,
6. die durch den Ionenbeschuß herausgeschleuderten Atome schlagen sich häufig an der Maskenflanke nieder und führen zu unerwünschten Stegen nach der Beseitigung der Maske („Redeposition"),
7. Strukturkanten werden mit erhöhter Ätzrate abgetragen.

Dieser Effekt wird beim sog. Dep./Etch-Verfahren zur Einebnung von Schichtoberflächen genutzt. Dabei ist einer PECVD-Abscheidung im Parallelplattenreaktor eine Ionenätzung überlagert (s. Abb. 3.1.7 b). Darüber hinaus spielt das Ionenätzen bei der Herstellung von Integrierten Schaltungen nur noch eine untergeordnete Rolle.

5.2.2
Chemisches Trockenätzen

Beim chemischen Trockenätzen findet eine chemische Ätzreaktion zwischen neutralen Teilchen eines Gases und Atomen der zu ätzenden Oberfläche statt. Voraussetzung für einen Ätzvorgang ist die Bildung eines gasförmigen, flüchtigen Reaktionsprodukts. Beispielsweise bilden angeregte Fluoratome aus dem Plasma mit den Atomen der Siliziumoberfläche das flüchtige Reaktionsprodukt SiF_4. Da die Geschwindigkeit der neutralen Teilchen im allgemeinen isotrop verteilt ist, entsteht bei diesem Prozeß meist ein isotropes Ätzprofil (Abb. 5.1 a). Rein chemische Ätzverfahren eignen sich deshalb im allgemeinen nicht zur Erzeugung von sehr feinen Strukturen. In der Fertigung von hochintegrierten Schaltungen werden diese Verfahren deshalb fast nur noch zum ganzflächigen Abätzen von Schichten verwendet.

Der Barrelreaktor, auch bekannt als Tunnelreaktor, war der früheste kommerziell erhältliche Reaktor für chemisches Trockenätzen. Er wurde ursprünglich nur für das Abätzen von Photoresist („strippen") eingesetzt. Photoresist läßt sich gut im Sauerstoffplasma ätzen, weil dessen Hauptbestandteile (C, H, N, O) mit Sauerstoff flüchtige Reaktionsprodukte liefern. Später fand man heraus, daß auch Silizium, SiO_2 und Si_3N_4 im Barrelreaktor geätzt werden können, allerdings nicht mit Sauerstoff, sondern mit Fluor. Abbildung 5.2.2 zeigt schematisch den Aufbau eines Barrelreaktors.

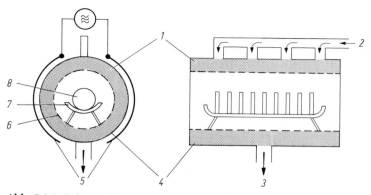

Abb. 5.2.2. Prinzipieller Aufbau eines Barrelreaktors [5.1]. *1* Plasma; *2* Gas; *3* Vakuumpumpe; *4* Vakuumkammer; *5* Elektroden; *6* perforierter Metallzylinder (Tunnel); *7* Träger; *8* Scheiben

Der Barrelreaktor besteht aus einer Vakuumkammer *4*, Elektroden *5* für
die Hochfrequenzspannung, einem Einlaß für die Ätzgase *2* und einem Anschluß zur Vakuumpumpe *3*. Ein Träger *7* (Boot) mit den zu ätzenden Scheiben befindet sich im Innern der Vakuumkammer. Zwischen der Vakuumkammer und den Scheiben ist ein perforierter Metallzylinder *6* angeordnet,
der den Ätzbereich von elektromagnetischen Feldern abschirmt.

Zum Ätzen wird dem vorher evakuierten Reaktor ein geeignetes Gas zugeführt. Bei einem Druck in der Größenordnung von 100 Pa und einem konstanten Gasfluß wird durch Anlegen einer Hochfrequenzspannung an die
Elektroden ein Plasma gezündet.

Aus dem Plasma diffundieren angeregte neutrale Atome oder Moleküle
(Radikale) zu den Scheiben und reagieren chemisch mit den Atomen der
Scheibenoberfläche. Voraussetzung für das Ätzen ist die Bildung von flüchtigen Reaktionsprodukten, die von der Vakuumpumpe abgesaugt werden können. Die Ätzgase müssen deshalb zunächst unter diesem Gesichtspunkt ausgewählt werden. Der Ätzangriff erfolgt richtungsunabhängig und hat deshalb
wie häufig auch das naßchemische Ätzen ein isotropes Ätzprofil zur Folge
(Abb. 5.1 a). Die Selektivität ist im allgemeinen hoch.

Ein weiteres Verfahren des chemischen Trockenätzens ist das „Chemical
Dry Etching (CDE)". Hierbei sind, wie Abb. 5.2.3 schematisch zeigt, Plasmaerzeugung und Ätzort räumlich voneinander getrennt.

Durch Anlegen einer Hochfrequenzspannung an die Elektroden *3* oder
durch Einkopplung von Mikrowellen wird ein Plasma *2* in einer gasdurch-
strömten Röhre *4* erzeugt. Die im Plasma generierten Radikale *5* strömen zur
zu ätzenden Oberfläche. Sie erzeugen dort gasförmige Reaktionsprodukte, die
von der Vakuumpumpe *7* abgesaugt werden. Bei diesem Verfahren gelangen
nur neutrale Gasteilchen und keine Ionen zu den Halbleiterscheiben. Dies
führt zu einem rein chemischen Ätzvorgang.

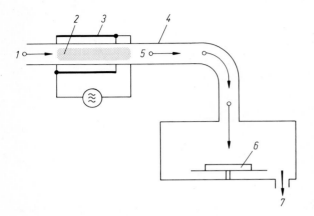

Abb. 5.2.3. Schematische Darstellung des „Chemical Dry Etching". *1* Gaszufuhr; *2* Plasma; *3* Elektroden zur Plasmaerzeugung; *4* Gasröhre; *5* angeregte Gasatome bzw. -moleküle (Radikale); *6* zu ätzende Halbleiterscheibe; *7* Anschluß zur Vakuumpumpe

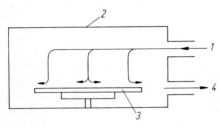

Abb. 5.2.4. Prinzipieller Aufbau einer Kammer zum chemischen Trockenätzen mit neutralem nichtangeregtem Gas. *1* Ätzgas; *2* Ätzkammer; *3* Halbleiterscheibe; *4* Absaugung

Chemisches Trockenätzen kann auch mit nichtangeregtem Gas stattfinden. Abb. 5.2.4 zeigt den prinzipiellen Aufbau einer Prozeßkammer, in der es zu einer direkten Ätzreaktion zwischen dem zugeführten Gas und der Oberfläche der Halbleiterscheiben kommt.

Wird der Ätzkammer ein Gemisch von HF, N_2 und H_2O-Dampf zugeführt, so können SiO_2-Schichten sehr homogen geätzt werden. Mit diesem Ätzprozeß lassen sich unverdichtete TEOS-SiO_2-Schichten (Kap. 3.5.1) mit einer Selektivität von mehr als 10:1 zu thermischem SiO_2 ätzen [5.56].

Das beschriebene Trockenätzverfahren eignet sich auch zum Reinigen von Silizium-Oberflächen [5.57]. Dabei werden neben HF/H_2O auch andere Gase wie z. B. HCl eingesetzt.

5.2.3
Chemisch-Physikalisches Trockenätzen

Das chemisch-physikalische Trockenätzen hat in der Technologie hochintegrierter Schaltung große Bedeutung, weil damit sehr feine Strukturen erzeugt werden können. Durch Beschuß mit Ionen, Elektronen oder Photonen wird auf der zu ätzenden Oberfläche eine chemische Ätzreaktion ausgelöst. Erfolgt der Teilchenbeschluß senkrecht, so kann die Maskenstruktur maßhaltig in die darunterliegende Schicht übertragen werden (Abb. 5.1 b). Die Selektivität

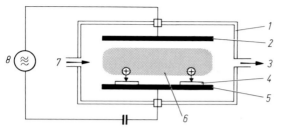

Abb. 5.2.5. Aufbau eines Parallelplattenreaktors zum chemisch-physikalischen Trockenätzen [5.2]. *1* Vakuumkammer; *2* obere Elektrode; *3* Vakuumpumpe; *4* Halbleiterscheiben; *5* untere Elektrode; *6* Plasma; *7* Ätzgaszufuhr; *8* Hochfrequenz-Generator

des Ätzprozesses liegt zwischen der des rein physikalischen und der des rein chemischen Trockenätzens. Voraussetzung für einen Ätzvorgang ist auch hier wieder die Bildung eines flüchtigen Reaktionsprodukts.

Bei den derzeit in der Halbleitertechnik eingesetzten Reaktoren zum chemisch-physikalischen Trockenätzen wird die chemische Ätzreaktion durch Ionenbeschuß ausgelöst. Am weitesten verbreitet ist der in Abb. 5.2.5 schematisch dargestellte Parallelplattenreaktor. Er erfüllt die primäre Voraussetzung für einen anisotropen Ätzprozeß, den senkrechten Beschuß der zu ätzenden Oberfläche mit Ionen.

Der Reaktor besteht wie beim Sputtern (Abschn. 3.1.4) im wesentlichen aus einer Vakuumkammer mit einem Einlaß für das Ätzgas, einem Anschluß für die Vakuumpumpe und zwei parallelen Elektroden. Die zu ätzenden Scheiben befinden sich auf einer der beiden Elektroden. Dem vorher evakuierten Reaktor wird ein geeignetes Ätzgas zugeführt. Mit einer Regelelektronik werden dabei Druck und Flußrate vom Gas konstant gehalten. Durch eine angelegte Hochfrequenzspannung wird das Gas zwischen den Elektroden zur Glimmentladung gebracht. Es entsteht ein Niederdruck-, Niedertemperaturplasma mit Ionen, Elektronen und angeregten neutralen Teilchen (Radikale). Im Gegensatz zu den Ionen können die im Vergleich dazu leichteren Elektronen dem Hochfrequenzfeld zwischen den Elektroden folgen. Daraus resultiert, daß wesentlich mehr Elektronen als Ionen während der Hochfrequenzhalbwellen die Elektroden erreichen. Sie werden dadurch negativ aufgeladen und ziehen somit aus dem Plasma die positiven Ionen an. Die negative Ladung der Elektroden stellt sich so ein, daß sich im zeitlichen Mittel die Elektronen- und Ionenströme auf die Elektroden gerade kompensieren. Unter geeigneten Prozeßbedingungen lösen nun die einfallenden Ionen auf der Scheibenoberfläche eine chemische Ätzreaktion aus. Die dazu notwendigen reaktiven Teilchen kommen entweder aus dem umgebenden Plasma oder direkt aus den einfallenden Ionen. Wenn die Ätzreaktion nur durch die senkrecht einfallenden Ionen ausgelöst wird, entsteht ein anisotropes Ätzprofil, wie in Abb. 5.2.4 dargestellt. Die Ätzmaske wird dann maßhaltig in die darunterliegende Schicht übertragen. Es lassen sich somit sehr feine Strukturen erzeugen.

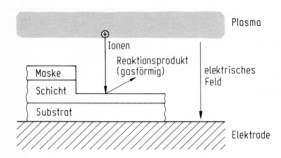

Abb. 5.2.6. Entstehung des anisotropen Ätzprofils beim chemisch-physikalischen Trockenätzen im Parallelplattenreaktor. Die chemische Ätzreaktion wird durch den Beschuß mit Ionen ausgelöst

Bei der Entwicklung von Ätzprozessen für die Herstellung von hochintegrierten Schaltungen ist deshalb darauf zu achten, daß die chemische Ätzreaktion möglichst nur im Bereich des Ionenbeschusses stattfindet.

Die Abb. 5.2.7 enthält eine Zusammenstellung der wichtigsten Ätzverfahren, die mit dem Parallelplattenreaktor durchgeführt werden.

Beim Reaktiven Ionenätzen, bekannt auch unter der Bezeichnung Reaktives Sputterätzen, ist die Hochfrequenzspannung kapazitiv an die untere Elektrode gekoppelt. Die obere Elektrode ist mit der Vakuumkammer verbunden und geerdet. Zusammen mit der Kammer bildet die obere Elektrode eine größere Oberfläche als die untere. Das hat zur Folge, daß sich die untere Elektrode stärker negativ auflädt als die obere (vgl. Kap. 3.1.4). Die Ionen aus dem Plasma erhalten damit auf dem Weg zur zu ätzenden Scheibe eine genügend hohe kinetische Energie ($W > 100$ eV) zur Auslösung einer chemischen Ätzreaktion. Außerdem ist der Gasdruck in der Ätzkammer relativ niedrig (0,1 ... 10 Pa), so daß die Ionen kaum gestoßen werden. Sie gelangen somit senkrecht zur zu ätzenden Oberfläche und übertragen die Maske maßhaltig in die darunter liegende Schicht.

Das anodisch gekoppelte Plasmaätzen unterscheidet sich vom Reaktiven Ionenätzen dadurch, daß die untere Elektrode geerdet ist und die Hochfrequenzspannung kapazitiv an die obere Elektrode eingekoppelt wird. Da damit die untere Elektrode nur relativ gering negativ geladen ist, erreichen die auf den zu ätzenden Scheiben ankommenden positiv geladenen Ionen nur eine niedrige kinetische Energie ($W < 100$ eV). Aufgrund des relativ hohen Gasdrucks (10 ... 1000 Pa) erleiden die Ionen auf dem Weg zu der zu ätzenden Oberfläche Stöße mit Atomen und Molekülen. Dies führt zu einer weiteren Verringerung der Ionenenergie. Sie reicht dann häufig nicht mehr aus, um eine chemische Ätzreaktion auszulösen. Außerdem werden die Ionen durch Stöße gestreut und gelangen deshalb nicht alle senkrecht auf die zu ätzenden Scheiben. Die Ätzmaske wird deshalb meist nicht maßhaltig in die Schicht darunter übertragen.

Der Reaktor für das magnetfeldunterstützte Reaktive Ionenätzen [5.31, 5.37, 5.63] unterscheidet sich von dem für das Reaktive Ionenätzen durch einen eingebauten Magneten. Das von ihm erzeugte Magnetfeld verdichtet über den zu ätzenden Scheiben des Plasma. Es stehen dadurch wesentlich mehr Ionen und reaktive Spezies zum Ätzen zur Verfügung. Man kann es sich daher leisten, den

Ätzverfahren	Kofiguration	Vorteile	Nachteile
Reaktives Ionenätzen (RIE, Reactive Ion Etching) (RSE, Reactive Sputter Etching)	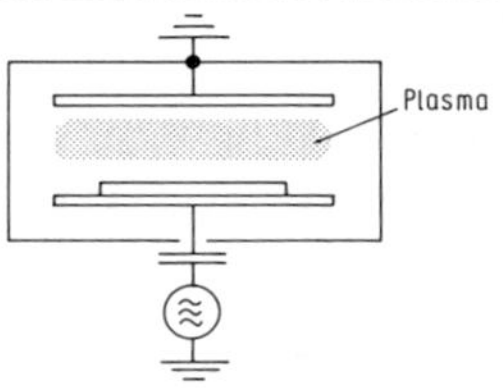	• hoher Grad an Anisotropie • maßhaltige Strukturüber- tragung	• geringe Selek- tivität • geringe Ätzrate • Schädigung der Oberfläche
Anodisch gekoppeltes Plasmaätzen im Parallelplatten- reaktor	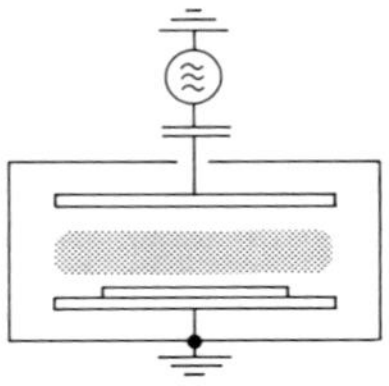	• hohe Selektivität • hohe Ätzrate • geringe Schädigung der Oberfläche	• häufig Unterätzung der Ätzmaske
Magnetfeld- unterstütztes Reaktives Ionenätzen (MERIE, Magnetically Enhanced RIE)	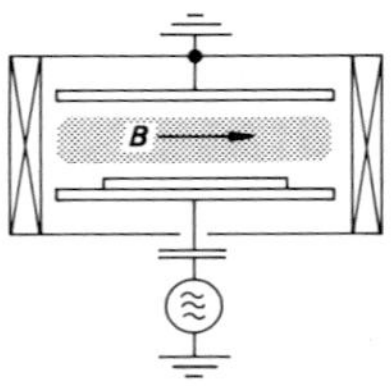	• hoher Grad an Anisotropie • hohe Ätzrate • geringe Schädigung der Oberfläche • geringer Loading- effekt	• geringe Homogenität
Trioden Reaktives Ionenätzen (TRIE, Triode RIE)	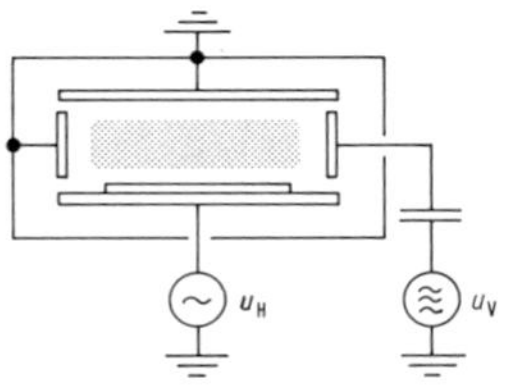	• hoher Grad an Anisotropie • durch zwei Gene- ratoren mehr Möglichkeiten zur Prozeß- optimierung	• zusätzlicher apparativer Aufwand
Induktiv gekoppeltes Plasmaätzen (TCP, Transmission Coupled Plasma)	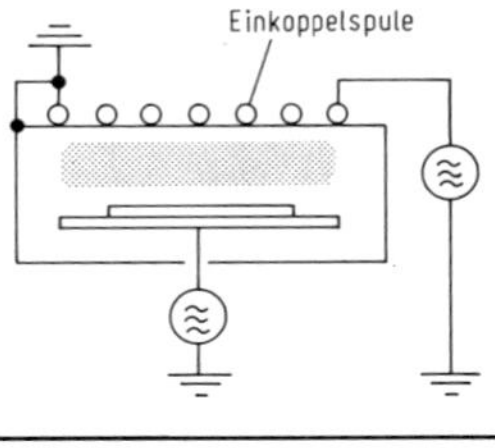	• geringer Loadingeffekt • hohe Ätzrate aufgrund der hohen Plasmadichte	• zwischen der Einkoppelspule und dem Plasma darf wegen der induktiven Kopplung kein ferromagneti- sches Material sein

Abb. 5.2.7. Ätzverfahren, die im Parallelplattenreaktor durchgeführt werden

Druck im Vergleich zum reaktiven Ionenätzen zu verringern (0,01...10 Pa). Da bei niedrigerem Druck die Ionen weniger gestoßen werden, steigt der Grad der Anisotropie. Aufgrund der hohen Dichte der Ionen und reaktiven Spezies lie-gen die Ätzraten über denen des Reaktiven Ionenätzens. Ein weiterer Vorteil des magnetfeldunterstützten Verfahrens liegt in der relativ niedrigen kinetischen Energie der Ionen (typisch <100 eV). Sie reicht im allgemeinen zum Auslösen der chemischen Ätzreaktion aus. Andererseits ist sie so gering, daß die zu ätzende Oberfläche kaum geschädigt wird und sich die Erwärmung der zu ätzenden Scheiben in Grenzen hält. Eine weitere Erhöhung der Ätzrate kann z.B. durch Lichtbestrahlung (z.B. mit Laser) erreicht werden [5.32]. Solche photonenunterstützten Verfahren sind in Entwicklung.

Ein Reaktor für das Trioden Reaktive Ionenätzen enthält neben horizontal angeordneten Elektroden noch zwei zusätzliche vertikale Elektroden. Durch eine angelegte Wechselspannung u_v an die vertikalen Elektroden wird im Reaktor das Plasma erzeugt. Die Anregungsfrequenz beträgt dabei meist 13,56 MHz. Durch die Spannung u_H an den horizontalen Elektroden werden aus dem Plasma die Ionen zu den zu ätzenden Scheiben geführt. Dies geschieht entweder durch eine angelegte Gleichspannung oder durch eine Wechselspannung meist mit so niedriger Frequenz (<500 kHz), daß die Ionen dem Wechselfeld folgen können, oder durch Kombination von Gleich- und Wechselspannung.

Im Triodenreaktor können in gewissen Grenzen die Ionenenergie und die Ionenstromdichte unabhängig voneinander gesteuert werden. Ähnliche Resultate wie bei der beschriebenen Ansteuerung erhält man auch, wenn nur zwischen den beiden horizontalen Elektroden sowohl die Hochfrequenz- als auch die Niederfrequenz- oder die Gleichspannung anliegen.

Im Gegensatz zu den bereits beschriebenen Verfahren wird beim induktiv gekoppelten Plasmaätzen die Hochfrequenzleistung nicht kapazitiv sondern induktiv in den Reaktor eingekoppelt [5.58]. Diese sehr effektive Art der Einkopplung führt zu einer hohen Plasmadichte. Aus dem Plasma werden durch eine weitere Hochfrequenzquelle, die an die untere Elektrode kapazitiv gekoppelt ist, positive Ionen extrahiert und zur zu ätzenden Oberfläche beschleunigt. Sie lösen dort eine chemische Ätzreaktion aus. Aufgrund des niedrigen Gasdrucks (0,1...10 Pa) werden die Ionen kaum gestoßen und gelangen senkrecht auf die Scheibenoberfläche. Die Ätzmaske wird somit maßhaltig in die zu ätzende Schicht übertragen.

Bei den in Abb. 5.2.7 dargestellten Ätzreaktoren können Plasmadichte und Ionenenergie im allgemeinen nicht unabhängig voneinander eingestellt werden. So ist es beispielsweise nicht möglich, zur Verringerung von Oberflächenschäden die Ionenenergie zu verringern und gleichzeitig zum Erhalt der Ätzrate die Plasmadichte zu erhöhen. Um das zu ermöglichen, wurden neuartige Ätzreaktoren entwickelt, bei denen Plasmaerzeugung und Ionenextraktion weitgehend unabhängig voneinander sind.

In Abb. 5.2.8 sind die wichtigsten Repräsentanten dieser neuen Ätzreaktoren zusammengestellt.

Ein Reaktor zum Reaktiven Ionenstrahlätzen (RIBE, *Reactive Ion Beam Etching*) [5.38] besteht im wesentlichen aus einer Ionenquelle und einer Vakuumkammer, in der sich ein Neutralisator, ein Probentisch, eine Blende und ein Anschluß zur Vakuumpumpe befinden. Die derzeit kommerziell verfügbaren RIBE-Anlagen arbeiten vorwiegend mit Ionenquellen vom Kaufmann-

Ätzverfahren	Konfiguration des Ätzreaktors	Quelle	Vorteile	Nachteile
Reaktives Ionenstrahlätzen (RIBE, Reactive Ion Beam Etching) (CAIBE, Chemically Assisted Ion Beam Etching)	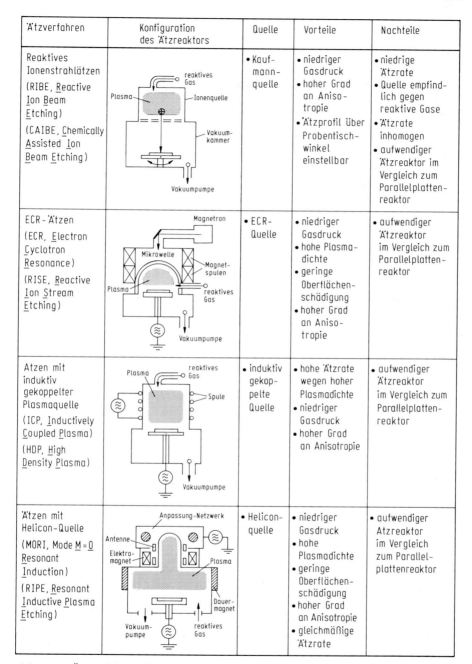	• Kaufmann-quelle	• niedriger Gasdruck • hoher Grad an Anisotropie • Ätzprofil über Probentischwinkel einstellbar	• niedrige Ätzrate • Quelle empfindlich gegen reaktive Gase • Ätzrate inhomogen • aufwendiger Ätzreaktor im Vergleich zum Parallelplattenreaktor
ECR-Ätzen (ECR, Electron Cyclotron Resonance) (RISE, Reactive Ion Stream Etching)		• ECR-Quelle	• niedriger Gasdruck • hohe Plasmadichte • geringe Oberflächenschädigung • hoher Grad an Anisotropie	• aufwendiger Ätzreaktor im Vergleich zum Parallelplattenreaktor
Ätzen mit induktiv gekoppelter Plasmaquelle (ICP, Inductively Coupled Plasma) (HDP, High Density Plasma)		• induktiv gekoppelte Quelle	• hohe Ätzrate wegen hoher Plasmadichte • niedriger Gasdruck • hoher Grad an Anisotropie	• aufwendiger Ätzreaktor im Vergleich zum Parallelplattenreaktor
Ätzen mit Helicon-Quelle (MORI, Mode M=0 Resonant Induction) (RIPE, Resonant Inductive Plasma Etching)		• Helicon-quelle	• niedriger Gasdruck • hohe Plasmadichte • geringe Oberflächenschädigung • hoher Grad an Anisotropie • gleichmäßige Ätzrate	• aufwendiger Ätzreaktor im Vergleich zum Parallelplattenreaktor

Abb. 5.2.8. Ätzverfahren, die mit unterschiedlichen Plasma- bzw. Ionenquellen durchgeführt werden [5.42, 5.58, 5.59, 5.62]

Typ. Bei ihnen werden von einer Heizwendel Elektronen emittiert und durch eine zwischen Heizwendel und Anode angelegte elektrische Spannung in Richtung Anode beschleunigt. Auf dem Weg dorthin ionisieren sie durch Stöße Gasatome. Es entsteht ein Niederdruck-Niedertemperatur-Plasma. Durch Anlegen einer elektrischen Spannung U an die Extraktionsgitter werden der Ionenquelle positive Ionen entzogen und bis zu einer kinetischen Energie von etwa 1 keV beschleunigt. Die Ionenquelle arbeitet bei einem Druck in der Größenordnung von 10^{-2} Pa.

Der Neutralisator, gewöhnlich eine erhitzte Metallwendel, emittiert Elektronen zur Neutralisation der positiv geladenen Ionen.

Das reaktive Ionenstrahlätzen kann auf folgende Arten durchgeführt werden:

1. mit Ionen eines reaktiven Gases (z.B. CF_3^+) (*R*eactive *I*on *B*eam *E*tching, RIBE),
2. mit Ionen eines Edelgases (z.B. Ar^+) zusammen mit einem reaktiven Gas in der Umgebung der zu ätzenden Scheibe (*C*hemically *A*ssisted *I*on *B*eam *E*tching, CAIBE).

In beiden Fällen wird durch den Ionenbeschuß eine chemische Ätzreaktion ausgelöst.

Das reaktive Ionenstrahlätzen weist gegenüber den Ätzverfahren im Plattenreaktor folgende Vorteile auf:

1. die kinetische Energie und die Stromdichte der Ionen können unabhängig von den anderen Prozeßparametern eingestellt werden,
2. der Arbeitsdruckbereich ist sehr niedrig, so daß die isotrope Ätzkomponente sehr klein ist und die Reaktionsprodukte im Vergleich zum reaktiven Ionenätzen bereits bei niedrigeren Temperaturen flüchtig sind (von besonderer Bedeutung beim Ätzen von Metallen),
3. über den Winkel des Probentisches lassen sich Ätzprofile einstellen (von schräger bis zu senkrechter Flanke: wichtig bei der Kontaktlochätzung, Abschn. 5.3.5).

Dem stehen folgende Nachteile gegenüber:

1. Teile des Reaktors sind empfindlich gegen reaktive Gase,
2. Inhomogenität der Dichte des Ionenstrahls führt zur Ungleichmäßigkeit der Ätzrate,
3. der Ionenstrahl ist im allgemeinen divergent,
4. die Ätzrate ist meist niedriger als beim Ätzen im Plattenreaktor,
5. die Endpunkterkennung bei der Ätzung ist im allgemeinen schwieriger als beim Plattenreaktor.

Beim Einsatz in RIBE-Anlagen hat die Kaufmannquelle den Nachteil, daß die Heizwendel den reaktiven Gasen im allgemeinen nicht lange standhält [5.36]. Deswegen wurden heizwendelfreie Quellen entwickelt. Von besonderem Interesse sind dabei die Plasmaquellen [5.58]. Sie erzeugen keinen Ionen- sondern einen Plasmastrahl mit Ionen und Elektronen. Das hat den großen Vorteil, daß die zu ätzenden Scheiben im zeitlichen Mittel nicht aufgeladen werden.

Plasmaquellen arbeiten zudem im Ionensättigungsbereich und liefern deshalb im allgemeinen wesentlich höhere Stromdichten als Ionenquellen. Das Plasma wird durch Hochfrequenz- oder Mikrowellenfelder erzeugt.

Abbildung 5.2.8 zeigt schematisch drei unterschiedliche Ätzreaktortypen, die mit Plasmaquellen ausgestattet sind. Das Plasma wird dabei entweder mit der ECR-Methode (ECR, *Electron Cyclotron Resonance*), durch induktive Einkopplung einer hochfrequenten Spannung oder durch den Helicon-Mode der Plasmaanregung erzeugt.

Zu den Grundbestandteilen einer ECR-Plasmaquelle gehören ein Magnetron zur Erzeugung von Mikrowellen und ein Magnet, in dessen Feld bewegte Elektronen kreisförmig abgelenkt werden. Die Periodendauer T der Mikrowelle und die magnetische Flußdichte B werden so ausgelegt, daß bei den Elektronen Zyklotronresonant ensteht. Wie Abb. 5.2.9 zeigt, führt diese zu einer spiralförmigen Bahn der Elektronen und einer kontinuierlichen Zunahme ihrer kinetischen Energie. Das hat zur Folge, daß die Effektivität der ionisierenden Stöße der Elektronen zunimmt und somit auch die Plasmadichte.

In dem in Abb. 5.2.8 dargestellten ECR-Reaktor sind um die Plasmaquelle zwei Elektromagnete angeordnet. Der erste Magnet erzeugt ein inhomogenes Magnetfeld, in dem in einem gewissen Bereich die Bedingungen für Zyklotronresonanz erfüllt sind. Mit dem zweiten Magneten wird in Scheibennähe ein Magnetfeld erzeugt, um die Ätzrate und die Ätzhomogenität zu erhöhen. Die Energie der extrahierten Ionen kann über die an der Elektrode kapazitiv eingekoppelte Hochfrequenzspannung eingestellt werden. ECR-Quellen arbei-

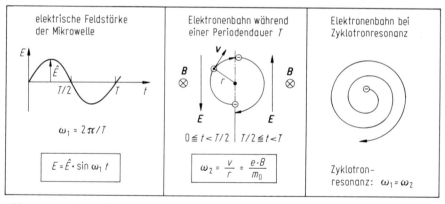

Abb. 5.2.9. Prinzip der Elektron-Zyklotronresonanz in einer ECR-Plasmaquelle. Die Winkelgeschwindigkeit ω_2 des rotierenden Elektrons wird durch die magnetische Flußdichte B und die Elektronenmasse m_0 bestimmt. Die Periodendauer T der Mikrowelle wird so gewählt, daß die Elektronen durch das elektrische Feld mit der Feldstärke E stets beschleunigt werden. Dies führt, da ω_2 konstant ist, sowohl zu einer Zunahme vom Umlaufradius r als auch zu einer steigenden Umlaufgeschwindigkeit v. Das Elektron beschreibt eine spiralförmige Bahn mit zunehmender kinetischer Energie (häufig verwendet: $B = 87{,}5$ mT, $f = 1/T = 2{,}45$ GHz)

ten meist in einem Druckbereich von $10^{-2}\ldots 1$ Pa mit einer Mikrowellenfrequenz von 2,45 GHz. Dabei ist die erforderliche magnetische Flußdichte für Zyklotronresonanz $B = 87,5$ mT.

Induktiv gekoppelte Plasmaquellen zeichnen sich ebenfalls durch eine hohe Plasmadichte aus. Während sich bei kapazitiver Einkopplung die eingespeiste HF-Leistung sowohl auf die Elektronen als auch auf die Ionen verteilt, kommt sie bei induktiver Einkopplung ausschließlich den Elektronen zu gute. Erhöhte Leistungszufuhr bei den Elektronen führt zu einer höheren Plasmadichte.

In Abb. 5.2.8 ist ein Ätzreaktor mit induktiv gekoppelter Plasmaquelle schematisch dargestellt. Die induktive HF-Einkopplung erfolgt über eine Spule, die um die Plasmaquelle angeordnet ist. Über den Probentisch wird kapazitiv eine zweite HF-Spannung eingekoppelt. Mit ihr läßt sich die kinetische Energie der auf dem Wafer auftreffenden Ionen einstellen.

Bei Helicon-Quellen werden in einem Plasma Helicon-Wellen angeregt. Es handelt sich dabei um rechts zirkular polarisierte elektromagnetische Wellen, die in einem hochleitenden Medium wie einem Metall bei tiefen Temperaturen oder einem Gasplasma bei Anwesenheit eines stationären Magnetfeldes auftreten können [5.60]. Beim Gasplasma ist diese Erscheinung auch unter dem Begriff „Whistler"-Wellen bekannt. Der Name „Whistler" rührt von dem Pfeiffton, der beim Abhören eines Kurzwellenempfängers wahrgenommen werden kann. Dieser Pfeiffton entsteht durch atmosphärische Whistler-Wellen, die in sehr großen Höhen durch einen Blitz ausgelöst werden und sich entlang des Erdmagnetfeldes ausbreiten.

Mit Hilfe von Whistler-Wellen können sehr effektiv Plasmen generiert werden. Elektronen, deren Geschwindigkeit gleich der Phasengeschwindigkeit der Welle ist, werden aufgrund der Landau-Dämpfung beschleunigt. Sie entziehen damit der Welle Energie. Die beschleunigten Elektronen erzeugen durch ionisierende Stöße neue Elektronen und Ionen. Dieser Mechanismus führt zu Plasmadichten bis zu etwa $n_e = 10^{13}$ cm^{-3} [5.58]. Die Anregung der Whistler-Wellen erfolgt bei den Helicon-Quellen durch ein induktiv eingekoppeltes Hochfrequenzfeld. Die Struktur der Einkoppelantenne bestimmt dabei in entscheidender Weise den Anregungsmode der Welle. Er wird durch die Modezahl M beschrieben ($M = 0, 1, 2\ldots$). Von besonderer Bedeutung ist dabei der Mode bei $M = 0$, weil damit sehr homogene Plasmen erzeugt werden können.

Verfahren mit Helicon-Quellen sind auch bekannt unter den Bezeichnungen MORI ($M = 0$, Resonant Induction, [5.59]) und RIPE (Resonant Inductive Plasma Etching, [5.60]).

Abbildung 5.2.8 zeigt schematisch den Aufbau einer Ätzanlage mit einer Helicon-Quelle, bei der das Plasma im Mode $M = 0$ angeregt wird. Um die Quelle ist eine Antenne angeordnet, über die ein Hochfrequenzfeld eingekoppelt wird. Meist wird als Frequenz der Industrie-Standard von $f = 13,56$ MHz verwendet. Um die Antenne befindet sich ein Elektromagnet, der innerhalb der Helicon-Quelle ein senkrechtes Magnetfeld erzeugt, eine Voraussetzung für die Anregung von Whistler-Wellen. Unterhalb der Helicon-Quelle befindet sich die Ätzkammer mit dem Probentisch sowie Anschlüssen zur Vakuumpumpe und zur Gaszufuhr. Um den oberen Teil der Ätzkammer ist ein

Multipol-Dauermagnet zur Vermeidung von Plasmaverlusten an den Ätzkammerwänden angeordnet. Die Extraktion der Ionen aus dem Plasma erfolgt durch eine am Probentisch angekoppelte Hochfrequenzspannung.

Ätzverfahren mit Helicon-Quellen zeichnen sich durch folgende Eigenschaften aus:

- sehr gute Homogenität des Plasmas führt zu einem hohen Grad an Gleichmäßigkeit der Ätzrate,
- hohe Plasmadichte erzeugt eine hohe Ätzrate,
- niedrige Spannung zwischen Plasma und zu ätzendem Wafer reduziert die Schädigung der zu ätzenden Oberfläche,
- dünne Dunkelraumzone zwischen Plasma und Wafer verhindert Stöße der einfallenden Ionen und führt somit zu einem höheren Grad an Anisotropie der Ätzung.

Die Qualität des Trockenätzprozesses leidet meist unter der prozeßbedingten Erwärmung des Wafers. Mit steigender Temperatur nimmt der isotrope Ätzanteil zu, die Erosion des Photoresists wird größer. Beide Effekte verschlechtern die Qualität der Strukturübertragung. Deshalb ist es erforderlich, den Wafer zu kühlen. Dies gelingt nicht alleine durch Kühlung des Waferträgers (Chuck), weil die Wärmeleitfähigkeit zwischen Chuck und lose aufliegendem Wafer zu gering ist. Das ändert sich jedoch, wenn der Wafer auf den Chuck gepreßt wird. Dies kann entweder mechanisch oder elektrostatisch erfolgen. In der Praxis hat sich das elektrostatische Festklemmen des Wafers (Electrostatic Wafer Clamping) als vorteilhaft erwiesen [5.51, 5.52].

Optimale Kühlung erhält man, wenn an der Wafer-Rückseite noch ein Kühlgas wie z. B. Helium vorbeiströmt.

Abbildung 5.2.10 zeigt das Grundprinzip des „Electrostatic Wafer Clamping". Durch Anlegen einer elektrischen Spannung U von etwa 500 V werden im Chuck und im isoliert eingelassenen Ring elektrische Ladungen unterschiedlicher Polarität erzeugt. Diese wiederum influenzieren Gegenladungen im Wafer. Es entsteht eine elektrostatische Anziehungskraft F, die den Wafer auf den Chuck preßt.

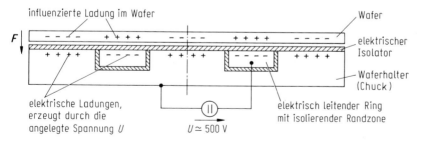

Abb. 5.2.10. Prinzip des „Electrostatic Wafer Clamping". Durch Anlegen einer Gleichspannung U wird aufgrund von Ladungsverschiebungen zwischen dem Wafer und dem Chuck eine elektrostatische Anziehungskraft F erzeugt

5.2.4
Chemische Ätzreaktionen

Wie bereits erwähnt, ist bei der chemischen Ätzreaktion die Bildung eines gasförmigen, flüchtigen Reaktionsprodukts Voraussetzung. Die Ätzgase müssen deshalb zunächst nach diesem Kriterium ausgewählt werden. In Tabelle 5.2 sind wichtige Ätzreaktionen zusammengestellt. Da die Siedetemperatur eines Stoffes vom Druck abhängt, sind in Tabelle 5.2 der Temperatur- und der Druckbereich für den gasförmigen Aggregatzustand der Reaktionspro-

Tabelle 5.2. Chemische Ätzreaktionen [5.6]

Material	Ätzreaktion	Reaktionsprodukte gasförmig für	
		Temperaturen größer als (°C)	Gasdrücke kleiner als (Pa)
Si	$Si+4\,F \rightarrow SiF_4$	-130	10^3
	$Si+4\,Cl \rightarrow SiCl_4$	-40	10^3
	$Si+4\,Br \rightarrow SiBr_4$	$+25$	10^3
	$Si+4\,J \rightarrow SiJ_4$	$+140$	10^3
SiO_2	$SiO_2+4\,F \rightarrow SiF_4+O_2$	-130	10^3
Si_3N_4	$Si_3N_4+12\,F \rightarrow 3\,SiF_4+2\,N_2$	-130	10^3
Al	$Al+3\,F \rightarrow AlF_3$	880	10
	$Al+3\,Cl \rightarrow AlCl_3$	60	2
	$2\,Al+6\,Br \rightarrow Al_2Br_6$	40	2
	$2\,Al+6\,J \rightarrow Al_2J_6$	$+140$	10
Mo	$Mo+6\,F \rightarrow MoF_6$	-50	10^3
	$Mo+6\,Cl \rightarrow MoCl_6$	$+50$	2
	$Mo+5\,Br \rightarrow MoBr_5$	85	2
	$Mo+4\,J \rightarrow MoJ_4$	220	10
Ta	$Ta+6\,F \rightarrow TaF_6$	40	2
	$Ta+6\,CL \rightarrow TaCl_6$	70	2
	$Ta+5\,Br \rightarrow TaBr_5$	125	2
	$Ta+5\,J \rightarrow TaJ_5$	180	2
Ti	$Ti+6\,F \rightarrow TiF_6$	170	10^3
	$Ti+6\,Cl \rightarrow TiCl_6$	20	10^3
	$Ti+4\,Br \rightarrow TiBr_4$	20	20
	$Ti+4\,J \rightarrow TiJ_4$	185	10^3
W	$W+6\,F \rightarrow WF_6$	-50	10^3
	$W+6\,Cl \rightarrow WCl_6$	90	2
	$W+4\,Br \rightarrow WBr_4$	125	2
	$W+4\,J \rightarrow WJ_4$	240	10
C	$C+O \rightarrow CO$	-191	10^5
	$C+2\,O \rightarrow CO_2$	-78	10^5

dukte angegeben. Die Dampfdruckkurven von den in Tabelle 5.2 aufgeführten und zahlreichen weiteren Reaktionsprodukten befinden sich in [5.6].

Der Tabelle 5.2 ist zu entnehmen, daß Silizium mit Fluor, Chlor, Brom und Jod geätzt werden kann. Bei Verwendung von Jod sind allerdings höhere Prozeßtemperaturen erforderlich. Si, SiO_2 und Si_3N_4 lassen sich mit Fluor ätzen. Die Reaktionsprodukte sind alle bis zu sehr tiefen Temperaturen gasförmig. Aluminium bildet mit Fluor erst bei sehr hohen Temperaturen ein flüchtiges Reaktionsprodukt. Mit Fluor kann Aluminium deshalb nicht geätzt werden. Geeignete Reaktanten sind Chlor, Brom und Jod.

Die Refraktär-Metalle Molybdän, Tantal, Titan und Wolfram lassen sich alle mit Fluor, Chlor, Brom und Jod ätzen, allerdings häufig erst bei höheren Temperaturen. Titan bildet mit Fluor und Sauerstoff ein Reaktionsprodukt, das bereits bei typischen Ätzprozeßbedingungen ($p<100$ Pa, $T \simeq 300$ K) flüchtig ist.

Kohlenstoff ist sehr einfach mit Sauerstoff ätzbar. Die Hauptreaktionsprodukte sind CO und CO_2, die beide schon bei sehr niedrigen Temperaturen gasförmig sind. Deshalb lassen sich auch die organischen Polymere mit den Hauptbestandteilen C, H, N, O, F, Cl sehr einfach mit Sauerstoff ätzen.

Wesentlich beim Ätzen von Halbleiter- und Isolatorschichten ist außerdem, daß die Dotierelemente Bor, Gallium, Phosphor, Arsen und Antimon alle mit Fluor, Chlor, Brom und Jod bei den normalen Ätztemperaturen flüchtige Reaktionsprodukte liefern. Sonst würden die Ätzreaktoren sehr schnell mit den Dotierelementen kontaminieren. Diese wiederum könnte dann unkontrolliert wieder auf die Halbleiterscheide gelangen und beim nächsten Hochtemperaturschritt eindiffundieren.

Die in Tabelle 5.2 aufgeführten Ätzreaktionen laufen meist nur dann spontan, d.h. ohne Zuführung von äußerer Energie ab, wenn die Gase (F, Cl, Br, J oder O) in angeregter atomarer Form vorliegen. Da dies aber in der Natur nicht der Fall ist, müssen diese Atome entweder direkt in einem Plasma oder durch Ionenbeschuß auf den zu ätzenden Scheiben erzeugt werden. Bei Generation der Atome im Plasma und genügend langer Lebensdauer für die Diffusion zur zu ätzenden Scheibe erfolgt die Ätzung isotrop. Entstehen die Atome erst durch Ionenbeschuß auf der zu ätzenden Oberfläche, dann liegt der klassische Fall einer durch Ionenbeschuß ausgelösten chemischen Reaktion vor. Der resultierende Ätzprozeß ist anisotrop.

5.2.5
Ätzgase

Zum Ätzen von anorganischen Schichten werden Verbindungen der Halogene F, Cl, Br und J verwendet. Organische Schichten werden fast ausschließlich mit Sauerstoffgas geätzt. Tabelle 5.3 enthält eine Auflistung von Ätzgasen, die in der Technologie von Integrierten Schaltungen häufig eingesetzt werden. Insgesamt sind in der Literatur weit mehr als hundert Ätzgase und Ätzgasmischungen bekannt. In [5.1] ist eine Vielzahl davon alphabetisch nach den Gasen und den zu ätzenden Stoffen aufgelistet, zu denen laufend zahlreiche

Tabelle 5.3. Auswahl von Gasen zum Ätzen von Si, SiO_2, Si_3N_4 Metallen, Metallsiliziden und Photoresist

Gas	Geätztes Material	Ätzprozeß selektiv zu	Ätzprofil	Literatur
BCl_3/Cl_2	Si, Poly-Si	SiO_2	anisotrop	[5.1]
BCl_3/CF_4	Si, Poly-Si	SiO_2	anisotrop	[5.44]
BCl_3/CHF_3	Si, Poly-Si	SiO_2	anisotrop	[5.44]
Cl_2/CF_4	Si, Poly-Si	SiO_2	anisotrop	[5.44]
Cl_2/He	Si, Poly-Si	SiO_2	anisotrop	[5.42]
Cl_2/CHF_3	Si, Poly-Si	SiO_2	anisotrop	[5.44]
HBr	Si, Poly-Si	SiO_2	anisotrop	[5.44]
$HBr/Cl_2/He$, O_2	Si, Poly-Si	SiO_2	anisotrop	[5.42]
$HBr/NF_3/He$, O_2	Si, Poly-Si	SiO_2	anisotrop	[5.49; 5.50]
$HBr/SiF_4/NF_3$	Si, Poly-Si	SiO_2	anisotrop	[5.44]
HCl	Si, Poly-Si	SiO_2	anisotrop	[5.42]
CF_4	Si, Poly-Si	SiO_2	anisotrop, isotrop	[5.1]
CF_4/O_2	Si, Poly-Si	SiO_2	isotrop	[5.42]
SF_6/He	Si, Poly-Si	SiO_2	isotrop	[5.42]
CF_4/H_2	SiO_2	Si	anisotrop	[5.1]
C_2F_6	SiO_2	Si	anisotrop	[5.44]
C_3F_8	SiO_2	Si	anisotrop	[5.44]
CHF_3	SiO_2	Si	anisotrop	[5.1]
CHF_3/O_2	SiO_2	Si	anisotrop	[5.42; 5.44]
CHF_3/CF_4	SiO_2	Si	anisotrop	[5.42; 5.44]
CF_4/O_2	SiO_2	Al	isotrop	[5.42]
CF_4/H_2	Si_3N_4	Si	anisotrop	[5.1; 5.44]
$CF_4/CHF_3/He$	Si_3N_4	Si, SiO_2	anisotrop	[5.42]
CHF_3	Si_3N_4	Si, SiO_2	anisotrop	[5.1; 5.44]
C_2F_6	Si_3N_4	Si, SiO_2	anisotrop	[5.42]
SF_6	Si_3N_4	SiO_2	anisotrop	[5.44]
CF_4/O_2	Si_3N_4	SiO_2	isotrop	[5.42]
SF_6/He	Si_3N_4	SiO_2	isotrop	[5.42]
BCl_3	Al	SiO_2	anisotrop	[5.1]
BCl_3/Cl_2	Al	SiO_2	anisotrop	[5.1; 5.43; 5.44]
$BCl_3/Cl_2/He$	Al	SiO_2	anisotrop	[5.42]
$BCl_3/Cl_2/CHF_3/O_2$	Al	SiO_2	anisotrop	
HBr	Al	SiO_2	anisotrop	[5.42]
HBr/Cl_2	Al	SiO_2	anisotrop	[5.44]
HJ	Al	SiO_2	anisotrop	[5.42]
$SiCl_4$	Al	SiO_2	anisotrop	[5.1; 5.42; 5.44]
$SiCl_4/Cl_2$	Al	SiO_2	anisotrop	[5.44]
Cl_2/He	Al	SiO_2	isotrop	[5.42]

Tabelle 5.3 (Fortsetzung)

Gas	Geätztes Material	Ärzprozeß selektiv zu	Ätzprofil	Literatur
BCl_3/N_2	Cu	SiO_2	anisotrop	[5.39]
SF_6	W	SiO_2, TiN	anisotrop, isotrop	[5.42; 5.44; 5.48]
SF_6/Ar	W	SiO_2, TiN	anisotrop	[5.48]
$SF_6/Cl_2/CCl_4$	W	SiO_2	anisotrop	[5.44]
NF_3/Cl_2	W	TiW, TiN	anisotrop	[5.44]
$Cl_2/O_2/Ar$	Cr	SiO_2	anisotrop, isotrop	[5.46]
CF_4/Cl_2	$CoSi_2$	SiO_2	anisotrop	[5.44]
CCl_2F_2	$CoSi_2$	SiO_2	anisotrop	[5.44]
CCl_2F_2/NF_3	$CoSi_2$	SiO_2	anisotrop	[5.44]
$Cl_2/O_2/He$	$MoSi_2$	SiO_2	anisotrop	[5.45]
SF_6/Cl_2	$MoSi_2$	SiO_2	anisotrop	[5.44]
$SF_6/HBr/O_2$	$MoSi_2$	SiO_2	anisotrop	[5.45]
BCl_3/Cl_2	$TaSi_2$	SiO_2	anisotrop	[5.1]
Cl_2/Ar	$TaSi_2$	SiO_2	anisotrop	[5.1]
SF_6/Cl_2	$TaSi_2$	SiO_2	anisotrop	[5.1]
CF_4/Cl_2	$TiSi_2$	SiO_2	anisotrop	[5.44]
CCl_2F_2	$TiSi_2$	SiO_2	anisotrop	[5.44]
CCl_2F_2/NF_3	$TiSi_2$	SiO_2	anisotrop	[5.44]
CF_4/Cl_2	WSi_2	SiO_2	anisotrop	[5.44]
CCl_2F_2	WSi_2	SiO_2	anisotrop	[5.44]
CCl_2F_2/NF_3	WSi_2	SiO_2	anisotrop	[5.44]
O_2	Photoresist	Si, SiO_2, Si_3N_4, Metalle	isotrop, anisotrop	[5.1; 5.42]
O_2/CF_4	Photoresist	Si, SiO_2, Si_3N_4, Metalle	isotrop	[5.1; 5.42]

neue Gase und Gasmischungen hinzukommen. Tabelle 5.3 stellt deshalb nur eine Momentaufnahme dar und erhebt nicht den Anspruch auf Vollständigkeit und zukünftige Aktualität.

5.2.6
Prozeßoptimierung

Die Eigenschaften eines Ätzprozesses wie z.B. die Ätzrate, die Selektivität und die Anisotropie werden hauptsächlich mit den folgenden unabhängig voneinander einstellbaren Prozeßparametern optimiert:

1. Druck, Fluß und Zusammensetzung des Ätzgases,
2. Leistung des eingekoppelten Hochfrequenzfelds bzw. das elektrische Potential der Elektroden,

3. Frequenz der angelegten Spannung,
4. Temperatur der Elektrode, auf der sich die zu ätzenden Scheiben befinden.

Bei der Entwicklung eines Ätzprozesses für die Herstellung von hochinte-grierten Schaltungen werden die o. a. Parameter solange variiert, bis der Grad der Anisotropie, die Selektivität und möglichst auch die Ätzrate maxi-male Werte aufweisen. Im folgenden wird der Einfluß der einzelnen Prozeß-parameter auf den Ätzprozeß diskutiert.

Gasfluß

Mit dem Gasfluß wird die maximal verfügbare Menge der Reaktanten festge-legt. Die tatsächliche Menge hängt von Generations- und Rekombinationspro-zessen der reaktiven Spezies ab. Die Generation dieser Spezies erfolgt im we-sentlichen durch oszillierende Elektronen im Hochfrequenzfeld. Sie stoßen die einströmenden Gasmoleküle und erzeugen so angeregte Teilchen, Elektro-nen und Ionen. Verluste der reaktiven Spezies entstehen durch die Ätzreaktion, durch Rekombination mit anderen Teilchen und durch die Absaugung mit der Vakuumpumpe. Die Verlustrate hängt dabei stark von der mittleren Verweilzeit der reaktiven Spezies im Ätzraum ab. Für die mittlere Verweilzeit Δt gilt:

$$\Delta t = \frac{pV}{RT\dot{m}} \, . \tag{5.1}$$

p ist der Gasdruck, V das Ätzkammervolumen, R die Gaskonstante, T die ab-solute Temperatur und $\dot{m} = \mathrm{d}m/\mathrm{d}t$ der Gasfluß (Massenfluß) in die Ätz-kammer.

Abbildung 5.2.11 zeigt den prinzipiellen Verlauf der Ätzrate in Abhängig-keit des Gasflusses. Bei kleinen Gasflüssen wird die Ätzrate durch den zuge-führten Gasfluß bestimmt. In diesem Bereich ist die Verweilzeit Δt der reak-tiven Spezies wesentlich größer als deren Lebensdauer τ. Im umgekehrten Fall wird die Häufigkeit der Ätzreaktionen der reaktiven Spezies durch deren Verweilzeit Δt begrenzt. Die Ätzrate ist dann der Verweilzeit Δt proportional und damit nach (5.1) dem Gasfluß $\dot{m}$ reziprok proportional. Eine Zunahme des Gasflusses hat dann eine Verkleinerung der Ätzrate zur Folge.

Generierte Fluoratome im Plasma haben eine lange Lebensdauer, so daß die Ätzrate über einen großen Gasflußbereich durch die Verweilzeit bestimmt

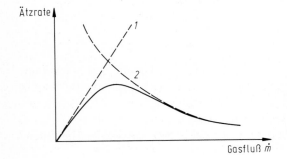

Abb. 5.2.11. Prinzipieller Verlauf der Ätzrate in Abhängigkeit des Gasflusses $\dot{m} = \mathrm{d}m/\mathrm{d}t$. 1 Ätzra-te ~ Gasfluß; 2 Ätzrate begrenzt durch Verweilzeit der reaktiven Spezies

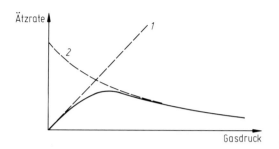

Abb. 5.2.12. Prinzipieller Verlauf der Ätzrate in Abhängigkeit des Gasdrucks. *1* Ätzrate ∼ Gasdruck; *2* Ätzrate begrenzt durch die mittlere freie Weglänge der stoßenden Elektronen

wird. Im Gegensatz dazu haben Chloratome im Plasma eine sehr kleine Lebensdauer. Die Ätzrate ist deshalb in diesem Fall meist proportional zum Gasfluß.

Gasdruck

Vom Gasdruck hängt sowohl das Ätzprofil als auch die Ätzrate ab. Mit fallendem Gasdruck steigt der Grad an Anisotropie des Ätzprozesses, weil die einfallenden Ionen aufgrund der größeren mittleren freien Weglänge weniger gestreut werden und eine höhere kinetische Energie aufnehmen können.

Im Plasma werden die ätzaktiven Spezies (angeregte Neutralteilchen, Ionen) durch Stöße der Gasmoleküle oder -atome mit Elektronen erzeugt. Die für die Generation der Ätzspezies erforderliche Energie erhalten die Elektronen im elektrischen Feld des Plasmas. Mit zunehmendem Gasdruck steigt die Wahrscheinlichkeit, daß ein Gasmolekül oder -atom von einem Elektron getroffen wird. Deswegen nimmt, wie Abb. 5.2.12 zeigt, die Ätzrate mit dem Gasdruck zunächst zu. Bei weiter ansteigendem Gasdruck bestimmt ein gegenläufiger Prozeß die Ätzrate. Durch die Verringerung der mittleren freien Weglänge der Elektronen sinkt auch deren im elektrischen Feld aufgenommene kinetische Energie. Dies wiederum hat eine Verkleinerung der Anzahl der generierten Ätzspezies und somit auch der Ätzrate zur Folge.

Ein Absinken der Ätzrate mit zunehmendem Druck kann auch durch einen erhöhten Bedeckungsgrad der zu ätzenden Oberfläche mit Polymeren, Ätzrückständen oder adsorbierten Reaktionsprodukten zustande kommen.

Eingekoppelte Hochfrequenzleistung und Frequenz

Beim Ätzen im Plattenreaktor (z.B. RIE) steigt die Ätzrate meist linear mit der Hochfrequenzleistung. Bei der Prozeßführung ist dabei zu beachten, daß die reflektierte Leistung im Ätzreaktor möglichst geringe Werte annimmt („Matching"). Sie beeinflußt in hohem Maße die Ätzrate. Die Obergrenze der Hochfrequenzleistung wird durch die zulässige Erwärmung der Halbleiterscheiben festgelegt. Sie dürfen meist nicht wärmer als 100°C werden, weil sich sonst die Photoresistmaske verformt. Beim quellenunterstützten Ätzen steigt im allgemeinen die Ätzrate mit der Energie und der Stromdichte der einfallenden Ionen. Durch die Frequenz der angelegten Spannung wird u.a. die kinetische Energie der Ionen stark beeinflußt. Bei den meisten Ätzanlagen ist allerdings die Frequenz auf einen festen Wert eingestellt.

Temperatur

Erfolgt die Ätzung durch eine rein chemische Reaktion, so kann die Temperaturabhängigkeit der Ätzrate r meist in der folgenden Form ausgedrückt werden [5.8]:

$$r = r_0 \exp\left(-W_A/kT\right). \tag{5.2}$$

Gleichung (5.2) stellt die Arrhenius-Abhängigkeit dar. In ihr sind W_a die Aktivierungsenergie, T die absolute Temperatur und k die Boltzmannkonstante. Nach (5.2) steigt die Ätzrate mit zunehmender Temperatur. Es wurden allerdings vereinzelt auch schon gegenläufige Temperaturabhängigkeiten gemessen. Das kann möglicherweise auf eine Zunahme der thermischen Desorption bei Temperaturerhöhung zurückgeführt werden, da die thermisch desorbierten reaktiven Spezies nicht mehr für den Ätzprozeß zur Verfügung stehen. Um eine möglichst gleichmäßige und reproduzierbare Ätzrate zu erhalten, ist es in der Praxis erforderlich, die Temperatur der zu ätzenden Scheiben möglichst konstant zu halten. Meist wird dazu die scheibentragende Elektrode gekühlt und temperaturgeregelt. Es ist jedoch darauf zu achten, daß der Wärmekontakt zwischen Scheibe und Elektrode gut ist (siehe Abb. 5.2.10).

Loadingeffekt

Neben den bereits diskutierten Parametern hängt die Ätzrate häufig auch noch von der Größe der zu ätzenden Oberfläche ab. Dieser „Loading-Effekt" beeinflußt für den Fall, daß nur eine einzige reaktive Spezie für den Ätzprozeß verantwortlich ist, die Ätzrate r in folgender Weise [5.8]:

$$r = \frac{\beta\tau G}{1 + k\beta\tau A}. \tag{5.3}$$

In (5.3) ist β eine Reaktionskonstante, τ die Lebensdauer der aktiven reaktiven Spezies, G deren Generationsrate, k eine Konstante, die das Material und die Reaktorgeometrie berücksichtigt und A die zu ätzende Oberfläche. Aus (5.3) geht hervor, daß die Ätzrate mit zunehmender Ätzfläche A kleiner wird.

5.2.7
Endpunkterkennung

Da bei den meisten Ätzprozessen die Selektivität zur darunterliegenden Schicht nicht genügend hoch ist, ist es erforderlich, den Ätzendpunkt meßtechnisch zu erfassen. Dies geschieht entweder direkt durch Schichtdickenmessung oder indirekt durch Messung von Plasmaparametern.

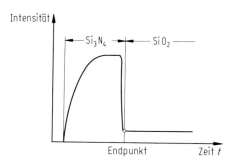

Abb. 5.2.13. Intensität einer Stickstoff-emissionslinie in Abhängigkeit der Zeit während des Ätzens durch eine Si_3N_4-Schicht ($\lambda = 337{,}1$ nm, N_2^+, 2nd positiv) [5.9]

Beim Übergang von der zu ätzenden auf die darunterliegende Schicht ändern sich häufig Plasmaparameter wie z.B. die Dichte der Spezies. Der zeitliche Verlauf dieser Parameter zeigt dann den Endpunkt an. Für die Dichtemessung der einzelnen Spezies eignen sich sowohl das Emissions- als auch das Massenspektrometer. Aus Kostengründen wird aber meist das Emissionsspektrometer eingesetzt. Mit ihm können in einem bestimmten Wellenlängenbereich die Emissionslinien erfaßt werden. Das Meßsignal ist proportional zur Lichtintensität und damit auch ein Maß für die Dichte der zur Emissionslinie gehörenden Spezie. Für die Endpunkterkennung wird diejenige Linie ausgesucht, deren Intensität sich beim Schichtübergang am stärksten ändert.

Abbildung 5.2.13 zeigt den Verlauf einer Stickstoffemissionslinie bei der Endpunkterkennung einer Si_3N_4-Schicht. Sobald die Si_3N_4-Schicht weggeätzt ist, wird kein Stickstoff mehr generiert und das Signal der Stickstoffemissionslinie sinkt bis auf die Untergrundintensität ab.

Tabelle 5.4 enthält einige in der Endpunkterkennung verwendeten Emissionslinien.

Mit der Emissionsspektroskopie wird der Endpunkt integral bestimmt. Das Meßsignal zeigt den Endpunkt an, wenn bei allen Scheiben im Reaktor die zu ätzende Schicht entfernt ist. Die Steilheit der Flanke der gemessenen Intensität ist dabei ein Maß für die Gleichmäßigkeit des Ätzprozesses. Für die Endpunkterkennung werden häufig nur einfache Photodioden eingesetzt. Das ist möglich, weil sich beim Schichtübergang die Intensitäten von nahezu allen Emissionslinien ändern. Da die Änderung des Meßsignals proportional zur zu ätzenden Fläche ist, eignet sich die Emissionsspektroskopie nur sehr bedingt für kleine zu ätzende Flächen wie z.B. bei der Kontaktlochätzung (Abschn. 5.3.5).

Mit dem Laserinterferometer kann der Endpunkt lokal erfaßt werden. Es eignet sich außerdem bei transparenten Schichten noch zur Bestimmung der Ätzrate während des Ätzprozesses („in situ"). Bei dieser Methode wird die zu ätzende Schicht mit einem Laser bestrahlt (Abb. 5.2.14). Der reflektierte Laserstrahl setzt sich bei transparenten Schichten aus zwei Anteilen zusammen, einem reflektierten Strahl von der Oberfläche der Schicht und einem von der Grenzfläche Schicht-Substrat. Die Phasendifferenz der beiden reflektierten

einfallender
Laserstrahl
reflektierter
Laserstrahl

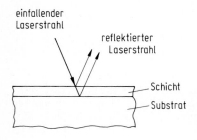

Schicht

Substrat

Abb. 5.2.14. Prinzip eines Laserinterferometers zur Endpunkterkennung und Ätzratenbestimmung [5.41]

Strahlen hängt von der Dicke der zu ätzenden Schicht ab. Je nach Phasenlage unterstützen sich die beiden Strahlen oder sie schwächen sich. Die Intensität des gesamten reflektierten Laserstrahls ändert sich deshalb periodisch mit der Schichtdicke und dementsprechend auch mit der Ätzzeit t (Abb. 5.2.15).

Aus der Periodendauer T des reflektierten Strahls erhält man wie folgt die Ätzrate r:

$$r = \frac{\lambda}{2nT}. \tag{5.4}$$

In (5.4) ist λ die Wellenlänge des Laserstrahls und n der Brechungsindex der zu ätzenden Schicht. Beim Übergang von der Schicht zum Substrat ändert sich im allgemeinen die Reflektivität der Oberfläche. Dadurch entsteht, wie in Abb. 5.2.15 dargestellt, ein Knick im zeitlichen Verlauf der Intensität des reflektierten Laserstrahls. Dieser Knick zeigt den Endpunkt der zu ätzenden Schicht an. Das Verfahren eignet sich bei transparenten Schichten zur Bestimmung von Ätzrate und Endpunkt. Bei nicht transparenten Schichten kann nur der Endpunkt detektiert werden.

Beim Übergang von der zu ätzenden Schicht auf das darunter liegende Substrat ändert sich die Zusammmensetzung des Plasmas. Dies führt zu leichten Schwankungen des Gasdrucks, des Gasflusses und der Plasmaimpedanz. Deshalb eignen sich diese Größen ebenfalls zur Endpunkterkennung. Von zunehmender Bedeutung ist auch die Ellipsometrie, mit der ähnlich wie beim Laserinterferometer während des Ätzprozesses die Schichtdicke gemessen werden kann.

Eine besondere Rolle spielen innerhalb der Verfahren der Endpunkterkennung diejenigen, die der Plasmadiagnostik zuzuordnen sind. Es lassen sich

Intensität

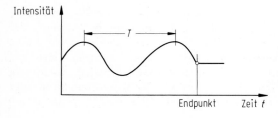

Endpunkt   Zeit t

Abb. 5.2.15. Typischer zeitlicher Verlauf der Intensität des reflektierten Laserstrahls beim Ätzen einer dünnen transparenten Schicht. Aus der Periodendauer T kann die Ätzrate ermittelt werden

Tabelle 5.4. Emissionslinien für die Endpunkterkennung

Schicht	Ätzgas	Emissionslinien von		Wellenlänge nm	Literatur
		Reaktant	Ätzprodukt		
Silizium	F-haltig	F		704	[5.10; 5.40]
Silizide			Si	252	
			SiF	778	[5.40]
			SiF	440	
	F- und		CO	298	[5.11]
	O-haltig		CO	484	[5.11]
			CO	520	[5.11]
	Cl-haltig		SiCl	287	[5.12; 5.40]
			Si	288	
SiO_2	F- und		CO	484; 451;	[5.17]
	C-haltig			482; 520	[5.40]
				184	
SiO_2 mit P dotiert	F-haltig		P	254	
Si_3N_4	F-haltig	F		704	[5.10]
			N_2	337; 362	[5.9; 5.40]
			N	674	[5.10; 5.40]
	F- und		CN	387	[5.10; 5.40]
	C-haltig				
Al	Cl-haltig		Al	396	[5.14; 5.40]
			Al	394	[5.40]
			Al	391	
			Al	309	[5.40]
			Al	266	
			Al	257	
			AlCl	309	
			AlCl	308	
			AlCl	261	
			AlCl	522	[5.17; 5.40]
			CCl	306	[5.40]
Refraktär-Metalle	F-haltig	F		704	[5.10]
Cu	Ar		Cu	325	
Cr	Ar		Cr	358	
Organische Polymere	O_2		CO	298	[5.15]
				308	[5.40]
				484	[5.16]
				283	
				520	
	O_2		OH	309	
	O_2		H	656	
	O_2	O		777	[5.17]
				843	[5.17]
				616	

damit während des Ätzprozesses wichtige Plasmaparameter erfassen. Neben der bereits beschriebenen optischen Emissionsspektroskopie sind hierfür noch die Massenspektrometrie, die laserinduzierte Fluoreszenzspektroskopie, die Mikrowellen-Interferometrie und die Langmuir-Sondenmethode von Bedeutung.

5.3
Trockenätzprozesse

Trockenätzprozesse werden in der Fertigung von Integrierten Schaltungen vorwiegend zur Erzeugung von feinen Strukturen eingesetzt. Eine Ätzmaske, meist in Form eines Photoresistmusters, ist dabei möglichst maßhaltig in die darunter liegende Schicht zu übertragen. Die folgende Schicht soll normalerweise nicht angeätzt werden. Zur Erfüllung dieser Anforderungen hat der verwendete Ätzprozeß einen hohen Grad an Anisotropie (Abb. 5.1 b) und eine große Selektivität zur darunterliegenden Schicht und zur Ätzmaske aufzuweisen. Die zu ätzenden Schichten bestehen aus Silizium (monokristallin, polykristallin oder amorph), SiO_2, Si_3N_4, Metallen (meist Aluminium mit geringen Zusätzen von Silizium und Kupfer oder Titan), Metallsiliziden und organischen Polymerschichten [5.7; 5.9].

5.3.1
Trockenätzen von Siliziumnitrid

Siliziumnitridschichten werden für die lokale Oxidation („LOCOS-Nitrid", Tabelle 2.1, Prozeßnummer 7 bis 9 und Abschn. 3.7.2) und zur Passivierung von Integrierten Schaltungen (Tabelle 2.1, Prozeßnummer 20 und Abschn. 3.7.4) eingesetzt. Es handelt sich dabei um Si_3N_4-Schichten, die im allgemeinen mit CVD-Verfahren hergestellt worden sind (Abschn. 3.7). Für die lokale Oxidation liegen die Nitridschichtdicken im Bereich zwischen 100 und 200 nm. Die Ätzung dieser Schichten hat maßhaltig zu erfolgen, da durch sie die aktiven Bereiche, in denen sich später die elektronischen Bauelemente befinden, definiert werden. Unter der Nitridschicht befindet sich eine etwa 20 bis 50 nm dicke SiO_2-Schicht, die bei der Si_3N_4-Ätzung angeätzt werden darf. Deshalb ist für den Si_3N_4-Ätzprozeß eine Selektivität zu SiO_2 von 5:1 bis 10:1 ausreichend. Voraussetzung dafür ist allerdings eine gute Gleichmäßigkeit des Ätzprozesses über der Halbleiterscheibe. Zum Ätzen des LOCOS-Nitrids eignen sich u.a. die in Tabelle 5.3 angegebenen Gase. Bei Verwendung dieser Gase und optimal eingestellten Prozeßparametern liegt die Selektivität von Si_3N_4 zu SiO_2 im erforderlichen Bereich von 5:1 bis 10:1.

Zwischen der LOCOS-Nitrid- und der SiO_2-Schicht befindet sich zum Teil zur Verkürzung des Vogelschnabels (Übergang zwischen Dick- und Dünnoxidbereich, Kap. 3.4.2) noch eine Polysiliziumschicht. In diesem Fall ist Si_3N_4 selektiv zu Polysilizium zu ätzen. Dafür eignen sich meist Gase, die auch für die SiO_2-Ätzung eingesetzt werden (z. B. CHF_3 mit Zusätzen von O_2, H_2, $\cdots$).

Das Öffnen der Pads in der Passivierungschicht (Tabelle 2.1, Prozeßnummer 20) ist unkritisch. Diese Pads sind so groß, daß es dabei nicht auf Maßhaltigkeit ankommt. Außerdem führen sie auf Aluminium. Da Si_3N_4 mit rein fluorhaltigen Gasen geätzt wird und Aluminium mit Fluor kein flüchtiges Reaktionsprodukt bei den vorhandenen Ätztemperaturen erzeugt, ist die Selektivität von Si_3N_4 zu Aluminium auf jeden Fall genügend hoch.

5.3.2
Trockenätzen von Polysilizium

Polysilizium wird in der MOS-Technologie als Gate- und Leiterbahnmaterial, in der Bipolartechnologie als Kontaktmaterial und als Dotierungsquelle eingesetzt (Abschn. 3.8). Bei MOS-Transistoren wird mit dem Polysilizium-Gate die Kanallänge definiert (Abb. 8.3.1). Da die elektrischen Eigenschaften des Transistors von dieser Länge stark abhängen, müssen die Polysilizium-Gates maßhaltig geätzt werden. Das Polysilizium befindet sich auf einem sehr dünnen Gateoxid (Tabelle 2.1, Prozeßnummer 12, Dicke des Gateoxids: 5 bis 50 nm). Es werden deshalb sowohl an die Anisotropie als auch an die Selektivität zu SiO_2 sehr hohe Anforderungen gestellt. Beide Anforderungen sind gleichzeitig aber nur schwer zu erfüllen.

Hohe Selektivität erhält man bei dominierender chemischer Ätzkomponente. Neutrale Ätzspezies reagieren dabei mit den Atomen der zu ätzenden Oberfläche chemisch, wobei ein flüchtiges Reaktionsprodukt entsteht. Da die Geschwindigkeit der neutralen Ätzspezies isotrop verteilt ist, erfolgt der Ätzprozeß ebenfalls meist isotrop (Abb. 5.1 a). Bei überwiegender physikalischer Ätzkomponente, d.h. bei hoher kinetischer Energie der Ionen, erfolgt die Ätzung anisotrop. Die Selektivität ist jedoch gering, weil bei rein physikalischen Ätzprozessen (z.B. Ionenätzen mit Ar^+) nahezu alle Materialien mit vergleichbarer Rate abgetragen werden.

Polysilizium kann mit fluorhaltigen Gasen wie z.B. CF_4 und SF_6 geätzt werden. Beim anodisch gekoppelten Plasmaätzen (Abb. 5.2.7), d.h. bei relativ hohem Glasdruck, erfolgt jedoch das Ätzen aufgrund der langen Lebensdauer der fluorhaltigen Ätzspezies vorwiegend isotrop.

Anisotrope Ätzprofile erhält man wegen der höheren Ionenenergie und des geringeren Gasdrucks im RIE-Mode (Abb. 5.2.7). Allerdings ist dabei bei F-haltigen Gasen die Selektivität des Ätzprozesses zu SiO_2 gering. Die notwendigen Bedingungen bezüglich Anisotropie und Selektivität werden mit fluorhaltigen Gasen meist nicht erfüllt.

Chlor-, brom- oder jodhaltige Ätzspezies (Radikale oder Ionen) haben im Vergleich zu fluorhaltigen meist eine wesentlich geringere Lebensdauer. Die auf der Halbleiterscheibe auftreffenden Ätzspezies reagieren entweder schnell mit Silizium oder schnell mit geeigneten Rekombinationspartnern. Im Gegensatz zu Fluor verweilen deshalb diese Ätzspezies nur sehr kurz auf der zu ätzenden Oberfläche, was den ansiotropen Ätzangriff fördert. Mit Cl-, Br-

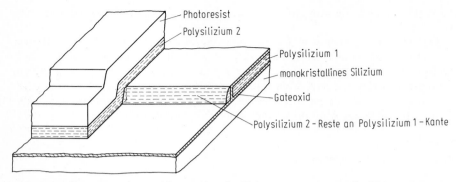

Abb. 5.3.1. Illustration der Probleme mit Polysilizium-2-Resten an Polysilizium-1-Kanten

oder J-haltigen Ätzgasen werden deshalb im Vergleich zu fluorhaltigen die Anforderungen bezüglich Anisotropie und Selektivität besser erfüllt. Häufig verwendete Ätzgase sind Cl_2, Cl_2/He, Cl_2/BCl_3, Br und HCL (s. Tabelle 5.3). Dabei zeigt sich, daß sowohl die Ätzrate als auch die Anisotropie von der Dotierung des Polysiliziums abhängt. Hoch n-dotierte Schichten werden bis zu mehr als eine Größenordnung schneller geätzt als hoch p-dotierte Schichten. Während undotierte Schichten meist anisotrop geätzt werden, zeigen stark n-dotierte Schichten oft Unterätzung.

Die Abhängigkeit der Ätzrate von der Dotierung wird mit der Lage des Ferminiveaus im Silizium erklärt. Bei n-dotiertem Silizium liegt das Ferminiveau nahe der Leitungsbandkante, bei p-dotiertem Silizium nahe an der Valenzbandkante. Elektronen für die Si-Halogenatom-Bindung haben deshalb bei n-dotiertem Silizium eine geringere Energiebarriere zu überwinden als bei p-dotiertem Silizium. Dies führt zu einer höheren Ätzrate bei n-dotiertem Silizium.

Der Grad der Anisotropie kann durch Zugabe von Rekombinationspartnern wie z.B. CF_4 erhöht werden.

Der Loadingeffekt ist bei Chlor- und Bromprozessen gering im Vergleich zu den Fluorprozessen.

Mit zunehmendem Integrationsgrad werden die Bauelementabmessungen kleiner und die Gateoxide dünner (Abb. 8.3.3). Deshalb steigen auch die Anforderungen an Ätzprozesse für Polysilizium. Erwünscht ist ein anisotroper Prozeß (Anisotropiefaktor 1) mit einer Selektivität zu SiO_2 von mehr als 50:1.

Beim Doppel- oder Dreifach-Polysilizium-Gate-Prozeß überlappen sich häufig die unterschiedlichen Polysiliziumebenen (Abb. 5.3.1). Da das Polysilizium 2 an den Kanten von Polysilizium 1 eine erhöhte Schichtdicke aufweist, bleiben an diesen Stellen beim Ätzen häufig Reste der Polysilizium-2-Schicht stehen. Dies führt zu Kurzschlüssen zwischen benachbarten Bauelementen. Die Polysiliziumreste müssen deshalb auf jeden Fall beseitigt werden. Das Wegätzen dieser Reste erfordert eine sehr hohe Selektivität zu SiO_2, da das dünne Gateoxid in weiten Bereichen freiliegt.

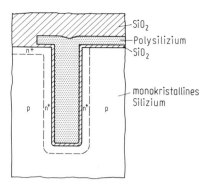

Abb. 5.3.2. Aufbau eines Grabenkondensators ("Trench Capacitor") eines dynamischen Speichers. Zwischen den beiden Elektroden (Polysilizium und n^+-Silizium) befindet sich eine dünne SiO_2-Schicht als Dielektrikum [5.65]

5.3.3
Trockenätzen von monokristallinem Silizium

Ätzungen von monokristallinem Silizium sind u.a. bei der Herstellung von dynamischen Speichern erforderlich (Tabelle 8.14).

Im folgenden wird die Siliziumätzung am Beispiel des Grabenkondensators eines dynamischen Speichers besprochen, weil dabei die Anforderungen besonders hoch sind. Ein Grabenkondensator besteht, wie Abb. 5.3.2 zeigt, aus einer Polysiliziumelektrode, einer hoch n-dotierten einkristallinen Siliziumelektrode (n^+) und einem dünnen SiO_2- oder ONO-Film als Dielektrikum. Der in Abb. 5.3.2 gezeigte Graben ist bei einem 256Mbit-DRAM etwa 10 µm tief bei einem Querschnitt von weniger als 0,3 µm^2.

An die Ätzung dieser Gräben werden folgende Anfordungen gestellt:

– die Grabenwände müssen nach der Ätzung glatt und kontaminationsfrei sein, damit die anschließende Oxidation ein einwandfreies Dielektrikum liefert,
– die Kanten am Grabenboden sollen verrundet sein, damit an diesen Stellen keine Durchbrüche aufgrund von zu hohen elektrischen Feldstärken auftreten,
– die Grabenwände sollen senkrecht sein, damit die Gräben optimal mit Polysilizium aufgefüllt werden können.

Zur Ätzung der Silizium-Gräben eignen sich neben anderen folgende Gase (Tabelle 5.3):

$$HBr/Cl_2/He; \quad HBr/NF_3/He, \quad O_2 .$$

Als Ätzmaske wird meist SiO_2 eingesetzt, da für die Ätzung der tiefen Gräben die sonst verwendeten organischen Resists zu schnell abgetragen werden.

5.3.4
Trockenätzen von Metallsiliziden und Refraktär-Metallen

Die Refraktär-Metalle Molybdän, Tantal, Titan, Wolfram und ihre Silizide $MoSi_2$, $TaSi_2$, $TiSi_2$, WSi_2 haben einen wesentlich geringeren spezifischen Widerstand als Polysilizium. Da die Schaltzeiten der Bauelemente in Integrierten Schaltungen mit abnehmendem Widerstand geringer werden, wird Polysilizium häufig durch ein Metallsilizid oder ein Refraktär-Metall ersetzt oder ergänzt (Abschn 3.9 und 3.10). Voraussetzung für das plasmaunterstützte Ätzen der Silizide und Refraktär-Metalle ist, daß die Reaktionsprodukte bei Ätzprozeßbedingungen flüchtig sind.

Aus Tabelle 5.2 ist zu ersehen, daß die Reaktionsprodukte der Refraktär-Metalle mit Fluor, Chlor, Brom und Jod z. T. erst bei relativ hohen Temperaturen gasförmig sind. Bei der Wahl der Ätzgase ist dieses Kriterium zu berücksichtigen. Außerdem ist es zur Vermeidung von Ätzrückständen oft notwendig, daß die Ätzkammern aufgeheizt werden. Dies hat aber Grenzen, da der Photoresist im allgemeinen nicht über $100\,^\circ C$ erwärmt werden darf. Aus diesem Grund sollte z. B. $TiSi_2$ nicht mit rein fluorhaltigen Gasen geätzt werden. Durch Hinzugabe von Sauerstoff ergibt sich mit Fluor und Titan ein flüchtiges Reaktionsprodukt bei niedrigeren Temperaturen.

Aus verschiedenen Gründen wird das Polysilizium meist nicht komplett durch ein Metallsilizid oder Refraktär-Metall ersetzt. Im allgemeinen verwendet man eine Polysilizium-Silizid-Doppelschicht (Polyzid; Abschn. 3.9.2). Das stellt erhöhte Anforderungen an einen Ätzprozeß. Er soll sowohl das Silizid als auch das Polysilizium anisotrop ätzen. Sonst ergibt sich unter ungünstigen Umständen das in Abb. 5.3.3 dargestellte, für die folgende Schichtabscheidung außerordentlich problematische Ätzprofil.

Für das anisotrope Ätzen von Polyziden und Refraktär-Metallen werden u. a. folgende Ätzgase eingesetzt: SF_6/Cl_2, BCl_3/Cl_2, Cl_2/Ar (Tabelle 5.3).

Das in Abschn. 5.3.2 diskutierte Problem bezüglich der Polysilizium-2-Reste an Kanten von Polysilizium-1 tritt bei Verwendung von Polyziden verstärkt auf. Da zur Vermeidung des in Abb. 5.3.3 gezeigten Ätzprofils die Ätzung anisotrop erfolgen soll, reicht die Selektivität zu SiO_2 zur Beseitigung

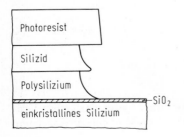

Abb. 5.3.3. Kantenprofil einer geätzten Polyzidschicht. Die isotrope Ätzkomponente ist hier bei Polysilizium größer als beim Silizid

der Polysiliziumreste häufig nicht aus. Erforderlich wäre auch hier ein anisotroper Ätzprozeß mit einer Selektivität zu SiO_2 von mehr als 50:1.

Unter den Refraktärmetallen hat Wolfram eine besondere Bedeutung er-
langt. Es eignet sich hervorragend zur Herstellung von anspruchsvollen elektrischen Kontakten (Abschn. 8.5.2). Dabei ist Wolfram selektiv zu Ti/TiN zu
ätzen. Geeignete Ätzgase hierfür sind u.a. SF_6 und SF_6/Ar [5.48]. Es werden
damit Selektivitäten von mehr als 50:1 erreicht.

5.3.5
Trockenätzen von Siliziumdioxid

Siliziumoxid wird zur Isolation der elektronischen Bauelemente und der verschiedenen Leiterbahnebenen eingesetzt (s. Tabelle 2.1 und Abschn. 3.4.1/
3.5.2).

Zur Bildung der gewünschten Integrierten Schaltung werden die Bauelemente miteinander elektrisch verbunden. Das geschieht im einfachsten Fall
durch eine Leiterbahnebene, meist jedoch durch bis zu drei Polysilizium-
bzw. Polyzid- und bis zu vier Aluminiumebenen. Zur Verbindung der unterschiedlichen Leiterbahnebenen werden durch die SiO_2-Isolatorschichten Kontaktlöcher geätzt. Sie führen auf monokristallines Silizium, auf Polysilizium,
auf Metallsilizid oder auf Metall.

Da die Leiterbahnen verhältnismäßig dünn sind, sollen sie beim Kontakt-
lochätzen möglichst nicht angeätzt werden. Aus diesem Grund werden hohe
Anforderungen an die Selektivität des SiO_2-Ätzprozesses gestellt. Da SiO_2
meist mit fluorhaltigen Gasen geätzt wird, ergeben sich diesbezüglich keine
Probleme, wenn die Kontaktlöcher auf Aluminium führen. Aluminium bildet
bei Ätzprozeßbedingungen mit Fluor kein flüchtiges Reaktionsprodukt. Von
Fluor wird aber Silizium geätzt und zwar unter Bildung des flüchtigen SiF_4.
Eine hohe Selektivität von SiO_2 zu Silizium erhält man deshalb nur für opti-
mal eingestellte Gasmischungen und Prozeßparameter.

SiO_2-Schichten werden geätzt mit CF_4, C_2F_6, C_3F_8 und CHF_3 in reiner
Form, in Kombination miteinander oder/und mit Zusätzen von H_2, O_2, CH_4,
C_2H_4, C_2H_2 usw. Untersuchungen haben gezeigt, daß die wahrscheinlichsten
Ätzspezies die Moleküle CF_x^+ mit $x \leq 3$ sind und daß die Ätzreaktion durch
einfallende Ionen ausgelöst wird. Deshalb ist das Ätzprofil unabhängig vom
gewählten Ätzmode meist anisotrop (Abb. 5.1 b).

Der SiO_2-Ätzprozeß wird häufig von einer gleichzeitigen polymeren Abscheidung begleitet. Die Tendenz zur Polymerisation wird dabei u.a. durch
das F/H-Verhältnis in Plasma bestimmt. Die Ätzrate steigt mit zunehmender
Fluor-, die Polymerisationsrate mit zunehmender Wasserstoffkonzentration.
Die höchste Selektivität von SiO_2 und Si erhält man an der Grenze zwischen
Ätzung und Polymerisation. Die Prozeßparameter (Druck, Gasfluß, HF-Leistung) und die Gasmischung werden zur Erreichung einer hohen Selektivität
so eingestellt, daß sich auf der Si-Oberfläche bereits eine polymere Schicht
bildet, die SiO_2-Schicht aber noch geätzt wird. Das unterschiedliche Polyme-
risationsverhalten von Si und SiO_2 liegt u.a. daran, daß der beim Ätzen von

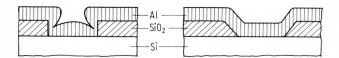

Abb. 5.3.4. Gesputterte Aluminiumkontakte auf senkrecht und schräg geformten Kontaktlöchern

SiO_2 freiwerdende Sauerstoff mit dem Kohlenstoff der polymeren Schicht flüchtige Reaktionsprodukte (CO, CO_2) bildet.

Neben der hohen Selektivität werden an einem Kontaktlochätzprozeß noch weitere Anforderungen gestellt. Er soll eine möglichst geringe Kontamination aufweisen. Besonders schädlich sind dabei Verunreinigungen durch Schwermetalle wie z. B. Eisen und Kupfer. Sie diffundieren beim folgenden Hochtemperaturprozeß in das einkristalline Silizium (s. Kap. 6.4) und erzeugen dort Kristallfehler. Eine drastische Verschlechterung der Halbleitereigenschaften ist die Folge. Schwermetallkontamination kann z. B. durch Absputtern von Atomen einer Edelstahlätzkammer entstehen.

Nach dem Ätzen befinden sich häufig in kleinen Kontaktlöchern polymere Beläge. Sie müssen zur Vermeidung von überhöhten Kontaktwiderständen vor der Kontaktierung beseitigt werden. Solche polymeren Beläge lassen sich meist in einem Barrelreaktor mit Sauerstoffplasma entfernen.

Beim Ätzen der Kontaktlöcher sind die Halbleiterscheiben der Strahlung aus dem Plasma ausgesetzt. Dies kann zu Strahlenschäden führen, die erst bei höheren Temperaturen wieder ausheilen.

Wie bereits beschrieben, erfolgt die SiO_2-Ätzung meist anisotrop. Daraus resultieren häufig Probleme mit der Kantenbedeckung bei der folgenden abgeschiedenen Schicht (Abb. 5.3.4). Besonders gesputterte Aluminiumschichten weisen an den Kanten oft Einschnürungen auf. An diesen Stellen kommt es infolge der erhöhten Stromdichte zu verstärktem Materialtransport (Elektromigration, Abschn. 3.11.3) und folglich zu Leiterbahnabrissen. Bei schrägen Kontaktlochflanken tritt dieses Problem nicht oder zumindest nur verringert auf.

Kontaktlöcher mit schrägen Flanken können mit folgenden Verfahren hergestellt werden (Abb. 8.5.2):

- *„Reflow"-Verfahren* (s. auch Abschn. 3.6.2). Sie SiO_2-Schicht wird mit Phosphor oder/und mit Bor hoch dotiert. Es entsteht ein Silikatglas („Flowglas") mit relativ geringem Schmelzpunkt (800–1100°C). Durch Erhitzen auf Temperaturen über dem Schmelzpunkt verfließt das Silikatglas an den Kontaktlöchern. Es kommt zu einer Verrundung der SiO_2-Flanken. Anschließend muß aber das in die Kontaktlöcher geflossene Silikatglas wieder weggeätzt werden. Dies geschieht meist durch ganzflächiges naßchemisches Überätzen.
- *Kombination von Naß- und Trockenätzung.* Bei diesem Verfahren werden die Kontaktlöcher erst naßchemisch angeätzt und dann trocken fertigge-

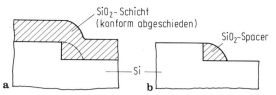

Abb. 5.3.5 a, b. Prinzip der Erzeugung eines SiO$_2$-„Spacers". **a** Strukturquerschnitt nach der konformen SiO$_2$-Schichtabscheidung; **b** Strukturquerschnitt nach der anisotropen Ätzung der SiO$_2$-Schicht

ätzt. Da das naßchemische Ätzen isotrop und das Trockenätzen anisotrop erfolgt, erhält man mit dieser Prozeßfolge auch abgeschrägte Kontaktloch- flanken.

– *Reaktives Ionenätzen mit veränderlichem Plattenabstand.* Der Grad an Ani- sotropie kann beim reaktiven Ionenätzen von SiO$_2$ auch über den Platten- abstand eingestellt werden. Schräge SiO$_2$-Flanken erhält man, wenn der Plattenabstand während des Ätzprozesses in geeigneter Form verändert wird [5.27].

Das anisotrope Ätzen von SiO$_2$ wird u. a. auch zur Erzeugung von „Spacern" ausgenutzt. Darunter versteht man eine Bandstruktur, die sich nach dem ani- sotropen Ätzen einer Schicht entlang einer Stufe ausbildet. Abbildung 5.3.5 zeigt das Prinzip der Erzeugung eines SiO$_2$-Spacers.

Wie bereits in Abschn. 5.3.2 beschrieben wurde, bleiben beim anisotropen Ätzen von konform abgeschiedenen Schichten an den Stufen Reste stehen. Während diese bei Polysilizium stören und entfernt werden müssen, nutzt man sie beim SiO$_2$ im Rahmen der „Spacer"-Technik (s. Abschn. 3.5.3).

5.3.6
Trockenätzen von Aluminium

Aluminium wird bei hochintegrierten Schaltungen als Leiterbahnmaterial verwendet (Tabelle 2.1, Prozeßnummer 17 bis 19). Zur Verbesserung der technologischen Eigenschaften ist dem Aluminium noch in geringen Mengen Silizium und Kupfer oder Titan beigemengt (s. Abschn. 3.11). Die Al-Schich- ten mit Dicken im Bereich von 0,5 bis 1,5 µm werden meist durch Sputtern erzeugt. Sie befinden sich im allgemeinen auf einer SiO$_2$-Isolationsschicht. Die Al-Ätzung muß deshalb selektiv zu SiO$_2$ erfolgen.

Aluminium kann nicht mit fluorhaltigen Gasen geätzt werden, weil das Re- aktionsprodukt AlF$_3$ erste bei Temperaturen von über 800°C flüchtig wird. Zum Ätzen eignen sich aber chlor-, jod- oder bromhaltige Gase. Ihre Reakti- onsprodukte sind allerdings auch erst bei Temperaturen von mehr als 50°C flüchtig (Tabelle 5.2). Anlagen zum Ätzen von Aluminium müssen deshalb mindestens auf diese Temperaturen aufgeheizt werden. Häufig verwendete

Ätzgase sind Cl_2/He, $SiCl_4$, HBr, BCl_3 und BCl_3/Cl_2. Mit ihnen läßt sich bei optimierten Prozeßparametern das Aluminium anisotrop ätzen.

Beim Ätzen von Aluminium sind verschiedene Probleme zu überwinden. So befindet sich auf der Al-Oberfläche meist ein dünner Al_2O_3-Film, der weder mit Cl noch mit Cl_2 geätzt werden kann. Er muß deshalb vor dem eigentlichen Al-Ätzen entfernt werden. Dies kann entweder durch Absputtern oder durch eine chemische Reduktion z.B. im H_2-Plasma geschehen.

Ein weiteres Problem ergibt sich durch die Hygroskopie des Reaktionsprodukts $AlCl_3$. Es schlägt sich z.T. an den Innenwänden des Ätzreaktors nieder und absorbiert beim Öffnen des Reaktors Luftfeuchtigkeit. Dabei bildet sich $Al(OH)_3$ und HCl. Beim folgenden Ätzprozeß desorbieren diese Reaktionsprodukte und erzeugen erneut auf der Aluminiumoberfläche Al_2O_3, wodurch der Ätzprozeß verzögert oder gar verhindert wird. Dieser Vorgang ist häufig die Ursache für eine schlechte Reproduzierbarkeit. Al-Ätzanlagen haben u.a. aus diesem Grund Schleusen für die Beladung der zu ätzenden Scheiben. Damit kann die Belüftung des Ätzbereichs vermieden werden.

Die geschilderten Probleme können weitgehend mit dem Ätzgas BCl_3 vermieden werden. Es zeichnet sich durch folgende Vorzüge aus:

– geringe Selektivität von Al zu Al_2O_3,
– die Fähigkeit, Feuchtigkeit und Sauerstoff in der Ätzkammer zu binden,
– geringe Neigung zur Polymerisation.

Der wohl bedeutendste Vorzug von BCl_3 liegt darin, daß mit diesem Ätzgas aufgrund der geringen Selektivität auch der Al_2O_3-Film auf der Al-Oberfläche weggeätzt werden kann.

Darüber hinaus bilden sich wenig polymere Beläge sowohl auf den zu ätzenden Scheiben als auch auf den Reaktorwänden. Die Ätzkammer muß deshalb nicht so häufig gereinigt werden.

Als Nachteile von BCl_3 ist die geringe Ätzrate zu nennen. Durch Beimengung von Cl_2 kann die Ätzrate erhöht werden. Allerdings darf nicht zuviel hinzugegeben werden, weil sonst die Anisotropie des Ätzprozesses verloren geht. Bei optimal eingestellten Prozeßparametern erhält man eine Selektivität von Al zu SiO_2 bis zu 50:1, von Al zu Photoresist bis zu 10:1. Die Selektivität zu Silizium ist gering, da Chlor sowohl mit Aluminium als auch mit Silizium ein flüchtiges Reaktionsprodukt ergibt. Es ist deshalb darauf zu achten, daß die Al-Leiterbahnen die Kontaktlöcher auf Polysilizium und auf einkristallines Silizium komplett überdecken (Tabelle 2.1, Prozeßnummer 17 und 19).

Die Beimengungen von Silizium und Titan im Aluminium bilden keine Ätzprobleme, da beide Elemente mit Chlor flüchtige Reaktionsprodukte bilden. Auch die häufig verwendeten Kupferzusätze im Aluminium lassen sich mit geeigneten Cl-haltigen Gasen ätzen (Tabelle 5.3).

Beim Herausnehmen der geätzten Scheiben aus dem Reaktor tritt häufig noch ein zusätzliches Problem auf. Chlorhaltige Rückstände auf den Scheiben reagieren mit der Luftfeuchtigkeit, wobei HCl gebildet wird. Es kommt dadurch zur Korrosion des Aluminiums. Ein Großteil der Cl-Rückstände befindet sich dabei im Photoresist. Es ist aus diesem Grund erforderlich, daß der Photoresist unmittelbar nach dem Al-Ätzen entfernt wird. Am besten wäre das Abätzen in derselben Anlage ohne Zwischenbelüftung.

Eine andere Möglichkeit zur Vermeidung der Korrosion besteht in einer Nachbehandlung der geätzten Scheiben in einem fluorhaltigen Plasma. Dabei werden die Chlorrückstände in nicht reaktive Fluoride verwandelt.

Beim Ätzen mit chlorhaltigen Gasen gibt es generell Probleme aufgrund der Aggressivität mancher Reaktionsprodukte wie z.B. HCl. Alle Teile der Ätzanlage, die mit diesen Medien in Kontakt kommen, müssen säure- und laugenbeständig sein. Außerdem ist darauf zu achten, daß alle Teile auf mindestens $50°C$ erwärmt werden, weil sich sonst Rückstände der Reaktionsprodukte bilden.

Da im Plasma und im Öl der Vakuumpumpen karzinogene chlorierte Kohlenwasserstoffe entstehen können, sind sowohl bei der Belüftung und Reinigung der Ätzanlage als auch beim Pumpenölwechsel strengste Sicherheitsvorkehrungen zu treffen.

5.3.7
Trockenätzen von Polymeren

Polymere werden in der Halbleitertechnologie für Photo-, Elektronen- und Röntgenresists, für Hilfsschichten in der Mehrschichtlithographie, der Planarisierungstechnik und zur elektrischen Isolation eingesetzt (Abschn. 3.12.2). Organische Polymerschichten können mit Sauerstoff geätzt werden. Die Polymerbestandteile (C, H, F, Cl, O, $\cdots$) sind entweder bereits für sich flüchtig (H_2, F_2, Cl_2, O_2, $\cdots$) oder sie bilden mit Sauerstoff flüchtige Reaktionsprodukte (CO, CO_2, $\cdots$).

Das ganzflächige Abätzen von Polymerschichten („Strippen") erfolgt meist im Barrelreaktor (s. Abschn. 5.2.2). Als Ätzgas findet entweder Sauerstoff in reiner Form oder mit geringen Zusätzen von anderen Gasen Anwendung. Solch ein Zusatz kann z.B. das CF_4-Gas sein, mit dem alkalische Ätzrückstände vermieden werden können. Für das „Strippen" der Polymerschichten werden auch Mikrowellenreaktoren eingesetzt. Sie zeichnen sich durch besonders kurze Ätzzeiten aus.

Für das anisotrope Ätzen von Polymerschichten eignen sich das reaktive Ionenätzen (RIE) und die quellenunterstützten Ätzverfahren (Abb. 5.2.8).

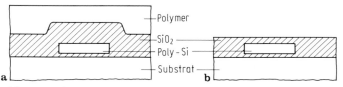

Abb. 5.3.6 a,b. Prinzip der Planarisierung von Schichten. **a** vor der Ätzung; **b** nach der Ätzung

Dem Sauerstoff wird bei diesem Verfahren zur Stabilisierung des Plasmas häufig noch ein Edelgas zugesetzt (meist Argon). Die Ätzung erfolgt erst unterhalb von etwa 1 Pa Gasdruck anisotrop (Abb. 5.1b; [5.38]). Als Ätzmaske kann jede anorganische Schicht eingesetzt weden, die mit Sauerstoff keine flüchtigen Reaktionsprodukte ergibt (z.B. SiO_2, Si_3N_4, Spin-On-Glas, Al, $\cdots$).

Mit zunehmender Komplexität gleicht die Oberfläche der Integrierten Schaltung, immer mehr einem ausgeprägten Gebirge (Abb. 8.5.1). Das hat erhebliche Probleme bei der Schichtabscheidung und der Lithographie zur Folge. Aus diesem Grund werden bei der Herstellung von hochintegrierten Schaltungen Planarisierungsverfahren eingesetzt (Abschn. 8.5.1). Bei einem dieser Verfahren sind SiO_2-Schichten einzuebnen. Zu diesem Zweck wird auf die Scheibenoberfläche ein Polymerfilm aufgebracht, der die Unebenheiten der darunterliegenden Schicht ausgleicht. Es folgt ein Ätzprozeß, der sich dadurch auszeichnet, daß die Selektivität vom Polymer zur darunterliegenden Schicht 1:1 beträgt. Die Ätzung der Polymerschicht und der darunterliegenden Schicht erfolgt dann mit gleicher Ätzrate. Nach dem kompletten Durchätzen der Polymerschicht erhält man somit eine plane Oberfläche der unteren Schicht (Abb. 5.3.6). In der Praxis gibt es bei der Prozeßdurchführung allerdings einige Probleme. Zum einen gelingt mit der Polymerbelegung keine absolute Einebnung der strukturierten Oberfläche, zum anderen ist es sehr schwer, eine Selektivität des Ätzprozesses von exakt 1:1 zu erreichen. Trotzdem werden mit dieser Planarisierung viele Schwierigkeiten zumindest entschärft.

5.4
Literatur zu Kapitel 5

5.1   Mader, H.: Etching processes. In: Landolt-Börnstein. Neue Serie Bd. 17c, Technologie von Si, Ge und SiC. Berlin: Springer 1984, S. 280–305
5.2   Ruge, I.; Mader, H.: Halbleiter-Technologie. 3. Aufl. Berlin: Springer 1991
5.3   Horiike, Y.; Shibaaki, M.: Jpn. J. Appl. Phys. 15 (1976) 13
5.4   Coburn, J.W.; Winters, H.F.: J. Vac. Sci. Techn. 16 (1979) 391
5.5   Steinfeld, J.I. et al.: J. Electrochem. Soc. 127 (1980) 514
5.6   Mader, H.: Etching processes. In: Landolt-Börnstein, Neue Serie Bd. 17c, Technologie von Si, Ge und SiC. Berlin: Springer 1984, S. 559–566
5.7   Beinvogl, W.; Mader, H.: Reactive dry etching of very-large-scale integrated circuits. Siemens Forsch. Entwicklungsber. 11 (1982) 181
5.8   Mogab, C.J.: Dry Etching. In: Sze, S.M. (Ed.): VLSI Technology. New York: McGraw-Hill 1983, p. 303–345
5.9   Beinvogl, W.; Mader, H.: Reaktive Trockenätzverfahren zur Herstellung von hochintegrierten Schaltungen. ntz Arch. 5 (1983) 3–11
5.10 Harshbarger, W.R.; Porter, R.A.; Miller, T.A.; Norton, P.: Appl. Spectrosc. 31 (1977) 201
5.11 Harshbarger, W.R.; Porter, R.A.; Norton, P.: J. Electron. Mater. 7 (1978) 429
5.12 Korman, C.S.: Solid State Technol. 25 (1982) 115
5.13 Poulsen, R.G.; Smith, G.M.: Electrochem. Soc. Meeting, Philadelphia, Pennsylvania Abstr. No. 242, May 1978
5.14 Curtis, B.J.; Brunner, H.J.: J. Electrochem. Soc. 127 (1978) 234

5.15 Degenkolb, E. O.; Mogab, C. J.; Goldrick, M. R.; Griffiths, J. R.: Appl. Spectrosc. 30 (1976) 520
5.16 Griffiths, J. E.; Degenkolb, E. O.: Appl. Spectrosc. 31 (1977) 134
5.17 Einspruch, N. G.; Brown, D. M.: VLSI Electronics. Plasma Processing for VLSI. Vol. 8. New York: Academic Press 1984, p. 411–446
5.18 Schwartz, G. C.; Schaible, P. M.: J. Vac. Sci. Technol. 16 (1979) 410
5.19 Adams, A. C.; Capio, C. D.: J. Electrochem. Soc. 128 (1981) 366
5.20 Flamm, D. L.; Wang, D. N. K., Maydan, D.: J. Electrochem. Soc. 129 (1982) 2755
5.21 Endo, N.; Kurogi, Y.: IEEE Trans. Electron Devices ED-27 (1980) 1346
5.22 Paraszczak, J.; Hatzakis, H.: J. Vac. Sci. Technol. 19 (1981) 1412
5.23 Ephrath, L. M.; DiMaria, D. J.; Pesavento, F. L.: J. Electrochem. Soc. 128 (1981) 2415
5.24 Gray, R. K.; Lechnaton, J. S.: IBM Techn. Disclosure Bull. 24 (1982) 4725
5.25 Einspruch, N. G.; Brown, D. M.: VLSI Electronics. Plasma Processing for VLSI. Vol. 8. New York: Academic Press 1984, p. 297-339
5.26 Engelhardt, M.; Schwarzl, S.: Persönliche Mitteilungen 1987
5.27 Grewal, V.: Persönliche Mitteilungen 1987
5.28 Heath, B. A.; Mayer, T. M.: Reactive ion beam etching. In: Einspruch, N. G., Brown, D. M. (ed.): VLSI-Electronics. Vol. 8. New York: Academic Press 1984, p. 365-408
5.29 Smith, D. L.: High-Pressure Etching. In: Einspruch, N. G.; Brown, D. M. (Ed.): VLSI Electronics. Vol. 8. New York: Academic Press 1984, p. 253-296
5.30 Gorowitz, B., Saia, R. J.: Reactive Ion Etching. In: Einspruch, N. G.; Brown, D. M. (Ed.): VLSI Electronics. Vol. 8. New York: Academic Press 1984, p. 297-339
5.31 Horiike, Y.: Emerging Etching Techniques. In: Einspruch, N. G.; Brown, D. M. (Ed.): VLSI Electronics. Vol. 8. New York: Academic Press 1984, p. 447-486
5.32 Ehrlich, D. J.; Tsao, J. Y.: J. Vac. Sci. Technol. B1 4 (1983) 969-984
5.33 Chapmann, B.: Glow discharge processes. New York: Wiley 1980, 326
5.34 Janes, J.; Huth, Ch.: Appl. Phys. Lett. 61 (1992) 261
5.35 Beinvogl, W.; Deppe, H. R.; Stokan, R.; Hasler, B.; IEEE Trans. Electron Devices ED-28 (1981) 1332
5.36 Mathuni, J.: Persönliche Mitteilungen 1987
5.37 Müller, P.; Heinrich, F., Mader, H.: Microelectronic Engineering Elseview Science Publishers B. V., North Holland (1988)
5.38 Pilz, W.; Sponholz, T.; Pongratz, S.; Mader, H.: Microelectronic Engineering, North Holland 3 (1985) 467
5.39 Howard, B. J.; Steinbrüchel, Ch.: Conference Proc. ULSI-VIII, Material Research Society (1993) 391-396
5.40 Dry Etching Application Notes. Firmenschrift der Firma ANELVA (1987)
5.41 Betz, H.; Mader, H.; Pelka, J.: Offenlegungsschrift, Deutsches Patent P3600346.8 (1986)
5.42 Mathuni, J.: Persönliche Mitteilungen 1995
5.43 Erb, H.-P.: Persönliche Mitteilungen 1995
5.44 ICE-Report No. 48068: Advanced VLSI Fabrication 1995
5.45 Erb, H.-P.; Münch, I.; Irlbacher, W.: Persönliche Mitteilungen 1993
5.46 Flamm, D. L.; Donnelly, V. M.: The Design of Plasma Etchants; Plasmchemistry and Plasma Processing, Vol. 1, No. 4, 1981
5.47 Frank, E.: Persönliche Mitteilungen 1995
5.48 Körner, H.: Persönliche Mitteilungen 1994
5.49 Engelhardt, M: Persönliche Mitteilungen 1994
5.50 Schwarzl, S.: Persönliche Mitteilungen 1994
5.51 Daviet, J.-F.; Peccoud, L.: J. Electrochem. Soc., Vol. 140, No. 11 (1993) 3245-3261

5.52 Field, J.: Solid State Technology, September 1994, 91–98
5.53 Seidel, H.; Csepregi, L.; Heuberger, A.; Baumgärtel, H.: J. Electrochem. Soc. 137 (1990) 3626
5.54 Heuberger, A.: Mikromechanik. Berlin: Springer 1989
5.55 Singer, P.: Semiconductor International, Februar 1994, 48–52
5.56 Klose, R.: Persönliche Mitteilungen 1991
5.57 Deal, B. E.; Helms, C. R.: Mat. Res. Soc. Symp. 259 (1992) 361
5.58 Singer, P.: Semiconductor International, July 1992, 52–57
5.59 Campbell, G. A.; Chambrier, A. de; Tsukada, T.: SPIE 1803 (1992) 226
5.60 Franz, G.: Oberflächentechnologie mit Niederdruckplasmen. Berlin: Springer 1994
5.61 Janzen, G.: Plasmatechnik. Heidelberg: Hüthig 1992
5.62 Neumann, G.; Scheer, H.-C.: Rev. Sci. Instrum. 63 (1992) 2403
5.63 Heinrich, F.; Hoffmann, P.; Müller, K. P.: Microelectronic Engineering 13 (1991) 433
5.64 Börnig, K.; Janes, J.: Microelectronic Engineering 26 (1995) 217
5.65 Müller, K. P.; Roithner, K.; Timme, H.-J.: Microelectronic Engineering 27 (1995) 457

6
Dotiertechnik

Die Ausbildung von p- bzw. n-dotierten Bereichen im monokristallinen und polykristallinen Silizium stellt neben der Schichterzeugung, der Lithographie und der Schichtstrukturierung den vierten wesentlichen Prozeßkomplex der Siliziumtechnologie dar. Als Dotieratome kommen heute fast ausschließlich Bor (für p-dotierte Bereiche) sowie Arsen, Phosphor und Antimon (für *n*-dotierte Bereiche) zum Einsatz.

Die Dotierung der monokristallinen Siliziumscheiben im Ausgangszustand sowie die in-situ-Dotierung von Epitaxieschichten, Polysiliziumschichten und Phosphorglasschichten wurden bereits in den Abschn. 3.3, 3.6 bzw. 3.8 behandelt. Während diese Dotierungen ganzflächig sind, geht es im vorliegenden Kapitel um geometrisch begrenzt dotierte Bereiche. Die Erzeugung der dotierten Bereiche erfolgt nach einem der drei in Abb. 6.1 dargestellten Prinzipien, die alle von einem homogenen Heranführen des Dotierstoffs zur Scheibenoberfläche ausgehen, wobei mit Hilfe einer Maske die Dotierung auf die gewünschten Bereiche beschränkt wird. Der Dotierstoff diffundiert entweder aus einer dotiergashaltigen Atmosphäre ins Silizium (Abb. 6.1 a), oder er wird mit Hilfe der Ionenimplantation in das Silizium hinein implantiert (Abb. 6.1 b), oder er diffundiert aus einer den Dotierstoff enthaltenden Schicht ins Silizium (Abb. 6.1 c). Der Dotierstoff in der Schicht kann wieder-

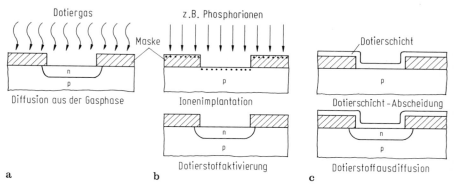

Abb. 6.1 a–c. Prinzipien der bereichsweisen Dotierung von Silizium. **a** Diffusion aus der Gasphase; **b** Ionenimplantation; **c** Diffusion aus einer Dotierschicht

um entweder durch Diffusion aus der Gasphase oder durch Ionenimplantation eingebracht werden. Der Dotierstoff kann hier aber auch während der Schichtabscheidung eingebaut werden. Die Ionenimplantation ist zwar das am häufigsten angewandte Verfahren, aber die anderen Verfahren sind keineswegs ganz verdrängt worden, teils aus wirtschaftlichen Gründen, teils deshalb, weil sie in bestimmten Fällen vorteilhafter sind als die Ionenimplantation.

6.1
Thermische Dotierung

Mit thermischer Dotierung wird die Diffusion des Dotierstoffs aus der Gasphase in die zu dotierende Oberfläche bezeichnet [6.1]. Die thermische Dotierung wird in einem Rohrofen, wie er auch für die thermische Oxidation verwendet wird (Abb. 3.1.14), oder in einem CVD-Reaktor (Abb. 3.1.4) durchgeführt. Im CVD-Reaktor erfolgt die Dotierung gleichzeitig mit der Schichtabscheidung (Polysilizium oder SiO_2). Da sowohl in einem Rohrofen als auch in einem CVD-Rohrreaktor viele Scheiben gleichzeitig bearbeitet werden können, ist die thermische Dotierung auf jeden Fall billiger als eine Ionenimplantation. Die thermische Dotierung wird auch vorgezogen, wenn typische Begleiterscheinungen der Ionenimplantation, wie z.B. Kristallschäden, Channeling und Anisotropie der Dotierung (die Dotieratome treffen gerichtet auf die Siliziumscheibe; keine gleichzeitige Rückseitendotierung) störend oder unerwünscht sind. Vor allem die n^+-Phosphordotierung und die

Tabelle 6.1. Die gebräuchlichsten thermischen Dotierverfahren

	Bor	Phosphor	Arsen	Antimon
Dotier-quelle	B_2H_6 (gasförmig) BBr$_3$ (flüssig) BN (fest, als Scheiben)	PH$_3$ (gasförmig, s. Abschnitt 3.6.1) POCl$_3$ (flüssig, s. Abschnitt 3.6.1) in-situ phosphor-dotierte Schichten (s. Abschnitt 3.6.1)	AsH$_3$ (gasförmig) As (fest. Box-Verfahren in-situ arsen-do-tierte Schichten (s. Abschnitt 3.6.1) Dotierlack (s. Abschnitt 3.12.1)	Dotierlack (s. Abschnitt 3.12.1)
Tempe-ratur	800...1200°C	800...1200°C bei PH$_3$ und POCl$_3$ 400...700°C bei in-situ dotier-ten Schichten	800...1200°C bei AsH$_3$ und As 400...700°C bei in-situ dotier-ten Schichten 200...400°C für Dotierlack	200...400°C für Glasbil-dung

Dotierung von Gräben wird bevorzugt mit thermischer Dotierung durchgeführt. Dagegen kommt die Ionenimplantation zum Einsatz, wenn es um exakte Dosen (vor allem bei niedrigen Dosen), definierte Tiefendotierprofile und Photoresistmaskierung (kostengünstig) geht.

In Tabelle 6.1 sind die wichtigsten thermischen Dotierverfahren aufgeführt. Eine ausführlichere Beschreibung findet man in [6.1]. Das besonders häufig eingesetzte Phosphordotierverfahren mit PH_3- oder $POCl_3$-Quelle ist im Abschn. 3.6.1 (Abb. 3.6.1) näher erläutert. Bei diesem Verfahren ist zu beachten, daß sowohl das Silizium als auch die SiO_2-Maske oberflächlich in Phosphorglas umgewandelt werden.

6.2
Dotierung mittels Ionenimplantation

Bei der Ionenimplantation [6.2] wird der Dotierstoff zunächst in einem Plasma ionisiert. Die geladenen Teilchen werden mit Spannungen von typisch 100 kV zur Siliziumoberfläche hin beschleunigt und dringen typisch 0,1 µm tief ins Silizium ein. Dabei kommt es zu einer Schädigung des Siliziumgitters, und auch die Dotieratome selbst befinden sich nicht an den Gitterplätzen. Um den einkristallinen Zustand wieder herzustellen und die Dotieratome auf Gitterplätze zu bringen (elektrische Aktivierung), ist eine Temperung bei 500 bis 1000°C erforderlich.

Die wesentlichen Vorzüge der Ionenimplantation gegenüber der thermischen Dotierung sind die ausgezeichnete Genauigkeit und Gleichmäßigkeit der implantierten Dosis (was insbesondere bei kleinen Dosen wichtig ist), die Möglichkeit, das Dotierkonzentrationsmaximum von der Oberfläche weg ins Innere des Substrats zu legen, die Möglichkeit der Photoresistmaskierung und die Möglichkeit der Dotierung z.B. von Silizidschichten. Dabei entstehen keine evtl. störenden Dotierschichten wie z.B. Bor-, Phosphor- oder Arsenglas. Aufgrund dieser Vorzüge ist die Ionenimplantation zur beherrschenden Dotiertechnik geworden, obwohl das Verfahren teurer ist. Allerdings können typische Ionenimplantationseffekte wie z.B. das Verursachen von Kristallschädigungen, das Channeling[1], Unsymmetrien[2] oder Aufladungen der Substrate störend sein. Ihre Wirkung kann aber meist durch eine entsprechend angepaßte Prozeßführung minimiert werden.

---

[1] Unter Channeling versteht man die Überreichweite derjenigen Ionen, die in Richtung einer kristallographischen Vorzugsrichtung des Silizium-Kristallgitters gestreut wurden.

[2] Bei der Ionenimplantation wird der Ionenstrahl zur Vermeidung des Channeling üblicherweise um einen Winkel von 7° gegen die Scheibennormale gekippt. Dadurch kann es an steilen, hohen Maskenkanten aufgrund von Abschattungen zu Unsymmetrien kommen.

6.2.1
Ionenimplantationsanlagen

Bei den heute industriell eingesetzten Ionenimplantationsanlagen [6.3] unterscheidet man zwei Typen, nämlich die Nieder- bzw. Mittelstromanlagen (bis 1 mA Strahlstrom) und die Hochstromanlagen (typisch 10 mA Strahlstrom). Der konstruktive Unterschied zwischen diesen beiden Anlagentypen bezieht sich vor allem auf die Art und Weise, wie der Ionenstrahl über die Scheibenoberfläche geführt wird, um eine gleichmäßige Dosis über die gesamte Scheibenoberfläche zu erzielen (Abb. 6.2.1 und Abb. 6.2.2). Während bei den Mittelstromanlagen der Ionenstrahl (Durchmesser ca. 1 mm) elektrostatisch in x- und y-Richtung abgelenkt wird und so mehrfach die ganze Scheibenoberfläche überstreicht, bleibt der Ionenstrahl bei den meisten Hochstromanlagen ruhend (Strahldurchmesser einige cm), und die Scheiben werden senkrecht zum Strahl in beiden Richtungen bewegt.[3]

Bei den Ionenquellen für Bor, Phosphor und Arsen geht man heute meist von den Gasen BF_3, PH_3 und AsH_3 aus. Im Plasma dieser Gase werden nicht nur die einfach geladenen Ionen B^+, P^+ und As^+ erzeugt, sondern auch – allerdings in erheblich geringerer Konzentration – mehrfach geladene Ionen. Daneben findet man alle möglichen molekularen Ionen. Im Falle von BF_3 tritt z. B. das BF_2^+-Ion in großer Konzentration auf.

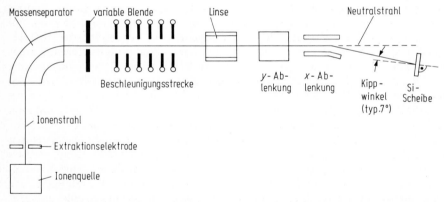

Abb. 6.2.1. Schema einer Mittelstrom-Ionenimplantationsanlage. Die Siliziumscheiben werden aus einer Kassette nacheinander durch eine Vakuumschleuse an den Bestrahlungsort gebracht. Zur Vermeidung des Channeling trifft der Ionenstrahl nicht senkrecht auf die Scheiben (Kippwinkel typisch 7°). Um neutrale Teilchen, z. B. von Blenden abgesputterte Metallatome, nicht als Verunreinigung auf die Siliziumscheibe zu bekommen, wird der Ionenstrahl vor dem Auftreffen auf die Scheibe um einen kleinen Winkel abgelenkt. Der Strahlstrom wird mit Hilfe der variablen Blende eingestellt

---

[3] Es gibt auch Anlagen, die den Ionenstrahl in einer Richtung magnetisch ablenken und die Scheiben nur in der dazu senkrechten Richtung bewegen.

≠ p. 228.

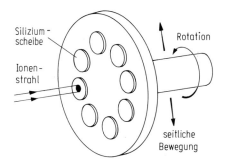

Abb. 6.2.2. Schematische Darstellung der Scheibenbewegungen während der Ionenimplantation in einer Hochstromanlage. Weil der Ionenstrahl – anders als bei den Mittelstromanlagen – eine Fläche überstreicht, die sehr viel größer als eine Siliziumscheibe ist, wird eine übermäßige Aufheizung der Scheiben vermieden

Im Massenseparator werden die verschiedenen Ionen räumlich getrennt. Eine Blendenöffnung wird so positioniert, daß die gewünschte Ionenart hindurchtreten kann. Wählt man für die Ionenimplantation ein molekulares Ion wie z.B. BF_2^+, so besteht die Gefahr, daß einige BF_2^+-Ionen durch Molekülstöße z.B. in $B^+ + F_2$ zerfallen. Bei Implantationsanlagen vom Typ wie in Abb. 6.2.1, bei denen die Ionenbeschleunigung nach der Massenseparation erfolgt, führt ein solcher Zerfall dazu, daß in die Siliziumscheibe sowohl BF_2^+-Ionen als auch B^+-Ionen implantiert werden, die beide die gleiche Beschleunigungsspannung durchlaufen haben. Als leichteres Ion trifft das B^+-Ion mit höherer Geschwindigkeit auf die Scheibe auf und dringt somit tiefer ein. Die Folge ist ein tieferes Dotierprofil, als man mit BF_2^+-Ionen allein erwarten würde. [4]

Die implantierte Dosis kann durch Ladungsmessung in der Implantationsanlage außerordentlich genau (1%) eingestellt werden. Auch die Gleichmäßigkeit über die Scheibenoberfläche hinweg bewegt sich bei exakter Einstellung des Scanning-Mechanismus in der gleichen Genauigkeit.

Die Beschleunigungsspannungen betragen bei Hochstromimplantationsanlagen typisch 80 kV und bei Mittelstromanlagen variabel zwischen 25 und 180 kV. Für einige spezielle Anwendungen werden auch Beschleunigungsspannungen unter 25 kV (für flache Profile) bzw. größer als 180 kV benötigt, z.B. für „Retrograde"-Wannen in der CMOS-Technik (s. Abschn. 8.3.1) oder für Podestkollektoren (s. Abb. 8.3.8). Auf dem Markt sind solche Spezialanlagen erhältlich.

---

[4] Bei Ionenimplantationsanlagen, bei denen die Ionenbeschleunigung vor der Massenseparation erfolgt, tritt der Effekt nicht auf.

6.2.2
Implantierte Dotierprofile

Mit Hilfe der sog. LSS-Theorie [6.4] kann man die implantierte Dotierstoff-
verteilung in (amorphen) Festkörpern mit guter Genauigkeit berechnen. Es
ergeben sich Gauß-Profile, die durch die charakteristischen Größen Reichweite R_p (projected range) und Standardabweichung ΔR_p gekennzeichnet
sind (Abb. 6.2.3).

Abbildung 6.2.4 zeigt die Reichweite R_p in Silizium in Abhängigkeit von
der Beschleunigungsspannung der implantierten Ionen Bor, Phosphor und
Arsen, während in Abb. 6.2.5 die entsprechende Standardabweichung ΔR_p angegeben ists. Die R_p- und ΔR_p-Werte für SiO_2, Si_3N_4 und Al weichen nicht
wesentlich von denen des Silizium ab. Lediglich für Photoresists ist von 20
bis 30% höheren Werten auszugehen.

Die Übereinstimmung von theoretischen und gemessenen R_p- bzw. ΔR_p-
Werten ist nicht nur für amorphe Siliziumschichten, sondern unter realen Bedingungen[5] auch für monokristallines und polykristallines Silizium sehr gut.
Dagegen kommt es bei monokristallinem und evtl. auch bei polykristallinem
Silizium im hinteren Auslaufbereich des Dotierprofils (d.h. die Konzentratio-
nen <10% von der maximalen Konzentration) unter Umständen zu deutlichen
Abweichungen vom Gauß-Profil. Die Fremdatomkonzentration ist hier größer
als von der LSS-Theorie vorausgesagt, weil Ionen, die sich in Richtung einer
der kristallographischen Achsen des Siliziums bewegen, wie in einem offenen
Kanal geführt werden („channeling") und somit weniger abgebremst werden
[6.5]. Der Effekt ist am stärksten ausgeprägt, wenn die Einschußrichtung der
Ionen genau mit der Richtung einer kristallographischen Achse zusammen-
fällt. Für die Erzeugung flacher Dotierprofile ist der Channeling-Effekt störend. Andererseits ist er für die Erzeugung tiefreichender Profile kaum nutz-
bar, da schon Winkelabweichungen von 1 bis 2° zu einer starken Reduzierung
des Channeling-Effekts führen und somit die Reproduzierbarkeit eines solchen
Verfahrens in Frage gestellt wäre. In der heutigen Implantationspraxis versucht
man deshalb, das Channeling in jedem Fall zu vemeiden.

Zwei Maßnahmen sind zur Vermeidung des Channeling-Effekts üblich: Die
erste ist eine Verkippung der Siliziumscheiben in der Ionenimplantationsan-
lage um ca. 7° (s. Abb. 6.2.1), d.h. der Winkel zwischen der Ionenstrahlrich-
tung und der Scheibennormale, die z.B. eine kristallographische $\langle 100 \rangle$-Rich-
tung ist, beträgt ca. 7°. Die andere Maßnahme ist die Bedeckung der monokristallinen Siliziumoberfäche mit einer dünnen amorphen Schicht (meist
SiO_2), nach deren Durchdringung die Ionen bereits eine gewisse Winkelver-
teilung aufweisen.

---

[5] Zu den „realen Bedingungen" gehört z.B. auch, daß in der Praxis fast immer durch
eine dünne SiO_2-Schicht (Screenoxid) hindurch ins Silizium implantiert wird. Außer
einer Winkelstreuung der implantierten Ionen bewirkt die SiO_2-Schicht, daß Schwermetallatome während der Ionenimplantation abgefangen werden und daß die implantierten Atome beim nachfolgenden Tempern nicht abdampfen.

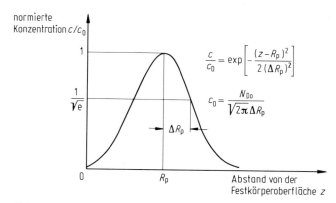

Abb. 6.2.3. Die charakteristischen Größen R_p (Reichweite) und ΔR_p (Standardabweichung) bei implantierten Dotierprofilen in amorphen Festkörpern. $c(z)$ ist die Konzentration der Dotieratome am Ort z, c_0 die Konzentration am Ort $z = R_p$ und N_{Do} die gesamte implantierte Dosis

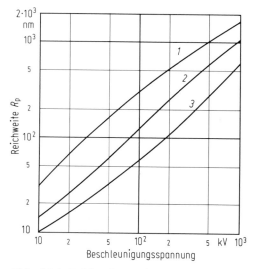

Abb. 6.2.4. Reichweite R_p bei der Implantation von einfach geladenen. *1* Bor-, *2* Phosphor- und *3* Arsenionen in Silizium in Abhängigkeit von der Beschleunigungsspannung. Im Fall von 2fach geladenen Ionen ist der R_p-Wert bei der doppelten Beschleunigungsspannung abzulesen. Bei BF_2^+-Ionen ist Kurve *1* gültig, allerdings ist eine 4,6mal kleinere effektive Beschleunigungsspannung anzusetzen (Massenverhältnis $BF_2 : B = 4,6$)

Aber auch mit diesen Maßnahmen ist ein Channeling nicht völlig zu vermeiden, weil stets ein kleiner Teil der Ionen in die „offenen Kanäle" eingestreut wird. Abbildung 6.2.6 zeigt ein gemessenes implantiertes Borprofil bei

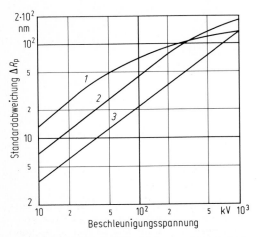

Abb. 6.2.5. Standardabweichung ΔR_p bei der Implantation von einfach geladenen *1* Bor-, *2* Phosphor- und *3* Arsenionen in Silizium in Abhängigkeit von der Beschleunigungsspannung. Im Falle von 2fach geladenen Ionen bzw. BF_2^+-Ionen gilt die gleiche Umrechnung für die Beschleunigungsspannung wie Abb. 6.2.4

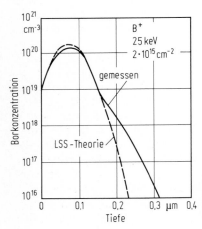

Abb. 6.2.6. Gemessenes implantiertes Borprofil in einkristallinem Silizium mit $\langle 100 \rangle$-Oberfläche. Die Ioneneinschußrichtung war um $7°$ gegen die Oberflächennormale geneigt

$7°$ Verkippung der kristallographischen $\langle 100 \rangle$-Richtung gegen die Ioneneinschußrichtung [6.6]. Die Abweichung vom Gauß-Profil ist zwar erst bei kleinen Borkonzentrationen nennenswert; in praktischen Anwendungen kann diese Abweichung dennoch bedeutend sein. Zum Beispiel würde in Abb. 6.2.6 bei einer Substratdotierung von 10^{16} cm^{-3} (n-Dotierung) der pn-Übergang im Falle des Gauß-Profils in einer Tiefe von 0,23 µm liegen, während er in Wirklichkeit bei 0,31 µm liegt.

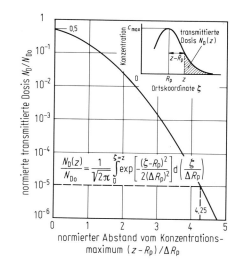

Abb. 6.2.7 Durchlässigkeit (Transmission) von Maskierschichten bei der Ionenimplantation. $N_D(z)$ ist diejenige Dosis, die in einem Abstand z von der Oberfläche der Maskierschicht noch durchgelassen wird. N_{Do} ist die gesamte implantierte Dosis

Wenn man im Beispiel der Abb. 6.2.6 vor der Borimplantation das Siliziumsubstrat in einer Tiefe von ca. 0,2 µm mit Hilfe einer Siliziumimplantation (Dosis ca. 10^{15} cm^{-2}) amorphisiert, sind die Voraussetzung für das Channeling weitgehend beseitigt. Man erhält dann ein nahezu ideales Gauß-Borprofil entsprechend der LSS-Theorie [6.7].

Der äußerste Ausläufer eines Dotierprofils ist auch bei der Maskierung gegen eine Ionenimplantation bedeutsam. Nehmen wir als Beispiel eine Bor-Source/Drain-Implantation mit einer Energie von 80 keV und einer Dosis von $5 \cdot 10^{15}$ cm^{-2} in einem MOS-Silizium-Gate-Prozeß an. Um die Dotierungsverhältnisse im Transistorkanal nicht zu stören, sollen z.B. weniger als $5 \cdot 10^{10}$ Boratome pro cm^2 bis in den Kanalbereich durchdringen, was einer Transmission von 10^{-5} entsprechen würde. Da bei den üblichen Materialien für eine Implantationsmaskierung (SiO$_2$, Si$_3$N$_4$, amorphes bzw. feinkörniges Polysilizium[6] und Photoresist) von einem Gauß-Dotierprofil ausgegangen werden kann[7], läßt sich die Mindestschichtdicke aus Abb. 6.2.7 ablesen: Eine Transmission von 10^{-5} ist danach in einer Tiefe $z = R_p + 4{,}25 \Delta R_p$ zu erwarten. Aus Abb. 6.2.4 und Abb. 6.2.5 entnimmt man für die Implantationsdaten des oben angenommenen Beispiels die Werte $R_p = 280$ nm bzw. $\Delta R_p = 63$ nm. Damit wird $z = 550$ nm. Das bedeutet, daß die Summe der Schichtdicken von

---

[6] Bei grobkörnigem Polysilizium, bei dem sich die Körner über die gesamte Schichtdicke ausdehnen können (s. Abb. 3.8.1), kann es allerdings wie beim monokristallinen Silizium zu Channeling-Effekten kommen.

[7] Zumindest für den hier interessierenden hinteren (d.h. dem Substratinneren zugewandten) Auslaufbereich des Dotierprofils kann in amorphen Schichten mit einem Gauß-Profil gerechnet werden. Im vorderen (d.h. der Substratoberfläche zugewandten) Auslaufbereich werden höhere Konzentrationen gemessen.

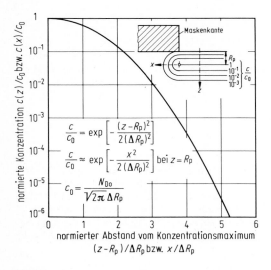

Abb. 6.2.8. Laterale und vertikale Streuung implantierter Atome in der Umgebung einer Maskenkante

SiO$_2$ und Polysilizium über dem Transistorkanal mindestens 550 nm betragen muß. Mit einer entsprechenden Überlegung kann man auch die Mindestdicke eines Feldoxids abschätzen (s. Abschn. 3.4.2).

Ebenso wie die vertikalen Dotierprofilausläufer können auch die lateralen Ausläufer bedeutsam sein. Abbildung 6.2.8 zeigt die Streuung von implantierten Dotieratomen in der Umgebung einer Maskenkante [6.8]. Nehmen wir wieder das obige Beispiel einer Bor-Source/Drain-Implantation mit einer Dosis von 5·10^{15} cm^{-2} und einer Energie von 80 keV. Die Maskenkante ist dann die Kante der Gateelektrode. Für die maximale Konzentration c_0 in der Tiefe $z = R_p$ erhält man 3,2·10^{20}cm^{-3}. Ist z.B. die Konzentration der n-Dotierung im Transistorkanalbereich 3·10^{15} cm^{-3}, so wird diese Konzentration bis zu einem seitlichen Abstand von 300 nm von der Gateelektrodenkante durch lateral gestreute Boratome überkompensiert, wie man Abb. 6.2.8 entnehmen kann.

Für MOS-Transistoren mit Kanallängen im Bereich von 1 µm ist dieser Lateraleffekt nicht zu vernachlässigen. Aus diesem Grunde, aber auch wegen der vertikalen Streuung (dicke Maskierschichten erforderlich; Dotierprofilschwanz s. Abb. 6.2.6) geht man für solche Anwendungen bevorzugt zur BF$_2^+$-Implantation (s. Abschn. 6.2.1) bzw. zu einer Amorphisierung des Siliziums vor der Implantation (s. oben) über.

Die Abbremsung der implantierten Ionen in den Maskierschichten bzw. Streuschichten bzw. im monokristallinen Silizium führt zu einer Reihe von störenden Begleiterscheinungen.

Zunächst ist je nach Anwendung zu klären, inwieweit die in den Maskierschichten steckenden Dotieratome stören. Sofern diese Schichten wieder entfernt werden, wie z.B. im Falle einer Photoresistmaskierung, können auch die Dotieratome mitentfernt werden. Allerdings kann die Schichtablösung infolge der bei der Implantation verursachten Veränderungen der Photoresistschicht beträchtlich erschwert werden (s. Abschn. 7.3).

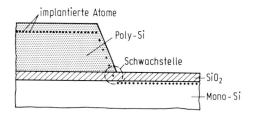

Abb. 6.2.9. Ausbildung einer Schwachstelle im SiO_2 bei der Source/Drain-Implantation. An der Schwachstelle kann es zu einem elektrischen Frühdurchbruch zwischen Gate und Drain kommen

Wenn eine SiO_2-Maske als Implantationsmaske dient, die als Teil der Integrierten Schaltung auf der Siliziumscheibe verbleiben soll (z.B. das LOCOS-Oxid), so können – insbesondere bei hohen implantierten Dosen – in der SiO_2-Schicht Ladungen auftreten, die an die beim Abbremsen der implantierten Ionen entstehenden Störstellen im Oxid (Traps)[8] gebunden sind [6.9]. Dadurch kann z.B. die Dickoxideinsatzspannung, die für die Isolation benachbarter MOS-Transistoren maßgebend ist, herabgesetzt werden. Eine häufig praktizierte Maßnahme zur Vermeidung des störenden Effekts ist das Wegätzen des oberflächennahen implantierten Teils der SiO_2-Maskierschicht in verdünnter Flußsäure. Dabei werden auch evtl. vorhandene Schwermetallatome beseitigt, die z.B. während der Ionenimplantation durch Absputtern von Blenden[9] in der Implantationsanlage auf die Scheibenoberfläche gelangen.

Ebenso wie die SiO_2-Maskierschichten werden auch die Screenoxidschichten, die von den implantierten Ionen durchdrungen werden, bei der Implantation geschädigt. Wird das Screenoxid nach der Implantation nicht beseitigt oder durch thermische Oxidation von der Si-Oberfläche „weggeschoben", so kann es z.B. an der Kante einer Polysilizium-Gateelektrode infolge der Oxidschädigung zu einem degradierten Durchbruchverhalten (Grate-Drain-Frühdurchbrüche) kommen (Abb. 6.2.9). Da auch bei relativ geringen implantierten Dosen, wie sie z.B. bei Kanalimplantationen in MOS-Transistoren üblich sind, bleibende Störstellen im Gateoxid festgestellt wurden, ist es vorzuziehen, die Kanalimplantationen vor der Gateoxidation durchzuführen. Die dabei verwendete Screenoxidschicht ist vor der Gateoxidation zu entfernen.

Bei der Ionenimplantation wird ein Teil der Siliziumatome im monokristallinen Siliziumgitter von ihren Gitterplätzen gestoßen, und auch die Dotieratome kommen meist nicht auf einem Gitterplatz zur Ruhe. Bei hohen implantierten Dosen bleibt auch nach einer Temperung meist ein dichtes

---

[8] Bei hohen implantierten Dosen (z.B. 10^{15} cm^{-2} Arsen) wird die SiO_2-Schicht (oder auch eine Polysiliziumschicht) so stark geschädigt, daß bei isotroper Ätzung die Ätzrate ansteigt. Man nutzt diesen Effekt manchmal aus, um abgeschrägte Flanken zu ätzen. Eine Temperung bei hoher Temperatur vermag die Schichtschädigungen nicht völlig zu beseitigen.

[9] Durch Reduzierung des Strahlstroms wird der Ionenstrahl besser gebündelt. Die Gefahr des Absputterns von den Blenden wird dann vermindert.

Netz von Versetzungen zurück. Allerdings liegt das Maximum der Kristall-schädigung näher an der Siliziumoberfläche als das Maximum des Dotierpro-fils, so daß sich die Kristallschädigungen meist nur beschränkt auf das elek-trische Sperrverhalten der pn-Übergänge auswirken. Bei oberflächennahen pn-Übergängen bleiben sie aber gefährlich, zumal die üblicherweise auf die Implantation folgende Temperung (s. Abschn. 6.3) die Kristallfehler nicht vollständig beseitigen kann [6.10].

Wird durch eine SiO_2-Streuschicht hindurch ins Siliziumsubstrat implan-tiert, so kommt es zu einem weiteren Störeffekt: Die implantierten Ionen sto-ßen beim Durchtritt durch die SiO_2-Schicht auch mit zahlreichen Sauerstoff-atomen zusammen. Einige von ihnen werden bis ins Silizium gestreut [6.11] (Recoil- oder Knock-on-Implantation). Sie können dort als Keime für Verset-zungen wirken. Bei den praktisch vorkommenden Implantationsenergien bleibt die Eindringtiefe der Sauerstoffatome im Silizium unter 100 nm, so daß für die elektrische Auswirkung dieses Störeffekts das gleiche gilt, was oben für die Siliziumgitterschädigung ausgeführt wurde.

Neben den Implantationsschädigungen sind als störende Begleiterschei-nungen der Ionenimplantation noch Kontaminationen der Siliziumscheiben durch Schwermetallatome, organische Rückstände und Partikel zu nennen. Während bei modernen Ionenimplantationsanlagen die beiden erstgenannten Kontaminationen stark reduziert werden können (außerdem können sie durch die oben erwähnte Überätzung von den Siliziumscheiben entfernt wer-den), können Partikel ein größeres Problem darstellen. Insbesondere dann, wenn die Partikel vor der Implantation auf die Scheibenoberfläche gelangen (z.B. beim Beladen und beim automatischen Transport der Scheiben in der Implantationsanlage oder wenn beim mechanischen Andrücken der Scheiben Photoresistsplitter abplatzen), kann ein einziges Partikel zum Ausfall eines Chips führen, weil das Partikel bei der Implantation maskiert (s. Abschn. 7.1).

Die bei der Ionenimplantation auf die Siliziumscheiben gebrachte positive Ladung wird in den Implantationsanlagen mit Hilfe einer „Elektronendu-sche" zu kompensieren versucht. Bei unvollständiger Kompensation kann es zu elektrostatischen Aufladungen (z.B. von isolierten Gateelektroden) kom-men, die zu Gateoxiddurchbrüchen führen können.

Die Maskierschichten bei der Implantation sind vor allem SiO_2 und Photo-resist. Elektrische Ladung, die auf diese Isolatorschichten auftrifft, wird nach Erreichen der Durchbruchfeldstärke E_{bd} (ca. 10^6 V cm^{-1} für Oxid und Resist) durch diese Schichten hindurch zum Substrat abgeführt. Nach der Formel

$$N_D = \frac{\varepsilon_o \cdot \varepsilon_r \cdot E_{bd}}{e}$$

reicht bereits eine implantierte Dosis $N_D = 2{,}5 \cdot 10^{12}$ cm^{-2} aus, um die Durch-bruchfeldstärke in den maskierenden Oxid- bzw. Resistschichten zu erreichen (ε_r = relative Dielektrizitätskonstante, e = Elementarladung).

Der Ladungsfluß durchs Oxid wäre dann eventuell schädlich, wenn die ge-samte abgeführte Ladung in die Nähe der Durchbruchsladung Q_{bd} (ca.

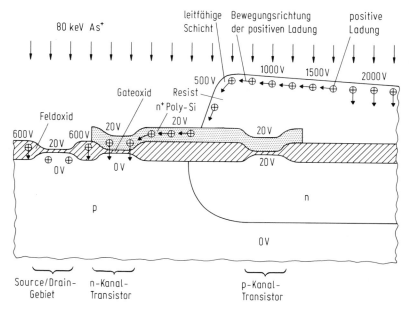

Abb. 6.2.10. Veranschaulichung des Ladungsabflusses von der Scheibenoberfläche zum Si-Substrat bei einer Arsen-Source/Drain-Implantation in einem CMOS-Prozeß. Aufgrund der Leitfähigkeit des Poly-Si und der Resistoberfläche fließt durch den kleinen Gateoxidbereich des n-Kanal-Transistors die aus einem größeren Umkreis gesammelte Ladung. Dadurch kann das Gateoxid bis zum Durchbruch degradiert werden

1 Ccm^{-2} für Oxid, s. Abb. 3.4.13) kommen würde. Dies ist aber auch bei Hochdosis-Implantationen ohne Flood Gun nicht der Fall. Zum Beispiel fließen bei einer implantierten Dosis von $5 \cdot 10^{15}$ cm^{-2} nur $8 \cdot 10^{-4}$ cm^{-2} durchs Oxid.

Problematisch kann es allerdings werden, wenn die Ladung nicht gleichmäßig in vertikaler Richtung zum Substrat abfließt, sondern wenn dieser Ladungsabfluß nur an bestimmten „Sammelstellen" erfolgt. Wie in Abb. 6.2.10 veranschaulicht ist, liegen solche Verhältnisse z. B. bei der Source/Drain-Implantation in einem CMOS-Prozeß vor. Für den lateralen Ladungsfluß sorgen hier die Poly-Si-Bahnen („Antennen-Effekt") sowie die Resistoberflächen, die während des Ladungsbeschusses leitend sind. Die eingesammelte Ladung fließt schließlich durch das Gateoxid eines MOS-Transistors zum Si-Substrat ab. Ist die Fläche des Ladungseinzugsbereichs z. B. 1000mal größer als die Gateoxidfläche, fließen bei einer Implantationsdosis von $5 \cdot 10^{15}$cm^{-2} (ohne Flood Gun) bereits 0,8 Ccm^{-2} durchs Gateoxid, wodurch dieses bereits geschädigt wird. Gateoxid-Schwachstellen (s. Abb. 3.4.14) können dabei bis zum Durchbruch degradiert sein.

Die folgenden Maßnahmen sind geeignet, die durch die Gateoxidgebiete fließende Ladung zu reduzieren:

- Optimale Einstellung der in heutigen Implantern eingebauten Flood Gun;
- Absenkung des Strahlstroms (zur Reduzierung der Leitfähigkeit des Resists);
- Poly-Si-Bahnen mit möglichst kleinem Flächenverhältnis Feldoxid: Gateoxid (z. B. <100 : 1);
- Resist-Maskenstrukturen nicht unnötig auf Feldoxidgebiete ausdehnen;
- Keine Poly-Si-Bahnen, die Resist-Maskenstrukturen kreuzen.

6.3
Aktivierung und Diffusion von Dotieratomen

In den Abschn. 6.1 und 6.2 wurden die thermische Dotierung und die Ionenimplantation als die wesentlichen Methoden zum Einbringen von Dotieratomen in Silizium behandelt. Im folgenden geht es um die Veränderung der dotierten Schichten bei Temperaturbehandlungen. Diese Veränderungen sind gekennzeichnet durch Aktivierung der Dotieratome, Ausheilen der Kristalldefekte und Diffusion der Dotieratome [6.12].

6.3.1
Aktivierung implantierter Dotieratome

Unmittelbar nach der Ionenimplantation von Dotieratomen in ein monokristallines Siliziumsubstrat ist das Siliziumkristallgitter je nach Implantationsdosis mehr oder weniger stark gestört. Infolge der Stoßvorgänge beim Abbremsen der implantierten Ionen sitzen zahlreiche Siliziumatome und auch die Dotieratome selbst nicht auf Gitterplätzen. Die von ihren Gitterplätzen gestoßenen Siliziumatome verursachen tiefe Traps für Elektronen und Löcher, während die Dotieratome noch keine freien Ladungen (Elektronen bzw. Löcher) erzeugen können. Die weitgehend fehlenden freien Ladungen und die vorhandenen Traps führen zu einem extrem hohen Widerstand der implantierten Schicht. Mit Hilfe einer Temperaturbehandlung müssen sowohl die Dotieratome aktiviert, d.h. auf Siliziumgitterplätze gebracht, als auch die Traps beseitigt werden. Beides läuft auf eine Beseitigung der bei der Ionenimplantation entstandenen Kristalldefekte hinaus, weshalb hier auch von „Ausheilen" gesprochen wird.

Bei kleinen implantierten Konzentrationen (bis zu ca. 10^{17} Dotieratomen pro cm³), wie sie z.B. für die Kanaldotierung von MOS-Transistoren üblich sind, entstehen im Siliziumgitter im wesentlichen nur Punktdefekte. Diese sind bei relativ niedrigen Temperaturen zwischen 600 und 800°C in einigen Minuten vollständig ausheilbar. Die Dotieratome sitzen dann auf Siliziumgitterplätzen. Sie sind „aktiviert", d.h. sie haben jetzt die Funktion von Akzeptoren (im Fall von Bor) bzw. Donatoren (im Fall von Phosphor oder Arsen).

Wie aus dem folgenden Abschnitt hervorgeht, kommt es dabei zu keiner nennenswerten Diffusion der Dotieratome (Diffusionslänge kleiner als ca.

10 nm), so daß das Akzeptoren- bzw. Donatorenprofil praktisch identisch mit dem implantierten Dotierprofil ist.

Bei mittleren implantierten Konzentrationen (ca. 10^{17} bis 10^{20} Dotieratome pro cm^3) entstehen oberhalb 500°C ausgedehnte Kristalldefekte (Versetzungen), die auch bei Temperaturen um 1000°C nur teilweise verschwinden. Unterhalb ca. 900°C wird ein Teil der Dotieratome im Bereich der Versetzungen gebunden. Diese Dotieratome sind elektrisch nicht aktiv. Erst oberhalb ca. 900°C kommt es zu einer weitgehend vollständigen Aktivierung.

Da aber die Versetzungen als Traps für die freien Ladungen wirken, nimmt die elektrische Leitfähigkeit in dem betrachteten Konzentrationsbereich von 10^{17} bis 10^{20} Dotieratomen pro cm^3 weniger als proportional mit der Dotieratomkonzentration zu (s. auch Abschn. 6.3.3).

Wird die Temperung zur Aktivierung der Dotieratome in einem üblichen Rohrofen (Abb. 3.1.14) durchgeführt, so betragen die Temperzeiten wegen der Wärmeträgheit der Quarzboote zwangsläufig mehrere Minuten. Bei Temperaturen oberhalb 900°C ist dann die Diffusion der Dotieratome während der Temperzeit nicht mehr vernachlässigbar. Wird die Temperung dagegen mit einem Kurzzeittemperverfahren (Abb. 3.1.25) durchgeführt (z.B. 5 s bei 1150°C), so kann man eine vollständige Dotieratomaktivierung ohne nennenswerte Diffusion der Dotieratome erreichen.

Bei hohen implantierten Arsen- und Phosphorkonzentrationen (mehr als ca. 10^{20} cm^{-3}) sind durch die zahlreichen Stöße beim Abbremsen der Dotieratome praktisch alle Siliziumatome von ihrem ursprünglichen Gitterplatz versetzt. Die implantierte Schicht ist dann im Bereich der hohen Dotieratomkonzentration amorph. Eine amorphe Siliziumschicht auf einem monokristallinen Substrat heilt nun bei relativ niedrigen Temperaturen (ca. 600°C) aus, weil die Umwandlung der amorphen Schicht in eine monokristalline Schicht gleicher Kristallorientierung wie das Substrat (Festphasenepitaxie) mit einer relativ kleinen Aktivierungsenergie vor sich geht. Da aber ein implantiertes Dotierprofil hoher Dosis im Auslaufbereich immer auch einen Bereich mittelgroßer Dotieratomkonzentration (10^{17} bis 10^{20} cm^{-3}) aufweist, benötigt man für die vollständige Aktivierung solcher dotierter Schichten Temperaturen oberhalb 900°C.

6.3.2
Intrinsische Diffusion von Dotieratomen

Bei geringen Dotieratomkonzentrationen (kleiner als ca. 10^{18} cm^{-3}) kann man die Wechselwirkung zwischen den Dotieratomen vernachlässigen. Diffundieren solche Dotieratome im quasi ungestörten monokristallinen Silizium, spricht man von intrinsischer Diffusion. Der Diffusionsmechanismus beruht auf einer Wechselwirkung zwischen dem Dotieratom und einer geladenen oder ungeladenen Leerstelle im Siliziumgitter.

Die zeitliche und räumliche Änderung der Dotieratomkonzentration c läßt sich bei intrinsischer Diffusion mit dem Diffusionsgesetz beschreiben:

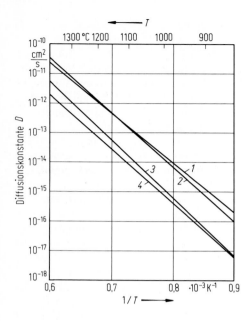

Abb. 6.3.1. Die Diffusionskonstanten von *1* Bor, *2* Phosphor, *3* Arsen und *4* Antimon in niedrig dotiertem Silizium in Abhängigkeit von der Temperatur

$$\frac{\partial c}{\partial t} = D \frac{\partial^2 c}{\partial z^2} \, ,$$

D ist die Diffusionskonstante. Abbildung 6.3.1 zeigt die Diffusionskonstanten von Bor, Phosphor, Arsen und Antimon in Abhängigkeit von der Temperatur in niedrig dotiertem Silizium.

Die Diffusionsgleichung hat für die beiden Randbedingungen „Dotieratomkonzentration bei $z = 0$ zeitlich konstant" und „Dosis zeitlich konstant" explizite Lösungen.

Der erste Fall einer zeitlich konstanten Dotieratomkonzentration bei $z = 0$ ist z.B. dann näherungsweise gegeben, wenn die Dotieratome aus dem Gasraum oder aus einer Schicht heraus ins Silizium diffundieren, wobei das Dotierstoffangebot an der Siliziumgrenzfläche während der Diffusion ins Silizium gleichbleibend sein soll. Die Lösung der Diffusionsgleichung lautet in diesem Fall

$$\frac{c(z)}{c_0} = 1 - \frac{2}{\sqrt{\pi}} \int\limits_{\zeta=0}^{\zeta=z} e^{-\frac{\zeta^2}{\sigma^2}} \, d\left(\frac{\zeta}{\sigma}\right), \ \text{für } c(z = 0, t) = c_0 \, .$$

Die normierte Konzentration $c(z)/c_0$ ist in Abb. 6.3.2 in Abhängigkeit der normierten Tiefe z/σ dargestellt.[10] Die Normierungsgröße σ ist

---

[10] Die Funktion $c(z)/c_0$ wird auch als erfc (z) bezeichnet. Die Buchstaben erf stehen für *err*or *f*unction, während c *c*omplementary bedeutet.

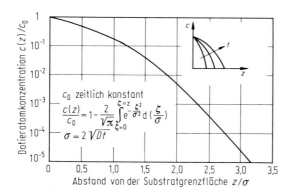

Abb. 6.3.2. Durch Diffusion entstehendes Dotierprofil $c(z)/c_0$ für den Fall, daß die Dotieratomkonzentration c_0 an der Substratgrenzfläche $z=0$ zeitlich konstant ist. σ ist die Diffusionslänge, D die Diffusionskonstante und t die Zeitdauer, während der das Substrat auf Diffusionstemperatur gehalten wird

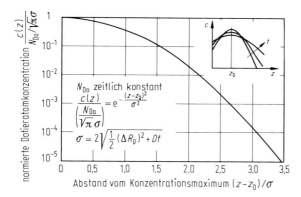

Abb. 6.3.3. Durch Diffusion entstehendes Dotierprofil für den Fall, daß zum Zeitpunkt $t=0$ ein implantiertes Gauß-Profil mit dem Maximum bei $z=z_0$, der Dosis N_{Do} und der Standardabweichung ΔR_p vorliegt

$$\sigma = 2\sqrt{Dt}.$$

σ wird als Diffusionslänge bezeichnet und ist ein Maß dafür, wie weit die Dotieratome in der Zeit t diffundieren.

Der andere Sonderfall, bei dem die Dosis, das heißt die Zahl der Dotieratome pro cm^2 Oberfläche, im Substrat zeitlich konstant bleibt, ist z. B. dann näherungsweise gegeben, wenn Dotieratome mit einer Dosis N_{Do} in ein Siliziumsubstrat implantiert wurden und dann bei erhöhter Temperatur im Silizium diffundieren. Die Lösung der Diffusionsgleichung ist in diesem Fall eine Gauß-Verteilung (Abb. 6.3.3):

$$\frac{c(z)}{\left(\frac{N_{Do}}{\sqrt{\pi}\,\sigma}\right)} = e^{-\frac{(z-z_0)^2}{\sigma^2}}, \text{ für } \int\limits_{z=-\infty}^{z=\infty} c(z,t)\,dz = N_{Do}.$$

z_0 sei derjenige Abstand von der Substratoberfläche $z=0$, bei dem das Maximum der Dotieratomkonzentration ist. Im Falle einer Ionenimplantation ist $z_0 = R_p$ (R_p = Reichweite, s. Abb. 6.2.3). Das nach der Ionenimplantation vor der eigentlichen Diffusion (Zeitpunkt $t=0$) bereits vorhandene Gauß-Dotierprofil mit einer Standardabweichung ΔR_p (s. Abb. 6.2.3) kann man berücksichtigen, indem man für σ den folgenden Ausdruck ansetzt:

$$\sigma = 2\sqrt{\frac{1}{2}\,(\Delta R_p)^2 + Dt}\,.$$

In entsprechender Weise können mehrstufige Diffusionen, das heißt nacheinander bei unterschiedlichen Temperaturen ablaufende Diffusionen, berücksichtigt werden. σ wird dann

$$\sigma = 2\sqrt{\frac{1}{2}(\Delta R_p)^2 + D_1\,t_1 + D_2\,t_2 + \cdots}\,.$$

Mit den in Abb. 6.3.2 und 6.3.3 dargestellten Dotierprofilen kann man in der Praxis solche Fälle recht gut berschreiben, bei denen die Dotieratomkonzentration hinreichend klein ist ($<10^{18}$ cm^{-3}) und Vorgänge an der Siliziumgrenzfläche wie die oxidationsbeschleunigte Diffusion (Abschn. 6.3.4) oder die Segregation (Abschn. 6.3.5) eine untergeordnete Rolle spielen. Beispiele für die Anwendbarkeit der Dotierprofile der Abb. 6.3.2 bzw. 6.3.3 sind die Ausdiffusion aus einer Buried-Layer in eine Epitaxieschicht (s. Abschn. 3.3.2), das (eindimensionale) Dotierprofil im Kanalbereich eines MOS-Transistors und das Wannenprofil bei einer CMOS-Technik.

6.3.3
Diffusion bei hohen Dotieratomkonzentrationen

Bei hohen Dotieratomkonzentrationen (oberhalb ca. 10^{19} cm^{-3}, das entspricht implantierten Dosen größer als ca. 10^{14} cm^{-2}) kommt es zu teils massiven Abweichungen vom normalen Diffusionsverhalten. Die Abweichungen sind für Bor, Phosphor und Arsen entsprechend den spezifischen Diffusionsmechanismen unterschiedlich. Die komplexen Mechanismen der Dotieratomdiffusion bei hohen Konzentrationen sind heute noch Gegenstand intensiver Studien. Immerhin gelingt es in den meisten Fällen, mit Hilfe von Modellen die Veränderung von Dotierprofilen bei vorgegebenen Bedingungen näherungsweise zu simulieren [6.13, 6.14].

Abbildung 6.3.4 zeigt die typischen Anomalien bei der Diffusion von Bor, Phosphor und Arsen bei hohen Konzentrationen.

Im Fall von Bor erhält man bei 900 bis 1000°C eine aktivierte Borkonzentration von maximal ca. 10^{20} cm^{-3}. Wo die Gesamtborkonzentration diesen Wert übersteigt, ist die Überschußkonzentration elektrisch nicht aktiv. Außerdem diffundiert das Bor in diesem Bereich kaum. Dagegen wird die Bordiffusion im Auslaufbereich des Profils, also bei den mittleren und niedrigen Konzentrationen, infolge von Zwischengitteratomen, die aus dem Bereich hoher Konzentration in den Auslaufbereich diffundieren, beschleunigt (Diffusionsschwanz) [6.16].

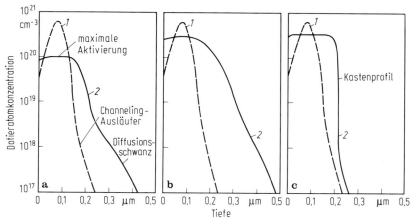

Abb. 6.3.4 a–c. Typische Diffusionsprofile (aktivierte Dotieratomkonzentration), die beim Tempern einer implantierten Schicht hoher Konzentration (gestrichelte Kurven) entstehen. Temperung bei ca. 900°C. **a** Bor; **b** Phosphor; **c** Arsen

Im Fall von Phosphor tritt ebenfalls ein Diffusionsschwanz auf, der die gleiche Ursache wie bei Bor hat.[11] Arsen zeigt ein anderes Verhalten. Hier ist die Diffusion bei hohen Konzentrationen beschleunigt. Das führt zu einem steilen Abfall der Konzentration am hinteren Ende des Dotierprofils. Da das Maximum der bei 900 bis 1000°C aktivierbaren Dotieratomkonzentration bei ca. $3 \cdot 10^{20}$ Arsenatomen pro cm^3 liegt, ist bei hohen implantierten Dosen der obere Teil des Profils abgeflacht. Die Abflachung und der steile Abfall verleihen dem Profil ein rechteckförmiges Aussehen („Kastenprofil").

6.3.4
Oxidationsbeschleunigte Diffusion

Unter einer oxidierenden Siliziumoberfläche diffundieren Bor, Phosphor und Arsen schneller als ohne gleichzeitige thermische Oxidation (Abb. 6.3.5). Der Effekt wird durch Silizium-Zwischengitteratome erklärt, die an der oxidierenden Siliziumoberfläche entstehen, von der Oberfläche wegdiffundieren und in Wechselwirkung mit den Dotieratomen treten.

Der Diffusionsbeschleunigungsfaktor ist für Bor, Phosphor und Arsen verschieden und hängt von der Oxidationstemperatur, der Oxidwachstumsrate und von der Kristallorientierung ab. Er kann Werte von 2 und höher annehmen.

---

[11] Der sog. Emitter-Push-Effekt (darunter versteht man die beschleunigte Diffusion von Bor unterhalb einem Phosphor-Emitterbereich hoher Konzentration) wird mit dem gleichen Mechanismus erklärt.

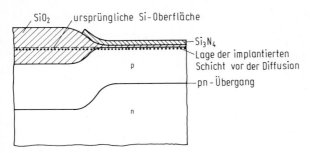

Abb. 6.3.5. Oxidationsbeschleunigte Diffusion von Bor. Unterhalb der oxidierenden Siliziumoberfläche diffundieren die Boratome schneller als unter der SiO_2/Si_3N_4-Schicht, wo keine thermische Oxidation des Siliziums stattfindet

6.3.5
Diffusion von Dotieratomen an Grenzflächen

In der Umgebung der Grenzfläche zwischen monokristallinem Silizium und anderen Schichten werden die bei der Diffusion entstehenden Dotierprofile nicht nur durch die unterschiedlichen Diffusionskonstanten im Silizium und in der Schicht, sondern auch durch eine sog. Segregation der Dotieratome beeinflußt.

Der Segregationskoeffizient gibt das Verhältnis der Dotieratomkonzentration im Silizium und in der Schicht an, das sich an der Grenzfläche im thermischen Gleichgewicht einstellt.

Im Falle einer Si/SiO_2 -Grenzfläche ist der Segregationskoeffizient für Bor <1 (Werte zwischen 0,2 und 0,9 je nach Oxidationsbedingungen), während er für Arsen und Phosphor etwa den Wert 10 hat. Abbildung 6.3.6 zeigt typische Profile, die in der Umgebung der SiO_2/Si-Grenzfläche während einer thermischen Oxidation entstehen. Die Abreicherung von Bor an der Siliziumoberfläche wird als „pile-down", die Anreicherung von Arsen bzw. Phosphor als „pile-up" bezeichnet. Im letzteren Fall wirkt die während der thermischen Oxidation ins Silizium vorrückende SiO_2/Si-Grenzfläche bezüglich der Arsen- bzw. Phosphorverteilung wie ein Schneepflug: Die von der vorrückenden Grenzfläche erfaßten Dotieratome werden zum größten Teil vor der Grenzfläche hergeschoben.[12]

Die Ab- bzw. Anreicherung der Dotieratome an der Si-Oberfläche während der thermischen Oxidation spielt vor allem bei der LOCOS-Technik eine wichtige Rolle: Ist das Siliziumsubstrat z.B. Bor-dotiert, so muß die Borabreicherung durch eine Borimplantation kompensiert werden, um die benachbar-

---

[12] Bei sehr niedriger Oxidationstemperatur (z.B. bei einer Hochdruckoxidation bei 800°C) kann die oxidierende Grenzfläche schneller vorrücken als die Arsenatome nachrücken können. Die Folge ist, daß es praktisch keinen Schneepflugeffekt mehr gibt und das ursprüngliche Arsenprofil praktisch unverändert bleibt.

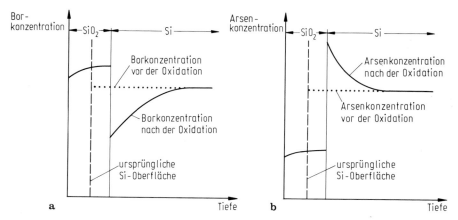

Abb. 6.3.6a, b. Auswirkung der Dotieratomsegregation an der SiO$_2$/Si-Grenzfläche auf Bor- bzw. Arsenprofile bei der thermischen Oxidation. **a** im Fall von Bor kommt es zu einer Abreicherung (pile-down) an der Siliziumoberfläche, **b** im Fall von Arsen bzw. Phosphor zu einer Anreicherung (pile-up)

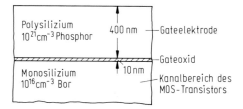

Abb. 6.3.7. Veranschaulichung der Dotierverhältnisse und der Dickenverhältnisse im Gatebereich eines MOS-Transistors. Die dünne Gateoxidschicht darf bei den herrschenden Prozeßtemperaturen (900 bis 1000°C) weniger als 10^{-5} der Phosphordosis in der Gateelektrode durchlassen

ten aktiven Bereiche sicher genug elektrisch gegeneinander zu isolieren (Abschn. 3.4.2).

Bleibt die SiO$_2$/Si-Grenzfläche bei einer Hochtemperaturbehandlung ortsfest (z. B. die Gateoxidgrenzflächen in Abb. 6.3.7), so wirkt sich die Segregation der Dotieratome sehr viel weniger stark auf die Dotierprofile aus. Der Grund hierfür liegt in der geringen Diffusionsgeschwindigkeit von Bor, Phosphor und Arsen in SiO$_2$ (s. Abschn. 6.3.6). Dadurch wirkt die ortsfeste Si/SiO$_2$-Grenzfläche praktisch wie eine Diffusionssperre; es diffundiert nur relativ wenig Dotierstoff über die Grenzfläche.

Wie Abb. 6.3.8 zeigt, gibt es an der Polysilizium/Monosilizium-Grenzfläche keine ausgeprägten Segregationseffekte. Dagegen kann die Segregation an ei-

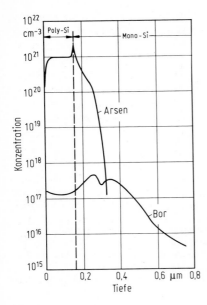

Abb. 6.3.8. Mit Sekundärionenmassenspektro-skopie (SIMS) gemessene Arsen- und Bor-Pro-file (Gesamtkonzentration) eines Bipolartran-sistors mit Polysiliziumemitter (s. Abb. 8.3.8). Während das Arsen ins Polysilizium implantiert wurde, wurde das Bor vor der Polysiliziumab-scheidung ins Monosilizium implantiert. Die Diffusionstemperatur war 900°C

ner Silizid/Silizium-Grenzfläche erheblich sein. Zum Beispiel reichert sich bei einer $TiSi_2$/Si-Grenzfläche Bor sehr stark im Silizid an (vgl. Abb. 3.9.1).

An der Grenzfläche zwischen einer dotierten Schicht und der umgebenden Atmosphäre kommt es bei erhöhter Temperatur zu einer Ausdiffusion der Dotieratome aus der Schicht. Diese Ausdiffusion ist meist unerwünscht, nicht nur deshalb, weil Dotierstoff verlorengeht, sondern auch, weil der Dotier-stoff in undefinierter Weise auf andere Scheiben verschleppt werden kann. Bei Temperbehandlungen wird deshalb meist dafür gesorgt, daß die dotierten Bereiche (auch die Scheibenrückseite) mit einer dünnen SiO_2-Schicht abge-deckt sind. Aus dem gleichen Grunde werden die Siliziumscheiben bei der thermischen Oxidation bereits in oxidierender Atmosphäre in den Rohrofen eingefahren (s. Abb. 3.1.15). Dadurch entsteht eine dünne versiegelnde SiO_2-Schicht, noch bevor Dotieratome aus- oder eindiffundieren können. Auf die Problematik der Ausdiffusion der Dotieratome beim Aufwachsen einer Epita-xieschicht wurde im Abschn. 3.3.2 eingegangen.

6.3.6
Diffusion von Dotieratomen in Schichten

Die Diffusionsgeschwindigkeit von Bor, Phosphor und Arsen in den Schich-ten, die auf dem Monosilizium liegen, ist für die Ausbildung der Dotierpro-file ebenso bedeutsam wie die Diffusionsgeschwindigkeit im Monosilizium selbst. Am wichtigsten ist das Diffusionsverhalten in SiO_2-Schichten. Die Sili-zium-Planartechnik funktioniert nur dann, wenn SiO_2 praktisch als Diffusionssperre wirkt. Andererseits ist bei denjenigen Schichten, aus denen heraus der Dotierstoff ins Silizium diffundieren soll, eine hohe Diffusionsgeschwindigkeit erwünscht. Hierzu gehören Phosphorglas-, Polysilizium- und zunehmend auch Silizidschichten.

Die höchsten Anforderungen an das Diffusionssperrverhalten von SiO_2-Schichten werden an Gateoxidschichten mit Polysilizium-Gateelektrode gestellt. Abbildung 6.3.7 veranschaulicht am Beispiel einer Phosphor-dotierten Polysiliziumelektrode den Dotierkonzentrationsunterschied von ca. 5 Größenordnungen. Eine über das dünne Gateoxid ins Monosilizium diffundierende Phosphordosis von nur 10^{11} cm^{-2} – das ist weniger als 1/100 000 der im Polysilizium vorhandenen Dosis – würde die Dotierverhältnisse im Kanalbereich des MOS-Transistors und damit das elektrische Verhalten des Transistors bereits merklich beeinflussen. Die Praxis hat gezeigt, daß selbst Gateoxide mit einer Dicke von nur 10 nm bei Prozeßtemperaturen von 900 bis 1000°C eine ausreichende Diffusionssperre gegenüber Phosphor – das ist der weitaus häufigste Fall – darstellen. Gleiches scheint für Arsen zu gelten. Dagegen wurde bei Bor-dotierten Polysilizium-Gateelektroden unter bestimmten Bedingungen eine geringfügige Diffusion durchs Gateoxid festgestellt. Die Boratome im Gateoxid scheinen auch für eine Instabilität der Einsatzspannung bei Temperatur-/Spannungsstreß verantwortlich zu sein.

Die Diffusionsgeschwindigkeit von Phosphor in Phosphorglasschichten, also SiO_2-Schichten mit einigen Gewichtsprozenten Phosphor, ist um viele Größenordnungen höher als in reinen SiO_2-Schichten. Damit kann man auch Silizium durch Ausdiffusion von Phosphor aus einer Phosphorglasschicht mit Phosphor dotieren (s. Abb. 3.6.1). Liegt die Phosphorglasschicht dagegen auf einer reinen SiO_2-Schicht, so wirkt auch hier die SiO_2-Schicht als eine ausgezeichnete Diffusionssperre. Dies nützt man z.B. in solchen Fällen aus, wo das Phosphorglas nur als einebnende und getternde Schicht, nicht aber als Dotierschicht für die Siliziumdotierung eingesetzt wird. Hier vermeidet eine dünne SiO_2-Schicht, die zwischen dem Phosphorglas und Silizium liegt, das Ausdiffundieren des Phosphors ins Silizium (s. Abb. 8.5.3).

Die Diffusionsgeschwindigkeit von Bor, Phosphor und Arsen in polykristallinen Siliziumschichten ist höher als in Monosilizium, weil die Diffusion entlang den Korngrenzen bis zu 100mal schneller ist (vgl. Abschn. 3.8.3). Dotiertes Polysilizium in direktem Kontakt mit Monosilizium eignet sich deshalb gut als Dotierquelle zur Dotierung des Monosiliziums. Bekannte Anwendungen hierfür sind der Buried-Kontakt (Abb. 3.8.6) sowie der Polysiliziumemitter und der Polysilizium-Basisanschluß von Bipolartransistoren (Abb. 8.3.8). Abbildung 6.3.8 zeigt das gemessene Arsenprofil eines Polysiliziumemitters, das durch Arsenimplantation ins Polysilizium und anschließendes Diffundieren des Arsens bei 900°C entstanden ist. Die relativ hohe Diffusionsgeschwindigkeit des Arsens im Polysilizium äußert sich durch die weitgehend homogene Arsenverteilung im Polysilizium.

Die Diffusion von Dotieratomen in Siliziden ist noch wenig untersucht. Die Diffusionskonstanten von Bor, Phosphor und Arsen scheinen jedoch sehr viel höher zu sein als im Monosilizium und auch höher als im Polysilizium.

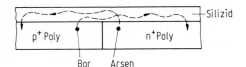

Abb. 6.3.9. Laterale Diffusion von Bor und Arsen in einer Silizidschicht

Dies ist einerseits eine willkommene Eigenschaft, weil man z. B. die Dotieratome in die Silizidschicht implantieren und dann bei erhöhter Temperatur ins darunterliegende Silizium eintreiben kann. Man kann damit niederohmige Schichten bei geringer Eindringtiefe erzeugen (s. Abschn. 6.3.7). Außerdem vermeidet man bei dieser Art der Dotierung Implantationsschäden im Monosilizium.[13] Andererseits kann die hohe laterale Diffusionsgeschwindigkeit der Dotieratome in der Silizidschicht störend sein, z. B. bei der Verwendung von p- und n-dotiertem Polysilizium in einer CMOS-Schaltung (s. Tab. 8.8). Hier kann es zu einer unerwünschten Vermischung der p- und n-Dotierung im Polysilizium kommen (Abb. 6.3.9).

6.3.7
Schichtwiderstand von dotierten Schichten

Der in Abb. 3.2.2 wiedergegebene Zusammenhang zwischen dem spezifischen elektrischen Widerstand und der Dotieratomkonzentration gilt für homogen dotiertes monokristallines Silizium, bei dem der Dotierstoff der Schmelze beigegeben wurde. Für implantierte und dann ausgeheilte dotierte Schichten gilt dieser Zusammenhang ebenfalls, solange es sich um niedrige bis mittlere Konzentrationen handelt. Bei hohen Konzentrationen (oberhalb ca. 10^{19} cm^{-3}) ist der spezifische Widerstand allerdings größer als bei der mit gleicher Konzentration homogen dotierten Siliziumscheibe, weil nicht ausgeheilte Kristallfehler sowohl den Aktivierungsgrad als auch die Ladungsträgerbeweglichkeit herabsetzen (s. Abschn. 6.3.1).

Es ist nun üblich, das elektrische Widerstandsverhalten eines oberflächennahen dotierten Bereichs durch dessen Schichtwiderstand R_s zu charakterisieren:

$$R_s = 1 / \int_0^{z_j} \frac{dz}{\varrho(z)} \, ,$$

$$R = R_s \frac{l}{W} \, .$$

---

[13] Das gleiche gilt auch bei der Implantation in eine SiO$_2$-Schicht oder in eine Polysiliziumschicht und anschließendes Eintreiben des Dotierstoffs ins Monosilizium, wie z. B. beim Polysiliziumemitter.

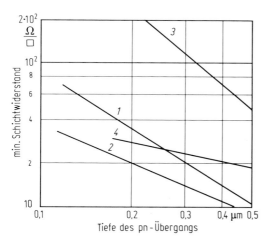

Abb. 6.3.10. Minimaler Schichtwiderstand von p- bzw. n-dotierten oberflächennahen Schichten bei vorgegebener Tiefe des pn-Übergangs. Es wird angenommen, daß die Dotieratome implantiert werden und daß anschließend eine Ofentemperung bzw. eine Kurzzeittemperung durchgeführt wird. *1* n^+-Dotierung, Ofentemperung; *2* n^+-Dotierung, Kurzzeittemperung; *3* p^+-Dotierung, Ofentemperung; *4* p^+-Dotierung, Kurzzeittemperung

Dabei ist ϱ (z) der spezifische Widerstand im Abstand z von der Siliziumoberfläche, und R ist der Widerstand des in Längsrichtung stromdurchflossenen dotierten Bereichs mit der Länge l und der Breite w, z_j bezeichnet den Abstand des pn-Übergangs von der Oberfläche. Als Dimension von R_s schreibt man $\Omega/\square$, um anzudeuten, daß es sich um den Widerstand eines dotierten Bereichs mit quadratischer Oberfläche ($l = w$) handelt.

Wegen der begrenzten Aktivierbarkeit der Dotieratome kann nun der Schichtwiderstand eines dotierten Bereichs nicht beliebig herabgesetzt werden. Abbildung 6.3.10 zeigt den minimalen erreichbaren Schichtwiderstand bei vorgegebener Eindringtiefe z_j des pn-Übergangs.[14] Beispielsweise erhält man bei einer n^+-dotierten Schicht mit 0,3 µm Eindringtiefe bei Ofentemperung bestenfalls einen Schichtwiderstand von 20 $\Omega/\square$.

Einen bemerkenswerten Effekt erzielt man, wenn man eine Bor-implantierte Schicht hoher Konzentration mittels Kurzzeittemperung (z. B. 5 s bei 1150°C, s. Abschn. 3.1.8) aktiviert. Durch die hohe Temperatur wird ein hoher Aktivierungsgrad erreicht, ohne daß es in der kurzen Zeit zu einer nennenswerten Diffusion kommt (Abb. 6.3.10, Kurve *4*).

Im Falle einer Phosphor- oder Arsendotierung ist der Effekt des Kurzzeittemperns nicht so ausgeprägt wie bei Bor (Kurve *2* in Abb. 6.3.10).

---

[14] Der Schichtwiderstand von dotierten Polysiliziumschichten wurde bereits im Abschn. 3.8.3 behandelt.

Um auch bei sehr dünnen dotierten Schichten niedrige Schichtwiderstände zu erreichen, kommen häufig Metallsilizidschichten zum Einsatz, die als niederohmige „Shunts" über den dotierten Schichten liegen. Im Fall von Polysilizium/Silizid-Doppelschichten spricht man von Polyzidschichten (s. Abschn. 3.9.2). Im Fall von Monosilizium/Silizid-Doppelschichten von Salizidschichten (*Self-Al*igned Sili*cide*) oder von selektiver Silizierung (s. Abschn. 3.9.3).

6.3.8
Diffusion am Rand von dotierten Bereichen

Implantiert man Dotieratome nahe der Siliziumoberfläche in einen von der Implantationsmaske begrenzten Bereich, so kommt es beim Eindiffundieren der Dotieratome auch zu einer seitlichen Diffusion (Abb. 6.3.11). Der seitliche Abstand des pn-Übergangs von der Maskenkante ist meist um ca. 30% kürzer als die Tiefe des pn-Übergangs, weil die in der Nähe der Maskenkante implantierten Dotieratome in ein größeres Volumen diffundieren.

Die seitliche Diffusion unter die Maskenkanten kann unerwünschte Folgen haben. So erhöht sich z.B. die Gate/Drain-Kapazität eines MOS-Transistors (Miller-Kapazität), und das elektrische Sperrverhalten von eng benachbarten dotierten Bereichen verschlechtert sich. Mögliche Gegenmaßnahmen sind außer der Verringerung der Eindringtiefe der Dotieratome die Ausbildung eines Spacers an der Maskenkante (s. Abschn. 3.5.3) oder in die Tiefe des Siliziums hineinragende Maskenkanten, wie sie z.B. bei einigen Ausführungsformen der LOCOS-Technik (s. Abb. 3.4.7) oder bei der Grabenisolation (s. Abschn. 3.5.4) vorkommen.

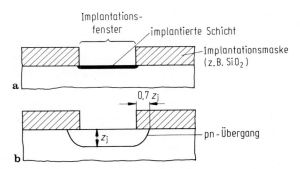

Abb. 6.3.11a, b. Beim Eindiffundieren einer implantierten Schicht ins Monosilizium liegt der pn-Übergang seitlich etwa $0{,}7\,z_j$ von der Maskenkante entfernt, wenn z_j die Tiefe des pn-Übergangs ist. **a** nach dem Implantieren; **b** nach dem Diffundieren

6.4
Diffusion von nichtdotierenden Stoffen

Außer den Dotierstoffen spielen auch Schwermetalle, Natrium sowie Sauerstoff und Wasserstoff als Fremdstoffe im Silizium bzw. in den SiO_2-Schichten eine Rolle. Die Abb. 6.4.1 und 6.4.2 zeigen die Diffusionskonstanten der genannten Stoffe in Si bzw. SiO_2.

Die Schwermetalle Gold, Kupfer, Eisen und andere weisen eine so hohe Diffusionsgeschwindigkeit[15] in Silizium auf, daß sie bei Prozeßtemperaturen um 900°C durch die gesamte Scheibendicke hindurch diffundieren können. Das bedeutet, daß die Schwermetallatome unabhängig davon, an welcher Stelle sie ins Silizium gelangen, ohne weiteres die kritischen Stellen erreichen können, an denen sie schädliche Folgen haben. Zu nennen ist hier die Wirkung der Schwermetallatome als Zentren für die Generation von Ladungsträgern, als „life-time-killer" (d.h. die Lebensdauer von Minoritätsladungsträgern wird verkürzt) sowie als Keime für oxidationsinduzierte Stapelfehler und Schwachstellen in dünnen Oxidschichten.

Um die Schwermetalle von den Siliziumscheiben fernzuhalten, wird einiger Aufwand getrieben. So müssen die während des Herstellungsprozesses

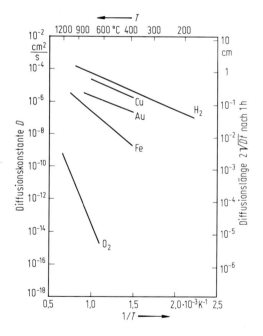

Abb. 6.4.1. Diffusionskonstanten wichtiger nichtdotierender Stoffe im Silizium

---

[15] Die Diffusionslänge $2\sqrt{Dt}$ (s. Abschn. 3.3.2) ist die mittlere Strecke, die die diffundierenden Teilchen in der Zeit t zurücklegen.

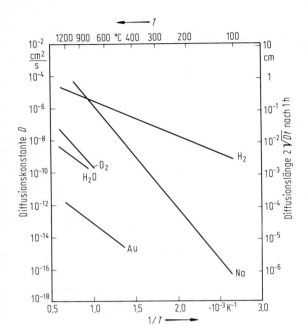

Abb. 6.4.2. Diffusionskonstanten wichtiger nichtdotierender Stoffe in SiO_2

mit den Scheiben in Kontakt kommenden Gase, Flüssigkeiten und Festkörper möglichst schwermetallfrei gehalten werden (s. Kap. 7). Weitere Maßnahmen sind die Beimischung von HCl bei der thermischen Oxidation bzw. bei der Rohrreinigung sowie die Erzeugung von Getterschichten im Siliziumsubstrat oder in direktem Kontakt mit dem Siliziumsubstrat. Getterschichten haben die Wirkung einer Senke für Schwermetallatome. Bewährt haben sich stark phosphordotierte Schichten, phosphordotiertes Polysilizium in direktem Kontakt mit dem Monosilizium sowie eine mit massiven Kristallfehlern behaftete Scheibenrückseite, wobei die Kristallfehler z. B. durch Argonimplantation oder durch mechanische Beanspruchung erzeugt werden.

Kommen Schwermetallverunreinigungen unterhalb einer Temperatur von ca. 500°C (das ist die maximale Temperatur, die zulässig ist, wenn bereits eine Aluminiummetallisierung vorliegt) auf die Siliziumscheiben, so sind diese kaum mehr schädlich, weil die Löslichkeit der Schwermetalle bei diesen Temperaturen bereits stark reduziert ist [6.15] (Abb. 6.4.3).

Natrium hat eine besonders hohe Beweglichkeit in SiO_2-Schichten (Abb. 6.4.2), wo es in Form von positiv geladenen Ionen vorliegt. Diese bewegen sich in einem elektrischen Feld in Richtung des Feldes und induzieren ihrerseits Spiegelladungen im Siliziumsubstrat. Die Natriumionen wirken sich am ungünstigsten aus, wenn das Feld – z. B. durch eine positive Spannung an einer Gateelektrode – so gerichtet ist, daß die Natriumionen zur Si-SiO_2-Grenzfläche wandern. Dann verschiebt sich die Einsatzspannung U_T eines MOS-Transistors um

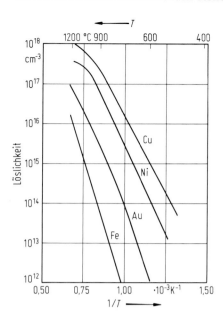

Abb. 6.4.3. Löslichkeit einiger Schwermetalle in Silizium

$$\Delta U_\mathrm{T} = -\frac{eN}{C_\mathrm{ox}},$$

wobei N die Zahl der Natriumionen pro Fläche, e die Elementarladung und C_ox die flächenspezifische Oxidkapazität bedeuten.

Das Natrium kann entweder während des Herstellungsprozesses der Integrierten Schaltungen oder auch danach auf die Halbleiteroberfläche gelangen. In der modernen Siliziumtechnologie is das Natriumproblem weitgehend beseitigt worden. Zum einen sorgt man durch sauberes Arbeiten (z. B. Plastikhandschuhe zur Verhinderung der Verschleppung des kochsalzhaltigen Handschweißes) sowie durch Verwendung natriumarmer Stoffe beim Herstellungsprozeß (z. B. Quarzteile, Targets, Photoresist und Photoresistentwickler) für eine möglicht geringe Natriumkontamination, zum andern werden vorhandene Natriumionen in Getterschichten (vor allem Phosphorglas und Borphosphorglas) festgehalten bzw. durch Passivierungsschichten (z. B. Nitridschichten) am Eindringen gehindert. Durch Beimischung von HCl bei der thermischen Oxidation (s. Abschn. 3.1.2) wird das aus den Heizkassetten bzw. aus den Keramikaußenrohren diffundierende Natrium unschädlich gemacht.

Die Diffusion von Sauerstoff in SiO_2 wurde im Zusammenhang mit der thermischen Oxidation (Abschn. 3.1.2) beschrieben, während die Diffusion von Sauerstoff in Silizium im Zusammenhang mit der Ausbildung von sauerstoffverarmten Zonen im tiegelgezogenen Silizium behandelt wurde (Abschn. 3.2.3).

Die Diffusion von Wasserstoff in SiO$_2$, Silizium und Aluminium spielt beim Tempern eine wichtige Rolle. An der SiO$_2$-Si-Grenzfläche kann der Wasserstoff freie Valenzen absättigen und so die Oberflächentermdichte reduzieren. Nitridschichten, die mit dem LPCVD-Verfahren (Abschn. 3.1.1) bei ca. 750°C erzeugt wurden, stellen eine Diffusionsbarriere für Wasserstoff dar. Anders verhalten sich Plasmanitridschichten (Abschn. 3.7.4), die selbst viel Wasserstoff enthalten und diesen auch abgeben können.

6.5
Literatur zu Kapitel 6

6.1   Ruge, I.; Mader, H.: Halbleiter-Technologie, 3. Aufl. Berlin: Springer 1991; S. 82ff.
6.2   Ryssel, H.; Ruge, I.: Ionenimplantation. Stuttgart: Teubner 1978
6.3   Glawischnig, H.; Noack, N.: Ion Implantation. Science and Technology. Orlando, Fla.: Academic 1984, p. 313
6.4   Lindhard, J.; Scharff, M.; Schiott, H.: Mat. Fys. Med. Dan. Vid. Selsk 33 (1963) 1
6.5   Morgan, D. V.: Channeling: Theory, Observation and Applications. New York: Wiley 1973
6.6   Hofker, W. K.: Philips Res. Rep. Suppl. 8 (1975)
6.7   Tsai, M. Y.; Streetman, B. G.: J. Appl. Phys. 50 (1979) 183
6.8   Runge, H.: Phys. Stat. Sol. (A) 39 (1977) 595
6.9   Hunter, W. R. et al.: IEEE Trans. Electron Devices ED – 26 (1979) 353
6.10 Crowder, B. L.: J. Electrochem. Soc. 118 (1971) 943
6.11 Christel, L. A.; Gibbons, J. F.; Mylroie, S:: Nuclear Instrum. Methods 182/183 (1981) 187
6.12 Sze, S. M.: VLSI Technology. New York: McGraw-Hill 1983, p. 169–218
6.13 Antoniadis, D. A.; Hansen, S. E.; Dutton, R. W.: IEEE Trans. Electron Devices ED – 26 (1979) 490
6.14 Lorenz, J.; Pelka, J.; Ryssel, H.; Sachs, A.; Seidl, A.; Svoboda, M.: IEEE Trans. Electron Devices ED – 32 (1984) 1977
6.15 Bergholz, W.; Zoth, G.; Wendt, H.; Sauter, S.; Asam, G.: Siemens Forsch.- und Entwickl.-Ber 16 (1987) 241
6.16 Gösele, F. W.; Mehrer, U.; Seeger, A.: Diffusion in Crystalline Solids. New York: Academic 1984, p. 64

7
Reinigungstechnik

In den vorhergehenden Kapiteln wurde bereits mehrfach auf die schädliche Wirkung von Verunreinigungen (Kontaminationen) im Siliziumsubstrat, in den Schichten und auf den Oberflächen eingegangen. In diesem Kapitel soll die Thematik der Verunreinigungen zusammenfassend dargestellt werden. Die Maßnahmen zur Vermeidung bzw. Beseitigung der Verunreinigungen werden aufgezeigt.

7.1
Verunreinigungen und ihre Auswirkungen

In Tabelle 7.1 sind die vier wichtigsten Verunreinigungsarten sowie ihr möglicher Weg zur Scheibenoberfläche zusammengestellt.

Tabelle 7.1. Verunreinigung der Scheibenoberfläche

Art der Verunreinigung	Ursache, Herkunft
Partikel	Anlagerung von Partikeln aus Gasen (Raumluft, Prozeßgase), Flüssigkeiten (Wasser, Ätzflüssigkeiten, Entwickler) und Festkörpern (durch Abrieb, Abplatzen von Schichten, Ablösen von lose haftenden Teilchen)
Schwermetalle	Anlagerung von Schwermetallen aus Gasen (Raumluft, Prozeßgase, Plasmen), Flüssigkeiten (Wasser, Ätzflüssigkeiten, Entwickler) und Festkörpern (durch Abrieb, Absputtern, Abätzen, Abdiffundieren)
Organische Reste	Anlagerung von organischen Verunreinigungen auf der Scheibenoberfläche beim Plasmaätzen (Polymerisation), bei Sputter- und Elektronenstrahlprozessen (Ölcrackprodukte), beim Wasserspülen (Bakterien, Algen) und aus der Reinraumluft. Rückstände nach unvollständiger Resistentfernung
Natriumionen	Anlagerung von Alkaliverbindungen aus Gasen (Raumluft, Prozeßgase), Flüssigkeiten (Entwickler, Handschweiß) und Festkörpern (durch Abrieb, Absputtern, Abätzen, Abdiffundieren)

Die schädliche Auswirkung von Natrium- bzw. Schwermetallverunreinigungen auf die Oxidstabilität wurde bereits in Abschn. 3.4.14 beschrieben. Schwermetalle im monokristallinen Silizium stellen darüberhinaus Generations-Rekombinations-Zentren für Elektron-Loch-Paare dar. Im Basisgebiet eines Bipolartransistors haben diese Zentren eine Erniedrigung der Stromverstärkung zur Folge. Sind sie im Bereich von ladungsverarmten Gebieten (Depletion-Zonen) lokalisiert, so fließen erhöhte Leckströme in diesen Sperrschichten. Im Kanalgebiet eines MOS-Transistors bedeutet das einen größeren Unterschwellenstrom, in einem pn-Übergang einen größeren Sperrstrom und im „Speicherknoten" (storage node) einer dynamischen Speicherzelle (s. Abschn. 8.4.2) einen schnelleren Verlust der gespeicherten Ladung (Abb. 7.1.1). Da in einer DRAM-Zelle nur ca. 10^6 Elementarladungen gespeichert sind und diese etwa 1 Sekunde lang gehalten werden müssen, werden an die Prozeßführung eines DRAM-Prozesses ganz besondere Anforderungen gestellt, was die Vermeidung bzw. die Beseitigung von eingeschleppten Schwermetallverunreinigungen anbetrifft. Zum Beispiel sollten in einer Plasmaätzkammer, in der Oxidschichten bis zum Siliziumsubstrat durchgeätzt werden, keine Metalloberflächen freiliegen.

Organische Reste entstehen insbesondere durch unvollständige Resistentfernung. Am kritischsten sind Resistablösungen nach einem Aluminiumover Via-Ätzprozeß, weil die Anwesenheit des Aluminiums keine aggressiven Reinigungsmedien zuläßt (siehe Tabelle 7.4). Abbildung 7.1.2 zeigt das Zustandekommen der sog. „Via-Kronen" am oberen Rand der Vias. Werden diese Polymerreste nicht vollständig entfernt, so ist die zweite Aluminiumschicht an diesen Stellen gedünnt oder sogar unterbrochen.

Während Schwermetallverunreinigungen und organische Reste durch Prozeßbeherrschung, insbesondere durch wirkungsvolle Reinigungsschritte (s.

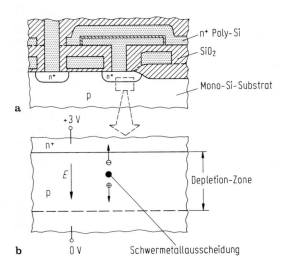

Abb. 7.1.1a, b. Erklärung des beschleunigten Ladungsverlustes einer dynamischen Speicherzelle (**a**) als Folge einer Schwermetallausscheidung in der Depletion-Zone des „Speicherknotens" (**b**). Am Ort der Schwermetallausscheidung werden Elektron-Loch-Paare generiert, die im elektrischen Feld E der Depletion-Zone getrennt werden und so einen Leckstrom vom Speicherknoten zum Si-Substrat verursachen

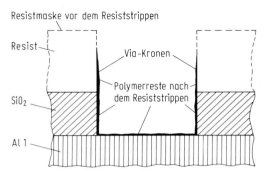

Abb. 7.1.2 Entstehung von Polymerresten an den Resistflanken („Via-Kronen") bei einer Via-Ätzung mittels reaktivem Ionenätzen (RIE). Die Reaktionsgase und die gasförmigen Reaktionsprodukte bei der SiO_2-Ätzung bilden eine Polymerschicht, die besonders an senkrechten Flanken zurückbleibt, weil sie dort von dem vertikal wirkenden Ionenbeschuß (s. Abb. 5.2.1) nicht erfaßt wird

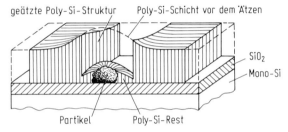

Abb. 7.1.3. Veranschaulichung des Zustandekommens eines Kurzschlusses zwischen 2 Poly-Si-Bahnen auf Grund eines Partikels, das etwa halb so groß ist wie die Minimalstruktur. Die konforme Abscheidung des Poly-Si führt in der Umgebung des Partikels zu einer größeren Dicke des Poly-Si. Diese größere Dicke wird bei der Ätzung des Poly-Si evtl. nicht ganz abgetragen, so daß ein Poly-Si-Rest übrigbleibt. Erstreckt sich der Poly-Si-Rest zwischen 2 Poly-Si-Bahnen, so sind die Bahnen kurzgeschlossen. Der betreffende Chip zeigt Ausfall.

Abschn. 7.1.2), in den Griff zu bekommen sind, stellt die Partikelverunreinigung eine ständige Herausforderung an jede fortschrittliche Prozeßlinie dar. Abbildung 7.1.3 veranschaulicht, wie auch Partikel, die kleiner als die minimale Strukturabmessung b_{min} sind, zu einem Totalausfall des betreffenden Chips infolge eines lokalen Kurzschlusses führen können. Man kann aus Abb. 7.1.3 entnehmen, daß Partikel mit einer Größe $d_p > \frac{1}{3} b_{min}$ „tödlich" sein können[1]. Allerdings sind in einem CMOS-Gesamtprozeß nur 4 bis 5 der ins-

---

[1] Für einen 1 cm^2 großen Chip mit Minimalstrukturen von 0,5 μm bedeutet das, daß ein 0,17 μm großes Partikel die gesamte Integrierte Schaltung zum Ausfall bringen kann. Rechnet man die Chipgröße auf die Größe eines Fußballfeldes hoch, so hat das „tödliche" Partikel die Größe eines Stecknadelkopfes.

gesamt 12 bis 25 Strukturebenen kritisch, was die Partikelempfindlichkeit anbetrifft. Es sind dies (vgl. Abschn. 8.2.1) die Strukturebenen „Aktive Gebiete", „Poly-Si-Gate" und die Leitbahnebenen. Alle anderen Strukturebenen eines CMOS-Prozesses sind wesentlich unempfindlicher gegenüber einer Partikelverunreinigung.

Sind die tödlichen Defekte in jeder der n kritischen Ebenen bei einer mittleren Dichte D_0 so auf der Scheibenoberfläche verteilt, daß ein gewisses Clustering der Defekte berücksichtigt wird, dann ist die defektbedingte Chipausbeute Y_{Chip} bei einer Chipgröße A_{Chip} durch die Price-Formel gegeben [7.1]:

$$Y_{Chip} = (1 + A_{Chip} \cdot D_0)^{-n} .$$

Für hohe Ausbeuten ($Y_{Chip} >$ ca. 70%) vereinfacht sich die Price-Formel folgendermaßen:

$$Y_{Chip} \approx 1 - n \cdot A_{Chip} \cdot D_0 , \text{ für } Y_{Chip} > 70\% .$$

Die tödliche Defektdichte D_0 errechnet sich aus der tatsächlichen Defektdichte D ($d_p > b_{min}/3$) mit einer Partikelgröße $d_p > b_{min}/3$, indem man D ($d_p > b_{min}/3$) mit der Wahrscheinlichkeit $w_{tödl.}$ multipliziert, mit der das Partikel an eine zum Ausfall führende Stelle zu liegen kommt. Für die dichtgepackten Speicherchips kann man

$$w_{tödl.} \approx 0,4$$

ansetzen, während für die loser gepackten Logik-Chips $w_{tödl.} \approx 0,2$ gilt. Legt man des weiteren die Erfahrungstatsache zugrunde, daß bei einem gegebenen Defektdichte-Level die defektgrößenabhängige Defektdichte D (d_p) proportional zu d_p^{-3} ist [7.1], kommt man zu den folgenden Zusammenhängen[2]:

$$D (d_p > b_{min}/3) = D (d_p > 0,33\,\mu m) \cdot \left(\frac{\mu m}{b_{min}}\right)^2 ,$$

$$D_0 = w_{tödl.} \cdot D (d_p > 0,33\,\mu m) \cdot \left(\frac{\mu m}{b_{min}}\right)^2 ,$$

$$Y_{Chip} \approx 1 - n \cdot A_{Chip} \cdot w_{tödl.} \cdot D (d_p > 0,33\,\mu m) \cdot \left(\frac{\mu m}{b_{min}}\right)^2 .$$

Will man z. B. bei einem 16M-DRAM-Chip mit 75 mm² Chipfläche und 0,5 µm-Strukturen bei $n = 4$ kritischen Ebenen eine partikelbedingte Ausbeute von 80% erzielen, sind nur 0,04 Partikel pro cm² mit einer Größe >0,33 µm zulässig.

Aus der letzteren Beziehung kann man weiter ableiten, daß die partikelbedingte Chipausbeute Y_{Chip} gleich bleibt, wenn man bei einer existierenden Integrierten Schaltung und einem gegebenen Defektdichte-Level D ($d_p > 0,33$ µm) eine Strukturverkleinerung um den Faktor K (Shrinkfaktor K, s. Tabelle 8.6) vornimmt. Es ist nämlich

---

[2] Wenn $D (d_p) \sim d_p^{-3}$ ist, ist $D (> d_p) = \int_{d_p}^{\infty} D (d_p) d(d_p) \sim d_p^{-2}$.

$$A_{\text{Chip}}(K) \cdot D_{\text{o}}(K) = \frac{A_{\text{Chip}}}{K^2} \cdot w_{\text{tödl.}} \cdot D(> 0,33 \ \mu\text{m}) \cdot \left(\frac{\mu\text{m}}{b_{\min}/K}\right)^2$$

$$= \frac{A_{\text{Chip}}}{K^2} \cdot w_{\text{tödl.}} \cdot D(> 0,33 \ \mu\text{m}) \cdot \left(\frac{\mu\text{m}}{b_{\min}}\right)^2 \cdot K^2 = A_{\text{Chip}} \cdot D_{\text{o}} \ .$$

Eine weitere wichtige Schlußfolgerung ist, daß in einer fortschrittlichen Prozeßlinie der Defektdichte-Level, der z.B. durch die Defektdichte D ($d_{\text{p}}>0,33$ μm) gekennzeichnet ist, pro Jahr um 30% gesenkt werden muß, wenn man entsprechend dem Fortschritt der CMOS-Technologie immer größere Chips (Verdoppelung der Chipfläche alle sechs Jahre, vgl. Tabelle 8.9) mit immer feineren Strukturen (Halbierung alle sechs Jahre, vgl. Abb. 1.1) bei konstanter Chipausbeute produzieren will. Dabei ist nicht berücksichtigt, daß evtl. auch die Zahl der Leitbahnebenen zunimmt.

Um die Verunreinigungen in den Integrierten Schaltungen zu minimieren, wird in den Prozeßlinien ein gewaltiger Aufwand getrieben. Zum einen werden die Ursachen der Verunreinigungen (s. Tabelle 7.1) bzw. ihre Verschleppung auf die Siliziumscheiben bekämpft, indem man für reine Räume, Materialien und Prozesse sorgt (s. Abschn. 7.2), zum anderen werden Reinigungsschritte in den Herstellungsgang der Integrierten Schaltungen eingebaut, um die auf die Siliziumscheiben gelangten Verunreinigungen wieder zu entfernen (s. Abschn. 7.3).

7.2
Reine Räume, Materialien und Prozesse

Wie in Tabelle 7.1 zusammengestellt wurde, stammen die auf die Siliziumscheibe gelangenden Verunreinigungen aus den Gasen, Flüssigkeiten und festen Materialien, die mit den Scheiben in Berührung kommen. Es muß deshalb konsequent dafür gesorgt werden, daß die Luft in der Prozeßlinie (Reinraum), die Prozeßgase und -flüssigkeiten sowie die Handhabung der Siliziumscheiben und die Prozeßführung höchsten Reinheitsansprüchen genügen.

7.2.1
Reinräume

Die Luft in Reinräumen muß temperaturstabilisiert (23±0,5 °C), feuchtestabilisiert (42%±3% relative Feuchte, wichtig vor allem im Lithographie- und Trockenätzbereich) und extrem partikelarm sein.

Die Partikelverunreinigung der Luft eines Reinraums wird durch die Angabe der Partikeldichte und der Partikelgröße definiert. So bedeutet z.B. Klasse 10/0,1 μm, daß in 1 ft^3 Luft (ca. 28 l) weniger als 10 Partikel enthalten sind, die einen Durchmesser größer als 0,1 μm haben[3]. Die Herstellung von

---

[3] Die alte Reinraumklasseneinteilung nach US Federal Standard 209b, die nur Partikel größer als 0,5 μm berücksichtigt, ist für die Charakterisierung moderner Reinräume nicht mehr tauglich.

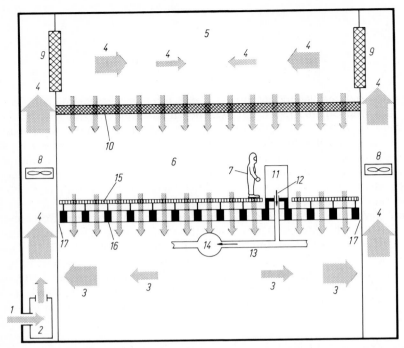

Abb. 7.2.1. Luftführung in einem Reinraum (Ballroom-Konzept). *1* Frischluft (gleiche Menge wie Fortluft); *2* Frischluftaufbereitung (Ansaugen, Filtern, Entfeuchten, Befeuchten, Temperieren); *3* Umluft; *4* Zuluft zum Reinraum (= Umluft+Frischluft); *5* Plenum; *6* Reinraum mit vertikaler, laminarer Luftströmung (0,4 m/s); *7* Reinraumkleidung; *8* Ventilator; *9* Grobfilter; *10* Feinstfilterdecke; *11* Equipment mit Absaugung (z. B. Reinigungsbank); *12* abgesaugte Luft; *13* Fortluftsammelleitung; *14* Fortluftkanal zum Fortluftwäscher, Fortluftgebläse und Fortluftschornstein; *15* aufgeständerter Lochboden; *16* massiver Betonwaffelboden (für kleine Bodenschwingungen); *17* Trennfuge (zur Schwingungsentkopplung von Gebäude und Waffelboden)

hochintegrierten Schaltungen mit 1-µm-Strukturen erfordert einen Reinraum etwa dieser Klasse. Für den Sub-0,5 µm-Bereich werden Reinräume der Klasse 1/0,03 µm gebaut.

Abbildung 7.2.1 zeigt das Schema eines typischen Luftführungskonzepts zur Erzeugung einer Reinraumklasse 1/0,03 µm. Die gesamte Decke des Reinraums besteht aus sog. ULPA-Filtern (*U*ltra *L*ow *P*enetration *P*articulate *A*ir *F*ilters), deren Aufbau in Abb. 7.2.2 dargestellt ist. Um zu vermeiden, daß Partikel z. B. vom Fußboden gegen den Luftstrom auf die Siliziumscheiben gelangen, muß eine ausreichend hohe vertikale Luftgeschwindigkeit eingehalten werden (typisch 40 cm/s). Außerdem müssen Quer- und Wirbelströmungen durch Anbringen von Blindelementen in der Filterdecke oberhalb von Geräten, geeignete Formgebung der Geräteverkleidungen sowie durch

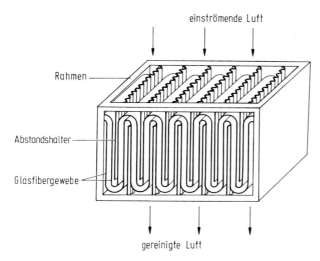

Abb. 7.2.2. Aufbau eines ULPA-Filters für die Feinfilterung der Raumluft eines Reinraums (z. B. für Klasse 1/0,03 µm). Der Abscheidegrad für 0,1 µm Partikel beträgt >99,9999%

langsame Bewegungen von Personen und bewegten Teilen im Reinraum vermieden werden. Die Abführung der Luft durch einen Lochboden mit ausreichendem Strömungswiderstand verhindert Querströmungen und sorgt für einen Überdruck im Reinraum.

Die elektrostatische Aufladung von Isolatoren oder nicht geerdeten Teilen im Reinraum (mehrere kV sind z.B. durch geringfügige Reibung ohne weiteres möglich) kann wegen der starken Coulomb-Kräfte zu Partikelbewegungen gegen den Luftstrom führen. Um solche Aufladungen[4] zu vermeiden, wird die weitgehende Verwendung leitfähiger Materialien im Reinraum angestrebt. Eine weitere Maßnahme besteht darin, z.B. mit Hilfe von Spitzenentladungsvorrichtungen, die unmittelbar unter der Filterdecke angebracht sind, die Raumluft zu ionisieren, so daß geladene Oberflächen durch die vorbeistreichende Luft entladen werden [7.2].

Die Sicherheitsvorkehrungen im Reinraum sind vielfältig. So sind über die gesamte Decke des Reinraums Sprinklerauslässe verteilt, die sich öffnen, wenn der betreffende Brandmelder eine erhöhte Temperatur anzeigt. In regelmäßigen Abständen stehen Notduschen. Das Austreten von giftigen Prozeßgasen in die Umluft wird dadurch vermieden, daß Schraubverbindungen von Gasleitungen sowie Druckminderer, Ventile und Durchflußmesser (MFC =

---

[4] Elektrostatische Aufladungen im Reinraum sind auch deshalb unerwünscht, weil es auf den Siliziumscheiben zum elektrischen Durchbruch von dünnen isolierenden Schichten kommen kann.

Mass Flow Control) in abgesaugten Boxen angebracht sind. Gassensoren in der abgesaugten Luft melden das Auftreten von Lecks in den Prozeßgasleitungen.

Ein alternatives Reinraumkonzept zum „Ballroom"-Konzept (Abb. 7.2.1) ist das „Mini-Environment"-Konzept [7.10]. Hier wird die reine Luft in Kanälen zum Beschickungsbereich der Prozeßanlagen geführt, während im Raum selbst entspannte Reinheitsanforderungen zulässig sind. Die Scheiben werden in luftdichten Boxen transportiert. Zur Beschickung einer Prozeßanlage werden diese Boxen über eine SMIF (Standard Mechanical Interface) an die Anlagen „angedockt" und von einem Roboter in der reinen Luft entladen.

7.2.2
Reine Materialien

Alle Prozeßgase (z. B. Oxidationsgase, Tempergase, Dotiergase, Ätzgase), Prozeßflüssigkeiten (z. B. Wasser, Reinigungsflüssigkeiten, Photoresist, Entwickler) sowie feste Stoffe (z. B. Sputtertargets), die mit den Siliziumscheiben direkt oder indirekt in Kontakt kommen, müssen von höchster Reinheit sein. Aber auch die Abgase und Abwasser, die wieder an die Umwelt abgegeben werden, müssen so aufbereitet werden, daß die Umwelt nicht belastet wird.

Abb. 7.2.2 zeigt als Beispiel die Gas- und Kühlwasserversorgung einer Trockenätzanlage in einem Reinraum sowie die Entsorgung der Prozeßgase.

Der zulässige Verunreinigungsgrad beträgt bei Sub-0,5 µm-Prozessen für Grundgase (N_2, Ar, H_2) 1 ppb (ppb = parts per billion) und für Prozeßgase 100 ppb.

Um die Partikel wegzufiltern, werden Filter mit einer Porenweite von 0,03 µm in die Leitungen eingebaut, und zwar möglichst unmittelbar bevor das betreffende Gas auf die Siliziumscheiben trifft (point-of-use filter). Das Gasversorgungssystem sollte zur Vermeidung von Kontaminationen aus einem vakuumgeschmolzenen Spezialstahl bestehen sowie schutzgasgeschweißt und innenpoliert sein.

Die Reinheit der Flüssigkeiten, mit denen die Siliziumscheiben in Berührung kommen, ist vor allem deshalb wichtig, weil die meisten Verunreinigungen bevorzugt an der Siliziumoberfläche festgehalten werden. Von allen Prozeßflüssigkeiten werden an das Wasser die höchsten Anforderungen gestellt, weil es am Ende eines jeden Scheibenreinigungsprozesses angewandt wird und weitaus am häufigsten mit den Scheiben in Berührung kommt. Meist wird das Reinstwasser (VE-Wasser = vollentsalztes Wasser, DI-Wasser = deionisiertes Wasser) in einer Anlage in der Nähe der Prozeßlinie durch Aufbereitung von Stadtwasser erzeugt und in einer Ringleitung um die Prozeßlinie zirkulierend ständig in Bewegung gehalten, um das Bakterienwachstum zu hemmen. Von der Ringleitung, die bevorzugt aus PVDF besteht, gehen möglichst kurze Stichleitungen über Point-of-use-Membranfilter (0,1 bis 0,2 µm) zu den Verbraucherstellen. Die wichtigsten Bestandteile einer Reinstwasseranlage sind die Ionenaustauscher (Kationen und Anionen), die Um-

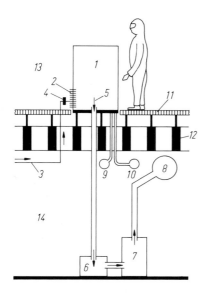

Abb. 7.2.3. Gas- und Kühlwasserversorgung einer Trockenätzanlage sowie Entsorgung der Prozeßabgase. *1* Vakuumreaktionskammer der Trockenätzanlage; *2* Gasanschlüsse; *3* Gasleitung zur Gasflasche (z. B. CF$_4$) bzw. zum Gastank (z. B. N$_2$); *4* Point-of-use-Filter (z. B. 0,03 μm); *5* abgepumpte Gase; *6* Pumpe; *7* Abgasreinigungsanlage; in der die Prozeßabgase verbrannt und die verbrannten Gase ausgewaschen werden [7.3]; *8* Fortluftkanal; *9, 10* Kühlwassersammelleitungen für Vor- und Rücklauf; *11* Lochboden; *12* massiver Waffelboden; *13* Reinraum; *14* Geschoß für Ver- und Entsorgung

Tabelle 7.2. Spezifizierte Werte für die Wasserkontamination einer modernen Reinstwasseranlage. ppb: parts per billion (10^{-9}); ppm: parts per million (10^{-6})

spezifischer Widerstand	>18 MΩ cm (bei 25°C)
Partikeldichte 0,05 μm	<10/ml
Keime	<50/l
TOC (total organic carbon)	<10 ppb
Metallgehalt	<0,05 ppb
CO$_2$-Gehalt	0
gelöster Sauerstoff	<5 ppb

kehrosmose (Beseitigung aller Teilchen mit Molekulargewicht >56), die Vakuumentgasung (zur Beseitigung von CO$_2$ und O$_2$), eine zweite Ionenaustauscherstufe, Ultraviolettbestrahlung (zur Abtötung von Bakterien) und Ultrafiltration. Tabelle 7.2 zeigt beispielhaft die spezifizierten Werte für die Wasserkontamination in der Ringleitung einer modernen Reinstwasseranlage.

Die weitaus größten Reinstwassermengen werden bei den Spülgängen der Scheibenreinigungen verbraucht. Um einen Teil des wertvollen Wassers wiederzugewinnen, wird das Wasser bei den Spülgängen nach Erreichen eines bestimmten Leitwerts über eine Recyclinganlage wieder in das Reinstwassernetz zurückgeführt. Das Abwasser gelangt über eine ständig überwachte Neutralisationsanlage ins kommunale Abwassernetz.

Im Vergleich zum Reinstwasser sind die Reinheitsanforderungen an die anderen Prozeßflüssigkeiten (z. B. HF, HCl, H$_2$O$_2$, H$_2$SO$_4$, NH$_4$OH, Cholin) etwas entspannter. Für die metallische Restverunreinigung in diesen Flüssigkeiten wird z. B. 1 ppb gefordert. Wie bei der Gasversorgung von Prozeßanlagen

Tabelle 7.3. Partikelkontamination beim Durchführen der Prozesse

Herkunft der Partikel	Wie kommen die Partikel auf die Scheiben?	Gegenmaßnahmen
lose haftende Partikel an den Personen im Reinraum	im Luftstrom und durch elektrostatische Kräfte	• geeigneter Stoff der Reinraumkleidung (z. B. Polyestergewebe mit leitenden Fäden durchsetzt) • geeigneter Schnitt der Reinraumkleidung (dichte Abschlüsse, möglichst voll bedeckend) • Erziehung der Personen zu reinraumgerechtem Verhalten • adäquates Schleusenkonzept (z. B. Luftduschen) • Ersatz der Personen durch Automatisierung
lose haftende Partikel auf Horden, Boxen, Unterlagen, Gegenständen	beim Scheibentransport im Luftstrom und bei mechanischen Erschütterungen sowie durch Abrieb und elektrostatische Kräfte	• Vermeidung partikelgenerierender Oberflächen • Vermeidung von Erschütterungen (z. B. harte Anschläge beim Einhorden von Scheiben) • konsequentes Reinigungskonzept für Horden, Boxen usw. • Umgebung der Scheiben von allen unnötigen Gegenständen freihalten
lose haftende Partikel an den Innenwänden von Prozeßanlagen	Partikel fallen direkt auf die Scheiben oder werden im Gasstrom zu den Scheiben transportiert	• häufige Anlagenreinigung, wenn auf den Innenwänden der Anlagen Schichten abgeschieden werden (bei CVD-, Sputter- und Trockenätzverfahren) • Vermeidung von Erschütterungen • reibfreie Einfahrvorrichtungen bei Öfen • langsames Belüften bei Vakuumanlagen • vertikale Scheibenanordnung
Absplittern von Siliziumpartikeln	Partikel können direkt auf die Scheiben fallen	• sorgfältige Scheibenhandhabung • automatisierter Scheibentransport mit weichen Anschlägen

Tabelle 7.3 (Fortsetzung)

Herkunft der Partikel	Wie kommen die Partikel auf die Scheiben?	Gegenmaßnahmen
Absplittern von Photoresistschichten	Partikel können direkt auf die Scheiben fallen	• kein Photoresist am Scheibenrand (s. Abschnitt 4.2.1) • sorgfältige Scheibenhandhabung • automatisierter Scheibentransport

(s. Abb. 7.2.2) befinden sich in modernen Prozeßlinien auch die Flüssigkeitstanks mitsamt den zugehörigen Hebeanlagen sowie Filter-, Steuer- und Meßeinheiten im Geschoß unterhalb des Reinraums.

7.2.3
Saubere Prozeßführung

Selbst wenn die Reinraumluft und die Prozeßmedien in idealer Reinheit zur Verfügung stehen, kann es dennoch bei der Durchführung der Prozesse und beim Scheibentransport zu Kontaminationen der Siliziumscheiben kommen.

Vor allem Partikel, die lose an den Oberflächen von Personen und Gegenständen im Reinraum haften, können auf mannigfaltige Art und Weise auf die Siliziumscheiben gelangen (Tabelle 7.3). In modernen Prozeßlinien wird gerade auf diesem Feld, das die Reinraumkleidung, das reinraumgerechte Verhalten der Personen, die partikelarme Prozeßführung und Scheibenhandhabung umfaßt, ein beträchtlicher Aufwand getrieben. In Zukunft werden auch zunehmend automatisierte Prozeßabläufe zum Einsatz kommen, von denen eine bessere Beherrschung des Partikelproblems zu erwarten ist.

Metallische Verunreinigungen können außer in Form von Partikeln auch durch Diffusion bei Hochtemperaturprozessen, durch Abrieb an Saugpinzetten, Unterlagen (Chucks) und Beschichtungsvorrichtungen sowie über den Handschweiß auf die Scheiben gelangen. Als Gegenmaßnahmen seien die konsequente Verwendung von schwermetallfreien Materialien für Saugpinzetten usw. sowie das Tragen von Handschuhen erwähnt. Auf die Getterverfahren, die metallische Verunreinigung im Silizium unschädlich zu machen vermögen, wurde bereits im Abschn. 3.4.4 eingegangen.

7.3
Scheibenreinigung

Die im Kap. 7.2 beschriebenen Maßnahmen zur Bereitstellung möglichst reiner Räume, Materialien und Prozesse reichen heute noch nicht aus, um Verunreinigungen völlig zu vermeiden. Im Herstellungsgang von Integrierten

Tabelle 7.4. Ablauf und Reinigungseffekt der RCA-Reinigung. Hauptaufgabe der RCA-Reinigung ist die Erzeugung einer definierten, von Partikeln, organischen Resten und Schwermetallen freien Siliziumoberfläche für die nachfolgende thermische Oxidation des Siliziums

Prozeßschritt-folge	Reinigungs-medium	Apparatur	Reinigungseffekt
Alkalische Reinigung	$NH_4OH : H_2O_2 : H_2O$ $= 1 : 1 : 5$ $70\,°C$ Megasonic	Si-Scheibe / Prozeßbecken / Kühlwasser-becken ($<50\,°C$) / Schallwellen (Megasonic)	Partikel werden durch geringfügiges Anätzen der Si-Oberfläche unterspült und durch die mechanische Krafteinwirkung der Ultraschallwellen von der Oberfläche abgehoben [7.5]. Organische Reste werden gelöst.
Spülung	H_2O $23\,°C$ Megasonic	Transducer (Piezo-Material)	Das Wasser verdrängt von unten die alkalische Lösung (Overflow)
Saure Reinigung	$HCl : H_2O_2 : H_2O$ $= 1 : 1 : 5$ Netzmittel $70\,°C$	1 MHz Generator	Schwermetalle gehen durch Komplexbildung in Lösung. Das Netzmittel ist erforderlich, um die Adsorption von Partikeln an der Si-Oberfläche zu verhindern.
Spülung	H_2O ; $23\,°C$ Megasonic		Erzeugung einer definierten Si-Oberfläche.
Trocknung	N_2 (evtl. heiß)	Trockenschleuder (spin dryer)	Rückstandfreie Trocknung der Si- und SiO_2-Oberflächen.

Schaltungen (s. Kap. 8.6) sind deshalb mehrfach Reinigungsschritte eingebaut, die die auf die Scheibenoberfläche gelangten Verunreinigungen beseitigen sollen.

Tabelle 7.4 zeigt als Beispiel den Ablauf einer Scheibenreinigung, wie sie verbreitet in CMOS-Prozessen unmittelbar vor einer thermischen Oxidation, z.B. vor der Gateoxidation (vgl. Abb. 3.4.3), eingesetzt wird. Diese als „RCA-Reinigung" oder „Huang-Reinigung" bezeichnete Reinigung geht auf W. Kern zurück [7.4]. Mit dem alkalischen Reinigungsschritt werden vor allem Partikel und organische Reste beseitigt, während in dem sauren oxidierenden Medium der zweiten Reinigungsstufe die Schwermetalle durch Komplexbildung in Lösung gehen. Nach der Wasserspülung und Trocknung befindet sich die Si-Oberfläche in einem definierten Zustand, der eine reproduzierbare thermische Oxidschicht mit einer definierten Grenzfläche zum Silizium gewährleistet (s. Abschn. 3.4.3).

Auf den sauren Reinigungsschritt der RCA-Reinigung kann man verzichten, wenn man der alkalischen Reinigungslösung[5] einen geeigneten Komplexbildner zugibt, der Schwermetalle auch in alkalischer Umgebung in Lösung bringt [7.6].

In dem Bestreben, die RCA-Reinigung zu verbilligen, hat T. Ohmi einen Reinigungsgang vorgeschlagen [7.7], der bei Raumtemperatur abläuft und den Chemikalienverbrauch reduziert. Wesentliche Bestandteile der Ohmi-Reinigung sind eine Behandlung der Scheiben in ozonhaltigem deionisiertem Wasser zur Beseitigung von organischem Kohlenstoff sowie der Ersatz von HCl durch HF beim sauren Reinigungsschritt.

Die RCA-Reinigung kann anstatt in einem Becken (wie in Tabelle 7.4) auch in einer Sprühapparatur (spray cleaner) durchgeführt werden. Vorteilhaft hierbei ist die Integration der Trockenschleuder in die Apparatur sowie ein evtl. geringerer Chemikalienverbrauch. Nachteilig ist die größere Prozeßkomplexität und die Nichtanwendbarkeit der Megasonic-Behandlung. Baut man jedoch den Megasonic-Transducer in den Sprühkopf der Flüssigkeitszuführung ein, so wird den Flüssigkeitströpfchen eine oszillierende Bewegung überlagert, die sie auch noch beim Auftreffen auf die Scheibe aufweisen (Finesonic). Dadurch können Partikel besser beseitigt werden. Allerdings ist die Wirkung deutlich geringer[6] als bei der Megasonic-Reinigung in Tabelle 7.4.

Als Alternative zur Trockenschleuder in Tabelle 7.4 wurde die „Marangoni"-Trocknung vorgeschlagen [7.9]. Dabei werden die Scheiben aus einem Isopropanol-Wasser-Gemisch herausgezogen und in heißem Stickstoff getrocknet.

Die rückstandsfreie Entfernung von Resistmasken ist eine weitere wichtige Aufgabe der Reinigungstechnik. Als Beispiele sollen die Resistentfernung nach einer Kontaktlochätzung und nach einer Via-Ätzung erläutert werden.

Wie in Abschn. 5.3.5 ausgeführt wurde, wird der Kontaktlochätzprozeß meist so geführt, daß auf der freigeätzten Si-Oberfläche am Kontaktlochboden eine Polymerschicht stehenbleibt, die für eine hohe Selektivität, d.h. für ein großes SiO_2 : Si-Ätzratenverhältnis sorgt. Um einen niederohmigen Kontakt zu gewährleisten, muß diese Polymerschicht bei der Reinigung entfernt werden. Da beim reaktiven Ionenätzen die Ionen mit einer Energie von einigen 100 eV auf die Scheibenoberfläche auftreffen (s. Abschn. 5.2.3), ist das monokristalline Silizium in einer Dicke von einigen nm durch Ionenbeschuß geschädigt. Der Reinigungsschritt muß auch diese Damageschicht beseitigen. Tabelle 7.5 zeigt den möglichen Ablauf einer Reinigung nach einer Kontaktlochätzung [7.6].

Dieser Reinigungsgang kann nach einer Via-Ätzung nicht angewandt werden, weil hier Al anstatt Si im Via-Boden vorliegt. In Tabelle 7.6 ist eine mögliche Reinigung nach einer Via-Ätzung, die mit reaktivem Ionenätzen durchgeführt wurde, dargestellt [7.6].

---

[5] Anstatt NH_4OH wird hier Cholin als alkalische Substanz bevorzugt [7.8].
[6] Die geringere Ultraschallwirkung kann auch wünschenswert sein, z.B. wenn Aluminium-Leiterbahnen auf der Scheibenoberfläche vorhanden sind.

Tabelle 7.5. Ablauf und Reinigungseffekt einer Reinigung nach einer Kontaktlochätzung, die mit reaktivem Ionenätzen durchgeführt wurde. Die Spülschritte sind nicht aufgeführt

Prozeßschrittfolge	Reinigungsmedium	Apparatur	Reinigungseffekt
Resist strippen	O_2-Plasma	Barrel-Reaktor (s. Abb. 5.2.2)	„Ätzung" des Resists im O_2-Plasma
Polymerschicht beseitigen	$H_2SO_4:H_2O_2$ $=6:1$ (Caro'sche Säure)	Becken (s. Tab. 7.4)	Polymere werden durch Aufoxidation entfernt
Damageschicht beseitigen	Cholin:H_2O $=1:1500$ Netzmittel; $70°C$	Becken (s. Tab. 7.4)	Si und Suboxide werden mit einer Ätzrate von ca. 1 nm/min geätzt
RCA-Reinigung	siehe Tab. 7.4	siehe Tab. 7.4	siehe Tab. 7.4
Natürliche Oxidschicht auf Si beseitigen	$HF:H_2O$ $=1:200$	Becken (s. Tab. 7.4)	Erzeugung einer oxidfreien Si-Oberfläche

Tabelle 7.6. Ablauf und Reinigungseffekt einer Reinigung nach einer Via-Ätzung, die mit reaktivem Ionenätzen durchgeführt wurde

Prozeßschrittfolge	Reinigungsmedium	Apparatur	Reinigungseffekt
Resist strippen	O_2-Plasma	Barrel-Reaktor (s. Abb. 5.2.2)	„Ätzung" des Resists im O_2-Plasma
Polymerreste beiseitigen	30% Dimethyl-Sulfoxid+70% Monoäthanolamin; $90°C$	Sprühcleaner	„Ätzung" der Polymerreste (s. Abb. 7.1.2)
Zwischenspülung	Isopropanol	Sprühcleaner	Die Zwischenspülung ist erforderlich, weil bei einer unmittelbaren Wasserspülung das Al angeätzt würde
Spülung	H_2O	Sprühcleaner	Erzeugung einer definierten Al-Oberfläche
Trocknung	N_2	Trockenschleuder im Sprühcleaner	Rückstandfreie Trocknung der Scheibenoberfläche

Abschließend sei noch auf die sog. Scrubber-Reinigung hingewiesen, die zur mechanischen Partikelbeseitigung z.B. nach einer CMP-Planarisierung (s. Abschn. 5.1.2) angewandt wird. Die Partikel werden mit einer Bürste (brush cleaning) oder mit einem scharfen Wasserstrahl (jet scrubber) oder mit einem aus CO_2-Partikeln (unter $-80\,°C$) bestehenden „Sandstrahl" von der Scheibenoberfläche entfernt.

7.4
Literatur zu Kapitel 7

7.1 Melzner, H.: Siemens AG, persönliche Mitteilungen.
7.2 Steinman, A.: Semiconductor Fabtech (1995) 203.
7.3 Reichardt, H.: Semiconductor Fabtech (1995) 139.
7.4 Kern, W.; Puotinen, D.A.: RCA Review (June 1970) 187.
7.5 Schwartzman, S.; Mayer, A.; Kern, W.: RCA Review (March 1985).
7.6 Bitto, F.: Siemens AG, persönliche Mitteilungen.
7.7 Ohmi, T.: Semiconductor Fabtech (1995) 79.
7.8 Rieger, F.: Siemens AG, persönliche Mitteilungen
7.9 Schild, R.; Locke, K.; Kozak, M.; Heyns, M.M.: Proc. 2nd Int. Symp. UCPSS, Leuven (Sept. 1994) 31
7.10 Gath, H.C.; Honold, A.; Simon, R.: Semiconductor Fabtech (1994) 51

8
Prozeßintegration

In Kapitel 2 wurden bereits die Grundzüge eines Gesamtprozesses für Integrierte Schaltungen erläutert. Im vorliegenden Kapitel wird die Architektur der wichtigsten Gesamtprozesse (Technologien) näher beschrieben, die heute bzw. in den nächsten Jahren weltweit eingesetzt werden.

8.1
Die verschiedenen MOS- und Bipolar-Technologien

Die Gesamtprozesse (Technologien) werden nach den aktiven Bauelementen unterschieden, aus denen die Integrierten Schaltungen zusammengesetzt sind.

8.1.1
Die aktiven Bauelemente in Integrierten Schaltungen

Tabelle 8.1 zeigt die wichtigsten aktiven Bauelemente in Integrierten Schaltungen. Zu den 3 MOS-Transistor-Grundtypen (Standard, Floating-Gate und DMOS) und dem Bipolar-Transistor ist noch ein Sensor hinzugefügt.

Integrierte Sensoren, d.h. die Integration von Sensor, signalverarbeitenden Schaltungen und Leistungsschalter auf einem Siliziumchip, sind zwar heute noch wenig verbreitet, sie dürften aber in Zukunft an Bedeutung gewinnen. Außer dem in Tabelle 8.1 aufgeführten Magnetfeld-Sensor kommen Beschleunigungssensoren sowie Sensoren für Temperatur, Druck und Strahlung (z.B. Infrarot) als in Silizium integrierbare Sensoren in Betracht (z.B. [8.21]).

8.1.2
Systematik der MOS- und Bipolar-Technologien

Je nachdem, welche der in Tabelle 8.1 aufgelisteten aktiven Bauelemente in einer Integrierten Schaltung integriert sind, bezeichnet man den Gesamtprozeß, der ihrer Herstellung zugrundeliegt, als CMOS-, E^2PROM-, Smart-Power-, Bipolar-, BICMOS- bzw. Smart-Sensor-Technologie. In Tabelle 8.2 sind die Technologien mit ihren wesentlichen Eigenschaften und Einsatzgebieten zusammengestellt.

Tabelle 8.1. Die in Integrierten Schaltungen vorkommenden aktiven Bauelemente

Aktives Bauelement	Aufbau	Symbol	Funktion / Typische Kennlinien
Standard MOS-Transistor	Beispiel: n-Kanal-Transistor — Poly-Si-Gate (G); Source (S); Drain (D); p-Substrat (SUB); Gateoxid; n+, p, n+	G, D, S, SUB	I_{DS}, 1 mA; $U_{SUB/S}=0V$; $U_{GS}=5V$, $U_{GS}=4V$, $U_{GS}=2V$; U_{DS}: 0 1 2 3 4 5
Floating-Gate MOS-Transistor	Beispiel: Channel-Hot-Electron-Transistor — Steuer-Gate (G); SiO_2; Floating-Gate (FG); Drain (D); Source (S); Tunneloxid und Gateoxid; n+, p, n+	G, FG, D, S, SUB	I_{DS}, 0,1 mA; $U_{SUB/S}=0V$; FG entladen; FG negativ geladen; $U_{DS}=U_{GS}$: 0 2 4 6 8 10
Doppel-diffundierter MOS-Transistor (DMOS)	Beispiel: Vertikaler DMOS-Transistor — Gate (G); (Multi-) Sourcekontakte (S) ($U_{SUB/S}=0V$); Drain (D); Elektronenfluß	G, D, S, SUB	I_{DS}, 10 A; $U_{SUB/S}=0V$; $U_{GS}=8V$, $U_{GS}=6V$, $U_{GS}=4V$; U_{DS}: 0 2 4 6 8 10
Bipolar-Transistor	Beispiel: Vertikaler npn-Transistor — Basis (B); Emitter (E); Kollektorkontakt; Kollektor (C)	C, E, B	I_C, 10 mA; $I_B=0,2$ mA, $I_B=0,1$ mA; U_{CE}: 0 0,4 0,8 1,2 1,6 2,0
Sensoren	Beispiel: Magnetfeld-Sensor — Hall-Spannung (U_H); magnetische Feldstärke (H); eingeprägter Strom (I)	U_H, I	U_H; $3 I_1$, $2 I_1$, I_1; H; 0

Die weitaus wichtigste Technologie ist die CMOS-Technologie. Sie verdankt ihre herausragende Stellung vor allem dem kleinen Platzbedarf der MOS-Transistoren selbst sowie der Möglichkeit, die MOS-Transistoren in einer Integrierten Schaltung mit höchster Packungsdichte anzuordnen (s. Abschn. 8.3.1). Hinzu kommen der geringe Leistungsverbrauch und mit fortschreitender Strukturverkleinerung auch eine hohe Schaltgeschwindigkeit.

Die anderen Technologien kommen dann zum Einsatz, wenn ihre spezifischen von CMOS nicht abgedeckten Eigenschaften gefragt sind, wie z.B. nichtflüchtige Speicherung, hohe Spannungen und Ströme, Stromtreiberfähigkeit, höchste Geschwindigkeit oder sehr gute Analogeigenschaften.

8.1.3
Die passiven Bauelemente in Integrierten Schaltungen

Außer den aktiven Bauelementen enthalten Integrierte Schaltungen auch passive Bauelemente, insbesondere Dioden, Widerstände und Kondensatoren. Tabelle 8.3 gibt einen Überblick über die Ausführungsformen und die Eigenschaften der verschiedenen passiven Bauelemente.

Außer dem Hochohmwiderstand und dem Poly-Si1/Poly-Si2-Kondensator (vgl. Tabelle 8.12) erfordern die anderen in Tabelle 8.3 aufgeführten passiven Bauelemente in der Regel keine zusätzlichen Prozeßschritte, da sie als Teilelemente eines MOS- oder Bipolar-Transistors anzusehen sind.

8.2
Architektur der Gesamtprozesse

Wie bereits in Tabelle 2.1 erläutert wurde, besteht ein Gesamtprozeß aus einer Vielzahl (200 bis 500) von Einzelprozeßschritten. Diese wiederum werden in Prozeßblöcken (Prozeßmodulen) zusammengefaßt, die einen ganz bestimmten Teil der zu erzeugenden Integrierten Schaltung realisieren.

8.2.1
Architektur der MOS-Technologien

Bei einem CMOS-Basisprozeß (Tabellen 2.1 und 8.4) werden zuerst die p- bzw. n-Wannen zur Erzeugung der Substratbereiche der n-Kanal- bzw. p-Kanal-MOS-Transistoren hergestellt (Wannen-Prozeßmodul). Es folgt im Prozeßablauf die Isolation benachbarter Transistoren, indem zwischen den Transistoren ein sog. Feldoxid erzeugt wird. In den sog. aktiven Bereichen – das sind die Gebiete, die nicht von Feldoxid bedeckt sind – entstehen anschließend die MOS-Transistoren. Damit ist der vordere Teil des Gesamtprozesses, der die Transistoren und ihre gegenseitige Isolation bereitstellt, abgeschlossen. Er wird auch als FEOL (= Front End Of Line) bezeichnet. Im BEOL-Teil (BEOL = Back End Of Line) geht es um das Kontaktieren und Verbinden der einzelnen mono- oder polykristallinen Siliziumbereiche des FEOL-Teils ge-

Tabelle 8.2. Die Technologien für Integrierte Schaltungen und ihre Eigenschaften und Einsatzgebiete

Aktive Bauelemente in der Integrierten Schaltung	Technologie-Bezeichnung	Herausragende Eigenschaften der Technologie	Einsatzgebiete der Technologie
n-Kanal-MOS-Transistoren + p-Kanal-MOS-Transistoren	• CMOS (= Complementary Metall-Oxide-Semiconductor)	• Sehr hohe Packungsdichte • Geringer Leistungsverbauch • Skalierbar	• Komplexe Logik-Schaltungen (Mikroprozessoren, Mikrocontroller, digitale Signalprozessoren, ASICs) • Statische Speicher (SRAMs) • Dynamische Speicher (DRAMs)
Floating-Gate-MOS-Transistoren + CMOS-Transistoren	• NVM (= Non-Volatile Memory) • E^2PROM (= Electrically Erasable **Programmable Read-Only** Memory) • Flash E^2PROM	• Batterielose Informations-speicherung • Löschbarer und wieder-programmierbarer Speicher	• Chipkarte • Ersatz für magnetische Datenträger
Bipolar-Transistoren	• Bipolar	• Sehr gute Analogeigenschaften • Hohe Stromtreiberfähigkeit • Hohe Geschwindigkeit	• Operationsverstärker • Leistungsendstufen • Tuner, Mixer • Schnelle Gatearrays • Multiplexer/Demultiplexer
DMOS-Transistoren + CMOS/Bipolar-Transistoren	• SPT (= **Smart Power Technology**) • BCD (**Bipolar/CMOS/DMOS**)	• Kombination von Controller-Logik und hoher Schaltleistung • Hochvoltfähig (>100 V)	• Motorsteuerung • Koppel-Bausteine in der Vermittlungstechnik • Bausteine am Netz (z. B. Lampensteuerung)
MOS-Transistoren + Bipolar-Transistoren	• BICMOS	• Kombination von CMOS- und Bipolar-Eigenschaften möglich	• Schnelle Filter • Analog/Digital-Wandler
Sensoren + CMOS/DMOS/Bipolar-Transistoren	• Smart Sensor Technology	• Kombination von Sensor, Signalverarbeitung und Leistungsausgang	• Drehzahlregelung • Antiblockiersystem • Airbag-Steuerung

Tabelle 8.3. Die in Integrierten Schaltungen vorkommenden passiven Bauelemente

		Ausführungsformen	Eigenschaften	Näheres in Abschnitt
Passives Bauelement	**Diode**	pn-Übergang	Durchlaßspannung 0,7 V; Durchbruchspannung 5... >100 V	
		Emitter-Basis-Diode eines CB-kurz-geschlossenen Bipolartransistors	Kleiner Bahnwiderstand; Durchlaßspannung 0,7 V; Definierte Durchbruchspannung 5...8 V (Z-Diode)	8.3.3
		Gated Diode	Diodenkennlinie abhängig von der Gatespannung und von der Oxiddicke	
		Schottky-Diode	Kleine Durchlaßspannung (ca. 0,4 V)	3.11.4
	Widerstand	pn-isolierte Diffusionsgebiete	$10...10^3$ $\Omega/\square$ Schichtwiderstand realisierbar; pn-Isolation kostet Platz	6.3.7
		Dotierte Poly-Si-Strukturen	$10...10^9$ $\Omega/\square$ Schichtwiderstand realisierbar; Stabität der Hochohm-widerstände eingeschränkt	3.8.3
		Polyzid-Strukturen	$1...10$ $\Omega/\square$ Schichtwiderstand realisierbar	3.9.2
		Silizierte Diffusionsgebiete	$2...10$ $\Omega/\square$ Schichtwiderstand realisierbar	3.9.4
	Kondensator	pn-Übergang in Sperr-Richtung	Nichtlineare Kapazität (spannungsabhängig); $1...10^{-4}$ fF pro μm^2 pn-Fläche je nach p-Dotierung	
		Poly-Si/Diffusions-Kapazität	Lineare Kapazität (spannungsunabhängig); für SiO_2-Dielektrikum 3,5 fF pro μm^2 Oberfläche bei 10 nm Oxiddicke	8.4.2
		Poly-Si1/Poly-Si2-Kapazität	Lineare Kapazität; SiO_2 oder ONO als Dielektrikum; 3,5 fF pro μm^2 Oberfläche bei 10nm Oxiddicke	3.7.3 8.4.2
		Metall 1/Metall 2-Kapazität	Lineare Kapazität; Planarisierung des Dielektrikums erschwert Reproduzierbarkeit	8.5.1

mäß der gewünschten Integrierten Schaltung. Da es sich heute meist um 2 oder mehr Metall-Lagen handelt, spricht man von Mehrlagenmetallisierung. Den Abschluß des Gesamtprozesses bildet die Passivierung. Sie soll die Integrierte Schaltung gegen mechanische Schädigung und gegen das Eindringen von Fremdstoffen schützen.

Durch Hinzufügen von spezifischen Prozeßmodulen zum CMOS-Basisprozeß können zusätzliche Schaltungsfunktionen realisiert werden. Dabei müssen die Prozeßmodule des Basisprozesses manchmal modifiziert werden. Tabelle 8.4 zeigt als wichtigste Beispiele die Architekturen von CMOS-Prozessen mit Analogfunktionen (mit Hilfe von linearen Widerständen und Kapazitäten) bzw. mit nichtflüchtigen Speicherzellen (E^{2}PROM) bzw. mit dynamischen Speicherzellen (DRAM = Dynamic Random Access Memory). In den Tabellen 8.12 und 8.14 ist der detaillierte Prozeßablauf für einen Analog-Digital- bzw. für einen DRAM-Prozeß beschrieben.

8.2.2
Architektur der Bipolar- und BICMOS-Technologien

In Tabelle 8.5 sind Bipolar-, BICMOS- und Smart-Power-Prozesse dargestellt, und zwar ebenfalls als Ableitungen aus einem CMOS-Basis-Prozeß. Die Ableitungen sind keinesfalls nur didaktisch zu verstehen. Vielmehr zeigen sie die

Tabelle 8.4. Aufbau von CMOS-Gesamtprozessen aus Prozeßmodulen. Aus dem CMOS-Basisprozeß können durch Modifizieren (punktiert) oder Hinzufügen (schraffiert) von Prozeßmodulen Analog- bzw. E^{2}PROM- bzw. DRAM-Prozesse abgeleitet werden. Die einem Prozeßmodul zugeordnete Rechteckfläche entspricht etwa der Zahl der darin enthaltenen Prozeßschritte

heute vielfach praktizierte Möglichkeit auf, in einer CMOS-Prozeßlinie durch Hinzufügen spezifischer Prozeßmodule Integrierte Bipolar-, bzw. BICMOS- bzw. Leistungs-Schaltungen herzustellen. Die hinzugefügten Prozeßmodule enthalten außer der Epitaxie keine Einzelprozeßschritte, die nicht prinzipiell im CMOS-Basisprozeß enthalten sind.

In den Tabellen 8.12 und 8.13 ist für einen BICMOS- bzw. für einen Höchstfrequenz-Bipolar-Gesamtprozeß der detaillierte Prozeßablauf beschrieben.

8.3
Transistoren in Integrierten Schaltungen

8.3.1
Aufbau der MOS-Transistoren und ihrer Isolation

Standard-MOS-Transistoren und ihre Integration in einer Schaltung sind im Gegensatz zu Bipolar-Transistoren sehr einfach und platzsparend. Sie sind aus diesem Grund die idealen aktiven Bauelemente in hochintegrierten Schaltungen.

Abbildung 8.3.1 zeigt zwei n-Kanal-MOS-Transistoren und einen p-Kanal-MOS Transistor als Ausschnitt aus einer Integrierten Schaltung vor der Me-

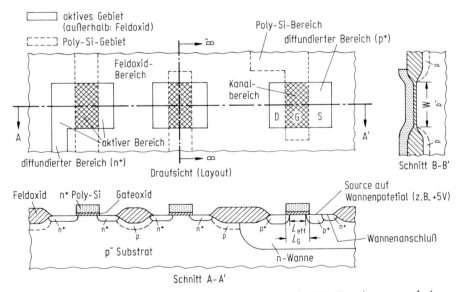

Abb. 8.3.1. Beispiel für die Anordnung von zwei n-Kanal-MOS-Transistoren und einem p-Kanal-MOS-Transistor in einer CMOS-Schaltung. S = Source-Bereich; G = Gate-Bereich; D = Drain-Bereich; L_G = Gatelänge, geometrische Kanallänge; L_{eff} = effektive Kanallänge; W = Kanalweite

Tabelle 8.5. Prozeßarchitektur der Bipolar-, BICMOS- und Smart-Power-Technologien, dargestellt als Ableitungen aus einem CMOS-Basisprozeß. Die gegenüber dem CMOS-Basisprozeß modifizierten Prozeßmodule sind punktiert, die hinzugefügten Prozeßmodule sind schraffiert. Die einem Prozeßmodul zugeordnete Rechteckfläche entspricht etwa der Zahl der darin enthaltenen Prozeßschritte

CMOS Basisprozeß

| Passivierung |
| Metall 2 |
| Me1/Me2-Kontakte |
| Metall 1 |
| Si/Me1-Kontakte |
| CMOS-Transistoren |
| Isolation |
| Wannen |

Bipolar-Standardprozeß

| Passivierung |
| Metall 2 |
| Me1/Me2-Kontakte |
| Metall 1 |
| Si/Me1-Kontakte |
| Basis/Emitter |
| Kollektoranschluß |
| Isolation |
| Epitaxie |
| Buried Layer |

Bipolar High Speed

| Passivierung |
| Metall 3 |
| Me2/Me3-Kontakte |
| Metall 2 |
| Me1/Me2-Kontakte |
| Metall 1 |
| Si/Me1-Kontakte |
| Selbstjust. Poly-Si-Basis/Emitter |
| Kollektoranschluß |
| Isolation |
| Epitaxie |
| Buried Layer |

BICMOS Analog/Digital

| Passivierung |
| Metall 2 |
| Me1/Me2-Kontakte |
| Metall 1 |
| Si/Me1-Kontakte |
| Poly-Si2 für R und C |
| CMOS-Transistoren und Basis/Emitter |
| Kollektoranschluß |
| Isolation |
| Wannen |
| Epitaxie |
| Buried Layer |

BICMOS High Speed

| Passivierung |
| Metall 3 |
| Me2/Me3-Kontakte |
| Metall 2 |
| Me1/Me2-Kontakte |
| Metall 1 |
| Si/Me1-Kontakte |
| Selbstjust. Poly-Si-Basis/Emitter |
| CMOS-Transistoren |
| Kollektoranschluß |
| Isolation |
| Wannen |
| Epitaxie |
| Buried Layer |

Smart Power (DMOS+CMOS+Bipolar)

| Passivierung |
| Metall 2 |
| Me1/Me2-Kontakte |
| Metall 1 |
| Si/Me1-Kontakte |
| CMOS, DMOS-Transistoren und Basis/Emitter |
| Kollektoranschluß |
| Isolation |
| Wannen |
| Epitaxie |
| Buried Layer |

tallisierung. Im Layout sind die beiden wesentlichen Strukturebenen (Masken) des vorderen Teils des CMOS-Gesamtprozesses dargestellt, nämlich die Isolationsmaske und die Gate-Maske (vgl. die detaillierte Prozeßfolge in Tabelle 2.1 und 8.11 in Abschn. 2 bzw. 8.6).

Die Isolationsmaske teilt die Chipoberfläche in die sog. aktiven Gebiete, die die Transistoren und die diffundierten Bereiche aufnehmen, und in die dazwischenliegenden sog. Feldoxidgebiete auf. Das Feldoxid, das typisch 0,5 µm dick ist, stellt das Gateoxid der parasitären MOS-Transistoren in der Integrierten Schaltung dar. Diese parasitären Transistoren müssen bei jedem Potential der Poly-Si- oder Metall-Bahnen, die über das Feldoxid laufen und somit als Gate fungieren, gesperrt bleiben, so daß die elektrische Isolation zwischen benachbarten diffundierten Gebieten bzw. aktiven Kanalbereichen gewährleistet ist. Das Feldoxid wird heute noch überwiegend mit Hilfe einer LOCOS-Technik erzeugt[1] (s. Abschn. 3.4.2). Erst bei Feldoxid-Stegbreiten unterhalb ca. 0,3 µm dürfte eine Grabenisolation (s. Abschn. 3.5.4) notwendig werden.

Außer der Isolationsmaske und der Gate-Maske sind für die Anordnung in Abb. 8.3.1 noch 3 CMOS-spezifische Implantationsmasken erforderlich, die von der Struktureinheit her gesehen unkritisch sind. Sie maskieren jeweils entweder die n-Kanal-Transistor-Gebiete (bei der Implantation der n-Wanne und der p^+-Diffusionsbereiche) oder die p-Kanal-Transistor-Gebiete (bei der Implantation der n^+-Diffusionsbereiche). In der Regel sind die Poly-Si-Gates zum Zeitpunkt der Source/Drain-Implantation nicht mit einer maskierenden Schicht bedeckt, so daß sie ebenfalls die Source/Drain-Implantation erhalten. Da aber das Poly-Si üblicherweise bereits stark mit Phosphor dotiert ist (vgl. Abb. 3.6.1, rechte Spalte), ändert auch die p^+-Implantation nichts an der n^+-Dotierung des Poly-Si.

Während die Isolation zwischen den aktiven MOS-Transistoren an der Siliziumoberfläche durch gesperrte Parasitär-MOS-Transistoren gewährleistet ist, muß im Innern des Mono-Siliziums durch gesperrte pn-Dioden für Isolation gesorgt werden. Deshalb wird das p-Substrat in Abb. 8.3.1 auf 0V-Potential gelegt, oder es erhält eine negative Substrat-Vorspannung. Die n-Wanne wird auf das größte positive Potential gelegt, das ist in der Regel die Versorgungsspannung, z.B. +5 V. Das Source-Potential der p-Kanal-Transistoren liegt ebenfalls auf +5 V (s. Abb. 8.3.1). Da damit die Spannungen U_{DS} und U_{GS} immer negativ sind, befinden sich die p-Kanal-Transistoren im aktiven Betriebszustand.

Die Potentialfestlegung von p-Substrat bzw. n-Wanne auf 0 V bzw. +5 V ist noch keine ausreichende Garantie für eine sichere Isolation zwischen n- und p-Kanal-MOS-Transistoren. Wie Abb. 8.3.2 zeigt, existiert in einer CMOS-Schaltung zwischen einem n-Kanal-Transistor und einem benachbar-

---

[1] In seltenen Fällen tritt an die Stelle des Feldoxids eine auf einer Spannung von z.B. 0 V gehaltenen n^+-Poly-Si-Feldplatte über dünnem Gateoxid.

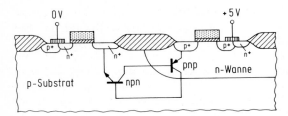

Abb. 8.3.2. Parasitärer Thyristor, der zwischen einem n-Kanal-MOS-Transistor und einem benachbarten p-Kanal-MOS-Transistor in einer CMOS-Schaltung existiert. Ist einer der beiden Emitter-Basis-pn-Übergänge der beiden parasitären Bipolar-Transistoren lokal in Flußrichtung gepolt, zündet der Thyristor (Latch-up). Der dabei fließende hohe Strom kann zerstörend sein

ten p-Kanal-Transistor ein parasitärer Thyristor, der aus einem parasitären npn- und einem parasitären pnp-Bipolar-Transistor gebildet wird.

Sobald einer der beiden Emitter-Basis-pn-Übergänge irgendwo in Flußrichtung gepolt ist[2], „zündet" der Thyristor (Latch-up-Effekt). Der hohe Zündstrom kann zur lokalen Zerstörung (z.B. aufgeschmolzene Metallisierung) der Integrierten Schaltung führen. Die wichtigsten Maßnahmen zur Verhinderung des Latch-up-Effekts sind

- die Einhaltung eines technologieabhängigen Mindestabstands zwischen benachbarten n^+- und p^+-Gebieten (das ist eine wichtige Designregel in CMOS-Schaltungen),
- eine negative Vorspannung des p-Substrats (im Falle einer n-Wanne),
- Verwendung eines p^+-Substrats mit p-Epitaxie-Schicht (im Falle einer n-Wanne),
- Verwendung von „Retrograde"-Wannen (s. Abschn. 6.2.2)
- und möglichst viele Wannenkontakte, um das Potential in der gesamten Wanne konstant zu halten und damit Latch-up-auslösende Spannungsabfälle zu vermeiden.

Die gegenüber ihrer Umgebung isolierten diffundierten Bereiche und Poly-Si-Bereiche werden beim Entwurf von Integrierten MOS-Schaltungen dazu genutzt, diese Bereiche über den eigentlichen Transistorbereich hinaus zu verlängern und so leitende Verbindungen z.B. zu einem Metallkontakt oder zu einem benachbarten Transistor herzustellen. In Abb. 8.3.1 sind solche Verbindungen im Layout links unten (diffundierter Bereich) bzw. rechts oben (Poly-Si-Bereich) angedeutet. Trotz der Einschränkung, daß Überkreuzungen von diffundierten Bereichen und Poly-Si-Bahnen nicht möglich sind[3], trägt

---

[2] Eine Polung der pn-Übergänge in Flußrichtung kann z.B. durch einen parasitären Strom hervorgerufen werden, der durch Stoßionisation heißer Elektronen entsteht und im Basisgebiet des Bipolar-Transistors einen Spannungsabfall verursacht.

[3] Eine solche Überkreuzung würde einen ungewollten aktiven MOS-Transistor erzeugen.

die Möglichkeit, einen Teil der „Verdrahtung" von CMOS-Schaltungen direkt auszuführen, ohne die Metallisierung in Anspruch zu nehmen, ganz wesentlich zu der hervorragenden Integrationsfähigkeit der CMOS-Technologie bei. Als Beispiel möge die statische Speicherzelle in Abb. 8.4.1 dienen. Die Verdrahtung der 6 MOS-Transistoren innerhalb der Speicherzelle benötigt lediglich 6 Metallkontakte.

Die wesentliche Triebfeder für die stürmische Entwicklung der Integrierten CMOS-Schaltungen ist die Strukturverkleinerung (Scaling). Wie in Tabelle 8.6 aufgezeigt ist, bedeutet eine Verkleinerung der Strukturen um den Faktor K nicht nur, daß man pro Flächeneinheit eine um den Faktor K^2 größere Zahl von Transistoren integrieren kann, sondern die Integrierten Schaltungen werden auch schneller, was sich z. B. in einer kürzeren Verzögerungszeit eines logischen Gatters äußert. Setzt man auch die Versorgungsspannung um den Faktor K herunter, wird darüber hinaus die Verlustleistung um den Faktor K^2 reduziert. Die Energie je logische Operation, das sog. Power-Delay-Produkt, erniedrigt sich sogar um den Faktor K^3.

Auf Grund dieser überragenden Bedeutung der Strukturabmessungen werden CMOS-Technologien üblicherweise durch eine Dimension, z. B. 0,7 μm, gekennzeichnet. Leider gibt es keine einheitliche Definition dieser charakteristischen Dimension, was immer wieder Verwirrung stiftet.

Tabelle 8.6. Das Scaling-Prinzip für die beiden Fälle „Versorgungsspannung U_{DD} wird mitskaliert" und „Versorgungsspannung U_{DD} bleibt konstant". Der Skalierungsfaktor sei K (K>1).

Zu skalierende Größe	Multiplikationsfaktor
Alle lateralen und vertikalen Dimensionen	1/K
Alle Dotieratomkonzentrationen	· K

Entsprechend den bekannten MOS-Gleichungen werden bei dieser Skalierung die unten aufgeführten Größen näherungsweise folgendermaßen transformiert:

Transformierte Größe	Multiplikationsfaktor	
	$U_{DD} \rightarrow U_{DD}/K$	U_{DD} konstant
Packungsdichte	K^2	K^2
Drainstrom pro Kanalweite	1	K^2
Stromdichten	K	K^3
Feldstärken	1	K
Oxidkapazität pro Fläche	K	K
pn-Kapazität pro Fläche	K	$\sqrt{K}$
Verlustleistungsdichte	1	K^3
Verlustleistung pro Gatter	$1/K^2$	K
Verzögerungszeit pro Gatter	1/K	$1/K^2$
Power-Delay-Produkt	$1/K^3$	1/K

Für eine „0,7 μm-Technologie" findet man folgende Definitionen:

– Die minimale effektive Kanallänge der MOS-Transistoren ist 0,7 μm;
– die minimale lithographisch zu erzeugende Strukturgröße in der Integrierten Schaltung ist 0,7 μm;
– der Mittelwert der halbierten minimalen Raster bzw. der Kontaktlochab-
  messungen der „kritischen" Strukturebenen beträgt 0,7 μm.

In diesem Buch wollen wir uns an die dritte der obigen Definitionen halten,
weil diese Definition am ehesten ein Maß für den Aufwand an Fertigungsge-
räten und Prozessen darstellt.

Wie Abb. 8.3.3 zeigt, ist die Versorgungsspannung von CMOS-Schaltungen
bis herab zur 0,5 μm-Technologie-Generation konstant 5 V geblieben. Das
bedeutet, daß die Strukturen in den letzten 10 Jahren etwa um den Faktor 5
(K = 5) verkleinert wurden, ohne die Spannungen zu verkleinern. Hätte man
das Scaling-Prinzip unverändert angewandt (siehe Tabelle 8.6, rechte Spalte),
wären an kritischen Stellen der Integrierten Schaltungen die Stromdichte
(um den Faktor K^3 vergrößert) bzw. die elektrische Feldstärke (um den Faktor K vergrößert) so groß geworden, daß die Zuverlässigkeit der Schaltungen
nicht mehr gewährleistet gewesen wäre. Um das Zuverlässigkeitsrisiko zu minimieren, wich man entweder vom Scaling-Prinzip ab (z. B. wurde die Gateoxiddicke weniger stark verkleinert als die lateralen Strukturabmessungen,
siehe Abb. 8.3.3) oder es wurden neue Materialien (bei der Metallisierung)
bzw. ein neues Dotierprofilkonzept (LDD) eingeführt. Die wichtigsten dieser
Maßnahmen sind in Tabelle 8.7 zusammengefaßt. Die Strukturverkleinerung
bei CMOS-Schaltungen wird auch in Zukunft wegen der gewaltigen Möglichkeiten mit unvermindertem Tempo weitergetrieben. Eine 0,1 μm-Technologie
erscheint durchaus machbar [8.1]. Die Hauptherausforderung liegt bei der

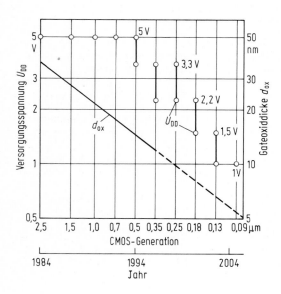

Abb. 8.3.3. Entwicklung der
Versorgungsspannung und der
Gateoxiddicke von CMOS-
Schaltungen bei der Struktur-
verkleinerung

fertigungstechnischen Beherrschung wirtschaftlicher Herstellprozesse der Integrierten Schaltungen.

Um die Zuverlässigkeit der Integrierten Schaltungen auch bei Strukturabmessungen unterhalb 0,5 µm abzusichern, müssen einige Prozeßschritte modifiziert werden, und neue Prozeßschritte bzw. neue Materialien werden hinzukommen. Tabelle 8.8 gibt eine Übersicht über diese möglichen Innovationen.

Besonders hervorzuheben sind die Möglichkeiten, die sich mit SOI-Substraten (s. Abschn. 3.2.4.) eröffnen: Infolge der lateralen und vertikalen Isolation durch Oxid (und nicht durch pn-Übergänge bzw. gesperrte Feldoxid-

Tabelle 8.7. Technologische Maßnahmen zur Sicherstellung der Zuverlässigkeit von CMOS-Schaltungen bei der Strukturverkleinerung bei konstanter Versorgungsspannung

Zuverlässigkeitsrisiko	Ursache	Technologische Gegenmaßnahmen
Gateoxid-Kurzschluß	Lokale Degradation des Gateoxids infolge Q_{bd} an Schwachstellen, siehe Abschn. 3.4.3	Vermeidung von Schwachstellen im Gateoxid, insbesondere durch eine geeignete Reinigung vor der Gateoxidation, siehe Abschn. 7.3
Drainstrom-Drift	Wegen der Feldstärkespitze am drainseitigen Kanalrand werden die Kanalelektronen „heiß" (Hot-Electron-Effekt). Sie tunneln ins Gateoxid und werden dort „getrappt".	Ein „Lightly Doped Drain (LDD)" senkt die Feldstärke an der Drainkante ab, siehe Abb. 3.5.2 a
Leckende pn-Übergänge	„Spiking" bei flachen pn-Übergängen, siehe Abschn. 3.11.4	1. Siliziumzusatz zum Aluminium, siehe Abschn. 3.11.4 2. Zusammenhängende TiN-Barriereschicht unter der Al-Schicht, siehe Abschn. 3.11.4
Unterbrechung von Aluminium-Leiterbahnen	Elektromigration bei hohen Stromdichten im Al, siehe Abschn. 3.11.3	1. Al-Schichtdicke wird nicht skaliert und bleibt ca. 1 µm 2. Kupferzusatz zum Aluminium, siehe Abschn. 3.11.3 3. TiN-Barriereschicht unter der Al-Schicht, siehe Abschn. 3.10

Tabelle 8.8. Mögliche technologische Maßnahmen, um die Strukturverkleinerung bei CMOS-Schaltungen von 0,5 µm bis 0,1 µm weitertreiben zu können

Was soll erreicht werden?	Mögliche technologische Maßnahmen	Auswirkungen der Maßnahmen
Flache Kanal-Dotierprofile (ca. 0,1 µm)	1. Implantation schwerer Ionen (BF_2^+, In^+, As^+) 2. Selektive Epitaxie, s. Abschn. 3.3.1 3. SOI-Substrat, s. Abschn. 3.1.6, 3.1.7	
Flache Source/Drain-Dotier-profile bei kleinem Schicht-widerstand	1. Silizierte S/D-Gebiete (Salicide), s. Abschn. 3.9.1 2. Selektive Epitaxie, s. Abschn. 3.3.1 3. Selektive $TiSi_2$-CVD-Abscheidung, s. Abschn. 3.9.1	
Latch-up-Sicherheit bei klei-nem n^+-p^+-Abstand	1. „Retrograde"-Wannen-dotierprofile, s. Abschn. 6.2.2 2. SOI-Substrat	
Bessere Kurzkanaleigenschaf-ten des p-Kanal- Transistors durch „Surface Channel" anstatt „Buried Channel"	1. p^+-Poly-Gate für p-Kanal-Transistoren, 2. SOI-Substrat	• Polyzid-Gate erforder-lich s. Abschn. 6.3.6
Kurze LDD-Dotierprofile	1. Schrägimplantation (ca. 45°) durch den Spacer hindurch	• RTP-Verfahren erforder-lich, s. Abschn. 6.3.1
Kurze Feldoxidstege	1. Advanced-LOCOS-Verfahren, s. Abschn. 3.4.2 2. Grabenisolation, s. Abschn. 3.5.4	• Mehr Prozeßschritte
Entspannte Lagegenauigkeits-anforderung für die Litho-graphie	1. Überlappende Kontakte, s. Abschn. 8.5.2 2. Non-capped-Kontakte, s. Abschn. 8.5.2	• Mehr Prozeßschritte
Entspannte Tiefenschärfe-Anforderungen für die Litho-graphie	1. Globale Planarisierung, s. Abschn. 8.5.1	• Mehr Prozeßschritte
Zuverlässige Feinstruktur-Metallisierung	1. Planarisierung der Isolationsschichten, s. Abschn. 8.5.1 2. Einführung von Local Interconnects s. Abschn. 8.5.3 3. Einführung zusätzlicher Metall-Strukturebenen	

Transistoren) gibt es keinen Latch-up-Effekt. Man kann deshalb n-Kanal-
und p-Kanal-MOS-Transistoren so dicht aneinander setzen, wie es die lithographischen Regeln zulassen. Ein weiterer Vorzug von SOI-Substraten besteht
darin, daß es fast keine parasitären pn-Kapazitäten gibt, die bei digitalen
Schaltungen umgeladen werden müssen. Schaltungen auf SOI-Substrat sind
also schneller.

Schließlich gibt es die Möglichkeit, die Transistoren vertikal anzuordnen
[8.2], ähnlich wie die Grabenkondensatoren in Speicherzellen (vgl. Abb.
8.4.2). Dabei erreicht man bei gegebener minimaler Struktur eine höhere
Packungsdichte der Transistoren.

8.3.2
Aufbau der DMOS-Transistoren

Im Unterschied zum Standard-MOS-Transistor wird beim DMOS-Transistor
(DMOS = Double Diffused MOS) die Kanallänge nicht durch die Länge des
Poly-Si-Gates bestimmt, sondern durch die Differenz der Eindringtiefen einer p- und einer n-Diffusion (vgl. Tabelle 8.1). Ein weiteres Merkmal des
DMOS-Transistors ist seine lange und niedrig dotierte Drainstrecke. Sie garantiert hohe Spannungsfestigkeit. Dementsprechend werden DMOS-Transistoren in solchen Schaltungen integriert, die an ihrem Ausgang einen span-
nungsfesten Stromschalter benötigen (s. Tabelle 8.2).

Um in den Strombereich von 1A zu kommen, werden viele DMOS-Transistoren parallel geschaltet [8.3]. Natürlich möchte man möglichst wenig Chipfläche für den niederohmigen Stromschalter verbrauchen[4]. Besonders platzsparend ist eine Anordnung wie in Abb. 8.3.4. Da hier das Draingebiet als
zusammenhängendes Buried-Layer-Gebiet ausgeführt ist, wird dafür überhaupt keine Chipfläche benötigt. Der Anschluß der einzelnen Source-Gebiete
und der einzelnen Substrat-(Body-)Gebiete erfolgt über einen platzsparenden
selbstjustierten Kontakt (s. Abb. 3.5.2d). Eine die gesamte DMOS-Struktur
überdeckende Al-Schicht verbindet die einzelnen Source- und Substrat-Berei-
che.

Für hohe Sperrspannungen über 300 V ist der vertikale DMOS-Transistor
in Abb. 8.3.4 nicht mehr geeignet, weil die Epitaxie-Dicke, über die die hohe
Spannung abfällt, zu groß (>30 µm) bzw. die Epitaxie-Dotierung unkontrol-
lierbar klein ($<10^{14}$ cm^{-3}) gemacht werden müßten. In der Leistungselektro-
nik sind deshalb Bauelemente im Einsatz, die von einer niedrig n-dotierten
Siliziumscheibe[5] ausgehen und den Anodenanschluß auf der Rückseite ha-

---

[4] Ein Maß für den Platzbedarf des Stromschalters ist der spezifische Widerstand
$R_{ON} = R \cdot A_{Chip}$. R ist der Einschaltwiderstand und A_{Chip} ist die benötigte Chipfläche.
Mit einer Anordnung wie in Abb. 8.3.4 erreicht man in einer 0,7 µm-Technologie
R_{ON}-Werte von 0,1 Ω mm^2.

[5] Mit dem sog. Neutronen-Transmutationsverfahren (Umwandlung von Si in P) können niedrige Phosphordotierungen ($<10^{14}$ cm^{-3}) mit höchster Gleichmäßigkeit erzeugt werden. Für p-Dotierung existiert kein gleichwertiges Verfahren.

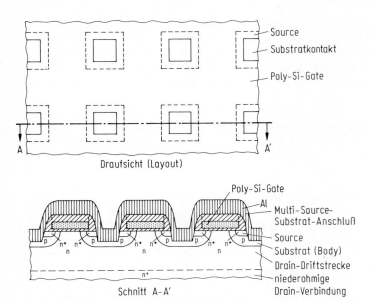

Abb. 8.3.4. Vertikaler Multi-Source-DMOS-Transistor mit platzsparenden selbstjustierten Source-/Substrat-Kontakten [8.3]

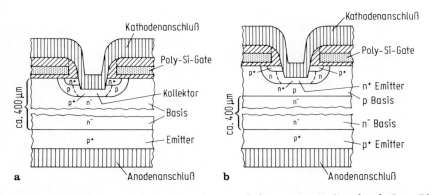

Abb. 8.3.5 a, b. DMOS-gesteuerte Leistungsschalter. **a** IGBT (Insulated Gate Bipolar Transistor) mit n-Kanal-DMOS-Transistor; **b** MCT (MOS Controlled Thyristor) mit p-Kanal-DMOS-Transistor

ben. Abbildung 8.3.5 zeigt zwei DMOS-gesteuerte Ausführungsformen, nämlich den DMOS-gesteuerten Bipolar-Transistor (IGBT = *I*nsulated *G*ate *B*ipolar *T*ransistor) und den DMOS-gesteuerten Thyristor (MCT = *M*OS *C*ontrolled *T*hyristor). Beide Leistungsbauelemente gibt es heute nur als Stand-alone-Leistungsschalter [8.4]. Eine Integration dieser Leistungsschalter zusammen mit

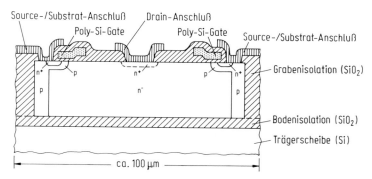

Abb. 8.3.6. Lateraler Hochspannungs-DMOS-Transistor mit dielektrischer Rundum-Isolation

Standard-MOS-Transistoren und Bipolar-Transistoren auf einem Chip ist aber im Prinzip möglich.

Ein im Spannungsbereich 500 bis 1000 V arbeitsfähiger lateraler DMOS-Transistor ohne Rückseitenanschluß ist in Abb. 8.3.6 dargestellt [8.5]. Die Verwendung einer durch Wafer-Bonding erzeugten SOI-Scheibe (s. Abschn. 3.1.7) sowie einer seitlichen Grabenisolation (s. Abschn. 3.5.4) sorgt dafür, daß der DMOS-Transistor ringsum durch eine dicke SiO₂-Schicht isoliert ist.

8.3.3
Aufbau der Bipolar-Transistoren und ihrer Isolation

Wie bereits in der Übersicht in Tabelle 8.2 ausgeführt ist, sind Bipolartransistoren wegen ihres großen Platzbedarfs für die Höchstintegration weniger geeignet als MOS-Transistoren. Sie werden aber dort nach wie vor in Integrierten Schaltungen eingesetzt, wo ihre von CMOS nicht erreichten Eigenschaften gefragt sind, nämlich ihre hohe Schaltgeschwindigkeit, ihre hervorragenden Analog-Eigenschaften und die Möglichkeit der Integration von Leistungsendstufen oder Hall-Sensoren ohne prozeßtechnischen Mehraufwand.

Abbildung 8.3.7 zeigt den Aufbau eines Standard-npn-Bipolar-Transistors mit einer beispielhaft angenommenen Umgebung in einer Integrierten BIC-MOS-Schaltung. Dieser einfache Bipolar-Transistortyp kommt in allen Bipolar-, BICMOS- oder SPT-Schaltungen vor, wo es nicht um hohe Geschwindigkeiten geht (siehe Übersicht in Tabelle 8.5).

Der Anschluß von Emitter, Basis und Kollektor erfordert in der Regel je 1 Kontaktloch. Die Verbindung dieser Transistorgebiete mit anderen Bipolar- oder MOS-Transistoren der Integrierten Schaltung erfolgt über Aluminium-Leiterbahnen. Damit ist die „Verdrahtung" viel aufwendiger als bei MOS-Schaltungen (s. Abschn. 8.3.1). Dementsprechend ist die mögliche Packungsdichte von Bipolar-Transistoren bei gleicher Strukturfeinheit um mindestens 1 Größenordnung kleiner. Hinzu kommt, daß die Strukturverkleinerung bei

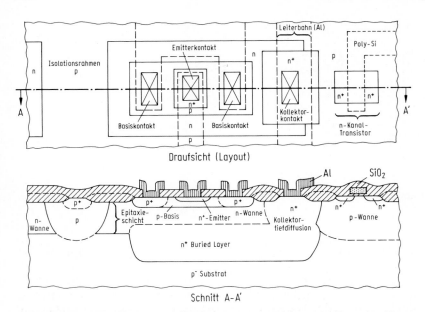

Draufsicht (Layout)

Schnitt A-A'

Abb. 8.3.7. Beispiel für die Anordnung eines npn-Bipolar-Transistors in einer Integrierten BICMOS-Schaltung. Links vom Bipolar-Transistor ist eine n-Wanne für die Aufnahme eines npn-Bipolar-Transistors oder eines p-Kanal-MOS-Transistors angedeutet. Rechts ist ein n-Kanal-MOS-Transistor. Die ausgezogenen Linien im Layout markieren die Dotierungsgrenzen, die gestrichelten die Leiterbahnen bzw. Poly-Si-Bahnen

Bipolar-Schaltungen nur zu einer marginal höheren Packungsdichte der Bipolar-Transistoren führt. Dies liegt vor allem am Platzbedarf des Isolationsrahmens und der Kollektortiefdiffusion, da die seitliche Ausdehnung dieser diffundierten Gebiete mindestens so groß ist wie die Epitaxiedicke (in der Regel einige μm). Andererseits kommt man wegen der geringen Bedeutung der Strukturverkleinerung bei Bipolar-Schaltungen meist mit konventioneller Prozeßtechnik aus.

Der in Abb. 8.3.7 dargestellte vertikale npn-Transistor ist der weitaus am häufigsten verwendete Bipolar-Typ. Gelegentlich werden auch laterale bzw. vertikale pnp-Transistoren mitintegriert. Die lateralen pnp-Transistoren fallen bei Prozeßarchitekturen für vertikale npn-Transistoren ohne Zusatzaufwand an[6]. In BICMOS-Prozessen erhält man vertikale pnp-Transistoren, wenn man eine p^+-Buried-Layer hinzufügt.

Ein auf höchste Geschwindigkeit (erreichbare Transitfrequenz 30 GHz) getrimmter Bipolar-Transistor ist in Abb. 8.3.8 dargestellt [8.6]. Hier werden

---

[6] Ein lateraler pnp-Transistor wird dadurch gebildet, daß das p-Basisgebiet eines npn-Transistors als Emitter bzw. Kollektor des pnp-Transistors dient und die n-Wanne als Basisgebiet des pnp-Transistors fungiert.

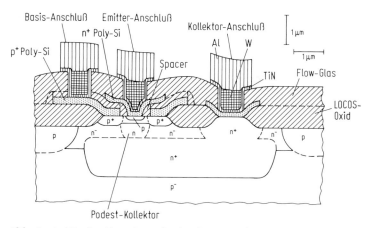

Abb. 8.3.8. Bipolar-Transistor für höchste Geschwindigkeit mit selbstjustierten Poly-Si-Basiskontakten und Poly-Si-Emitterkontakten sowie mit einem Podestkollektor

die Emitter- bzw. Basisanschlüsse durch n^+- bzw. p^+-dotierte Poly-Si-Schichten realisiert, die mit Hilfe der Spacer-Technik (s. Abb. 3.5.2 c) gegeneinander selbstjustiert sind. Durch die erheblich verringerte Fläche des Basis-Kollektor-Übergangs wird die entsprechende Sperrschichtkapazität drastisch reduziert. Der kleine Abstand zwischen der äußeren Basis und dem Emitterrand verringert den äußeren Basisbahnwiderstand. Auch der innere Basisbahnwiderstand (unter dem Emitter) wird reduziert und zwar dadurch, daß der Emitter um die doppelte Spacerbreite schmäler ist als die lithographische Minimaldimension. Durch die Verwendung eines Poly-Si-Emitters läßt sich außerdem die Emitter-Eindringtiefe im monokristallinen Silizium verringern und damit die Transitfrequenz erhöhen. Schließlich wird mit Hilfe einer Phosphor-Implantation durch das Emitter-Fenster in den niedrig n-dotierten Kollektorbereich unter dem Emitter (Podest-Kollektor oder SIC = Selective Implanted Collector) die zulässige Stromdichte im Transistor erhöht.

Es sind noch weitere Maßnahmen bekannt, um die Geschwindigkeit dieses Bipolar-Transistortyps noch weiter zu treiben. Hierzu gehören:

– die Erniedrigung des Basiszuleitungswiderstands durch Verwendung von Polyzidschichten (s. Abschn. 3.9.2)

– der Einsatz der selektiven Epitaxie (s. Abschn. 3.3.1) für Basis und Kollektor [8.7],

– der Einsatz der SiGe-Epitaxie für die Basis (HBT = *H*eterojunction *B*ipolar *T*ransistor) [8.8], Abb. 8.3.9.

Ebenso wie für die CMOS-Technologie eröffnet der Einsatz von SOI-Substraten auch für die Bipolar-Technologie ganz neue Möglichkeiten. Insbesondere der Platzbedarf für die Isolation der Bipolartransistoren läßt sich drastisch reduzieren. Abbildung 8.3.10 zeigt 2 mögliche Ausführungsformen eines Bipolar-Transistors auf SOI-Substrat [8.9].

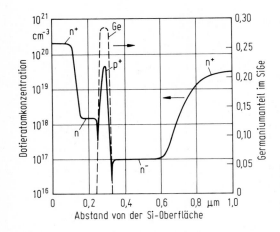

Abb. 8.3.9. Dotierprofil eines Si/Si-Ge HBT's mit einer möglichen Transitfrequenz von über 100 GHz [8.8]. HBT = Hetero-Junction Bipolar Transistor

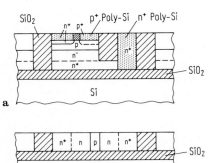

Abb. 8.3.10 a, b. Schematischer Querschnitt von möglichen Bipolar-Transistoren auf SOI-Substrat. **a** Vertikaler npn-Transistor, **b** lateraler npn-Transistor [8.9]

8.4
Speicherzellen

Man unterscheidet drei Grundtypen von Halbleiterspeichern, nämlich den statischen, den dynamischen und den nichtflüchtigen Speicher. Sie sind in ihrer physikalischen Wirkungsweise grundsätzlich verschieden. Ihr Aufbau wird in den folgenden Abschnitten beschrieben.

8.4.1
Aufbau von statischen Speicherzellen

Eine statische Halbleiter-Speicherzelle wird als bistabiles Flip-Flop mit 2 Auswahltransistoren ausgeführt (Abb. 8.4.1). Das Flip-Flop hat nur 2 stabile Zustände. Im einen Zustand sind die „Speicherknoten" **6** bzw. **10** auf 0 V- bzw.

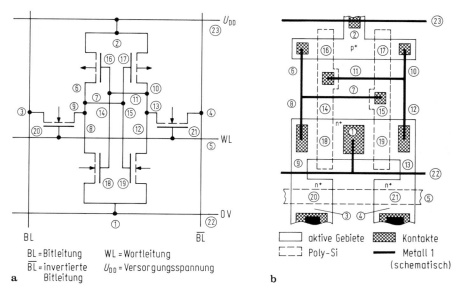

Abb. 8.4.1. a Schaltbild und b Layout einer statischen Speicherzelle mit 6 Transistoren in CMOS-Technik. Die eingekreisten Zahlen bezeichnen die jeweilige örtliche Zuordnung in den beiden Teilbildern. Aus Gründen der besseren Übersicht sind im Layout (b) die Metall 1-Bahnen nur schematisch als dicke Linien eingetragen. Die Bitleitungen werden im Layout (b) in Metall 2 ausgeführt und laufen von oben nach unten (der Übersicht halber nicht eingetragen)

U_{DD}-Potential, im anderen stabilen Zustand auf U_{DD}- bzw. 0 V-Potential. Solange die Versorgungsspannung U_{DD} anliegt, ist der Speicherzustand zeitlich stabil; daher der Name „statische" Speicherung.

Um einen „wahlfreien Zugriff" (random access) zu erhalten, benötigt jede statische Speicherzelle nicht nur einen Anschluß für 0 V und U_{DD}, sondern auch für zwei Bitleitungen und eine Wortleitung (SRAM = Static Random Access Memory).

Die statische Speicherzelle in Abb. 8.4.1 kann mit einem CMOS-Basisprozeß (s. Tabelle 8.4) ohne zusätzliche Prozeßschritte realisiert werden. Man findet deshalb diese Ausführungsform insbesondere als „embedded SRAM" in Logik-Schaltungen (z.B. Mikroprozessoren), in denen ein SRAM integriert ist. Bei „Stand-alone-SRAMs" kommt es dagegen auf den möglichst geringen Platzbedarf einer SRAM-Zelle an. Neben der dennoch dominierenden 6-Transistor CMOS-Zelle findet man als platzsparende Varianten anstelle der p-Kanal-Transistoren (s. Abb. 8.4.1) Depletion-Transistoren (das sind n-Kanal-Transistoren mit negativer Einsatzspannung), oder „Poly-Loads" (das sind hochohmige Poly-Si-Widerstände, die man auch in einer 2. Poly-Si-Ebene auf die Transistoren „draufpacken" kann), oder TFTs (TFT = Thin Film Transistor; das ist ein MOS-Transistor mit Poly-Si-Kanalgebiet, der ebenfalls oberhalb von den n-Kanal-Transistoren angeordnet werden kann, ähnlich wie in Abb. 3.3.2).

Statische Speicherzellen benötigen bei gleicher Prozeßkomplexität eine mindestens 3mal größere Chipfläche als dynamische Speicherzellen (s. nächster Abschnitt). Ihr Vorzug liegt in der bereits erwähnten CMOS-Basisprozeß-Identität sowie in der kürzeren Zugriffszeit (einige ns bei SRAMs gegenüber 40 bis 70 ns bei DRAMs).

8.4.2
Aufbau von dynamischen Speicherzellen

Im Vergleich zur statischen Speicherzelle ist die dynamische Speicherzelle sehr einfach aufgebaut. Sie besteht lediglich aus einem Auswahltransistor und einem Speicherkondensator (Abb. 8.4.2). Die Speicherzustände „0" und „1" entsprechen dem positiv bzw. negativ geladenen Kondensator. Da die Kondensatorladung in heutigen Speicherzellen infolge von Rekombinations- und Leckströmen in einer Zeit von ca. 1 Sekunde abgebaut wird, muß die Ladung immer wieder aufgefrischt werden. Auch nach einem Lesevorgang muß die Information wieder eingeschrieben werden. Der „Refresh" erfolgt automatisch mit Hilfe einer auf dem Chip integrierten Schaltung. Diese Besonderheit hat dem Speicher den Namen „Dynamischer Speicher" gegeben (DRAM = Dynamic Random Access Memory).

Der Hauptaufwand bei der Technologieentwicklung von DRAMs liegt beim Speicherkondensator. Um ein ausreichend großes Lesesignal zu erhalten und gegen Alpha-Teilchen[7] unempfindlich zu sein, sollte die Speicherkapazität ca. 35 fF betragen. Nach der Kapazitätsformel

$$\left(\frac{C}{\text{fF}}\right) \approx 9\,\varepsilon_r\left(\frac{\text{nm}}{d}\right)\left(\frac{A}{\mu\text{m}^2}\right)$$

benötigt man im Falle eines $d = 10$ nm dicken SiO_2-Dielektrikums ($\varepsilon_r = 4$) eine Kondensatorfläche $A \approx 10\ \mu\text{m}^2$. Hierfür steht maximal die halbe Speicherzellenfläche zur Verfügung. Bei einem 4 M DRAM ist aber die gesamte Fläche einer Speicherzelle bereits kleiner als 10 μm^2. Somit kommt hier eine planare Anordnung des Kondensators nicht mehr in Frage. Es wurden deshalb solche Ausführungsformen des Speicherkondensators entwickelt, die die dritte Dimension nutzen. Abbildung 8.4.3 zeigt je zwei Ausführungsformen eines Grabenkondensators (Trench Capacitor) und eines Stapel-Kondensators (Stacked Capacitor).

---

[7] Alpha-Teilchen sind Heliumkerne mit einer Energie von 5,5 MeV. Sie kommen aus dem Weltraum und sind in Spuren vor allem in Metallen enthalten. Trifft ein Alpha-Teilchen auf eine Siliziumscheibe, dringt es ca. 35 μm tief ins Silizium ein. Auf diesem Weg erzeugt es eine große Zahl von Elektron-/Loch-Paaren. Diese Ladungsträger können mit der gespeicherten Ladung rekombinieren und sie so zerstören (soft error).

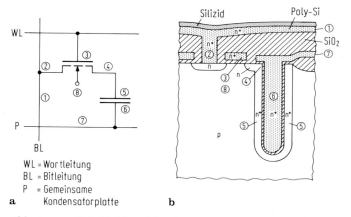

a   b

Abb. 8.4.2. a Schaltbild und **b** schematischer Querschnitt einer dynamischen Speicherzelle mit Grabenkondensator. Die eingekreisten Zahlen bezeichnen die jeweilige örtliche Zuordnung in den beiden Teilbildern

Die gesamte Kondensatorfläche eines 4 M DRAM beträgt ca. $0,4 \ cm^2$. Sie soll praktisch defektfrei sein. Mit einer thermischen oder abgeschiedenen SiO_2-Schicht ist das kaum zu erreichen. Es hat sich deshalb sowohl bei Graben- als auch bei Stapelkondensatoren das ONO-Dielektrikum (Oxid/Nitrid/Oxid) durchgesetzt, das praktisch defektfrei hergestellt werden kann (siehe Abb. 3.7.2).

Bei immer kleiner werdender Fläche der Speicherzellen dürfte der Trend in Richtung einer höheren Dielektrizitätskonstanten ε_r anstatt zu immer tieferen Gräben bzw. immer höheren Stapeln gehen. Materialien wie z.B. Ta_2O_5 oder Bariumstrontiumtitanat (BST) dürften zum Einsatz kommen [8.10].

Wegen ihres einfachen Aufbaus ist die dynamische Speicherzelle auch die bei weitem kostengünstigste Speicherzelle. Die Massenspeicher der heutigen Computer vom PC bis zum Großrechner bestehen deshalb aus DRAMs. Der noch immer wachsende Bedarf an preiswerten Speichern ist seit Mitte der 70er Jahre die wesentliche Triebfeder für die Fortschritte der Halbleitertechnologie. Tabelle 8.9 zeigt die bisherige Entwicklung der DRAMs und ihre voraussichtliche zukünftige Entwicklung. Dabei wird angenommen, daß es auch in Zukunft gelingt, die Herstellkosten pro Bit etwa alle 3 Jahre zu halbieren. Die wesentlichen Hebel zum Erreichen dieses Ziels werden wie bisher die Erhöhung der Chip-Komplexität, die Strukturverkleinerung, die Kunst der Prozeßarchitektur, eine bessere Prozeßbeherrschung, ein größerer Scheibendurchmesser sowie ein größerer Redundanzumfang[8] sein.

---

[8] Unter Redundanz versteht man hier das Vorsehen zusätzlicher Speicherzellen auf dem DRAM-Chip, um defekte Speicherzellen durch funktionierende zu ersetzen.

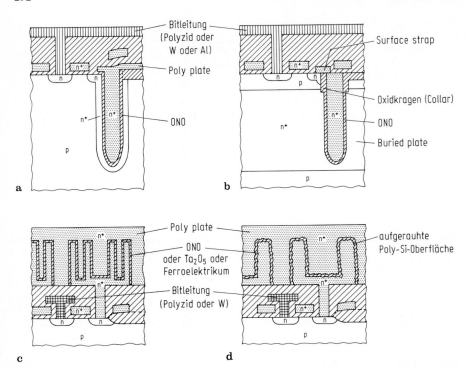

Abb. 8.4.3 a–d. Vier wichtige Ausführungsformen des Kondensators in DRAM-Speicherzellen. **a** Grabenkondensator mit Poly-Si-Platte („Poly Plate Trench Capacitor"); **b** Grabenkondensator mit vergrabener Platte („Buried Plate Trench Capacitor"); **c** Kronen-Stapelkondensator („Crown Stacked Capacitor"); **d** Rauh-Silizium-Stapelkondensator („Hemi-Spherical Grained Silicon Stacked Capacitor")

Die in Tabelle 8.9 zum Ausdruck kommende stürmische Entwicklung bei den DRAMs hat dazu geführt, daß der DRAM weltweit die Rolle eines „Technologietreibers" übernommen hat. Kein anderes Halbleiterprodukt benötigt z. B. eine weitere Strukturverkleinerung früher als der DRAM. Hinzu kommt, daß bei gleicher minimaler Struktur die „Strukturdichte" (siehe Tabelle 8.9) in einem DRAM-Zellenfeld mindestens doppelt so groß ist wie z. B. in einer Logik-Schaltung. Darüberhinaus reagiert der DRAM wegen der dynamischen Ladungsspeicherung viel empfindlicher als alle anderen Schaltungen auf Kontaminationen, die beim Herstellprozeß eingeschleppt werden (s. Abb. 7.1.1).

Die Technologietreiber-Funktion des DRAM gilt allerdings nur für die Beherrschung des Silizium-Grundmaterials und der Einzelprozesse (Lithographie, Ätztechnik, Schichtabscheidungen), nicht jedoch für den CMOS-Gesamtprozeß. Zwar enthält der DRAM-Gesamtprozeß einen CMOS-Basisprozeß (s. Tabelle 8.4), aber es müssen z. B. die MOS-Transistoren einer Mikroprozes-

Tabelle 8.9. Die bisherige und voraussichtlich zukünftige Entwicklung der dynamischen Speicher in der Großserienfertigung. Die „Strukturdichte" gibt die über alle Strukturebenen aufsummierte Strukturkantenlänge pro Draufsichtfläche im Speicherzellenfeld an. Sie ist ein Maß für die Prozeßkomplexität. (Shrink = Verkleinerte Version)

Chip-Komplexität (DRAM-Bits)	Einführungsjahr	Minimale Struktur (μm)	„Stukturdichte" (μm/μm^2)	Zellenfläche (μm^2)	Chipfläche (mm^2)	Scheibendurchmesser (mm)	Herstellkosten (DM/10^6 Bit)
1 M Startprodukt	1987	1,20	4,5	25	60	150	8
1 M letzter Shrink	1994	0,80	6,0	10	25	150	2
4 M Startprodukt	1990	0,85	6,0	10	90	150	4
4 M letzter Shrink	1997	0,50	8,5	4	35	150	1
16 M Startprodukt	1993	0,60	8,5	4	135	200	2
16 M letzter Shrink	2000	0,35	12	1,5	50	200	0,5
64 M Startprodukt	1996	0,40	12	1,6	200	200	1
64 M letzter Shrink	2003	0,25	17	0,6	80	200	0,25
256 M Startprodukt	1999	0,30	17	0,65	300	300	0,5
256 M letzter Shrink	2006	0,18	24	0,25	120	300	0,12
1 G Startprodukt	2002	0,20	24	0,25	430	300	0,25
1 G letzter Shrink	2009	0,13	33	0,10	170	300	0,06
4 G Startprodukt	2005	0,15	33	0,10	600	500	0,12
4 G letzter Shrink	2012	0,09	50	0,04	230	500	0,03
16 G Startprodukt	2008	0,11	50	0,04	850	500	0,06
16 G letzter Shrink	2015	0,07	70	0,015	330	500	0,015

sor-Schaltung auf dieses Produkt hin optimiert werden, was zu einem vom DRAM abweichenden Aufbau (Dotierung, Geometrie) der Transistoren führt. Auch die Entwicklung der Mehrlagenmetallisierung wurde bisher nicht vom DRAM getrieben, da der DRAM im Gegensatz zur Logik bisher keine oder nur eine relativ grob strukturierte Metall 2-Ebene benötigte.

8.4.3
Aufbau von nichtflüchtigen Speicherzellen

Ein nichtflüchtiger Speicher (NVM = Non-Volatile Memory) zeichnet sich dadurch aus, daß der Informationsinhalt der Speicherzellen auch nach dem Abschalten der Versorgungsspannung für lange Zeit (>10 Jahre) erhalten bleibt.

Der einfachste nichtflüchtige Halbleiterspeicher ist ein ROM (Read-Only Memory). Das Speicherzellenfeld wird z.B. durch eine Matrix aus n-Kanal-MOS-Transistoren realisiert. Das Einschreiben einer „1" in eine Speicherzelle geschieht hier dadurch, daß schon beim Herstellprozeß in das Kanalgebiet des betreffenden Transistors Phosphor implantiert wird, so daß die Einsatz-spannung des Transistors negativ wird (Depletion-Transistor). Da die Spei-cherzellen, die eine „0" erhalten sollen, während der Phosphor-Implantation durch eine Resist-Maske abgedeckt werden müssen, spricht man hier auch von Masken-Programmierung. Ein ROM kann man, wie der Name sagt, nur lesen, nicht aber löschen oder neu programmieren.

Beim PROM (*Programmable Read-Only Memory*) kann der Anwender den Speicher ein einzigesmal programmieren, z. B. indem durch einen Stromstoß „Sicherungen" (fuses) auf dem Chip durchgebrannt werden.

Der universelle nichtflüchtige Halbleiterspeicher ist das E²PROM (*Electrically Erasable and Programmable Read-Only Memory*). Es gestattet dem Betreiber häufig wiederholbares Lesen, elektrisches Löschen (erase) und Programmieren.

Drei verschiedene physikalische Effekte wurden bisher zur nichtflüchtigen Speicherung in der Silizium-Technologie angewandt:

- Beim MNOS-Speicher (MNOS = *Metal Nitride Oxide Semiconductor*) wird die Ladung in Traps an der Nitrid-/Oxid-Grenzfläche gespeichert. Die Umladung erfolgt durch Elektronen, die das nur 2 nm dicke Oxid durchtunneln.
- Beim Floating-Gate-Speicher (s. Tabelle 8.1) wird die Ladung in einer rundum isolierten Poly-Si-Struktur (Floating Gate) gespeichert. Die Umladung erfolgt wie beim MNOS-Speicher durch Elektronen, die die dünne Oxidschicht zwischen Halbleiter und Floating Gate durchtunneln.
- Beim ferroelektrischen Speicher bewirkt die Hysterese eines ferroelektrischen Materials zwischen zwei Kondensatorelektroden die nichtflüchtige Speicherung, analog zum ferromagnetischen Speicher.

Der MNOS-Speicher ist zwar am längsten bekannt, hat sich aber kaum durchgesetzt. Heute kommt fast ausschließlich der Floating-Gate-Speicher zur Anwendung, aber dem ferroelektrischen Speicher wird ein großes Potential zugeschrieben. Aus diesem Grund wird auf die beiden letzteren nichtflüchtigen Speicher näher eingegangen.

Abbildung 8.4.4 zeigt den Aufbau einer Floating-Gate-Speicherzelle (FLO-TOX = *FLOating Gate Tunneling OXide*). An die Stelle des DRAM-Speicherkondensators tritt hier der Floating-Gate-Speichertransistor. Beim Programmieren wird an die Wortleitung und an die Bitleitung der ausgewählten Speicherzelle eine große positive Spannung (z. B. +15 V) gelegt, während das Steuergate auf OV liegt und die Source-Leitung floatet. Da unter diesen Potentialverhältnissen der Auswahltransistor leitend ist, wird auch das n^+-Gebiet unter dem Tunneloxid auf ein so hohes positives Potential gebracht, daß die elektrische Feldstärke im Tunneloxid – aber sonst nirgends – in die Nähe der Durchbruchfeldstärke (ca. 10^7 V/cm) kommt.

Daraufhin tunneln Elektronen aus dem Floating Gate in das darunterliegende n^+-Gebiet. Sie werden über den leitenden Auswahltransistor zur Bitleitung hin abgeführt. Die positive Ladung im Floating Gate kann hingegen nicht abfließen. Sie bleibt dort für lange Zeit (>10 Jahre) erhalten, auch

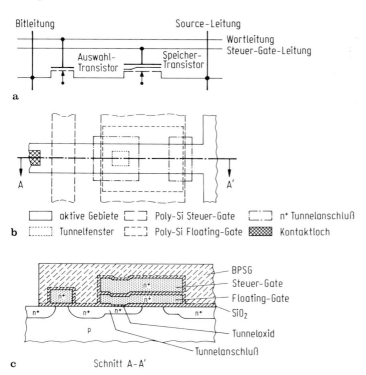

Abb. 8.4.4. a Schaltbild, b Layout und c schematischer Querschnitt AA′ einer nicht-flüchtigen Floating-Gate-Speicherzelle (FLOTOX)

wenn keine Spannungen mehr anliegen. Da das Floating Gate auch Bestand-teil des Speichertransistors ist, ist die Einsatzspannung am Steuer-Gate dau-erhaft abgesenkt. Beim Lesevorgang ist der Speichertransistor leitend, so daß auf der Bitleitung ein Strom fließt.

Eine besonders platzsparende nichtflüchtige Speicherzelle ist die Flash-E[2] PROM-Zelle [8.11]. Sie hat ihren Namen von ihrem Vorgängertyp, dem UV EPROM, bei dem die Floating Gates durch Einstrahlung von ultraviolettem Licht[9] (Flash = Blitz) im gesamten Speicherzellenfeld entladen werden. Abbil-dung 8.4.5 zeigt zwei Ausführungsformen einer Flash-E[2]PROM-Zelle. Sie un-terscheiden sich durch den Programmier-Mechanismus: Bei der CHE-Flash-Zelle (CHE = Channel Hot Electron) tunneln heiße Elektronen in Drainnähe durchs Gateoxid zum Floating Gate, während bei der FN-Flash-Zelle (FN = Fowler-Nordheim) die Elektronen wie bei der FLOTOX-Zelle mittels ei-nes hohen elektrischen Feldes im Gateoxid tunneln (Fowler-Nordheim-Tun-neln). Das Löschen erfolgt bei beiden Flash-E[2]PROMs blockweise.

---

[9] Das UV-Licht macht das SiO_2 leitend.

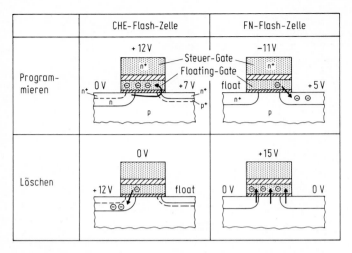

Abb. 8.4.5. Aufbau und Wirkungsweise der CHE-Flash-Zelle (*Channel Hot Electron*), und der FN-Flash-Zelle (*Fowler-Nordheim-Tunnel*). Bei der CHE-Zelle wird die Feldstärkespitze an der Drainkante durch einen möglichst abrupten pn-Übergang erhöht. Dadurch gibt es mehr heiße Elektronen, die durchs Gateoxid tunneln können (Gegenstück zum Lightly Doped Drain, s. Abschn. 8.3.1)

Der Vorteil bei der CHE-Zelle liegt in der kurzen Programmierzeit, während die FN-Zelle leistungsarm arbeitet und für kleine Spannungen geeignet ist [8.12].

Alle Floating-Gate-Speicherzellen sind dem Degradationsmechanismus unterworfen, der bei Stromfluß durch SiO_2 auftritt: wie in Abb. 3.4.13 dargestellt ist, wird eine SiO_2-Schicht nach Durchfluß einer Ladung von 1 bis 50 Coulomb/cm^2 leitend. Dieser Effekt begrenzt z.B. die maximale Zahl der Programmierzyklen einer FLOTOX-Zelle auf 10^5 bis 10^6. Da die Oxiddegradation bei größerer Stromdichte schneller erfolgt, muß der Programmierstrom sorgfältig kontrolliert werden.

Abschließend sollen noch die ferroelektrischen Speicher behandelt werden. Der prinzipielle Aufbau der Zelle ist mit der DRAM-Zelle identisch (s. Abb. 8.4.2), mit dem Unterschied, daß zwischen den Kondensatorelektroden anstatt eines Dielektrikums ein Ferroelektrikum (z.B. Bleizirkonattitanat PZT) angebracht ist. Wie in Abb. 8.4.6 gezeigt ist, weist das Ferroelektrikum eine positive bzw. negative remanente Polarisation auf, je nachdem, ob beim Programmieren eine positive oder negative Feldstärke angelegt wurde. Das Lesen erfolgt z.B. durch Anlegen einer positiven Spannung an die Bitleitung. Ist im Ferroelektrikum eine negative Polarisation vorhanden, so kommt es zu einer Umpolarisation, so daß ein Ladungspaket zur Bitleitung fließt. Bei positiver remanenter Polarisation ändert sich die Polarisation nur wenig, so daß auch fast keine Ladung zur Bitleitung fließt. Wie beim DRAM zerstört

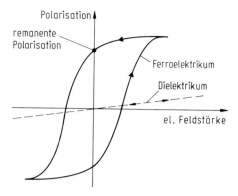

Abb. 8.4.6. Charakteristik eines Ferroelektrikums im Vergleich zu einem Delektrikum. Nach Abschalten einer positiven Feldstärke bleibt im Ferroelektrikum eine positive Polarisation zurück (Remanenz), während im Dielektrikum die Polarisation auf Null zurückgeht. Ein Kondensator mit Ferroelektrikum stellt somit ein E^2PROM-Speicherelement dar

der Lesevorgang die gespeicherte Information. Die Information muß deshalb jedesmal wieder eingeschrieben werden.

Wegen ihres einfachen Aufbaus[10] sowie wegen der hervorragenden Eigenschaften (kurze Programmierzeiten, $>10^{12}$ Programmierzyklen, niedrige Programmierspannungen) dürften die ferroelektrischen Speicher eine große Zukunft haben [8.13].

8.5
Mehrlagenmetallisierung

In den vorhergehenden Abschn. 8.3 und 8.4 wurde der Aufbau der aktiven und passiven Bauelemente sowie ihre gegenseitige Isolation in den Integrierten Schaltungen beschrieben. Die Bauelemente entstehen im vorderen Teil des Gesamtprozesses (FEOL = Front End Of Line). Im BEOL-Teil des Gesamtprozesses (BEOL = Back End Of Linie) werden die einzelnen Bauelemente so miteinander verbunden, daß die gewünschte Integrierte Schaltung resultiert.

Im folgenden werden die wichtigsten Metallisierungskonzepte für Integrierte Schaltungen erläutert. Mit fortschreitender Strukturverkleinerung bei gleichzeitig immer größerer Dicke des Gesamt-Schichtaufbaus spielt die Einebnung von Oberflächen mit steilen Stufen eine immer größere Rolle. Der erste Abschnitt 8.5.1 ist deshalb den Einebnungsverfahren gewidmet.

---

[10] Ein Problem ist noch die Integration des Ferroelektrikums in den Herstellprozeß der Integrierten Schaltungen.

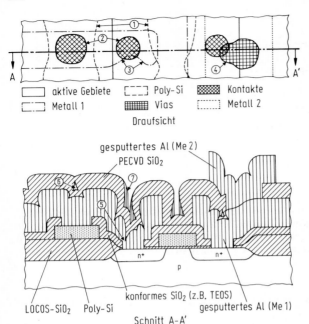

Abb. 8.5.1. Veranschaulichung der Probleme, die in Integrierten Schaltungen auftreten, wenn keine einebnenden Prozeßschritte angewandt werden. *1* Linienbreitenschwankungen (hier: Poly-Si-Strukturen) infolge des Newtonschen Interferenzeffekts (s. Abb. 4.2.7) bzw. infolge Defokussierung (s. Abschn. 4.2.6); *2* Unterschiedlich große Kontaktlöcher infolge des Newtonschen Interferenzeffekts (s. Abschn. 4.2.3); *3* Einschnürung einer Metallbahn infolge Lichtreflexion an einem Stufenübergang (s. Abb. 4.2.8); *4* Deformiertes Via infolge Lichtreflexion an der an dieser Stelle geneigten Metall 1-Oberfläche (s. Abb. 4.2.8); *5* Verringerter Metallbahnquerschnitt (Elektromigrationsgefahr, s. Abschn. 3.11.3) infolge nicht-konformer Sputterbeschichtung (s. Abb. 3.1.15); *6* Hohlstelle (Lunker) in der Intermetalldielektrikum-Schicht infolge überhängender Metall 1-Flanken (evtl. Zuverlässigkeitsproblem); *7* Metall 2-Reste (Stringer) nach Metall 2-Ätzen infolge lokal größerer vertikaler Metall 2-Dicke (vgl. Abb. 5.3.1). Die Stringer können benachbarte Metall 2-Bahnen kurzschließen

8.5.1
Einebnung von Oberflächen in Integrierten Schaltungen

Integrierte Schaltungen entstehen durch lagegenau übereinander angeordnete strukturierte Schichten („Strukturebenen"). Da die Strukturen eine Dicke im Bereich von 0,1 μm bis 1 μm aufweisen, kommt es ohne einebnende Maßnahmen zu einer ausgeprägten Topographie mit steilen Stufen. Abbildung 8.5.1 zeigt beispielhaft die unerwünschten Begleiterscheinungen auf, die sich aus einer solchen Topographie ergeben. Der eine Teil der nachteiligen Effekte hängt mit der Lichtrückreflexion von der Scheibenoberfläche bei der Photoresist-Belichtung zusammen (s. Abschn. 4.2.3) und führt zu fehlerhaften

Flacher LOCOS-Vogel-schnabel (Beispiel: Poly Buffered LOCOS)	Ätzratenerhöhung an der Oberfläche (Beispiel: Poly-Si-Abschrägung)	Isotropes/anisotropes Ätzen (Beispiel: Kelchförmige Kontaktlöcher)	Resistabtrag bei der SiO$_2$-Ätzung (Beispiel: Abgeschrägte Vias)	Flow-Glas-Verfließen nach der Strukturierung (Beispiel: Kontaktlöcher)
• kleinere Nitriddicke und größere SiO$_2$-Dicke • Nitrid strukturieren 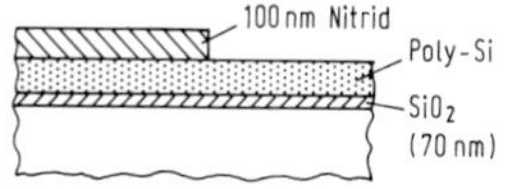 • LOCOS-Oxidation • Nitrid/Poly-Si strippen • 100nm SiO strippen 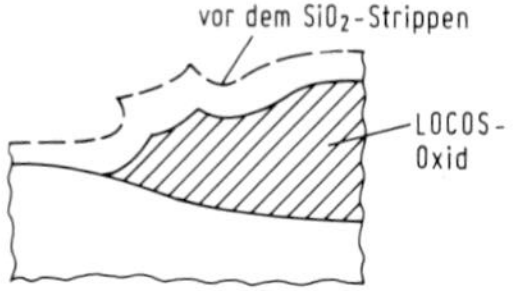	• n⁺ Poly-Si abscheiden • Arsen-Ionenimplantation (Damage der Oberfläche) • Resistmaske aufbringen • Poly-Si isotrop ätzen 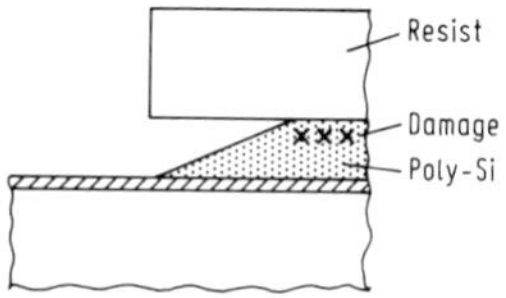	• Flow-Glas erzeugen (BPSG) für Kontakte • Resistmaske für Kontakte aufbringen • isotrope Ätzung • anisotrope Ätzung 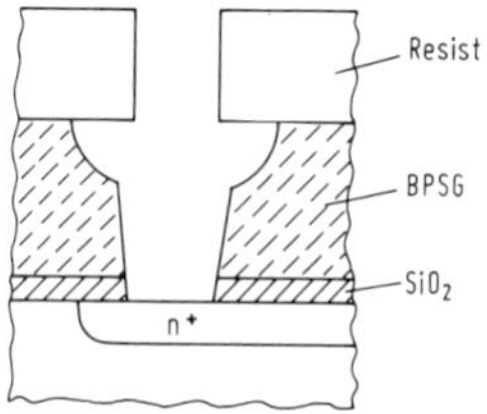	• Intermetalldielektrikum (SiO$_2$) erzeugen • Resistmaske für Vias aufbringen • anisotropes SiO$_2$-Ätzen, wobei auch etwas Resist abgetragen wird 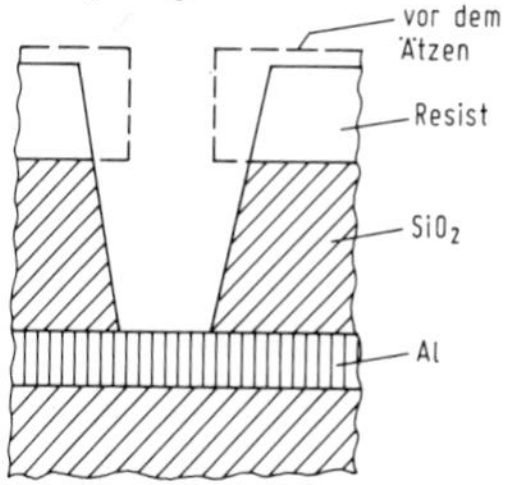	• Flow-Glas erzeugen • isotrope + anisotrope Ätzung der Kontaktlöcher • leichtes Verfließen des BPSG 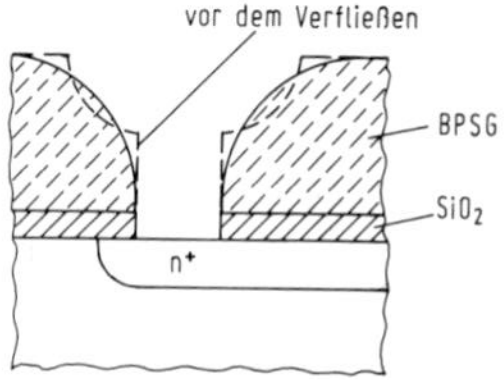
Näheres in Abschnitt 3.4.2	Näheres in Abschnitt 5.2.2	Näheres in Abschnitt 5.2.2 und 5.2.3	Näheres in Abschnitt 5.2.3	Näheres in Abschnitt 3.6.2

Abb. 8.5.2. Stufenabschrägungsverfahren, die bei Herstellprozessen von Integrierten Schaltungen angewandt werden. Es sind die wesentlichen Prozeßschritte aufgeführt, die zur Stufenabschrägung führen

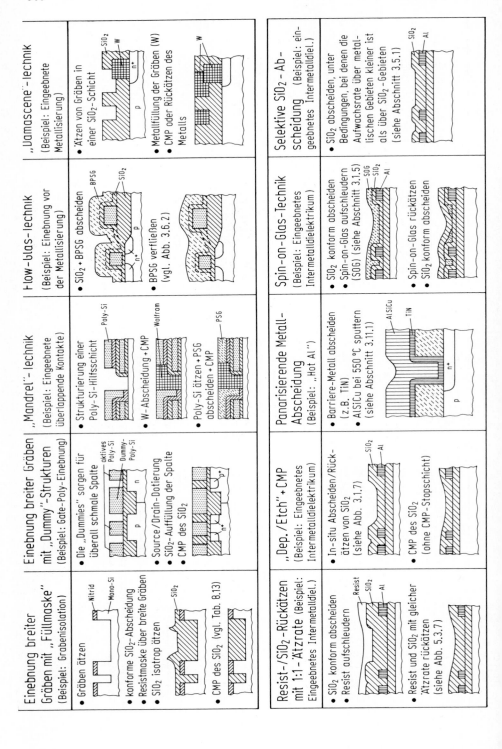

Einebnung breiter Gräben mit „Füllmaske" (Beispiel: Grabenisolation)
- Gräben ätzen
- konforme SiO₂-Abscheidung
- Resistmaske über breite Gräben
- SiO₂ isotrop ätzen
- CMP des SiO₂ (vgl. Tab. 8.13)

Labels: Nitrid, Mono-Si, SiO₂

Einebnung breiter Gräben mit „Dummy"-Strukturen (Beispiel: Gate-Poly-Einebnung)
- Die „Dummies" sorgen für überall schmale Spalte
- Source/Drain-Dotierung
- SiO₂-Auffüllung der Spalte
- CMP des SiO₂

Labels: aktives Poly-Si, Dummy-Poly-Si

„Mandrel"-Technik (Beispiel: Eingebnete überlappende Kontakte)
- Strukturierung einer Poly-Si-Hilfsschicht
- W-Abscheidung + CMP
- Poly-Si ätzen + PSG abscheiden + CMP

Labels: Poly-Si, Wolfram, PSG

Flow-bias-Technik (Beispiel: Einebnung vor der Metallisierung)
- SiO₂ + BPSG abscheiden
- BPSG verfließen (vgl. Abb. 3.6.2)

Labels: BPSG, SiO₂

„Damascene"-Technik (Beispiel: Eingebnete Metallisierung)
- Ätzen von Gräben in einer SiO₂-Schicht
- Metallfüllung der Gräben (W)
- CMP oder Rückätzen des Metalls

Labels: SiO₂, W

Resist-/SiO₂-Rückätzen mit 1:1-Ätzrate (Beispiel: Eingebnetes Intermetalldiel.)
- SiO₂ konform abscheiden
- Resist aufschleudern
- Resist und SiO₂ mit gleicher Ätzrate rückätzen (siehe Abb. 5.3.7)

Labels: Resist, SiO₂, Al

„Dep./Etch" + CMP (Beispiel: Eingebnetes Intermetalldielektrikum)
- In-situ Abscheiden/Rückätzen von SiO₂ (siehe Abb. 3.1.7)
- CMP des SiO₂ (ohne CMP-Stopschicht)

Labels: SiO₂, Al

Panarisierende Metall-Abscheidung (Beispiel: „Hot Al")
- Barriere-Metall abscheiden (z.B. TiN)
- AlSiCu bei 550 °C sputtern (siehe Abschnitt 3.11.1)

Labels: AlSiCu, TiN

Spin-on-Glas-Technik (Beispiel: Eingebnetes Intermetalldielektrikum)
- SiO₂ konform abscheiden
- Spin-on-Glas aufschleudern (SOG) (siehe Abschnitt 3.1.5)
- Spin-on-Glas rückätzen
- SiO₂ konform abscheiden

Labels: SOG, SiO₂, Al

Selektive SiO₂-Abscheidung (Beispiel: eingebnetes Intermetalldiel.)
- SiO₂ abscheiden, unter Bedingungen, bei denen die Aufwachsrate über metallischen Gebieten kleiner ist als über SiO₂-Gebieten (siehe Abschnitt 3.5.1)

Labels: SiO₂, Al

Strukturen. Der andere Teil der nachteiligen Effekte wird durch die nicht-konforme Stufenbedeckung bei der Sputterbeschichtung bzw. durch das ani-sotrope Ätzen solcher Schichten verursacht und führt zu Kurzschlüssen oder eingeschränkter Zuverlässigkeit.

Eine Abschrägung der Stufen mildert die letztgenannten Effekte, nicht je-doch die photolithographischen Effekte. Kantenabschrägungsverfahren wer-den deshalb bevorzugt bei Kontaktlöchern und Vias eingesetzt. Hier sind die lithographischen Effekte nicht relevant, weil Kontaktlöcher und Vias von der darüberliegenden Metallbahn vollständig bedeckt sind und somit bei der Re-sistbelichtung für die Metallbahnen kein Licht in den Bereich der Kontaktlö-cher bzw. Vias fällt.

Abbildung 8.5.2 zeigt 3 häufig angewandte Verfahren, mit denen die Flan-ken von Kontaktlöchern und Vias abgeschrägt werden können. In Abb. 8.5.2 sind außerdem eine abgeschrägte LOCOS-Kante, die die anisotrope Poly-Si-Ätzung erleichtert, sowie eine abgeschrägte Poly-Si-Kante dargestellt. Letztere ist allerdings im Sub-μm-Bereich, wo die Breite und die Höhe der Strukturen in der gleichen Größenordnung sind, nicht mehr sinnvoll. Vorteilhaft wird eine Poly-Si-Abschrägung z. B. für die Poly-Si-Kondensatorplatte der DRAM-Speicherzelle in Abb. 8.4.2 angewandt, weil dadurch die Strukturierung des überkreuzenden Gate-Polysiliziums erleichtert wird.

Die meisten der in Abb. 8.5.1 dargestellten nachteiligen Topographie-Ef-fekte kommen zustande, wenn Aluminium-Bahnen über eine stufenbehaftete Oberfläche geführt werden müssen. Hier hilft nur die Einebnung der Oberflä-che, auf der die Leiterbahnen verlaufen. Abbildung 8.5.3 gibt einen Überblick über Planarisierungsverfahren, die bei der Herstellung von Integrierten Schaltungen zur Anwendung kommen.

Für die Einebnung der Oberfläche unter der Metall 1- Strukturebene wird heute fast ausschließlich die Flow-Glas-Technik (s. Abschn. 3.6.2) eingesetzt. In der Phase der Strukturverkleinerung von 5 μm bis 0,5 μm war das Flow-Glas (BPSG) die Schlüsseltechnik, die die Strukturverkleinerung erst möglich gemacht hat.

Da das Verfließen des BPSG Temperaturen über 800 °C erfordert, muß bei der Einebnung der Oberfläche unter der Metall 2-Strukturebene auf andere Verfahren zurückgegriffen werden. Das am wenigsten aufwendige Verfahren ist die sog. Dep./Etch-PECVD-Abscheidung von SiO_2 (s. Abschn. 3.1.1). Die-ses Abscheideverfahren stellt einen integrierten Abscheide- und Ätzprozeß in einem Plattenreaktor dar, wobei die Scheiben auf der als Kathode geschalte-ten Platte liegen (s. Abb. 3.1.6). Das bedeutet, daß ein Teil der abgeschiede-nen SiO_2-Moleküle wieder rückgesputtert wird. Da nun die PECVD-Abscheidung weitgehend konform erfolgt, der senkrechte Ionenbeschuß aber bevor-

Abb. 8.5.3. Planarisierungsverfahren, die bei Herstellprozessen von Integrierten Schaltungen angewandt werden. Es sind jeweils die wesentlichen Prozeßschritte aufgeführt, die zur Einebnung führen. CMP = Chemical Mechanical Polishing

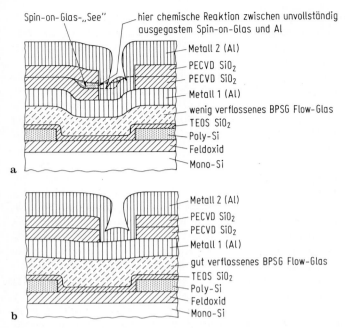

Abb. 8.5.4a, b. Veranschaulichung der Entstehung eines „Poisoned Via". In **a** ist das Flow-Glas nur wenig verflossen. Es bildet sich ein Spin-on-Glas-„See". An der Kontaktfläche zwischen Spin-on-Glas und Aluminium kann es zum „Zerfressen" des Al kommen. Wenn das Flow-Glas gut verflossen ist (**b**), gibt es keinen Anlaß für „Poisoned Vias"

zugt die geneigten und erhabenen Oberflächenbereiche abträgt, werden steile Flanken abgeschrägt und schmale Spalte teilweise aufgefüllt (s. Abb. 3.1.7). Schließt man jetzt noch einen CMP-Schritt an (s. Abschn. 5.1.2), erhält man eine ausgeprägte Einebnung (Abb. 8.5.3).

Ein weiteres häufig angewendetes Verfahren zur Einebnung des Intermetalldielektrikums ist die in Abb. 8.5.3 ebenfalls skizzierte Spin-on-Glas-Technik (s. Abschn. 3.5.5). Durch das Aufschleudern und teilweise Rückätzen der Spin-on-Glas-Schicht bleibt das Spin-on-Glas nur in der Umgebung von Stufen und in schmalen Spalten zurück und füllt somit genau die kritischen Vertiefungen auf (s. Abb. 3.5.5). Eine Komplikation kann bei der Anwendung der Spin-on-Glas-Technik dann auftreten, wenn die Planarisierung unter dem Metall 1 nicht ausreichend ist und wenn das Spin-on-Glas nicht vollständig ausgast ist. Das Spin-on-Glas kann dann das Aluminium im Via zerfressen („Poisoned Via", Abb. 8.5.4).

Ein weiteres in Abb. 8.5.3 dargestelltes Einebnungsverfahren ist das Resist-/ SiO₂-Rückätzen mit gleicher Abtragrate für Resist und SiO₂ (s. Abb. 3.5.4). Im Unterschied zum Spin-on-Glas-Verfahren möchte man keine Resistrückstände auf der fertigen Integrierten Schaltung belassen. Die Dicke der einzuebnenden SiO₂-Schicht muß deshalb größer als die Metall 1-Dicke sein.

Eine Sonderstellung bei den in Abb. 8.5.3 aufgezeigten Planarisierungsverfahren nehmen die „Mandrel"-Technik und die „Damascene"-Technik ein, weil der Weg zur ebenen Oberfläche hier grundsätzlich anders als bei den übrigen Verfahren verläuft.

Bei der „Mandrel"-Technik [8.14] zur Erzeugung eingeebneter überlappender Kontakte wird eine Poly-Si-Hilfsschicht verwendet, weil Poly-Si einerseits selektiv zu Nitrid bzw. Oxid anisotrop ätzbar ist und andererseits als Polierstop beim chemisch-mechanischen Polieren (CMP, vgl. Abschn. 5.1.2) des Wolframs dient.

Bei der „Damascene"-Technik [8.15] zur Erzeugung von eingeebneten Leiterbahnen wird zuerst das Intermetalldielektrikum (SiO$_2$) aufgebracht. Dann werden Gräben ins SiO$_2$ geätzt und diese mit Metall aufgefüllt, indem das Metall (z. B. Wolfram) zunächst ganzflächig abgeschieden und dann mittels CMP oder Rückätzen von den erhabenen Bereichen wieder entfernt wird[11]. Da für Aluminium kein praktikables Verfahren für eine konforme Abscheidung zur Verfügung steht (vgl. Abschn. 3.11.1), hat sich die Damascene-Technik bisher nur mit Wolfram durchgesetzt. Für Wolfram steht nämlich ein CVD-Abscheideverfahren zur Verfügung, das eine konforme Abscheidung garantiert (s. Abschn. 3.10). Ein Spezialfall der Damascene-Technik ist die Auffüllung von Kontaktlöchern bzw. Vias. Hier kann das Wolfram auch selektiv abgeschieden werden. Durch die selektive Wolframabscheidung wird das chemisch-mechanische Polieren erleichtert, weil das Wolfram nur über den Kontaktlöchern und nicht auf der gesamten Scheibenoberfläche entfernt werden muß.

8.5.2
Kontakte in Integrierten Schaltungen

Ein Kontakt stellt eine gewünschte leitende Verbindung zwischen zwei Leiterbahnstücken her, die sich in unterschiedlichen Strukturebenen befinden. Entsprechend dem Material der oberen bzw. unteren leitenden Strukturebene unterscheidet man zwischen Silizium/Silizium-Kontakten, Metall/Silizium-Kontaken und Metall/Metall-Kontakten. Die letzteren werden Vias genannt. Die zu kontaktierenden leitenden Silizium-Gebiete können entweder Diffusionsgebiete oder n$^+$- bzw. p$^+$-dotierte Poly-Si-Gebiete oder Polyzid-Gebiete sein.

Abbildung 8.5.5 gibt einen schematischen Überblick über die verschiedenen Ausführungsformen von Kontakten im Layout von Integrierten Schaltungen. Je nachdem, wie das Kontaktloch in Bezug auf die beiden zu verbindenden Leiterbahnen angeordnet ist, spricht man von Standard-Kontakten, überlappenden Kontakten und nichtbedeckten Kontakten.

Beim Standard-Kontakt liegt das Kontaktloch mit seiner gesamten Grundfläche auf der unteren Leiterbahn (nested contact) und wird von der oberen Leiterbahn vollständig bedeckt (capped contact). Kontaktlochöffnung und elektrische Kontaktfläche sind beim Standard-Kontakt identisch. Um sowohl

---

[11] Es kommt nur dann zu einer vollständigen Grabenauffüllung, wenn die Dicke der konform abgeschiedenen Schicht mindestens so groß ist wie die halbe Grabenbreite.

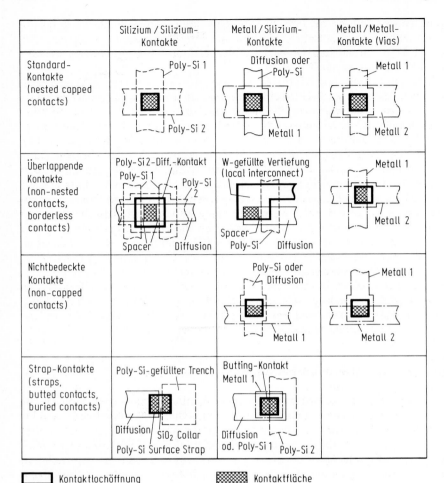

	Silizium / Silizium-Kontakte	Metall / Silizium-Kontakte	Metall / Metall-Kontakte (Vias)
Standard-Kontakte (nested capped contacts)	Poly-Si 1 ... Poly-Si 2	Diffusion oder Poly-Si ... Metall 1	Metall 1 ... Metall 2
Überlappende Kontakte (non-nested contacts, borderless contacts)	Poly-Si 2-Diff.-Kontakt Poly-Si 1 ... Poly-Si 2 ... Spacer Diffusion	W-gefüllte Vertiefung (local interconnect) ... Spacer ... Poly-Si Diffusion	Metall 1 ... Metall 2
Nichtbedeckte Kontakte (non-capped contacts)		Poly-Si oder Diffusion ... Metall 1	Metall 1 ... Metall 2
Strap-Kontakte (straps, butted contacts, buried contacts)	Poly-Si-gefüllter Trench ... Diffusion / SiO₂ Collar Poly-Si Surface Strap	Butting-Kontakt Metall 1 ... Diffusion od. Poly-Si 1 Poly-Si 2	

☐ Kontaktlochöffnung   ▨ Kontaktfläche

Abb. 8.5.5. Ausführungsformen von Kontakten in Integrierten Schaltungen

bei der Erzeugung der Kontaktlöcher als auch beim späteren elektrischen Betrieb gleiche Verhältnisse in allen Kontaktlöchern herzustellen, verwendet man meist nur eine einzige Kontaktlochgröße in einer Integrierten Schaltung, nämlich das minimale Kontaktloch. Größere Kontaktflächen werden durch mehrere Einheitskontaktlöcher realisiert.

Beim überlappenden Kontakt [3.34] (non-nested contact oder borderless contact) ist die Kontaktlochöffnung größer als die elektrische Kontaktfläche. In diesem Fall muß durch eine geeignete Prozeßschrittfolge (z.B. Spacer und Ätzstopschicht, s. Abb. 3.5.2 b) dafür gesorgt werden, daß in den Überlappbereichen die Isolationsschicht nicht vollständig durchgeätzt wird. Andernfalls käme es zu einem unerwünschten Kontakt (Kurzschluß) zu den Überlappgebieten.

Der wesentliche Vorteil des überlappenden Kontakts besteht darin, daß in den Strukturebenen unterhalb des Kontakts trotz größerer Kontaktlochöffnung praktisch keine zusätzliche Chipfläche für den Kontakt vorgesehen werden muß. Diese Strukturebenen können deshalb beim überlappenden Kontakt so dicht gepackt werden, wie es die verfügbare Lithographie bzw. die elektrische Funktion zulassen. Der in Abb. 8.5.5 gezeigte Poly-Si2/Diffusionskontakt sowie der Local Interconnect sind sowohl bezüglich des Feldoxids als auch bezüglich des Poly-Si1 überlappend. Die bisher wichtigste Anwendung ist der überlappende Bitleitungskontakt in dynamischen Speicherzellen (s. Abb. 8.4.2).

Mit einer speziellen Ausführungsform des überlappenden Kontakts kann man den Kontakt mitsamt dem vom Kontakt wegführenden Leiterbahnstück in einem realisieren. Bei dem Beispiel in Abb. 8.5.5 (zweite Zeile, zweite Spalte) ist die geätzte Kontaktlochöffnung mit Wolfram gefüllt (siehe Damascene-Technik in Abb. 8.5.3). Verlängert man die Geometrie der Kontaktlochöffnung über den eigentlichen Kontaktbereich hinaus, so kann man z.B. eine leitende Verbindung zu einem benachbarten Diffusionsbereich herstellen (Local Interconnect [8.16]). Dabei können Poly-Si- und Feldoxid-Bereiche, nicht jedoch Diffusionsbereiche überkreuzt werden.

Das Einfügen einer Local-Interconnect-Ebene in einen CMOS-Gesamtprozeß (siehe detaillierten Prozeßablauf in Tabelle 8.11) kann zu einer erheblichen Chipflächenersparnis führen. So benötigt z.B. eine SRAM-Zelle (s. Abb. 8.4.1) mit Local Interconnects bei gleichen Designregeln nur etwa die halbe Zellfläche. Infolge der erforderlichen Wolfram-Abscheidung und des Wolfram-Rückätzens bzw. -Rückpolierens sind allerdings die zusätzlichen Prozessierungskosten erheblich höher als beim einfachen, nicht mit Wolfram gefüllten überlappenden Kontakt.

Ein nichtbedeckter Kontakt (non-capped contact) liegt dann vor, wenn die Kontaktlochfläche nicht vollständig von der Leiterbahn oberhalb des Kontaktlochs bedeckt wird. Normalerweise ist ein nichtbedeckter Kontakt nicht zulässig, weil bei der Metallätzung die Gefahr besteht, daß man im nichtbedeckten Teil des Kontaktlochs ins Silizium hineinätzt. Ist das Kontaktloch jedoch mit Wolfram gefüllt, ist eine Nichtbedeckung ungefährlich, da hier das Wolfram als Ätzstop bei der Aluminiumätzung dient. Nichtbedeckte Kontaktlöcher sind wünschenswert, weil man auch in der Umgebung der Kontaktlöcher das mit der verfügbaren Lithographie mögliche minimale Leiterbahnraster (Raster = Strukturbreite+Strukturabstand) verwenden kann (Abb. 8.5.6).

Eine Sonderstellung unter den Kontakten nehmen die Strap-Kontakte ein. Während die bisher beschriebenen Kontakte gewünschte leitende Verbindungen zwischen zwei unabhängigen leitenden Ebenen herstellen, verbindet ein Strap-Kontakt ein Diffusionsgebiet mit einem daran anstoßenden Poly-Si-Gebiet[12]. In Abbildung 8.5.5 (linke Spalte, unten) ist ein Strap-Kontakt dar-

---

[12] Die CMOS-Prozeßarchitektur läßt eine Überlappung von diffundierten Gebieten und Poly-Si-Gate-Bereichen nicht zu, weil diffundierte Gebiete überall dort entstehen, wo aktive Gebiete nicht von Poly-Si überdeckt sind (vgl. Abb. 8.3.1).

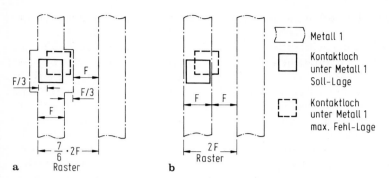

Abb. 8.5.6 a, b. Veranschaulichung des minimalen Leiterbahnrasters bei **a** bedeckten und **b** nichtbedeckten Kontaktlöchern. F sei die minimale Struktur (F = Feature) und F/3 die maximale x- bzw. y-Fehljustierung der Metall 1-Ebene gegenüber der Kontaktloch-Ebene. Das minimale Leiterbahnraster ist bei bedeckten Kontakten um 1/6 größer als bei nichtbedeckten Kontakten

gestellt, der mittels eines Poly-Si-Fleckens (Surface Strap) die Verbindung von Auswahl-Transistor und Speicherkondensator einer Buried-Plate-Trench DRAM-Zelle herstellt (vgl. Abb. 8.4.3 b). Um einen Ohmschen Kontakt zu erhalten, müssen alle drei involvierten Bereiche entweder p^+ oder n^+ dotiert sein. Anstatt durch einen Surface Strap kann die Verbindung auch durch einen Kontakt unterhalb der Mono-Si-Oberfläche (Buried Strap) realisiert werden. Die Prozeßschrittfolge für einen Buried Strap ist ausführlich in Tabelle 8.14 beschrieben.

Der in Abb. 8.5.5 (mittlere Spalte, unten) dargestellte Strap-Kontakt verbindet mittels eines Aluminium-Fleckens ein Diffusionsgebiet mit einem daran anstoßenden Poly-Si-Gebiet (butting contact). Man kann den Kontakt auch realisieren, ohne die Metall 1-Ebene in Anspruch zu nehmen, muß aber dann eine extra Kontaktloch-Maske spendieren. Die Prozeßschrittfolge für einen solchen Buried-Kontakt ist in Abb. 3.8.6 wiedergegeben.

8.5.3
Leiterbahnen in Integrierten Schaltungen

Obwohl für die elektrische Verbindung der Bauelemente in Integrierten Schaltungen auch diffundierte Gebiete sowie Polysilizium- und Polyzid-Bahnen intensiv genutzt werden (s. Abschn. 8.3.1), meint man mit „Leiterbahnen" nur die niederohmigen metallischen Bahnen.

In Tabelle 8.10 sind die wichtigsten in Frage kommenden Metalle mit ihren Eigenschaften zusammengestellt. Heute dominiert zwar Aluminium als Leiterbahnmaterial, aber Wolfram ist bei Kontaktloch- bzw. Via-Durchmessern unterhalb 0,5 μm wegen seiner einebnenden Funktion unerläßlich (vgl. Abb. 8.5.3). Kupfer ist industriell noch nicht eingeführt, aber mit fortschrei-

Tabelle 8.10. Die wichtigsten in Integrierten Schaltungen eingesetzten Metalle und ihre Eigenschaften

	Al (+0,5% Cu)	Al (+0,5% Cu+1% Si)	W	Cu	TiN gesputtert	TiN CVD
spez. Widerstand ($\mu\,\Omega$ cm)	2,5	3	ca. 10	1,5	ca. 300	ca. 10^4
Abscheideverfahren	Sputtern	Sputtern	CVD	El. chemisch, Sputtern, CVD	Sputtern	CVD
Kantenbedeckung	schlecht	schlecht	gut	[a]	schlecht	gut
Barriereschicht zum Si erforderlich?	ja (z. B. TiN)	nein	ja (z. B. TiN)	ja (z. B. TiN)	nein	nein
max. Prozeßtemperatur	450°C	450°C	600°C	[a]	600°C	600°C
max. Stromdichte bei 150°C (10^6A cm^{-2})	0,5	0,5	3	>3	>3	>3

[a] Abhängig vom Abscheideverfahren

tender Strukturverkleinerung steigt der Bedarf nach einem Metall, das niederohmiger und strombelastbarer ist als Aluminium.

Das Hauptproblem der Mehrlagenmetallisierung im Sub-0,5 µm-Bereich stellen die parasitären Kapazitäten zwischen den Leiterbahnen dar. Dank der Beherrschung von Vias mit großem Aspektverhältnis (Via-Tiefe:Via-Durchmesser) kann man zwar die Kapazitäten zwischen Leiterbahnen aus unterschiedlichen Strukturebenen durch dicke Intermetalldielektrikumsschichten minimieren, aber die lateralen Kapazitäten werden bei der Strukturverkleinerung zwangsläufig immer größer.

Die einzige Möglichkeit, mit den heute erprobten Prozessen und Materialien die lateralen Kapazitäten zu reduzieren, besteht darin, z.B. einen Teil der Leiterbahnen der ersten Metallebene in eine höhere (z.B. in die dritte) Metallebene zu verlagern. Die Suche nach einem Material mit kleinerer Dielektrizitätskonstante als SiO_2 ($\varepsilon_r<4$, z.B. Bornitrid) führte noch nicht zu einer praktikablen Lösung. Überlegt wird auch, das Dielektrikum zwischen den Leiterbahnen ganz zu entfernen und somit ein auf Stützpfeilern ruhendes freitragendes Leiterbahnsystem zu erzeugen.

8.5.4
Passivierung von Integrierten Schaltungen

Um die Integrierten Schaltungen gegen Korrosion und mechanische Beschädigungen zu schützen, wird nach der Strukturierung der obersten Metallebene eine Passivierungsschicht aufgebracht, die lediglich an denjenigen Stellen geöffnet wird, wo die Anschlußdrähte (Bonddrähte) angebracht werden (Pads). Die Passivierungsschicht besteht meist aus einer Doppelschicht aus Plasmaoxid (s. Abschn. 3.5.1) und Plasmanitrid (s. Abschn. 3.7.1), je 0,5 bis 1 μm dick.

Ausgelöst durch mechanische Spannungsunterschiede in den Schichten, durch ungenügende Schichthaftung oder durch Spannungen der Gehäuse-Preßmasse kann es zu Rissen in der obersten Metallisierungsschicht sowie in der Passivierungsschicht kommen. Als Abhilfe gelten folgende Maßnahmen:

- Die Passivierungsschichtdicke soll möglichst groß sein (größer als die Dikke der obersten Metallschicht).
- Breite Metallbahnen (Busleitungen) sollen geschlitzt werden.
- Im Bereich der äußersten Chipecken sollen keine Leiterbahnen vorgesehen werden.
- Als besonders wirkungsvoll hat sich eine zusätzliche Polyimidschicht[13] (s. Abschn. 3.12.2) erwiesen. Sie wirkt als Spannungspuffer (stress relief) und sorgt für eine ausgezeichnete Haftung zwischen Preßmasse und Chipoberfläche.

8.6
Detaillierte Prozeßfolge ausgewählter Gesamtprozesse

In diesem Kapitel werden vier ausgewählte Gesamtprozesse detailliert beschrieben. Es handelt sich um einen 0,4 μm-Digital-CMOS-Prozeß, einen 0,7 μm-Analog-/Digital-BICMOS-Prozeß, einen 0,5 μm-Höchstfrequenz-Bipolar-Prozeß sowie einen 0,25 μm-DRAM-Prozeß.

8.6.1
0,4 μm-Digital-CMOS-Prozeß

Tabelle 8.11 enthält eine mögliche Prozeßfolge zur Herstellung von CMOS-Digitalschaltungen in 0,4 μm-Technologie [8.17]. Die Abbildungen zeigen einen Ausschnitt des Querschnitts der Si-Scheibe nach dem jeweils zuletzt beschriebenen Einzelprozeßschritt. Auf Grund der Strukturfeinheit und der Verwendung von „Local Interconnects" (s. Abschn. 8.5.2) können mit dem beschriebenen Gesamtprozeß Integrierte Schaltungen mit einer sehr hohen Packungsdichte produziert werden.

---

[13] Früher hatte die Polyimidschicht auch die Funktion, Alpha-Teilchen aus der Gehäuse-Preßmasse abzufangen. Hierzu mußte sie 35 μm dick sein. Mit den heutigen Low-Alpha-Preßmassen entfällt diese Funktion, und die Dicke der Polyimidschicht kann auf 1 bis 5 μm reduziert werden.

Tabelle 8.11. Mögliche Prozeßfolge bei der Herstellung von Digital-CMOS-Schaltungen in 0,4 µm-Technologie [8.17]

Nr.	• Beschreibung der einzelnen Prozeßschritte • Querschnitt durch die Siliziumscheibe nach dem jeweils zuletzt beschriebenen Prozeßschritt

1 • Oxidation der Siliziumscheiben (Pad Oxide)
   – Ausgangsmaterial: schwach p-dotiertes Silizium
• Si_3N_4-Abscheidung
   – zur lokalen Oxidation

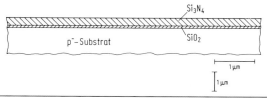

2 • Photolithographie mit Maske 1
   – zur Definition der N-Wanne
   – Prozeßschritte: Aufbringen des Photoresists
                   Belichtung mit Maske 1
                   Entwicklung des Photoresists
• Si_3N_4-Ätzung
   – mit Photoresist-Maske
   – zur lokalen Oxidation
• Ionenimplantation von Phosphor
   – zur Dotierung der N-Wanne
   – mit Photoresist-Maske

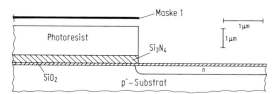

3 • Photoresist-Ätzung
   – zur Beseitigung der Photoresist-Maske („resist stripping")
• Lokale Oxidation
   – mit Si_3N_4-Maske zur Maskierung der N-Wanne
   – während Oxidation Diffusion von Phosphor in das Si-Substrat
• Si_3N_4-Ätzung
   – zur Beseitigung der Si_3N_4-Maske

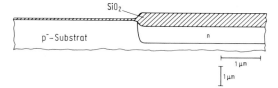

Tabelle 8.11 (Fortsetzung)

Nr.	• Beschreibung der einzelnen Prozeßschritte • Querschnitt durch die Siliziumscheibe nach dem jeweils zuletzt beschriebenen Prozeßschritt

3	• Ionenimplantation von Bor
	  – zur Dotierung der P-Wanne
	• Diffusion der Dotieratome in das Si-Substrat („drive in")
	  – zur Erzeugung der P- und N-Wannen
	• SiO_2-Ätzung
	  – zur Beseitigung der SiO_2-Schicht

4	• Oxidation
	  – zur Durchführung der LOCOS-Technik (Kap. 3.4.2)
	• Poly-Si-Abscheidung
	  – zur Durchführung der LOCOS-Technik
	• Si_3N_4-Abscheidung
	  – zur Durchführung der LOCOS-Technik
	• Photolithographie mit Maske 2
	  – zur Definition der aktiven Bereiche bzw. der Feldoxidbereiche
	• Si_3N_4/Poly-Si-Ätzung
	  – zur Durchführung der LOCOS-Technik
	• Photoresist-Ätzung
	  – zur Beseitigung der Photoresist-Maske
	
	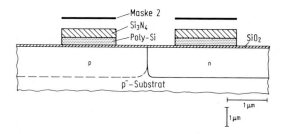

5	• Lokale Oxidation
	  – in den nicht mit Si_3N_4 bedeckten Bereichen
	  – zur Erzeugung des Feldoxids
	• Si_3N_4/Poly-Si-Ätzung
	  – zur Beseitigung der Si_3N_4- und Poly-Si-Schicht
	• Diffusion der Dotieratome in das Si-Substrat („drive in")
	  – zur Einstellung der Solltiefe der P- und N-Wannen
	• SiO_2-Ätzung
	  – zur Entfernung des Dünnoxids

Tabelle 8.11 (Fortsetzung)

Nr.	• Beschreibung der einzelnen Prozeßschritte • Querschnitt durch die Siliziumscheibe nach dem jeweils zuletzt beschriebenen Prozeßschritt

5

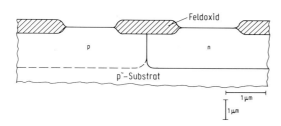

6
- Oxidation
  - zur Erzeugung des Streuoxids für die folgende Ionenimplantation
- Ionenimplantation mit Bor
  - zur Einstellung der erforderlichen Kanaldotierung der N-Kanal-MOS-Transistoren
- Photolithographie mit Maske 3
  - zur Einstellung der erforderlichen Kanaldotierung der P-Kanal-MOS-Transistoren
- Ionenimplantation mit Arsen und Bor
  - mit Photoresist-Maske
  - zur Einstellung der Kanaldotierung der P-Kanal-Transistoren

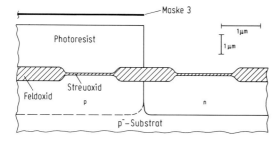

7
- Photoresist-Ätzung
  - zur Beseitigung der Photoresist-Maske
- SiO$_2$-Ätzung
  - zur Entfernung des Streuoxids
- Oxidation
  - zur Erzeugung des Gateoxids
- Poly-Si-Abscheidung und Dotierung
  - zur Erzeugung der Poly-Si-Gates der MOS-Transistoren
- SiO$_2$-Abscheidung
  - mit dem TEOS-Verfahren (Kap. 3.5)

Tabelle 8.11 (Fortsetzung)

Nr.	• Beschreibung der einzelnen Prozeßschritte • Querschnitt durch die Siliziumscheibe nach dem jeweils zuletzt beschriebenen Prozeßschritt

| 7 | • Photolithographie mit Maske 4
  – zur Definition der Poly-Si-Strukturen
• SiO$_2$/Poly-Si-Ätzung
  – zur Erzeugung der Poly-Si-Strukturen
• Photoresist-Ätzung
  – zur Beseitigung der Photoresist-Maske |

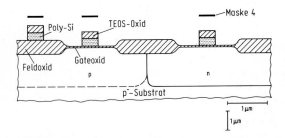

| 8 | • SiO$_2$-Abscheidung
  – mit dem TEOS-Verfahren zur Erzeugung von Spacern
• SiO$_2$-Ätzung
  – zur Erzeugung der ersten SiO$_2$-Spacer (Kap. 3.5.3)
  – mit dem RIE-Verfahren (Kap. 5.2.3)
• Oxidation
  – zur Erzeugung des Streuoxids für die folgende Ionenimplantation
• Photolithographie mit Maske 5
  – zur Definition der NMOS-Transistoren
• Ionenimplantation mit Phosphor
  – zur Erzeugung der n-dotierten LDD-Bereiche der NMOS-Transistoren (Kap. 8.3.1)
  – mit Photoresist-Maske |

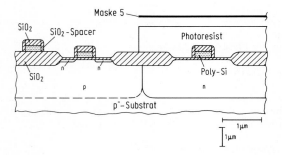

Tabelle 8.11 (Fortsetzung)

Nr.	• Beschreibung der einzelnen Prozeßschritte • Querschnitt durch die Siliziumscheibe nach dem jeweils zuletzt beschriebenen Prozeßschritt

9 • Photoresist-Ätzung
  – zur Beseitigung der Photoresist-Maske
• SiO$_2$-Abscheidung
  – mit dem TEOS-Verfahren (Kap. 3.5)
• SiO$_2$-Ätzung
  – zur Erzeugung der zweiten SiO$_2$-Spacer (Kap. 3.5.3)
  – mit dem RIE-Verfahren (Kap. 5.2.3)
• SiO$_2$-Abscheidung
  – mit dem TEOS-Verfahren (Kap. 3.5)
  – zur Erzeugung des Streuoxids für die nachfolgende Ionenimplantation
• Photolithographie mit Maske 5
  – zur Definition der NMOS-Transistoren
• Ionenimplantation mit Arsen
  – zur Erzeugung der hoch n-dotierten Source- und Drainbereiche der NMOS-LDD-Transistoren (Kap. 8.3.1)
  – mit Photoresist-Maske

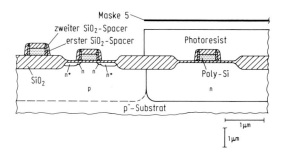

10 • Photoresist-Ätzung
  – zur Beseitigung der Photoresist-Maske
• Temperung
  – zur Aktivierung der implantierten Dotieratome
• Photolithographie mit Maske 6
  – zur Definition der PMOS-Transistoren
• Ionenimplantation mit Bor
  – zur Dotierung der Source- und Drainbereiche der PMOS-Transistoren
  – mit Photoresist-Maske
- -
• Photoresist-Ätzung
  – zur Beseitigung der Photoresist-Maske
• Temperung
  – zur Aktivierung der implantierten Boratome

> zuletzt beschriebener Prozeßschritt von Bild 10

Tabelle 8.11 (Fortsetzung)

Nr.	• Beschreibung der einzelnen Prozeßschritte • Querschnitt durch die Siliziumscheibe nach dem jeweils zuletzt beschriebenen Prozeßschritt

10	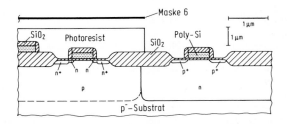

11	• SiO_2-Ätzung – naßchemisch (Kap. 5.1.1) – zur Beseitigung der SiO_2-Schicht über den Source-/Drainzonen der MOS-Transistoren • Ti-Abscheidung – mit dem Sputter-Verfahren (Kap. 3.1.4) – zur Erzeugung von $TiSi_2$ • 1. Temperung – zur Erzeugung der „Salicide"-Schichten („*self* aligned s*ilicide*", Kap. 3.9.1) über den Source-/Drainzonen • Ti-Ätzung – zur Beseitigung der Ti-Schicht auf SiO_2-Bereichen • 2. Temperung – zur Realisierung einer optimalen Barriereschicht über den Source-/Drainzonen der MOS-Transistoren 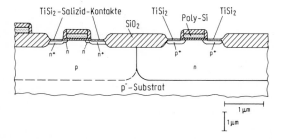

12	• SiO_2-Abscheidung – mit dem TEOS-Verfahren (Kap. 3.5.1) • Si_3N_4-Abscheidung – mit dem LPCVD-Verfahren (Kap. 3.7.1) • BPSG-Abscheidung – mit dem LPCVD-Verfahren (Kap. 3.6.2) – zur Planarisierung der Waferoberfläche

Tabelle 8.11 (Fortsetzung)

Nr.	• Beschreibung der einzelnen Prozeßschritte • Querschnitt durch die Siliziumscheibe nach dem jeweils zuletzt beschriebenen Prozeßschritt

12	• Verfließen der BPSG-Schicht (Reflow) – zur Planarisierung der Waferoberfläche • Photolithographie mit Maske 7 (Metall 0) – zur Definition der lokalen Verbindungen („local interconnects", Kap. 8.5.2) • BPSG-Ätzung – zur Erzeugung der Gräben für die lokalen Verbindungen – mit Ätzstop auf Si_3N_4-Schicht • Si_3N_4-/SiO_2-Ätzung – zum Freilegen der Si-Kontakte • Photoresist-Ätzung – zur Beseitigung der Photoresist-Maske • Ti/TiN-Abscheidung – mit dem Sputter-Verfahren (Kap. 3.1.4) – zur Erzeugung von Diffusionsbarrieren (Kap. 8.5.2) • W-Abscheidung – mit dem CVD-Verfahren (Kap. 3.10) – zur Erzeugung lokaler Verbindungen • W/TiN-Rückätzung oder CMP (Kap. 5.1.2) – zur Beseitigung der W-Schicht außerhalb der Gräben

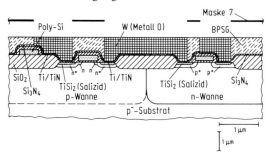

13	• SiO_2-Abscheidung – mit dem TEOS-Verfahren (Kap. 3.5) • Photolithographie mit Maske 8 (Kontakte) – zur Definition der Kontaktlöcher • SiO_2-Ätzung – zur Erzeugung der Kontaktlöcher • Photoresist-Ätzung – zur Beseitigung der Photoresist-Maske • Ti/TiN-Abscheidung – mit dem Sputterverfahren – zur Erzeugung der Diffusionsbarriere (Kap. 3.10)

Tabelle 8.11 (Fortsetzung)

Nr.	• Beschreibung der einzelnen Prozeßschritte • Querschnitt durch die Siliziumscheibe nach dem jeweils zuletzt beschriebenen Prozeßschritt

13	• W-Abscheidung
	  – mit dem CVD-Verfahren (Kap. 3.10)
	  – zum Auffüllen der Kontaktlöcher („W plugs")
	• W-Rückätzung oder CMP
	  – zur Beseitigung der W-Schicht außerhalb der Kontaktlöcher
	• AlSiCu-Abscheidung
	  – zur Erzeugung der Leiterbahnen der 1. Metall-Ebene
	• TiN-Abscheidung
	  – zur Erzeugung der Diffusionsbarriere auf Metall 1
	• Photolithographie mit Maske 9 (Metall 1)
	  – zur Definition der 1. Leiterbahnebene
	• Metall 1-Ätzung
	  – zur Erzeugung der AlSiCu-Leiterbahnen der 1. Metall-Ebene
	• Photoresist-Ätzung
	  – zur Beseitigung der Photoresist-Maske

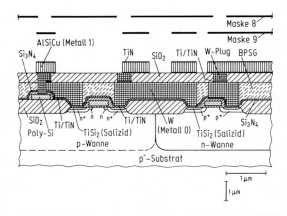

14	• SiO$_2$-Abscheidung
	  – mit dem PECVD-Verfahren (Kap. 3.1.1.)
	• SOG (*Spin On G*las)-Deposition
	  – mit dem Schleuderverfahren (Kap. 3.1.5)
	  – zum Planarisieren der Waferoberfläche
	• SOG-Rückätzen
	  – um SOG nur an Stufen zu belassen (Kap. 3.5.5)
	• SiO$_2$-Abscheidung
	  – mit dem PECVD-Verfahren (Kap. 3.1.1)
	• Temperung
	  – zur Verbesserung der elektrischen Eigenschaften der Transistoren
	• Photolithographie mit Maske 10 (Via 1)
	  – zur Definition der Kontaktlöcher zwischen Metall 1- und Metall 2-Ebene

Tabelle 8.11 (Fortsetzung)

Nr.	• Beschreibung der einzelnen Prozeßschritte • Querschnitt durch die Siliziumscheibe nach dem jeweils zuletzt beschriebenen Prozeßschritt

14
- SiO$_2$-Ätzung
  - zur Erzeugung der Kontaktlöcher („Vias")
- Photoresist-Ätzung
  - zur Beseitigung der Photoresist-Maske
- Ti/TiN-Abscheidung
  - mit dem Sputterverfahren
  - zur Erzeugung der Diffusionsbarriere (Kap. 8.5.2)
- W-Abscheidung
  - mit dem CVD-Verfahren (Kap. 3.10)
  - zur Auffüllung der Vias (W-Plugs)
- W-Rückätzung oder CMP
  - zur Beseitigung der W-Schicht außerhalb der Vias
- Metall 2-Abscheidung
  - zur Erzeugung der AlSiCu-Leiterbahnen in der 2. Metallebene
- Photolithographie mit Maske 11 (Metall 2)
  - zur Definition der 2. Leiterbahnebene
- Metall 2-Ätzung
  - zur Erzeugung der AlSiCu-Leiterbahnen in der 2. Metallebene
- Photoresist-Ätzung
  - zur Beseitigung der Photoresist-Maske

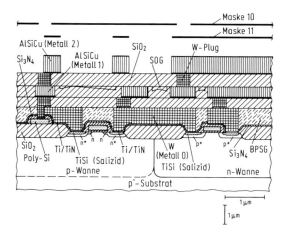

Tabelle 8.11 (Fortsetzung)

Nr.	• Beschreibung der einzelnen Prozeßschritte • Querschnitt durch die Siliziumscheibe nach dem jeweils zuletzt beschriebenen Prozeßschritt

15	• SiO$_2$-Abscheidung
	   – mit dem PECVD-Verfahren (Kap. 3.1.1)
	   – zur Erzeugung der Passivierungsschicht
	• Si$_3$N$_4$-Abscheidung
	   – mit dem PECVD-Verfahren (Kap. 3.1.1)
	   – zur Erzeugung der Passivierungsschicht
	• Photolithographie mit Maske 12 (Pad)
	   – zur Definition der Pads (Anschlüsse zum Gehäuse)
	• SiO$_2$/Si$_3$N$_4$-Ätzung
	   – zur Freilegung der Metall-Pads
	• Photoresist-Ätzung
	   – zur Beseitigung der Photoresist-Maske
	• Schlußtemperung
	   – zur Verbesserung der elektrischen Eigenschaften der Transistoren

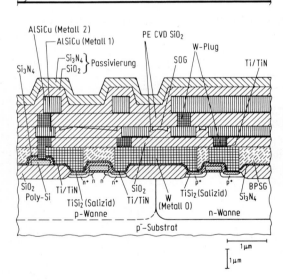

Maske 12 (Pads außerhalb des dargestellten Bereichs)

8.6.2
0,7 µm-BICMOS-Prozeß

Die BICMOS-Technologie stellt, wie bereits in Kap. 8.2 beschrieben wurde, eine Kombination von Bipolar- und CMOS-Technologie dar. Damit können in einer Integrierten Schaltung die Vorteile der Bipolar- und der CMOS-Schaltungstechnik vereint werden (s. Kap. 8.1).

Tabelle 8.12 zeigt eine mögliche Prozeßfolge zur Herstellung von BICMOS-Schaltungen in 0,7 µm-Technologie für Analog-/Digital-Anwendungen [8.18]. Die BICMOS-Schaltungen enthalten folgende Komponenten:

- n-Kanal-MOS-Transistor,
- p-Kanal-MOS-Transistor,
- vertikaler npn-Bipolar-Transistor,
- Lateraler pnp-Bipolar-Transistor,
- Hochohm-Widerstand (im Poly-Si2),
- Kondensator mit spannungsunabhängiger Kapazität (Poly-Si1/Poly-Si2).

8.6.3
Höchstfrequenz-Bipolar-Prozeß

Moderne Integrierte Bipolarschaltungen zeichnen sich, wie bereits in Kap. 8.1 beschrieben wurde, durch eine hohe Schaltgeschwindigkeit bzw. hohe Transitfrequenzen, gute Treibereigenschaften, große Steilheit der Transistoren und hohe Konstanz der Steuerspannung aus. Aufgrund dieser Eigenschaften hat die Bipolartechnologie neben der MOS-Technologie nach wie vor einen hohen Stellenwert in der Mikroelektronik.

Tabelle 8.13 (s. S. 326) enthält eine mögliche Prozeßfolge zur Herstellung Integrierter Bipolarschaltungen für die Verarbeitung von Datenraten von mehr als 10 Gbit/s. Unter Ausnutzung der Polysilizium-Emitter- und -Basis-Technologie können Bipolartransistoren mit Transitfrequenzen von bis zu 30 GHz realisiert werden [8.19].

8.6.4
0,25 µm-DRAM-Prozeß

Die dynamischen Halbleiterspeicher (DRAM-Dynamic Random Access Memory) sind in der Mikroelektronik nach wie vor technologische Vorreiter mit den kleinsten Strukturabmessungen. Deswegen werden an die einzelnen Prozeßschritte zur Herstellung dieser Bauelemente höchste Anforderungen gestellt (s. Kap. 8.4.2).

In Tabelle 8.14 (s. S. 335) ist eine mögliche Prozeßfolge zur Herstellung eines 256 MBit DRAMs in 0,25 µm-Technologie zusammengestellt. Herausragende Elemente dieses Gesamtprozesses sind außer den bereits extrem feinen Strukturen die dreidimensionale Integration der Speicherzellen (Trench-Kondensatoren), der konsequente Einsatz der Planarisierung und die Verwendung von Refraktär-Metallen [8.20].

Tabelle 8.12. Mögliche Prozeßfolge bei der Herstellung von Analog-/Digital-BICMOS-Schaltungen [8.18]

Nr.	• Prozeßschritte • Querschnitt durch die Silizium-scheibe nach dem jeweils letzten Prozeßschritt	Beschreibung der einzelnen Prozesse

1	
	SiO₂ / p⁻ / Si
		• Oxidation der Siliziumscheiben
		  – Ausgangsmaterial: p-dotiertes Silizium
		  – SiO_2-Schichtdicke $\simeq 500$ nm

2	
	Maske 1 / Arsen oder Antimon / SiO₂ / n⁺ / p⁻ / Si
		• Photolithographie mit Maske 1
		  – zur Definition der vergrabenen Schicht („buried layer")
		  – Prozeßschritte: Aufbringung von Photoresist Belichtung mit Maske 1 Entwicklung des Photoresists
		• SiO_2-Ätzung
		  – mit Photoresist-Maske
		• Photoresist-Ätzung
		  – zur Beseitigung der Photoresist-Maske („Photoresist stripping")
		• Oxidation
		  – zur Erzeugung des Streuoxids für die folgende Ionenimplantation
		• Ionenimplantation
		  – zur Dotierung der vergrabenen Schicht („buried layer")
		  – Dotierstoffe: Arsen oder Antimon
		  – mit SiO_2-Maske

3	
	p / Epi-Si / n⁺ / p⁻ / Si
		• Streuoxid-Ätzung
		  – zur Beseitigung der durch die Ionenimplantation entstandenen Verunreinigung im Streuoxid
		• Temperung
		  – zum Eindiffundieren der implantierten Dotieratome in den Siliziumkristall („drive in")
		  – dabei erfolgt auch die Ausheilung des durch die Ionenimplantation zerstörten Kristallgefüges von Silizium
		• SiO_2-Ätzung
		  – zur ganzflächigen Beseitigung der Oxidschicht
		• Epitaxie
		  – epitaktische Abscheidung einer einkristallinen p-dotierten Siliziumschicht

Tabelle 8.12 (Fortsetzung)

Nr.	• Prozeßschritte • Querschnitt durch die Silizium- scheibe nach dem jeweils letzten Prozeßschritt	Beschreibung der einzelnen Prozesse
4	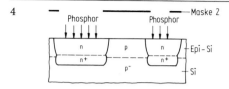	• Oxidation – zur Erzeugung einer SiO_2-Schicht für die Maskierung der folgenden Ionenimplantation • Photolithographie mit Maske 2 – zur Definition der n-Wannen • SiO_2-Ätzung – mit Photoresist-Maske – zur Maskierung der folgenden Ionenimplantation • Photoresist-Ätzung – zur Beseitigung der Photoresist-Maske • Oxidation – zur Erzeugung des Streuoxids für die folgende Ionenimplantation • Ionenimplantation von Phosphor – für die n-Wannen – mit Oxid-Maske • Streuoxid-Ätzung – zur Beseitigung des Streuoxids • Temperung – zum Eindiffundieren der Phosphoratome bis zur vergrabenen n^+-dotierten Schicht • SiO_2-Ätzung – zum ganzflächigen Entfernen der SiO_2-Schicht
5	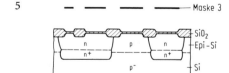	• Oxidation – zur Erzeugung eines dünnen SiO_2-Films unter der Si_3N_4-Schicht zur lokalen Oxidation • Si_3N_4-Abscheidung – CVD-Abscheidung einer Si_3N_4-Schicht zur lokalen Oxidation • Photolithographie mit Maske 3 – zur Definition der aktiven Bereiche bzw. der Dickoxidbereiche • Si_3N_4-Ätzung – mit Photoresist-Maske – zur lokalen Oxidation • Photoresist-Ätzung – zur Beseitigung der Photoresist-Maske

Tabelle 8.12 (Fortsetzung)

Nr.	• Prozeßschritte • Querschnitt durch die Silizium- scheibe nach dem jeweils letzten Prozeßschritt	Beschreibung der einzelnen Prozesse

5		• Lokale Oxidation
		  – Oxidation nur in den Si_3N_4-Fenstern, da die Si_3N_4-Schicht als Diffusions-sperre für Sauerstoff wirkt
		• Si_3N_4-Ätzung
		  – ganzflächige Beseitigung der Si_3N_4-Schicht
		  – Die SiO_2-Schicht unter der Si_3N_4-Schicht bleibt stehen (Streuoxid für die folgenden Ionenimplantationen)

6		• Photolithographie mit Maske 4
		  – zur Definition des Kollektor-An-schlusses
		• Ionenimplantation von Phosphor
		  – zur Dotierung des Kollektor-An-schlusses
		  – mit Photoresist-Maske
		• Photoresist-Ätzung
		  – zur Beseitigung der Photoresist-Maske
		• Temperung
		  – zum Eindiffundieren der Phosphor-atome bis zur vergrabenen Schicht
		  – Damit wird ein niederohmiger Kol-lektor-Anschluß erzeugt

7		• Photolithographie mit Maske 5
		  – zur Definition der Basiszone der Bi-polartransistoren
		• Ionenimplantation von Bor
		  – mit Photoresist-Maske
		  – zur Dotierung der Basiszone der Bi-polartransistoren
		• Photoresist-Ätzung
		  – zur Beseitigung der Photoresist-Maske
		• Temperung
		  – zur Aktivierung der Dotieratome

Tabelle 8.12 (Fortsetzung)

Nr.	• Prozeßschritte • Querschnitt durch die Silizium- scheibe nach dem jeweils letzten Prozeßschritt	Beschreibung der einzelnen Prozesse

8	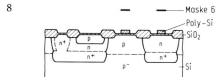	• Streuoxid-Ätzung
		  – zur Beseitigung der bei der Ionenim-
		  plantation entstandenen Verunreini-
		  gungen
		• Oxidation
		  – zur Erzeugung eines hochqualitati-
		  ven Gate-Oxids für die MOS-Transi-
		  storen
		• Poly-Si-Abscheidung
		  – für das Poly-Si-Gate der MOS-Tran-
		  sistoren
		  – Die n^+-Dotierung der Poly-Si-Schicht
		  erfolgt entweder durch Ionenimplan-
		  tation oder Diffusion (s. Abb. 3.6.1,
		  rechte Spalte)
		• Photolithographie mit Maske 6
		  – zur Definition der Poly-Si1-Bereiche
		• Poly-Si-Ätzung
		  – zur Erzeugung der Poly-Si1-Bereiche
		• Photoresist-Ätzung
		  – zur Beseitigung der Photoresist-
		  Maske

9	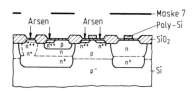	• Photolithographie mit Maske 7
		  – zur Definition von Source und Drain
		  der N-Kanal-MOS-Transistoren sowie
		  von Emitter- und Kollektoranschluß
		  der Bipolartransistoren
		• Ionenimplantation von Arsen
		  – mit Photoresist-Maske
		  – zur Dotierung von Source und Drain
		  der N-Kanal-MOS-Transistoren sowie
		  von Emitter- und Kollektoranschluß
		  der Bipolartransistoren
		• Photoresist-Ätzung
		  – zur Beseitigung der Photoresist-
		  Maske

10	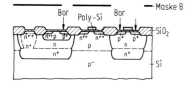	• Photolithographie mit Maske 8
		  – zur Definition von Source und Drain
		  der P-Kanal-MOS-Transistoren und
		  des Basisanschlusses der Bipolar-
		  transistoren

Tabelle 8.12 (Fortsetzung)

Nr.	• Prozeßschritte • Querschnitt durch die Silizium- scheibe nach dem jeweils letzten Prozeßschritt	Beschreibung der einzelnen Prozesse

10		• Ionenimplantation von Bor oder BF_2^+
		  – mit Photoresist-Maske
		  – zur Dotierung von Source und Drain
		    der P-Kanal-MOS-Transistoren und
		    des Basisanschlusses der Bipolartran-
		    sistoren
		• Photoresist-Ätzung
		  – zur Beseitigung der Photoresist-
		    Maske

11		• Streuoxidätzung
		• Oxidation
		  – zur Isolation der Poly-Si1-Ebene
		  – zur Erzeugung des Kondensator-
		    Dielektrikums
		• Poly-Si2-Abscheidung
		  – mit CVD-Verfahren
		  – zur Erzeugung der Kondensatoren
		    und Hochohmwiderstände
		• Ionenimplantation mit Phosphor
		  – zur Erzeugung der Hochohmwider-
		    stände (n^- Poly-Si)
		• Photolithographie mit Maske 9
		  – zur Definition der niederohmigen
		    Poly-Si2-Bereiche (n^+ Poly-Si2)
		  – zur Maskierung der Hochohm-Ge-
		    biete
		• Ionenimplantation mit Phosphor
		  – zur Erzeugung der niederohmigen
		    Poly-Si2-Bereiche (n^+ Poly-Si2)
		  – mit Photoresist-Maske
		• Photoresist-Ätzung
		  – zur Beseitigung der Photoresist-
		    Maske
		• Ausheilung des Silizium-Kristalls
		  – Temperung der Si-Scheiben zur Akti-
		    vierung der Dotieratome nach der
		    Ionenimplantation

Tabelle 8.12 (Fortsetzung)

Nr.	• Prozeßschritte • Querschnitt durch die Silizium-scheibe nach dem jeweils letzten Prozeßschritt	Beschreibung der einzelnen Prozesse
12	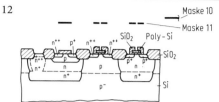	• Photolithographie mit Maske 10 – zur Definition der Poly-Si2-Strukturen (Hochohmwiderstände, Kondensatoren und Zuleitungen) • Poly-Si2-Ätzung – zur Erzeugung der Poly-Si2-Strukturen • Photoresist-Ätzung – zur Beseitigung der Photoresist-Maske • SiO_2-Abscheidung – CVD-Abscheidung eines Isolationsoxids • Photolithographie mit Maske 11 – zur Definition der Kontaktlöcher • SiO_2-Ätzung – zur Erzeugung der Kontaktlöcher • Photoresist-Ätzung – zur Beseitigung der Photoresist-Maske
13		• Metallabscheidung – Sputtern von Ti/TiN/AlSiCu • Photolithographie mit Maske 12 – zur Definition der Leiterbahnen • Metallätzung – mit Photoresist-Maske – zur Erzeugung der Leiterbahnen • Photoresist-Ätzung – zur Beseitigung der Photoresist-Maske • Passivierungsschicht-Abscheidung – Abscheidung einer SiO_2-, Si_3N_4- und ggfs. einer Polyimidschicht (s. Kap. 8.5.4) – Die Passivierungsschicht schützt die Integrierte Schaltung • Photolithographie mit Maske 13 – zur Definition der Anschlußpads • Anschlußpad-Ätzung – Zum Bonden der Anschlußdrähte an die Integrierte Schaltung werden Metallbereiche freigelegt („Pads")

Tabelle 8.12 (Fortsetzung)

Nr.	• Prozeßschritte • Querschnitt durch die Silizium- scheibe nach dem jeweils letzten Prozeßschritt	Beschreibung der einzelnen Prozesse
13		• Photoresist-Ätzung – zur Beseitigung der Photoresist-Maske • Schlußtemperung
14	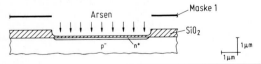 PNP-Bipolar- NPN-Bipolar- MOS-Transistoren Transistor Transistor	Elektrische Ersatzschaltbilder der Transi- storen auf der BICMOS-Schaltung

Tabelle 8.13. Mögliche Prozeßfolge bei der Herstellung von Bipolarschaltungen [8.19]

Nr.	• Beschreibung der einzelnen Prozeßschritte • Querschnitt durch die Siliziumscheibe nach dem jeweils zuletzt beschriebe- nen Prozeßschritt

1 • Oxidation der Siliziumscheiben
    – Ausgangsmaterial: p-dotiertes Silizium mit $\rho \simeq 10\ \Omega$ cm

```
//////////////////////////////  SiO₂
        p⁻-Substrat            Si       ] 1 μm
                                      ⌐1μm⌐
```

2 • Photolithographie mit Maske 1
    – zur Definition der vergrabenen Schicht („buried layer")
    – Prozeßschritte: Aufbringen des Photoresists
                        Belichtung mit Maske 1
                        Entwicklung des Photoresists
  • SiO₂-Ätzung
    – mit Photoresist-Maske
  • Photoresist-Ätzung
    – zur Beseitigung der Photoresist-Maske („resist stripping")
  • Oxidation
    – zur Erzeugung des Streuoxids für die folgende Ionenimplantation
  • Ionenimplantation mit Arsen
    – zur Dotierung der vergrabenen Schicht
    – mit SiO₂-Maske

```
                                          Maske 1
        Arsen
      ↓ ↓ ↓ ↓ ↓ ↓ ↓ ↓ ↓ ↓
//////          ..............          //////  SiO₂
                p⁻      n⁺                       ] 1 μm
                                               ⌐1μm⌐
```

Tabelle 8.13 (Fortsetzung)

Nr.	• Beschreibung der einzelnen Prozeßschritte • Querschnitt durch die Siliziumscheibe nach dem jeweils zuletzt beschriebenen Prozeßschritt

3	• Temperung/Oxidation
	  – zur Erzeugung der vergrabenen Schicht („buried layer")
	  – zur Erzeugung von Stufen im Si für die Justierung
	• SiO$_2$-Ätzung
	  – zur kompletten Beseitigung des Oxids
	• Epitaxie
	  – zur Erzeugung einer etwa 1 µm dicken n-dotierten Si-Schicht
	• Oxidation
	  – zur Bedeckung der Si-Oberfläche mit einer SiO$_2$-Schicht
	• Photolithographie mit Maske 2
	  – zur Definition der Isolationsbereiche („Channel stopper") zwischen den Transistoren
	• Ionenimplantation mit Bor
	  – zur Erzeugung der „channel stopper"
	  – mit Photoresist-Maske
	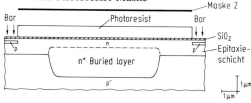

4	• Photoresist Ätzung
	  – zur Beseitigung der Photoresist-Maske
	• Temperung/Oxidation
	  – zur Erzeugung der p-dotierten Isolationsrahmen für die laterale Isolation der Bipolartransistoren
	• SiO$_2$-Ätzung
	  – zur Entfernung des durch die Ionenimplantation verunreinigten Oxids
	• Oxidation
	  – zur Erzeugung einer dünnen SiO$_2$-Schicht zur lokalen Oxidation
	• Polysilizium-Abscheidung
	  – zur Erzeugung einer Polysilizium-Schicht zur lokalen Oxidation
	• Si$_3$N$_4$-Abscheidung
	  – zur Erzeugung einer Si$_3$N$_4$-Schicht zur lokalen Oxidation
	• Photolithographie mit Maske 3
	  – zur Definition der Dick- und Dünnoxidbereiche
	• Si$_3$N$_4$-Ätzung
	  – mit Photoresist-Maske zur lokalen Oxidation
	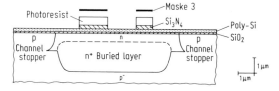

Tabelle 8.13 (Fortsetzung)

Nr.	• Beschreibung der einzelnen Prozeßschritte • Querschnitt durch die Siliziumscheibe nach dem jeweils zuletzt beschriebenen Prozeßschritt

5
  • Photoresist-Ätzung
    – zur Beseitigung der Photoresist-Maske
  • Lokale Oxidation (Feldoxidation)
    – zur Erzeugung von Dünn- und Dickoxidbereichen
    – die Oxidation erfolgt nur in den Bereichen, die nicht mit Si_3N_4 bedeckt sind. Si_3N_4 wirkt als Diffusionssperre für Sauerstoffatome

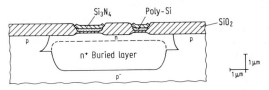

6
  • SiO_2-Ätzung
    – zur Beseitigung des dünnen Oxynitrids auf dem Nitrid Si_3N_4
  • Si_3N_4- und Polysilizium-Ätzung
    – zur Entfernung der LOCOS-Maske (*Loc*al *O*xidation of *S*ilicon)
  • Oxidation
    – Aufoxidation des stickstoffhaltigen Siliziums am Vogelschnabel (Übergang von Dünn- auf Dickoxid) zur Vermeidung des „White-Ribbon"-Effekts (Kap. 3.4.2)
  • SiO_2-Ätzung
    – zur Beseitigung des Dünnoxids
  • Oxidation
    – zur Erzeugung des Streuoxids für die folgende Ionenimplantation
  • Photolithographie mit Maske 4
    – zur Definition des Kollektoranschlusses und der Gegenelektrode der Kondensatoren (siehe Prozeßschritt 7)
  • Ionenimplantation mit Phosphor
    – zur Dotierung des Kollektoranschlusses und der Gegenelektrode der Kondensatoren (siehe Prozeßschritt 7)
    – mit Photoresist- bzw. Dickoxid-Maske

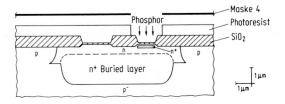

7
  • Photoresist-Ätzung
    – zur Beseitigung der Photoresist-Maske

Tabelle 8.13 (Fortsetzung)

Nr.	• Beschreibung der einzelnen Prozeßschritte • Querschnitt durch die Siliziumscheibe nach dem jeweils zuletzt beschriebenen Prozeßschritt

7
- Temperung
  - zum Eintreiben des n^+-Kollektoranschlusses und der n^--Gegenelektrode der Kondensatoren (siehe Prozeßschritt 7)
- SiO$_2$-Ätzung
  - zur Entfernung des verunreinigten Dünnoxids
- Oxid-Nitrid-Oxid (ONO)-Schichterzeugung (s. Abb. 3.7.2)
  - für Kondensatoren
- Photolithographie mit Maske 5
  - zur Definition der Kondensatoren
- Oxid-Nitrid-Oxid (ONO)-Ätzung
  - zur Realisierung von Kondensatoren

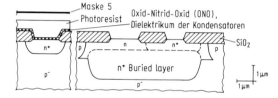

8
- Photoresist-Ätzung
  - zur Beseitigung der Photoresist-Maske
- Poly-Si-Abscheidung (amorph, s. Kap. 3.8.2)
  - für die Hochohmwiderstände
- Ionenimplantation mit Bor
  - zur Einstellung des Schichtwiderstands der Hochohmwiderstände ($R_s \simeq 1\ k\Omega/\square$)
- Photolithographie mit Maske 6
  - zur Definition der Hochohmwiderstände
- Ionenimplantation mit Bor (p^+-Polysilizium)
  - zur Einstellung des Schichtwiderstands der Niederohmwiderstände ($R_s \simeq 150\ \Omega/\square$) bzw. Kondensatorelektroden bzw. Zuleitungen
  - mit Photoresist-Maske

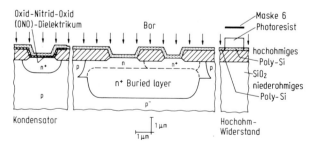

Tabelle 8.13 (Fortsetzung)

Nr.	• Beschreibung der einzelnen Prozeßschritte • Querschnitt durch die Siliziumscheibe nach dem jeweils zuletzt beschriebenen Prozeßschritt

9 • Photoresist-Ätzung
  – zur Beseitigung der Photoresist-Maske
• Temperung
  – zur Einstellung des gewünschten Schichtwiderstands von Poly-Si
• SiO$_2$-Abscheidung (Nach TEOS-Verfahren, Kap. 3.5)
  – zur Isolation von Basis zu Emitter, Dicke ca. 300 nm
• Photolithographie mit Maske 7
  – zur Definition der Emitterzonen und der Poly-Si-Widerstände
• TEOS-SiO$_2$-Ätzung
  – zur Freilegung der Emitterzonen und Kollektoranschlüsse sowie Strukturierung des Poly-Si
• Polysilizium-Ätzung
  – zur Freilegung der Emitterzonen und Kollektoranschlüsse
  – zur Strukturierung des Poly-Si

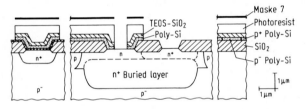

10 • Photoresist-Ätzung
  – zur Beseitigung der Photoresist-Maske
• Oxidation
  – zur Erzeugung eines dünnen Streuoxids für die nachfolgende Ionenimplantation
• Photolithographie mit Maske 8
  – zur Dotierung der Zonen unter dem Emitterfenster
• Ionenimplantation mit BF$^+_2$
  – zur p-Dotierung der Basiszone des Transistors
• Ionenimplantation mit 1fach und 2fach geladenem Phosphor (P$^+$ und P^{++})
  – zur Erzeugung der vergrabenen Zone des Podest-Kollektors (s. Abb. 8.3.8)

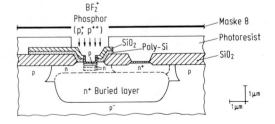

Tabelle 8.13 (Fortsetzung)

Nr.	• Beschreibung der einzelnen Prozeßschritte • Querschnitt durch die Siliziumscheibe nach dem jeweils zuletzt beschriebenen Prozeßschritt

11
- Photoresist-Ätzung
  - zur Beseitigung der Photoresist-Maske
- Temperung
  - Ausheilung der Gitterschäden des Si-Kristalls nach der Ionenimplantation
- SiO$_2$-Ätzung
  - zur Entfernung des durch die Ionenimplantation verunreinigten Streuoxids
- Thermische Oxidation
  - zur Erzeugung einer zu Silizium selektiv ätzbaren dünnen SiO$_2$-Schicht
- Si$_3$N$_4$-Abscheidung
  - zur Erzeugung einer dünnen Stop-Schicht bei der Ätzung der darüberliegenden Poly-Si-Schicht
- Polysilizium-Abscheidung
  - zur Erzeugung der Spacer für die Emitterdotierung
- Polysilizium-Ätzung
  - zur Erzeugung der Spacer

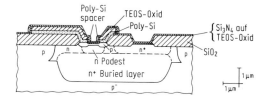

12
- Si$_3$N$_4$-Ätzung
  - zur Beseitigung der Nitridschicht mit Ausnahme der Spacerbereiche
- Polysilizium-Ätzung
  - zur Entfernung der Poly-Si-Spacer
- SiO$_2$-Ätzung
  - zur Entfernung des Oxids unter dem Si-Nitrid
- Polysilizium-Abscheidung
  - für Emitter- und Kollektoranschlüsse
- Ionenimplantation mit Arsen
  - zur n$^+$-Dotierung der Poly-Si-Schicht

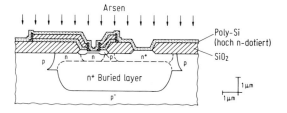

Tabelle 8.13 (Fortsetzung)

Nr.	• Beschreibung der einzelnen Prozeßschritte • Querschnitt durch die Siliziumscheibe nach dem jeweils zuletzt beschriebenen Prozeßschritt

---

13   • Photolithographie mit Maske 9
        – zur Definition von Emitter- und Kollektor-Anschluß
    • Polysilizium-Ätzung
        – Zur Erzeugung des Emitter- und Kollektor-Anschlusses

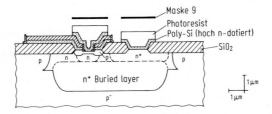

---

14   • Photoresist-Ätzung
        – zur Beseitigung der Photoresist-Maske
    • SiO_2-Abscheidung (Kap. 3.5)
        – zur Erzeugung einer Diffusionsbarriere zwischen BPSG und Silizium
    • BPSG-Abscheidung (Kap. 3.6)
        – zur vertikalen Isolation und zur Verrundung der Kanten
    • BPSG-Verfließen und Emittereintreiben
        – zur Verrundung der Strukturkanten
        – zur Erzeugung der Emitterzone diffundiert Arsen aus dem Poly-Si ins Mono-Si
    • Photolithographie mit Maske 10
        – zur Definition der Kontaktlöcher
    • SiO_2/BPSG-Ätzung
        – zur Erzeugung der Kontaktlöcher

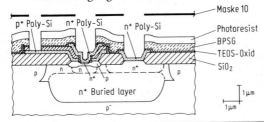

---

15   • Photoresist-Ätzung
        – zur Beseitigung der Photoresist-Maske
    • Ti/TiN-Abscheidung
        – mit dem Sputterverfahren
        – zur Erzeugung einer Diffusionsbarriere (Kap. 3.10)
    • W-Abscheidung
        – mit dem CVD-Verfahren (Kap. 3.10)
        – zum Auffüllen der Kontaktlöcher („W plugs")

Tabelle 8.13 (Fortsetzung)

Nr.	• Beschreibung der einzelnen Prozeßschritte • Querschnitt durch die Siliziumscheibe nach dem jeweils zuletzt beschriebenen Prozeßschritt

15 • W-Rückätzung oder CMP (Kap. 5.1.2)
  – zur Beseitigung der W-Schicht außerhalb der Kontaktlöcher
• AlSiCu-Abscheidung
  – mit dem Sputterverfahren
  – zur Erzeugung der Metall 1-Leiterbahnen
• TiN-Abscheidung
  – zur Erzeugung einer Barriereschicht zur Metall 2-Ebene
• Photolithographie mit Maske 11
  – zur Definition der Leiterbahnen der Metall 1-Ebene
• Ätzung der Metall 1-Leiterbahnebene
  – zur Erzeugung der Leiterbahnen der Metall 1-Ebene
  – TiN-AlSiCu-TiN-Ti-Ätzung

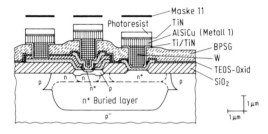

16 • Photoresist-Ätzung
  – zur Beseitigung der Photoresist-Maske
• SiO$_2$-Abscheidung
  – zur gegenseitigen Isolation der Leiterbahnebenen 1 und 2
  – Prozeßfolge: 1. PECVD-Abscheidung von SiO$_2$
         2. Spin-On-Glas aufbringen und planarisieren
         3. PECVD-Abscheidung von SiO$_2$
         4. Temperung der Isolationsschicht
• Photolithographie mit Maske 12
  – zur Definition der „Via holes" (Kontaktlöcher zur Verbindung der Leiterbahnebenen Metall 1 und Metall 2)
• Via-Ätzung
  – zur Kontaktierung von Metall 1- und Metall 2-Ebene
• Photoresist-Ätzung
  – zur Beseitigung der Photoresist-Maske
• Abscheidung der 2. Leiterbahnebene
  – zur Erzeugung der Leiterbahnen in der Metall 2-Ebene
  – Ti-TiN-AlSiCu-TiN-Schichtenfolge
• Photolithographie mit Maske 13
  – zur Definition der Leiterbahnen der Metall 2-Ebene

Tabelle 8.13 (Fortsetzung)

Nr.	• Beschreibung der einzelnen Prozeßschritte • Querschnitt durch die Siliziumscheibe nach dem jeweils zuletzt beschriebenen Prozeßschritt

16	• Ätzung der Metall 2-Leiterbahnebene
	   – zur Erzeugung der Leiterbahnen
	• Photoresist-Ätzung
	   – zur Beseitigung der Photoresist-Maske
	• Temperung
	   – zur Verbesserung der Eigenschaften der Transistoren, Leiterbahnen und Ohmschen Kontakte
	• Abscheidung der Passivierungsschicht (Kap. 8.5.4)
	   – zum Schutz der Schaltung
	   – Prozeßfolge: 1. Plasma-CVD-Abscheidung von SiO_2
	                2. Plasma-CVD-Abscheidung von Si_3N_4
	• Photolithographie mit Maske 14
	   – zur Definition der Pads (Metallanschlüsse zur Verbindung mit den Gehäusepins)
	• Ätzung der Si_3N_4/SiO_2-Passivierungsschicht
	   – zur Freilegung der Pads
	• Photoresist-Ätzung
	   – zur Beseitigung der Photoresist-Maske
	• Temperung
	   – zur Verbesserung der Kontaktierbarkeit der Pads
	   – zur Ausheilung von Strahlenschäden bei den Plasmaprozessen

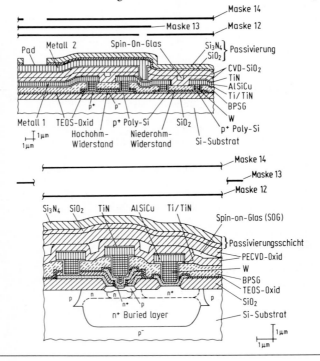

Tabelle 8.14. Mögliche Prozeßfolge bei der Herstellung eines 256 MBit DRAM [8.20]

Nr.	• Beschreibung der einzelnen Prozeßschritte • Querschnitt durch die Siliziumscheibe nach dem jeweils zuletzt beschriebenen Prozeßschritt

1 • Ausgangsmaterial: p-dotiertes Silizium
  • Oxidation der Siliziumscheiben
    – zur Erzeugung eines Streuoxids für die folgende Ionenimplantation

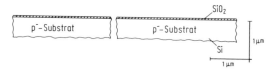

2 • Photolithographie mit Maske 1
    – zur Definition der Justiermarken
    – Prozeßschritte: Aufbringen des Photoresists
                       Belichtung mit Maske 1
                       Entwicklung des Photoresists
  • SiO$_2$-/Silizium-Ätzung
    – mit Photoresist-Maske
    – zur Erzeugung der Justiermarken (nicht im Bild)
  • Photoresist-Ätzung
    – zur Beseitigung der Photoresist-Maske („resist stripping")

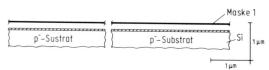

3 • Photolithographie mit Maske 2
    – zur Definition des n-dotierten Speicherzellenbereichs
  • Ionenimplantation von Phosphor
    – zur Rundum-Isolation der p-Wanne des Speicherzellenbereichs
    – mit Photoresist-Maske
  • Photoresist-Ätzung
    – zur Beseitigung der Photoresists
  • Temperung
    – zum Eintreiben des Phosphors

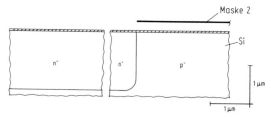

Tabelle 8.14 (Fortsetzung)

Nr.	• Beschreibung der einzelnen Prozeßschritte • Querschnitt durch die Siliziumscheibe nach dem jeweils zuletzt beschriebenen Prozeßschritt

4
- SiO$_2$-Ätzung
  - zur Beseitigung des verunreinigten Oxids
- SiO$_2$-/Si$_3$N$_4$-/SiO$_2$-Abscheidung
  - zur Erzeugung der Maskierschicht für die Trenchätzung
- Photolithographie mit Maske 3
  - zur Definition der Speicherkondensatoren
- Anisotrope Ätzung der Trench-Ätzmaskierschicht SiO$_2$/Si$_3$N$_4$/SiO$_2$
  - zur Erzeugung der Ätzmaske für die Trenchgräben
- Photoresist-Ätzung
  - zur Beseitigung der Photoresist-Maske
- Si-Ätzung (anisotrop, ca. 5 µm tief)
  - mit SiO$_2$/Si$_3$N$_4$/SiO$_2$-Maske
  - zur Erzeugung der Speicherkondensatoren

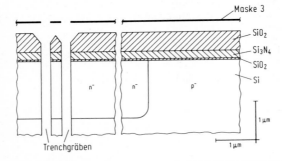

5
- Arsenglas-Abscheidung
  - zur Erzeugung der n$^+$-„buried plate"
  - mit dem Arsen-TEOS-Verfahren (Kap. 3.6.1)
- SiO$_2$-Abscheidung
  - zur Verhinderung des Ausdiffundierens von As aus dem Arsenglas
  - mit dem TEOS-Verfahren (Kap. 3.5.1)
- Photoresist-Deposition, -Belichtung und -Entwicklung
  - zur teilweisen Auffüllung der Trenchgräben

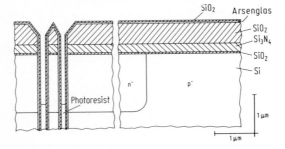

Tabelle 8.14 (Fortsetzung)

Nr.	• Beschreibung der einzelnen Prozeßschritte • Querschnitt durch die Siliziumscheibe nach dem jeweils zuletzt beschriebenen Prozeßschritt

6
- Ätzung von SiO_2 und Arsenglas
  - zur Beseitigung des Arsenglases oberhalb des Photoresists
- Photoresist-Ätzung
  - zur Entfernung des Photoresists in den Trenchgräben
- Oxidation
  - zur Erzeugung einer dünnen thermischen SiO_2-Schicht auf Si
- SiO_2-Abscheidung
  - zur Verhinderung des Ausdiffundierens von As aus dem Arsenglas
  - mit dem TEOS-Verfahren (Kap. 3.5)
- Diffusion von Arsen aus dem Arsenglas in das Silizium
  - zur Erzeugung einer zusammenhängenden n^+-dotierten „buried plate"
- Arsenglas-Ätzung
  - zur Beseitigung der Arsenglas-Schicht
- ONO-Abscheidung (Kap. 3.7.3)
  - zur Erzeugung des Dielektrikums der Speicherkondensatoren in den Trenchgräben

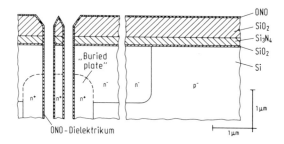

7
- Abscheidung von n^+-dotiertem Poly-Si
  - zum Auffüllen der Trenchgräben
- Chemisch-mechanisches Polieren (CMP, Kap. 5.1.2) des Poly-Si
  - damit das Poly-Si nur in den Trenchgräben verbleibt

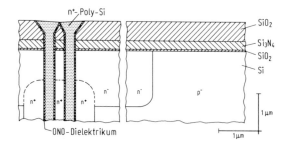

Tabelle 8.14 (Fortsetzung)

Nr.	• Beschreibung der einzelnen Prozeßschritte • Querschnitt durch die Siliziumscheibe nach dem jeweils zuletzt beschriebenen Prozeßschritt

8
- SiO$_2$-Ätzung
  - zur Beseitigung der SiO$_2$-Maskierschicht
- Polysilizium-Ätzung
  - bis etwa 1 μm unterhalb der Silizium-Oberfläche
- Ätzung des ONO-Dielektrikums
  - an den freiliegenden Seitenwänden der Trenchgräben
  - zur Definition der Collar-Tiefe
- Konforme Abscheidung einer SiO$_2$-Schicht (s. Kap. 3.5.1)
  - zur Definition der Collar-Dicke
- Ätzung der SiO$_2$-Schicht (anisotrop)
  - zur Erzeugung eines SiO$_2$-Spacers (collar) im oberen Teil der Trenchgräben (SiO$_2$ auf Poly-Si weggeätzt)

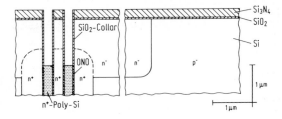

9
- n$^+$-Poly-Si-Abscheidung
  - zum Auffüllen der Trenchgräben der Speicherkondensatoren im Collar-Bereich
- Poly-Si-Ätzung
  - zur Vorbereitung der Buried-Kontakte
- Ätzung des SiO$_2$-Collars
  - zum Freilegen der Buried-Kontaktflächen

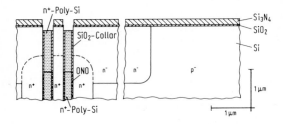

10
- n$^+$-Poly-Si-Abscheidung
  - zur Vervollständigung der Buried-Kontakte
- Chemisch-mechanisches Polieren von Poly-Si
  - mit Polierstop an Si$_3$N$_4$-Schicht
  - zur Beseitigung des Poly-Si außerhalb der Trenchgräben

Tabelle 8.14 (Fortsetzung)

Nr.	• Beschreibung der einzelnen Prozeßschritte • Querschnitt durch die Siliziumscheibe nach dem jeweils zuletzt beschriebenen Prozeßschritt

10 • Poly-Si-Ätzung
  – bis auf die Höhe der Silizium-Oberfläche

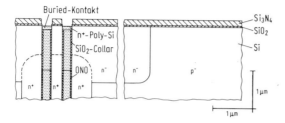

11 • Photolithographie mit Maske 4
  – zur Definition der Isolationsbereiche (Grabenisolation, Abschn. 3.5.4)
  • Si$_3$N$_4$-Ätzung
  – mit Photoresist-Maske
  • SiO$_2$-Ätzung
  – mit Photoresist-Maske
  • Silizium-Ätzung
  – mit Photoresist-Maske
  – Ätztiefe entspricht der Tiefe der Grabenisolation
  • Photoresist-Ätzung
  – zur Beseitigung der Photoresist-Maske
  • Oxidation
  – zur Erzeugung einer dünnen thermischen SiO$_2$-Schicht über Silizium

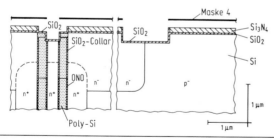

12 • SiO$_2$-Abscheidung
  – zur Auffüllung der Graben-Isolationsbereiche
  – mit dem TEOS-Verfahren (Kap. 3.5)
  • Planarisierung der Waferoberfläche
  – Photoresist aufschleudern
  – Ätzung von Photoresist und SiO$_2$ (Selektivität 1:1) zur Planarisierung der SiO$_2$-Oberfläche (Kap. 5.3.7)
  – Chemisch-mechanisches Polieren der Waferoberfläche bis zur Si$_3$N$_4$-Schicht

Tabelle 8.14 (Fortsetzung)

Nr.	• Beschreibung der einzelnen Prozeßschritte • Querschnitt durch die Siliziumscheibe nach dem jeweils zuletzt beschriebenen Prozeßschritt

12

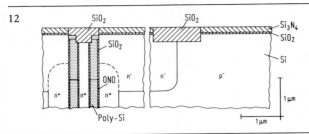

13
- Si$_3$N$_4$-Ätzung
    - zur Entfernung der Si$_3$N$_4$-Schicht
- SiO$_2$-Ätzung
    - zur Beseitigung der unter der Nitridschicht liegenden SiO$_2$-Schicht
- Oxidation
- zur Erzeugung eines dünnen Streuoxids
- Photolithographie mit Maske 5
    - zur Definition der p-Kanal-Transistorbereiche
- Ionenimplantation von Phosphor
    - zur Erzeugung der n-Wanne
    - mit Photoresist-Maske
- Ionenimplantation mit Arsen
    - zur Einstellung der Einsatzspannung der P-Kanal-MOS-Transistoren
- Photoresist-Ätzung
    - zur Entfernung der Photoresist-Maske

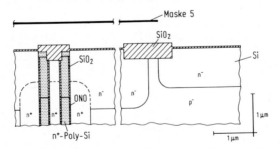

14
- Photolithographie mit Maske 6
    - zur Definition der N-Kanal-Transistorbereiche
- Ionenimplantation mit Bor
    - zur Erzeugung der p-Wanne
- Ionenimplantation mit Bor oder BF$_2^+$
    - zur Einstellung der Einsatzsspannung der N-Kanal-MOS-Transistoren
- Photoresist-Ätzung
    - zur Beseitigung der Photoresist-Maske

Tabelle 8.14 (Fortsetzung)

Nr.	• Beschreibung der einzelnen Prozeßschritte • Querschnitt durch die Siliziumscheibe nach dem jeweils zuletzt beschriebenen Prozeßschritt

14

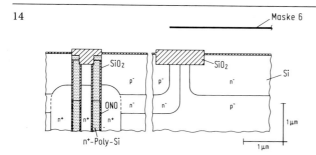

15 • SiO$_2$-Ätzung
   – zur Beseitigung der dünnen SiO$_2$-Schicht
 • Oxidation
   – zur Erzeugung des Gateoxids
 • Polysilizium-Abscheidung
   – zur Erzeugung der Gate-Elektroden
 • Ionenimplantation mit Phosphor
   – zur Dotierung der Polysilizium-Gate-Elektroden
 • Metallsilizid-Abscheidung (z. B. WSi$_2$)
   – zur Verringerung des Bahnwiderstandes der Polyzid-Leiterbahnen (Polysilizium-Silizid-Doppelschicht)
 • Si$_3$N$_4$-Abscheidung
   – zur Erzeugung einer Isolatorschicht über dem Polyzid für überlappende Kontakte
 • Photolithographie mit Maske 7
   – zur Definition der Polyzid-Leiterbahnen und der Source/Drain-Bereiche der MOS-Transistoren
 • Si$_3$N$_4$-/Silizid-/Polysilizium-Ätzung
   – zur Erzeugung der Polyzid-Leiterbahnen
 • Photoresist-Ätzung
   – zur Beseitigung der Photoresist-Maske

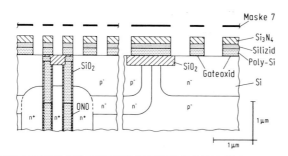

Tabelle 8.14 (Fortsetzung)

Nr.	• Beschreibung der einzelnen Prozeßschritte • Querschnitt durch die Siliziumscheibe nach dem jeweils zuletzt beschriebenen Prozeßschritt

16
- Photolithographie mit Maske 8
  - zur Definition der LDD-Zonen der N-Kanal-Transistoren
- Ionenimplantation von Arsen
  - zur Dotierung der LDD-Zonen der N-Kanal-Transistoren
- Photoresist-Ätzung
  - zur Beseitigung der Photoresist-Maske
- Photolithographie mit Maske 9
  - zur Definition der LDD-Zonen der P-Kanal-Transistoren
- Ionenimplantation von BF_2^+-Ionen
  - zur Dotierung der LDD-Zonen der P-Kanal-Transistoren
- Photoresist-Ätzung
  - zur Beseitigung der Photoresist-Maske
- Si_3N_4-Abscheidung
  - zur Erzeugung einer Diffusionsbarriere

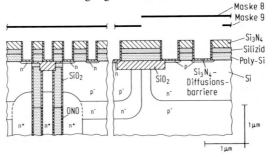

17
- BPSG-Deposition
  - zur Erzeugung der Spacer
- Photolithographie mit Maske 10
  - zur Definition der N-Kanal-Transistorbereiche außerhalb des Zellenfeldes
- BPSG- und Si_3N_4-Ätzung
  - zur Erzeugung der Spacer im Bereich der N-Kanal-Transistorenaußerhalb des Zellenfeldes
- Ionenimplantation von Arsen
  - zur n^+-Dotierung von Source und Drain der N-Kanal-Transistoren außerhalb des Zellenfeldes
- Photoresist-Ätzung
  - zur Beseitigung der Photoresist-Maske
- Photolithographie mit Maske 11
  - zur Definition der hoch p-dotierten Source-/Drain-Zonen der P-Kanal-Transistoren
- BPSG- und Si_3N_4-Ätzung
  - zur Erzeugung der Spacer im Bereich der P-Kanal-Transistoren
- Ionenimplantation mit Bor oder BF_2^+
  - zur p^+-Dotierung von Source und Drain der P-Kanal-Transistoren

Tabelle 8.14 (Fortsetzung)

Nr.	• Beschreibung der einzelnen Prozeßschritte • Querschnitt durch die Siliziumscheibe nach dem jeweils zuletzt beschriebenen Prozeßschritt

17	• Photoresist-Ätzung
	  – zur Beseitigung der Photoresist-Maske
	• Ti-Abscheidung
	  – zur Erzeugung einer „Salicide"-Schicht (*self aligned silicide* Kap. 3.9.1) in den mit den Masken 10 und 11 geöffneten Si-Bereichen der N- und P-Kanal-Transistoren
	• Temperung
	  – zur Bildung der Salicide-Schicht
	• Ti-Ätzung
	  – zur Beseitigung der verbleibenden Titan-Schicht auf den Si_3N_4- bzw. BPSG-Bereichen

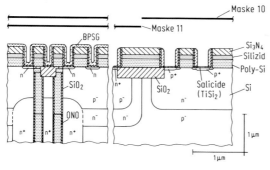

18	• Photolithographie mit Maske 12
	  – zur Beseitigung der BPSG-Schicht im Speicherzellenfeld
	• BPSG-Ätzung
	  – zur Beseitigung der BPSG-Schicht im Speicherzellenfeld
	• Photoresist-Ätzung
	  – zur Beseitigung der Photoresist-Maske
	• Si_3N_4-Abscheidung
	  – zur Erzeugung einer Ätzbarriere für die folgende BPSG-Ätzung

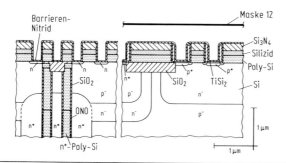

Tabelle 8.14 (Fortsetzung)

Nr.	• Beschreibung der einzelnen Prozeßschritte • Querschnitt durch die Siliziumscheibe nach dem jeweils zuletzt beschriebenen Prozeßschritt

19	• BPSG-Abscheidung
	   – mit dem TEOS-Verfahren (Kap. 3.6)
	   – zur vertikalen Isolation
	• BPSG-Planarisierung
	   – z. B. durch chemisch-mechanisches Polieren
	• Photolithographie mit Maske 13
	   – zur Definition der überlappenden (borderless) Kontakte zu den n-dotierten Draingebieten der Transistoren des Speicherzellenfeldes
	• BPSG-Ätzung
	   – zur Öffnung der Kontaktlöcher
	• Photoresist-Ätzung
	   – zur Beseitigung der Photoresist-Maske
	• Si_3N_4-Ätzung
	   – anisotrope Ätzung, bei der an den senkrechten Wänden der BPSG-Kontaktlöcher die Si_3N_4-Schicht erhalten bleibt
	   – zum Freilegen der Si-Kontaktflächen
	• Ionenimplantation mit Arsen
	   – zur Verringerung der Kontaktwiderstände
	• n^+-Polysilizium-Abscheidung
	   – zum Auffüllen der Kontaktlöcher
	• Planarisierung der Polysilizium-Schicht
	   – durch chemisch-mechanisches Polieren
	   – Planarisierungs-Stop bei BPSG-Schicht

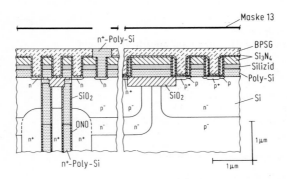

20	• Photolithographie mit Maske 14
	   – zur Definition aller Kontaktlöcher außerhalb des Speicherzellenfeldes
	• Zweistufen-Ätzprozeß
	   – zur Ätzung der BPSG- und Si_3N_4-Schicht
	• Photoresist-Ätzung
	   – zur Beseitigung der Photoresist-Maske

Tabelle 8.14 (Fortsetzung)

Nr.	• Beschreibung der einzelnen Prozeßschritte • Querschnitt durch die Siliziumscheibe nach dem jeweils zuletzt beschriebenen Prozeßschritt

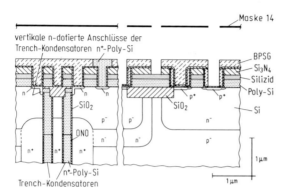

21 • Selektive Wolfram-Abscheidung (Kap. 3.10)
  – nur über den freiliegenden Silizid-Bereichen zur Erzeugung der „W-Studs"
• Chemisch-mechanisches Polieren des Wolframs zur Entfernung des W außerhalb der Kontaktlöcher
  – zur Planarisierung der Waferoberfläche
  – mit Stop auf BPSG-Schicht
• SiO_2-Abscheidung
  – nach dem PECVD-Verfahren (Kap. 3.5)
• Photolithographie mit Maske 15
  – zur Definition der Leiterbahnen der Metall-0-Ebene
• SiO_2-Ätzung
  – zur Entfernung der SiO_2-Schicht am Ort der späteren Leiterbahnen (Damascene-Technik, Kap. 8.5)
• Photoresist-Ätzung
  – zur Beseitigung der Photoresist-Maske
• TiN/W-Abscheidung (Kap. 3.10)
  – Konforme W-Abscheidung zum Auffüllen der Gräben in der SiO_2-Schicht (W-Plugs)
• Chemisch-mechanisches Polieren von W
  – zur Planarisierung der Waferoberfläche
  – zur Entfernung des W außerhalb der Gräben

Tabelle 8.14 (Fortsetzung)

Nr.	• Beschreibung der einzelnen Prozeßschritte • Querschnitt durch die Siliziumscheibe nach dem jeweils zuletzt beschriebenen Prozeßschritt

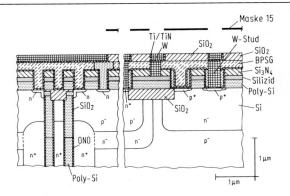

22	• SiO_2-Abscheidung
	  – nach dem PECVD-Verfahren (Kap. 3.5)
	• Photolithographie mit Maske 16
	  – zur Definition der Kontaktlöcher (Vias 1) zwischen Metall-0- und Metall-1-Ebene
	• SiO_2-Ätzung
	  – zur Erzeugung der Kontaktlöcher zwischen Metall-0- und Metall-1-Ebene
	• Photoresist-Ätzung
	  – zur Beseitigung der Photoresist-Maske
	• TiN/W-Abscheidung
	  – zum Auffüllen der Vias 1 (W-Plugs)
	• Chemisch-mechanisches Polieren von W
	  – zur Planarisierung der Waferoberfläche
	  – zur Entfernung des W außerhalb der Vias 1

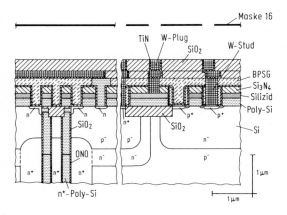

Tabelle 8.14 (Fortsetzung)

Nr.	• Beschreibung der einzelnen Prozeßschritte • Querschnitt durch die Siliziumscheibe nach dem jeweils zuletzt beschriebenen Prozeßschritt

23 • SiO$_2$-Abscheidung
  – nach dem PECVD-Verfahren
• Photolithographie mit Maske 17
  – zur Definition der 1. Metallebene
• SiO$_2$-Ätzung
  – zur lokalen Entfernung der SiO$_2$-Schicht und anschließenden Auffüllung mit Metall (Damascene-Technik, Kap. 8.5)
• Photoresist-Ätzung
  – zur Beseitigung der Photoresist-Maske
• Metallisierung (1. Metallebene)
  – 1. Ti-Abscheidung
  – 2. AlCu-Abscheidung
  – 3. TiN-Abscheidung zur Erzeugung einer Diffusionsbarriere zwischen Al und W
  – 4. W-Abscheidung zur Auffüllung der Gräben in der SiO$_2$-Schicht
• Chemisch-mechanisches Polieren des W/TiN/AlCu/Ti
  – zur Planarisierung der Waferoberfläche
  – Polierstop auf SiO$_2$

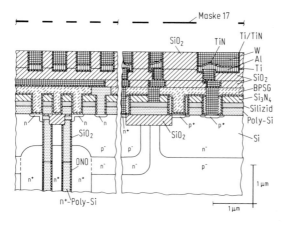

24 • SiO$_2$-Abscheidung
  – mit dem PECVD-Verfahren
• Photolithographie mit Maske 18
  – zur Definition der Kontaktlöcher zwischen 1. und 2. Metallebene (Vias 2)
• SiO$_2$-Ätzung
  – zur Öffnung der Vias 2
  – schräge SiO$_2$-Flanken zur besseren Kantenbedeckung (Kap. 8.5.2)
• Photoresist-Ätzung
  – zur Beseitigung der Photoresist-Maske

Tabelle 8.14 (Fortsetzung)

Nr.	• Beschreibung der einzelnen Prozeßschritte • Querschnitt durch die Siliziumscheibe nach dem jeweils zuletzt beschriebenen Prozeßschritt

• Metallisierung (2. Metallebene)
  – 1. Ti-Abscheidung
    2. AlCu-Abscheidung
    3. TiN-Abscheidung als Diffusionsbarriere
• Photolithographie mit Maske 19
  – zur Definition der Leiterbahnen der 2. Metallebene
• TiN/Al/Ti-Ätzung
  – zur Erzeugung der Leiterbahnen der 2. Metallebene
• Photoresist-Ätzung
  – zur Beseitigung der Photoresist-Maske

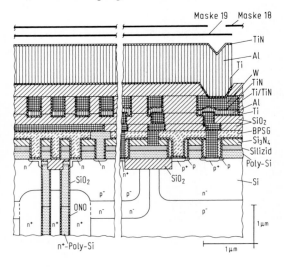

8.7
Literatur zu Kapitel 8

8.1 Shimizu, S.; Kusunoki, S.; Kobayashi, M.; Yamaguchi, T.; Kuroi, T.; Fujino, T.; Maeda, H.; Tsutsumi, T.; Hirose, Y.: IEDM Techn. Digest (1994) 67
8.2 Gossner, H.; Eisele, I.; Risch, L.: Jpn. J. Appl. Phys. 33 (1994) 2423
8.3 Preussger, A.; Glenz, E.; Heift, K.; Malek, K.; Schwetlick, W.; Wiesinger, K.; Werner, W.M.: Proc. 3rd Intern. Symp. on Power Semicond. Devices and IC's (1991) 195
8.4 Bauer, F.; Stockmeier, T.; Lendenmann, H.; Dettmer, H.; Fichtner, W.: Elektrotechnik, Heft 3 (1994) 18
8.5 Stoisiek, M.: Siemens AG, persönliche Mitteilungen

8.6   Rein, H. M.: Informationstechnik 34 (1992) 209

8.7   Meister, T. F.; Stengl, R.; Weyl, R.; Packan, P.; Schreiter, R.; Popp, J.; Klose, H.; Treitinger, L.: IEDM Techn. Digest (1992) 401

8.8   Rein, H. M.: Proceedings ESSDERC (1995)

8.9   Bertagnolli, E.: Siemens AG, persönliche Mitteilungen

8.10   Eimori, T.; Ohno, Y.; Kimura, H.; Matsufusa, J.; Kishimura, S.; Yoshida, A.: IEDM Techn. Digest (1993) 631

8.11   Masuoka, F.: Symp. on VLSI Technology Digest of Techn. Papers (1992) 6

8.12   Heinrich, R.; Heinrigs, W.; Tempel, G.; Winnerl, J.; Zettler, T.: IEDM Techn. Digest (1993) 620

8.13   Onishi, S.; Hamada, K.; Ishihara, K.; Ito, Y.; Yokoyama, S.; Kudo, J.; Sakiyama, K.: IEDM Techn. Digest (1994) 843

8.14   Kiewra, E.; Eckstein, E.; Cote, W.; Hunt, D.; Kocon, W.; Restaino, D.; Wangemann, K.; Feldner, K.; Leslie, T.; Henkel, W.; Roehl, S.; Giammarco, N.; Radens, C.: Proceedings 12th VMIC (1994) 359

8.15   Koburger, C.; Adkisson, J.; Clark, W.; Davari, B.; Geissler, S.; Givens, J.; Hansen, H.; Holmes, S.; Lee, H. K.; Lee, J.; Luce, S.; Martin, D.; Mittl, S.; Nakos, J.; Stiffler, S.: Symp. on VLSI Technology Digest of Techn. Papers (1994) 85

8.16   Subbana, S.; Harame, D.; Chappell, B.; Comfort, J.; Davari, B.; Franch, R.; Danner, D.; Acovic, A.; Brodsky, S.; Gilbreth, J.; Robertson, D.; Malinowski, J.; Lii, T.; Shahidi, G.: IEDM Digest of Techn. Papers (1993) 441

8.17   Arden, W.; Roehl, S.; Sauert, W.: Siemens AG, persönliche Mitteilungen

8.18   Müller, K. H.; Poehle, H.; Werner, W.: Siemens AG, persönliche Mitteilungen

8.19   Lachner, R.; Werner, W.: Siemens AG, persönliche Mitteilungen

8.20   Nesbit, L.; Alsmeier, J.; Chen, B.; DeBrosse, J.; Fahey, P.; Gall, M.; Gambino, J.; Gernhardt, S.; Ishiuchi, H.; Kleinhenz, R.; Mandelman, J.; Mii, T.; Morikado, M.; Nitayama, A.; Parke, S.; Wong, H.; Bronner, G.: IEDM Digest of Techn. Papers (1993) 627

8.21   Mader, H.: AEÜ, Band 42 (1988) 118

Sachverzeichnis

Aberration bei der Elektronenlithographie 159
Abrasive 185
Abschrägungsverfahren 299
Absorbtionskoeffizienz
– bei Röntgenstrahlung 143
– von Photoresist 106
Ag_2S/GeSe-System 119
aktive Bauelemente 269
aktive Bereiche 271
Aktivierung von Dotieratomen 236
Akzeptoren 236
alkalischer Entwickler 121
Alpha-Teilchen 290
Aluminium-Aluminium-Kontakte 95
Aluminium-Siliziumkontakte 93
–, Kirkendahl-Effekt 93
–, spezifischer Übergangswiderstand 95
–, Spikes 93
Aluminiumschichten
–, Elektromigration 91
–, Erzeugung 90
–, für Leiterbahnen 307
–, Kristallstruktur 91
–, Naßätzen 184
–, Trockenätzen 202, 217f.
Ammoniakgas 121
Amorphes Silizium 76
Amorphisierung von Silizium 232
Anisotropiefaktor 181f.
annular illumination 134
Anodisch gekoppeltes Plasmaätzen im Parallelplattenreaktor 193
anorganische Resists 119
Antennen-Effekt 234
Antimon 201, 223
Antireflexschichten 82, 115, 133
ARC (Anti Reflex Coating) 117f., 137
Architektur der Gesamtprozesse 271
Arrhenius-Gesetz 60, 206

Arsen 201, 233
ASIC (Application Specific Integrated Circuit) 163
Ätzendpunkterkennung 206
Ätzgase 201f.
Ätzlösungen 183
Ätzmaske 182, 192
Ätzprofile 181
– von anisotropem Ätzprozeß 181, 192
– von isotropem Ätzprozeß 181
Ätzprozesse
–, Chemisches Trockenätzen 182, 188f.
–, Chemisch Physikalisches Naßätzen 182
–, Chemisch-Physikalisches Trockenätzen 182
–, Naßätzen 182
–, Naßchemisches Ätzen 182ff.
–, Physikalisches Trockenätzen 182
–, Trockenätzen 182, 210
Ätzprozeßoptimierung 203f.
Ätzrate 181f.
Ätzrückstände 205
Ätztechnik 3, 4, 181f.
Aufdampfverfahren 28f.
–, Elektronenstrahlverdampfung 28
Auflösungsvermögen
– von Elektronenlithographie 156
– von Ionenlithographie 173, 175
– von lichtoptischen Belichtungsgeräten 127, 133, 135
– von Röntgenlithographie 144
Ausbeute 12, 104, 256
Ausdiffundieren 245
Ausheilung von Kristalldefekten 236
Autodoping 47

Backdoor-Ätze 184
Ballroom-Konzept 258
Barrelreaktor 189
Barriereschicht 251, 281

Bauelemente in Integrierten Schaltungen
– aktive Bauelemente   270
– passive Bauelemente   271, 273f.
BCD (Bipolar/CMOS/DMOS)   272
Belichtungsdosis   106, 110
Belichtungsgeräte   125
Belichtungsverfahren   123f.
– Projektionsbelichtung   124, 128
– Proximitybelichtung   124, 127
– Waferstepper   125, 128
Belichtungswellenlängen   106, 112f.
BEOL (Back End Of Line)   271, 297
Beschleunigungsspannung bei der Ionen-
   implantation   228
BESOI-Verfahren (Bonded Etched-Back
   Silicon On Insulator)   36
BESSY   149
Beugungskontratmethode   138f.
Beugungsordnungen   128
BIAS-Sputtern   32
BICMOS-Prozeß   319
BICMOS-Technologie   269, 272, 276, 286
Bildfeld-für-Bildfeld-Justierung   140
Bildumkehr   122
Bilevel-Resisttechnik   119
Bipolar-Prozeß   319
Bipolar-Technologie   269, 272, 276
Bipolar-Transistoren   270, 272, 285f.
Bird's beak   51
Bitleitung   289, 291, 295
Bonddrähte   308
Bor   201, 223
borderless contacts   304
Bornitrid   307
Bottomoxid   329
Bottomresist   118f.
BOX-Technik (Buried Oxid)   67
BPSG (Bor Phosphorous Silicat Glass)
   71, 301, 314, 342
Brandmelder   259
Brechungsindex
– von Photoresist   112
– von Substrat   112
Brom   200f.
BST (Bariumstrontiumtitanat)   291
Buried-Channel   59, 282
Buried-Channel-Transistor   58
buried contacts   304, 306
Buried-Kontakt   79, 81, 87
Buried Layer   276, 320, 326
Buried-Layer-Inseln   47
Buried Plate   82, 336

buried strap   306
Buried-Strap-Kontakt   82
Burn-in   62
butted contacts   304
butting contacts   306

CAIBE (Chemically Assisted Ion Beam
   Etching)   187, 195f.
Cantilever   27
capped contact   303
Cäsiumjodidschicht   163
Carboxylsäure   121
Carosche Säure   108
CDE (Chemical Dry Etching)   187, 189f.
CEL (Contrast Enhancing Layer)   121
Channel-Stopper   327
Channeling   225, 229f.
CHE (Channel Hot Electron)   295
CHE-Zelle   296
Chemisch-Mechanisches Polieren   66,
   183, 300, 303, 337, 347
Chemisch-Physikalisches Naßätzen   182
Chemisch-Physikalisches Trockenätzen
   182, 190f.
Chemische Ätzreaktionen   200
Chemisches Trockenätzen   182, 187f., 190
Chip-Ausbeute   104
Chip-Montage   11
Chipfläche   293
Chipkarte   272
Chlor   200f.
Chromabscheidung, laserinduzierte   142
Chrombelegungsgrad   133
Chrommasken   128
CMOS (Complementary MOS)
–, Analog-Prozeß   274
–, Basisprozeß   271, 274
–, Digital-Prozeß   309
–, Inverter   46
–, Technologie   5, 269, 272
–, Transistoren   272
CMP (Chemical Mechanical Polishing)
   66, 183, 300, 303, 337, 347
CO-Sputtern   33
COG (Chrome On Glass)   135
Collar   82, 338
COP-Resist   145, 155, 169
COSY (Compact Synchrotron)   150
CVD (Chemical Vapour Deposition)   13f.
–, diffusionsbestimmt   15, 16
–, Epitaxie   46
–, reaktionsbestimmt   15, 16

–, Reaktoren 18f.
CVD-Verfahren
–, LP CVD (Low Pressure CVD) 16
–, MO CVD (Metal Organic CVD) 88
–, PE CVD (Plasma Enhanced CVD) 19f.
–, RE CVD (Radiation Enhanced CVD) 20
–, SA CVD (Sub-Atmospheric Pressure CVD) 16, 45, 68
CZ-Verfahren 42
Czochralski-Verfahren 42

Damascene-Technik 300, 303
Dampfdruckkurven 201
de-Broglie-Wellenlänge 175
Deep UV 133
Defektdichte 141, 186, 256
Defekte 102, 141f.
Defokussierung 129, 131f., 298
Degradation 60f., 281
denuded Zone 43
Dep./Etch-Verfahren 21, 189, 300
Depletion-Transistoren 289, 294
Depletion-Zonen 254
DI-Wasser 260
Diazonaphtochinon 104
diffundierter Bereich 278
Diffusion von Dotieratomen 14, 46, 223, 236
– am Rand von dotierten Bereichen 247
– an Grenzflächen 242
– aus der Gasphase 223
– aus einer Dotierschicht 223
– bei hohen Dotieratomkonzentrationen 240
– in eine Epitaxieschicht 46
– in Schichten 244
–, intrinsisch 237
–, oxidationsbeschleunigt 241
Diffusion von nichtdotierenden Stoffen 248
Diffusionsbarriere 251, 281
Diffusionsgeschwindigkeit 244
Diffusionsgleichung 238
Diffusionskonstanten 15, 239
Diffusionslänge 328
Diffusionsprofile 240
Diffusionssperre 244
Digital-CMOS-Prozeß 309
Dioden 271, 273f.
Disilizide 83

DMOS-Schaltungen 11
DMOS-Transistoren 65, 176, 270f., 283f.
Donatoren 236
Dosis bei der Resistbelichtung 109, 157
Dosisverlauf 110
Dotiertechnik 3, 4, 223f.
–, Ionenimplantation 225
–, thermische Dotierung 224
Dotierung
– von Polysilizium 76
– von Si-Scheiben 41
Dotierungsabhängigkeit der Ätzrate 184, 212
Drain-Source-Durchbruch 104
DRAM
–, Prozeßarchitektur 274
–, Speicherzelle 290
–, Technologie 272
–, Zellenfläche 293
DRAM-Prozeß 319, 335f.
drive in 310, 320
Dummy-Strukturen 300
Dunkel-Hell-Übergang 131f.
Dunkelfeldmethode 139
Durchbruchfeldstärke 60, 234, 294
Durchbruchsladung Q_{bd} 69, 234
Durchbruchspannung 60
Duty-Faktor 58
DUV-Lithographie 134
Dyed Resist 165

E^2PROM 80, 294
–, Prozeßarchitektur 274
–, Technologie 269, 272
ECR-Ätzen (Electron Cyclotron Resonance) 195
Einebnung 297, 300f.
Einzelprozeßschritte 271
Eisen 248
Elektromigration 90, 281, 298
Elektronendusche 234
Elektronenenergie beim Trockenätzen 192
Elektronenlithographie 154f.
–, Auflösungsvermögen 156
–, Justierverfahren 164
–, Strahlenschäden 164
Elektronenlithographiegeräte 158f.
–, Direktschreiber 154, 158f.
–, Maskenzeichner 154
–, Projektionsgerät 154, 163f.
–, Proximitykopierer 154

Elektronenlithographiegeräte (Forts.)
–, Waferstepper   154
Elektronenquelle   158
Elektronenreichweite   165
Elektronenresists   155, 168
Elektronenrückstreuung   157
Elektronenstrahlschreiber   124, 154
Elektronenstrahlverdampfen   187
Elektronenstreuung   156
Elektronenunterstütztes Ätzen   187
Elektrostatic Wafer Clamping   199
Elektrostatische Aufladungen   165, 259
Ellipsometrie   208
Emissionsspektroskopie   207
Emitter-Push-Effekt   241
Empfindlichkeit von Photoresist   105
Endpunkterkennung   186, 206f.
–, Emissionsspektroskopie   207
–, Laserinterferometer   208
Entwicklerlösung   3
Entwicklung von Photoresist   104
Entwicklungskonzentration   106
Entwicklungstemperatur   107
Entwicklungszeit   110
Epitaxie   14f., 44
–, selektive   45f., 282
Epitaxieschichten   44f.
EPROM   80, 295
Eutetikum Al/Si   67
Exposure Latitude   133

Far UV   133
FBM-Resist   145
Feature   306
Felddionisationsquelle   169
Felddotierung   51
Feldoxit   51, 271, 275
Feldoxidation   328
Feldoxidtransistor   51
FEOL (Front End Of Line)   271, 297
Ferroelektrikum   297
ferroelektrische Speicher   294, 296f.
Festphasenepitaxie   237
Feuchtoxidation   24
FIB (Focussed Ion Beam)   169
Finesonic   265
Flash E²PROM   272
Flat bei Siliziumscheiben   40
Fliegenaugenlinse   135
Float-Zone-Verfahren   42
Floating Gate   61, 295f.
Floating Gate Transistoren   270, 272, 294

Flood Gun   234f.
FLOTOX (Floating Gate Tunneling Oxid)
   294
Flow-Gas   70f., 300
Fluor   200f.
Flüssig-Gallium-Quellen   170
FN (Fowler-Nordheim-Tunneln)   295
FN-Flash-Zelle   296
Fokus Latitude   133
Fokusebene   131, 175
Fokustiefe   133, 172
Formiergas   33
Formiergastemperung   33, 58
Fortluft   258
Frequenzabhängigkeit beim Trockenätzen
   205f.
Fresnelbeugung   127, 144
Fresnelzonenmethode   138f.
Frischluftaufbereitung   258
Frühdurchbruch   233
Füllfaktor   130
Füllmaske   300
Fuses   294
FZ-Verfahren   42

g-line   133
Gallium   201
Gangunterschied der Wellen   112
Gasdruck beim Trockenätzen   192, 203,
   205f.
Gasfluß
– bei CVD   14
– beim Trockenätzen   203f.
Gassensoren   259
Gasversorgung   260
Gate von MOS-Transistoren
–, Gatedicke   280
–, Gatelänge   275
–, Gateoxid   51, 275
Gaußprofil von Dotieratomen   230
Gelblichtraum   108
Generationsprozesse   204, 206
Gesamtprozesse   269
Gettern   43, 251
Getterzentren   42
Gitterplätze   236
Gleichmäßigkeit der Ätzrate   182
Glimmentladung   191
global alignment   140
Gold   248
Grabenisolation   55, 66f., 282, 339
Grabenkondensator   81f., 213, 290f.

Grabenspeicherzelle 81
Grenzflächeneigenschaften
–, Grenzflächenladungen 57
–, Si/SiO$_2$-Grenzfläche 49
–, Substrat/Epitaxieschicht 47
Grenzflächenzustände 57, 58

Haftvermittler 107
Hall-Sensoren 270f., 285
Härtungsmethoden von Photoresists 108
HBT (Hetrojunction Bipolar Transistor) 287
HCl-Konzentration in SiO$_2$ 25
HDP (High Density Plasma) 195
HE (Hot-Electron)-Degradation 58, 59, 62, 281
heiße Elektronen 58
Heißwandreaktor 18f.
Helicon-Quelle 195, 198f.
Heliumkerne 290
Hellfeldmethode 139
Herstellkosten 293
Hillocks 91
HMDS (Hexamethyldisilazan) 107, 119
Hochdruckoxidation 26
Hochfrequenzleistung beim Trockenätzen 205f.
Hochohmwiderstände 79, 271, 319, 325, 329
Hochtemperaturnitrid 71
Hot Al 300
hot plate 107
HTO (High Temperature Oxid) 63
Huang-Reinigung 264

i-line 133f., 138
IBE (Ion Beam Etching) 187
IBIM (Ion Beam Induced Mixing) 36
ICP (Inductively Coupled Plasma) 195
IGBT (Insulated Gate Bipolar Transistor) 284
Image-Reversal-Technik 121f.
IMD (Intermetall Dielektrikum) 67
in situ-Kontrolle 207
Induktiv gekoppeltes Plasmaätzen 193
Integrierte Schaltungen
–, Herstellungskosten 2
–, Packungsdichte 2
–, Produktivität 2
–, Strukturfeinheit 2

–, Wachstum 1
–, Weltmarkt 2
Intensitätsgradient 130
Intensitätsprofile im Photoresist 112f., 116
Intensitätsschwankung 130
Interferenzeffekte 116
Intermetalldielektrikum 298, 303
intrinsische Diffusion 237
intrinsisches Gettern 43
Ionenätzen 187
Ionenaustauscher 260
Ionenimplantation 167, 225f.
–, Anlagen 226
–, Dotierung mittels Ionenimplantation 225
–, Ioneneinschußrichtung 230
–, Maskierung 230
–, Schichterzeugung 36
–, Schrägimplantation 82
Ionenimplantationsanlagen 226
–, Hochstromanlagen 227
–, Mittelstromanlagen 226
–, Niederstromanlagen 226
Ionenlithographie 166
–, Auflösungsvermögen 173, 175
–, Bestrahlungsdosis 172, 175f.
–, Bestrahlungszeit 172
–, Methoden zur Strukturerzeugung 167
Ionenmaske 172
Ionenquellen 195, 226
Ionenresists 168
–, Protonenstrahl-Empfindlichkeit 163, 175
Ionenstrahlätzen 167
Ionenstrahlprojektion 170f., 173
Ionenstrahlschreiben 169f.
Ionenstromdichte 172
Isolation benachbarter Transistoren 271
Isolationsschichten 67
isotropes Ätzprofil 181
ITM (Implantation Through Metal) 85

Jod 200f.
Justieren 107, 139, 153, 164
Justiergenauigkeit bei lichtoptischen Belichtungsgeräten 138
Justiermarken-Erkennung 82, 138f., 164
Justieroptik 125

Kaltwand-Reaktoren   18, 85
Kanal von MOS-Transistoren
–, Kanallänge   275
–, Kanalweite   275
Kantenabschrägung   183
Kantenbedeckung   16, 30, 32, 35
Kantenkontrastmethode   138f.
Kantenlagefehler   102
Kapazität   273
Kastenprofil   241
Kathodenzerstäubung s. Sputtern
Kirkendahl-Effekt   93
Knock-on-Implantation   234
Kohärenzlänge   112
Kohlenstoff   200f.
Köhlersche Beleuchtung   135
Kollektortiefdiffusion   286
Kollektortiefimplantation   328
Kondensatordielektrikum
–, Mehrfachschichten   72f.
–, Siliziumnitrid   72f.
Kondensatoren   271, 273f.
Kontaktbelichtung   126
Kontakte   303f.
–, Nichtbedeckte Kontakte   304
–, Non-capped-Kontakte   282
–, selbstjustierte   65, 284, 287
–, Standard Kontakte   303, 304
–, Strap-Kontakte   304
–, überlappende   65, 282, 304
–, Vias   303
Kontaktierung von Integrierten Schaltungen   11, 271
Kontaktlochätzung   216
Kontaktlöcher   183, 298
Kontaktlochreinigung   266
Kontaktlochwiderstand
–, Al/Monosilizium   86, 95
–, Al/Polysilizium   86
–, Al/Polyzid   86
Kontamination   182, 234, 260
Kontrast von Photoresist   106, 109, 123
Kontrasterkennungsmethode   153
Konzentrationsgradient   15
Korngrenzen von Polysilizium   76
Kornstruktur
– von Aluminium   91
– von Polysilizium   75
Korrosion von Aluminium   219
Kristallographie von Silizium   40
Kristallschädigung durch Ionenimplantation   233

kritische Strukturebenen   280
Kühlwasserversorgung   260
Kupfer
–, Diffusion   248
–, in Leiterbahnen   217, 307
–, Trockenätzen   203
Kurzzeittemperverfahren   237

Lagefehler   102, 282
–, Kantenlagefehler   102
–, Mittenlagefehler   102
–, statistische Verteilung   103
Landau Dämpfung   198
Lanthanhexaboridspitze   159
Laser Annealing   38
Laser Verdampfen   39, 79, 187f.
Laserinterferometer   125, 164, 207
Latch-up-Effekt   45, 278f.
laterale Streuung der Ionen   173
LDD (Lightly Doped Drain)   58, 176, 280, 281, 312, 342
Lebensdauer der reaktiven Spezies   204, 206
Lebensdauer eines MOS-Transistors   58
Leckströme   254, 281
Leistungsschalter   269
Leiterbahnebene   67
Leiterbahnen   306f.
–, Metalle   307
–, aus Aluminium   217
Lichtabsorption im Resist   165
Lichtbeugung   109
Lichtintensität im Resist   109, 111
Lichtreflexion   115f., 298
life-time-killer   249
Lift-off-Technik   29
Linienbreitenschwankungen   82, 102, 114, 298
Linsenaberration bei der Ionenlithographie   175
Linsenoptik   125
Lithographie   3, 4, 101f.
–, Elektronenlithographie   154
–, Ionenlithographie   166
–, Photolithographie   104
–, Röntgenlithographie   143
Loadingeffekt   206f., 212
Local Interconnects   282, 305, 308, 315
LOCOS-Nitrid   50f., 210
LOCOS-Technik (Local Oxidation of Silicon)   49f., 210, 277, 310
lokale Oxidation   5

Löslichkeit von Sauerstoff in Silizium 42
Lösungsmittel für Photoresists 107
Low-Alpha-Preßmasse 308
LP CVD (Low Pressure CVD) 16, 184
LSS-Theorie 227
LTO (Low Temperature Oxid) 63, 185
LTV (Local Thickness Variation) 41
Luftfilter 258f.
Lunker 298

Magnetfeldunterstütztes Reaktives Ionenätzen 193
Magnetron-Sputteranlage 34
Magnetron-Sputtern 33
Mandrel-Technik 300, 303
Marangoni-Trocknung 265
Maske 3, 4
–, Gatemaske 277
–, Ionenimplantation 232
–, Isolationsmakse 277
Maskendefekte 141
Maskenreparatur 142, 169
Maskenstepper 124
Maskenstrukturkante, Intensitätsverlauf 127
Maskenverzug 152
Maskenzeichner, optischer 124
Massenseparator 170, 227
Massenspeicher 291
Massenspektrometer 207
Matching 205
MBE (Molecular Beam Epitaxy) 30
MCT (MOS Controlled Thyristor) 284
MEBES (Mask Electron Beam Exposure System) 161
Megasonic-Behandlung 265
Mehrlagenmetallisierung 297
Mehrlagenverdrahtung 67
Mehrscheibenanlagen 17
Mehrstrahlschreibsystem 163
MERIE (Magnetically Enhanced Reactive Ion Etching) 193
Metallabscheidung 28, 30
Metallisierungsebenen 67, 347f.
Metallraster 186
Metallsilizide
–, Eigenschaften 83
–, Herstellung 82f.
–, Naßätzen 185
–, Trockenätzen 203, 214
MFA-Resist 145

MFC (Mass Flow Control) 259
MIBL (Masked Ion Beam Lithography) 170
Mikromechanik 183
Miller-Kapazität 248
Minienvironment-Konzept 260
minimale Struktur 293
Mittelstrom-Ionenimplantation 226
mittlere freie Weglänge 205
MNOS-Transistor 73, 294
MO CVD (Metal Organic CVD) 88
Molekularstrahlepitaxie 30, 45
Molybdän 88, 200f.
Monochromasie 163
monochromatische Belichtung 114
Monokristalline Siliziumscheibe
–, Durchmesser 41
–, Flat 40
–, Geometrie und Kristallographie 40
Monokristallines Silizium
–, Herstellung 14, 44f.
–, Naßätzen 184f.
–, Trockenätzen 202, 213f.
Monte Carlo-Simulation 156, 173
MORI (Mode M=O Resonant Induction) 195
MOS-Technologien 269
MOS-Transistoren
–, Aufbau 270, 275
–, Herstellung 4
Mosaiktarget 34
MTF (Mean Time to Failure) von Aluminiumleiterbahnen 92

Nachbacken von Photoresist 108
Naßätzen 182
naßchemische Scheibenreinigung 264
naßchemisches Ätzen 183
Natrium 248
Natriumverunreinigung 254f.
Negativresist 104
nested contacts 303f.
Netzmittel 183
Neutralisation 196
Newtonsche Interferenzstreifen 113
Newtonscher Interferenzeffekt 114, 133, 298
Niederdruckplasma 192
Niederohmwiderstände 329
Niedertemperaturplasma 191
Nitridierung 62
non-capped-contacts 282, 304

non-nested-contacts 304
Normaldruck-CVD-Reaktor 63
Notching 116
Notduschen 259
Novolack-Harz 104
Numerische Apertur 115, 129f., 175
NVM (Non Volatile Memory) 272, 293f.

OAI (Off Axis Illumination) 134
Oberflächenverunreinigungen 253
Objektivöffnung 128
ONO (Oxid/Nitrid/Oxid) 291, 337
Optimierung von Ätzprozessen 203
optische Belichtungsverfahren 123f.
organische Reste 253
organische Schichten 96
Oxidation
–, dotierungsabhängige 24
–, Hochdruckoxidation 26
–, RTO (Rapid Thermal Oxidation) 27
–, thermische 21f.
Oxidationskonstante
–, Abhängigkeit von HCl-Konzentration 25f.
–, lineare 22f.
–, parabolische 23f.
Oxidationsrohrofen 27f.
Oxidationssperre, Siliziumnitrid 72
Oxiddurchbrüche 182
Oxidstabilität 254
Oxinitrid 72

P-etch 184
Packungsdichte 279
Pad Oxid 309
Pads 183, 308, 318, 325
Parallelplattenreaktor 191
Parasitäre Transistoren 277f.
Parasitärer Thyristor 278
Partikelkontamination 262
Partikelverunreinigung 255, 257, 262f.
Passivierung mit Siliziumnitrid 73
Passivierung von Integrierten Schaltungen 307
Passivierungsschichten 10, 73, 77f., 210, 251, 308
Pattern Generator 136
Pattern-Shifting 47
PBL (Poly Buffered LOCOS) 53
PBS-Resist 145, 155f., 166
PE CVD (Plasma Enhanced CVD) 19f., 63, 301

–, Reaktoren 20
Pellicle-Technik 142
PELOX-Technik (Polysilicon Encapsulated Local Oxidation) 55
PH₃-Quelle 225
Phasenkontrastmethode 139
Phasenmasken 134
Phosphin 69f.
Phosphor 201, 223
Phosphordotierung von Polysilizium 75
Phosphorglasschichten 68f., 225
–, abgeschiedenes Phosphorglas 69
–, Erzeugung 68
–, Flow-Glas 70
–, thermisches Phosphorglas 69, 71
photoaktive Verbindung 105
Photoelektronen 144
Photokathodenmasken 163
Photolithographie 104f.
Photonenunterstütztes Ätzen 187, 194
Photoresist 3f.
–, Stripping 5
Photoresistschichten 104
–, Absorptionskoeffizient 106
–, Belichtung 104, 116
–, Belichtungsdosis 106
–, Empfindlichkeit 105
–, Entwicklung 104
–, Härtungsmethoden 108
–, Kontrast 106
–, Negativresist 104
–, Positivresist 104
–, Steilheit 107
Photoresiststrukturen, Ausbildung 109
Photoresisttechniken 117
–, Bilevel-Resisttechnik 119
–, Single-Level-Resisttechnik 120
–, Trilevel-Resisttechnik 118
Physikalisches Trockenätzen 182, 186f.
pile-down 242
pile-up 242
Planar-Ätze 184
Planarisierung 282, 297, 300f.
– von Grabenfüllungen 186
– von Metall-Plugs 186
– von Zwischenoxiden und Intermetall-dielektrika 186, 219
Planartechnik 3f., 244
Plasma
–, Niederdruckplasma 191
–, Niedertemperaturplasma 191

Plasmaätzen
– im Barrelreaktor 187, 189f.
– im Parallelplattenreaktor 187, 192
Plasmadiagnostik 208
Plasmanitrid 72, 251, 308
Plasmaoxid 67, 308
Plasmaprozesse 57
Plasmaquellen 195
Plugs 316
PMMA-Resist 155, 173
POCl₃-Quelle 225
Podestkollektor 287, 228
point-of-use filter 260
Poisoned Via 302
Polarisation 297
Polierkörner 185
Poliermittel 183
Poly Load 79, 289
Polyimidschichten 97f., 308
Polykristallines Silizium 3
Polymere
–, Anwendungen 219
–, Trockenätzen 219
Polysilizium
–, Basis 79, 319
–, Emitter 79, 319
Polysiliziumschichten
–, Anwendung 78
–, Erzeugung 74
–, Leitfähigkeit 76
–, Naßätzen 184f.
–, Trockenätzen 202, 211f.
Polyzidschichten 85, 214
Positivresist 104
Post exposure bake 112
Postbake 108
Power-Delay-Product 279
Prebake 107
Preßmasse 308
Price-Formel 256
Projektionsbelichtung 115
Projektionsbildfeld 126
Projektionsscanner 124
PROM 24
Protonenstrahlempfindlichkeit von Resists 168
Proximity-Belichtung
– bei Photolithographie 126
– bei Röntgenlithographie 144
Proximity-Effekt 158, 160
Proximity-Kopierer 124
Prozeßarchitektur 274, 276

Prozeßblöcke 271, 274
Prozeßintegration 269
Prozeßmodule 5, 271, 274, 276
PSA-Ätze 184
PSG (Phosphorous Silical Glass) 68, 184
PSM (Phase Shifting Mask) 134, 136f.
–, alternating PSM 136
–, attenuated PSM 136
–, Halftone PSM 136
–, Levenson PSM 136
–, Rim PSM 137
puddle development 107
Punchthrough 51
Punktdefekte 236
PVD (Physical Vapor Deposition) 30
PVDF 260

Q_bd (Charge to breakdown) 60
Quadrantensensor 140
quadrupole illumination 135
Quarzboot 27
quellenunterstütztes Ätzen 195f., 205

Radikale 57, 189, 191
Ramping 27
random access 289
Rapid Isothermal Annealing 38
Rapid Optical Annealing 38
Raster 102, 280, 306f.
Rasterscan 160
Rayleigh-Kriterium 131
Rayleigh-Tiefe 131
RCA-Reinigung 264
reaktionsbestimmte Abscheidung 16
Reaktionsgas 22, 186
Reaktionskonstante beim Trockenätzen 206
Reaktionsprodukt 186, 188, 200f.
Reaktionsrate bei CVD 15
Reaktives Ionenätzen 187, 193f.
Reaktives Ionenstrahlätzen 187, 195f.
Recess Etch 82
Recessed-LOCOS-Technik 55
Recoil-Effekt 36
Recoil-Implantation 234
RECVD (Radiation Enhanced CVD) 20
Redeposition 188
Redundanz 291
Referenzmarken 138
Reflexionsgrad 133
Reflow-Verfahren 70f., 216

Refraktär-Metallschichten
-, Molybdän 88
-, Tantal 88
-, Titan 88
-, Wolfram 88
Refraktärmetalle
-, Herstellung 88
-, Trockenätzen 203, 214f.
Reichweite
- von Elektronen 165
- von Ionen 228
Reine Räume 257
Reine Prozesse 257
Reine Materialien 257, 260
Reinigungstechnik 254
Reinraum 257f.
Reinraumklassen 258
Reinstwasser 261
Rekombinationsprozesse 204
Rekristallisierung 45
Reproduzierbarkeit 182
Resist 101
-, Elektronenresist 155
-, Ionenresist 168
-, Photoresist 104
-, Röntgenresist 145
Resistbeschichtung 108
Resistdickenkurve 110
Resist hardening 108
Resist-Implantation 167
Resistkontrast 106, 109
Resistprofil 110
Resist Stripping 309
Resisttechnik 117, 120
Restempfindlichkeit 105
Reticle 125, 141
Reticle-Reflexionen 134
Reticlereparatur 191
Retrograd-Wannen 278, 282
RIBE (Reactive Ion Beam Etching) 187, 195f.
RIE (Reactive Ion Etching) 187, 193, 313
Rim 137
RIPE (Resonant Inductive Plasma Etching) 195
RISE (Reactive Ion Stream Etching) 195
ROM (Read Only Memory) 80, 293
Röntgenlithographie 143f.
-, Auflösungsvermögen 144
-, Justierverfahren 153
-, Strahlenschäden 153
-, Wellenlängenbereich 144

Röntgenmasken 151
Röntgenprojektion 144, 154
Röntgenquellen 146
Röntgenresists 145
Röntgenröhre 147
Röntgenstrahlen 143
RSE (Reactive Sputter Etching) 193
RTA (Rapid Thermal Annealing) 38
RTN (Rapid Thermal Nitridation) 62
RTO (Rapid Thermal Oxidation) 27
RTP (Rapid Thermal Processing) 38, 236, 282
Rücksputtern 32
Rückstreuelektronen 157, 164
Rückstreuung von Ionen 173

SA CVD (Sub-Atmospheric-Pressure CVD) 16, 45
Salicide (self-aligned silicide) 84f., 247, 282, 314, 343
Salizide 84f.
Sauerstoff 200f.
Sauerstoffagglomerate 42
Sauerstoffausscheidungen in Silizium 43
Saugpinzetten 263
scaling 279
Scanning-Waferstepper 126
Scheibendurchmesser 41, 293
Scheibenreinigung 263
Scheibenverbiegung 141
Schichtabscheidung
-, konforme 15
-, selektive 300
Schichterzeugung 13f.
Schichttechnik 3, 4, 13f.
-, Verfahren 13
Schichtwiderstand
-, Shunt 247
- von Monosilizium 95, 246
- von Polysilizium 77
Schleuderbeschichtung 35f., 96
Schneepflugeffekt 242
Schottky-Diode 273
Schottky-Kontakt 95
Schrägbeleuchtung 134
Schrägimplantation 82, 282
Schreibfeldfläche 162
Schreibfrequenz 162
Schreibzeit 162
Schwarzchrom 128
Schwermetallatome 233, 248
Schwermetallverunreinigung 248, 254f.

Screenoxid 229, 233
Segregation 25, 77, 242
Segregationskoeffizient 242
Sekundärelektronen 164
Selektivität 181
Sensoren 269, 272
– für Druck 269
– für Magnetfeld 269f.
– für Strahlung 269
– für Temperatur 269
Shrink 293
Si-Gate-MOS-Prozeß 80
SIC (Selective Implanted Collector) 287
Sicherheitsvorkehrungen 219
Sicherungen 294
Siedetemperatur 200
SiGe-Epitaxie 287
SiGe-Hetero-Epitaxie 45
Silan 74
Silanoxid-Verfahren 63
Silizidschichten
–, Eigenschaften 83
–, Erzeugung 82
–, Naßätzen 185
–, Trockenätzen 20, 214
Silizierung
–, selektive 87
– von Source/Drain-Bereichen 87
Silizium-Epitaxie
–, selektive 17
Siliziumnitridschichten
–, Anwendung 72f.
–, Erzeugung 71f.
–, Hochtemperaturnitrid 72
–, Naßätzen 184
–, Plasmanitrid 72
–, Trockenätzen 202, 210f.
Silylierung 119
SIMOX-Verfahren (Separation by Implantation of Oxygen) 36
SIMS 243
SiO$_2$-Schichten
–, abgeschieden 62, 300
–, Anwendung 49, 64
–, Charakterisierung 57
–, Durchbruchverhalten 25
–, Degradation 60f.
–, Naßätzen 184
–, thermische 49
–, Trockenätzen 202, 215f.
site-by-site-alignment 140
Skalierungsfaktor 279

Slurry 183
Smart Power Schaltungen 11
Smart-Sensor-Technologie 269, 272
SMIF (Standard Mechanical Interface) 260
SOG (Spin-On-Glas) 96f., 300, 316
SOI (Silicon On Insulator) 36, 281f., 285, 288
Source/Drain-Implantation 230
Sourceleitung 295
Spacer-Technik 53, 64f., 217, 287, 312
Spannungsfestigkeit 283
Spannungspuffer 308
Speicherknoten 254
Speicherkondensator 290
Speicherring 149
Speicherzellen 288
–, dynamische Speicher 288
–, nichtflüchtige Speicher 293
–, statische Speicher 288
Spektrallinien 112
Sperrverhalten von pn-Übergängen 233
spezifischer Widerstand
– von monokristallinem Silizium 41
– von Polysilizium 77f.
Spiegeloptik 127
Spikes in Silizium 93
spiking 281
Spin-on-Glas-Technik 300
Spin-on-Glasschichten 35, 68, 96f.
Spray Cleaner 265
Spray development 107
Sprinklerauslässe 259
SPT (Smart-Power-Technologie) 269, 272, 276
Sputter Cleaning 33
Sputter Etching 187
Sputteranlage 31, 34
Sputterbeschichtung 298
Sputterverfahren 30f.
–, BIAS-Sputtern 32
–, Co-Sputtern 33
–, Magnetron-Sputtern 33, 34
SRAM 289
–, Speicherzelle 79, 289
–, Technologie 272
Stacked capacitor 290
–, Crown Stacked Capacitor 292
–, Hemi-Spherical Grained 292
Standard MOS-Transistoren 270, 275
Standardabweichung von Ionen 228
Stapelfehler 26, 249

Stapelkondensator   82, 290
–, Kronenstapelkondensator   292
–, Rauh-Silizium-Stapelkondensator   292
Stehwelleneffekt   112f.
Steilheit der Transistoren   319
Steilheit des Photoresists   107
Steuer-Gate-Leitung   295
STI (Shallow Trench Isolation)   66
storage node   254
Strahlenschäden
– bei der Elektronenlithographie   164
– bei der Röntgenlithographie   153
Strahlenschädigung   29, 33
Strap-Kontakte   88, 304
stress relief   308
Streukeule   156, 165
Streuoxid   322
Streuschichten   232
Streuung implantierter Atome   232
Striations   114
Stringer   298
Strip heating   38
Strippen von Resist   108, 188
Strukturdefekte   104
Strukturdichte   292f.
Strukturebenen   297
Strukturgröße   103
Strukturübertragung   181, 186
Strukturverkleinerung   279, 282
Stufenabschrägungsverfahren   299
Stufenübergang   298
Substrat-Vorspannung   277
Substratdotierung   41
Surface Channel   59, 282
Surface Strap   306
Suszeptor   17
Synchroton   145, 148f.
Systematik
– der Bipolartechnologien   269
– der MOS-Technologien   269

Tantal   88, 101, 201
Target   30, 34
–, Sintertarget   33f.
–, Mosaiktarget   33f.
TCP (Transmission Coupled Plasma)
  193
TDDB (Time Dependent Dielectric Break-
  down)   59
Technologien für Integrierte Schaltungen
–, Eigenschaften   272
–, Einsatzgebiete   272

Temperatureinfluß beim Trockenätzen
  206
Tempern
– von gesputterten Schichten   33
– von ionenimplantierten Schich-
  ten   225
Temperverfahren   37f.
–, Formiergastemperung   58
–, Laser Annealing   38
–, Rapid Isothermal Annealing   38
–, Rapid Optical Annealing   38
–, Rapid Thermal Annealing   39
–, Strip heating   38
–, Wasserstofftemperung   58
TEOS (Tetra-Ethyl-Ortho-Silicate)   63,
  311
Test von Integrierten Schaltungen   11
TFT (Thin Film Transistor)   46, 289
Thermische Dotierung   224
Thermische SiO_2-Schichten   49f., 184
–, Anwendung   49
Thermisches Phophorglas   71
Ti/TiN-Schichtfolgen   88
Tiefenschärfe   133, 172, 282
Tiegelgezogenes Silizium   42
TiN-Schichten   88
Titan   88, 200f., 217
TOC (total organic carbon)   261
tödliche Defekte   256
Topographie   298
Topoxid   329
Topresist   118f.
Transistfrequenz   287
Transistoren
– in Integrierten Schaltungen   275
–, parasitäre Transistoren   277
Traps   232, 294
Trench Capacitor   81, 213, 290f., 336
–, Buried Plate   292
–, Poly Plate   292
Trench Effekt   188
TRIE (Triode Reactive Ion Etching)   193
Trilevel-Resisttechnik   97, 118f.
Trioden Reaktives Ionenätzen   193
Trockenätzen   182, 186f.
Trockenätzprozesse   210
– für Aluminium   217
– für Metallsilizide   214
– für Monosilizium   213
– für Polymere   219
– für Polysilizium   211
– für Refraktärmetalle   214

– für Siliziumdioxid 215
– für Siliziumnitrid 210
Trockenschleuder 265
TSI (Top Surface Imaging) 117f., 133
Tunneloxid 61, 294
Tunnelreaktor 188
Tunnelstrom 60, 294

ULPA-Filter 258
Ultrafiltration 260
Umkehrosmose 260
Umluft 258
Unterätzung 181
Untergrundhelligkeit 133f.
Unterschwellenströme 104, 254

V-Graben 185
Vakuumwellenlänge 112
variable shaped beam 160
VE-Wasser 260
Vectorscan 160
Verdampfungsquellen 28
Verdrahtung 279
Verkapselung von Integrierten Schaltun-
  gen 11
Versetzungen durch Ionenimplantation
  233, 236
Versorgungsspannung 279f.
Verunreinigungen 254f.
– in Silizium 248f., 254
– in SiO_2 57, 254
Verunreinigungsgrad 260
Verweilzeit der reaktiven Spezies 204
Verzögerungszeit 279
Verzüge des Wafers 140

Via-Ätzprozeß 254, 265
Via-Kronen 255
Vias 317
Vogelkopf 55
Vogelschnabel 51f.
Vorbacken 107
Vorbacktemperatur 106

Wafer warpage 140
Wafer-Bonding 36f., 285
Wafer-clamping 199
Waferchuck 125
Waferstepper 112, 124f.
Waffelboden 259
Wannen in CMOS-Schaltungen 5, 278
–, Wannenkontakte 278
Wannen-Prozeßmodul 271, 274f.
Wannenanschluß 275
Wannenpotential 275
Wasserkontamination 261
Wasserstoff-Temperung 58
Welleninterferenz 112
Whistler-Wellen 198
White-Ribbon-Effekt 50
Widerstände 271, 273f.
Wolfram 88f., 200f., 307
Wolfram-Plugs 316, 332
Wortleitung 289, 291, 295

Zonengezogenes Silizium 42
Zuverlässigkeit von CMOS-Schaltungen
  281, 298
Zwischengitteratome 241
Zyklotronresonanz 197

R. Müller

Grundlagen der Halbleiter-Elektronik

7., durchgesehene Aufl. 1995. 203 S. 123 Abb. (Halbleiter-Elektronik, Bd. 1)
Brosch. **DM 68,-**; öS 530,40; sFr 65,50 ISBN 3-540-58912-0

Aus den Besprechungen: "...leicht verständlich geschrieben. Jedes Kapitel wird mit einer Reihe von Übungsaufgaben abgeschlossen, die zur Vertiefung des Stoffes bzw. zur Selbstkontrolle für das Verständnis dienen sollen. ... eignet sich daher sowohl als vertiefender Begleittext zu den entsprechenden Fachvorlesungen als auch zum Selbstunterricht."

Nachrichtentechnische Zeitschrift

R. Müller

Bauelemente der Halbleiter-Elektronik

4., überarb. Aufl. 1991. 328 S. 320 Abb. (Halbleiter-Elektronik, Bd. 2) Brosch.
DM 98,-; öS 764,40; sFr 94,50 ISBN 3-540-54489-5

Aus den Besprechungen: " ... Gut ausgewählte Übungsaufgaben mit Lösungen bilden eine wesentliche Bereicherung des Buches, das Studenten der Elektrotechnik und Ingenieuren in der Praxis empfohlen werden darf, die sich über die Wirkungsweise von diskreten Halbleiterbauelementen unterrichten wollen."

VDI-Zeitschrift

I. Ruge, Mader

Halbleiter-Technologie

3., völlig neubearb. und erw. Aufl. 1991. XVIII, 287 S. 199 Abb. (Halbleiter-Elektronik, Bd. 4) Brosch. **DM 124,-**; öS 967,20; sFr 119,50 ISBN 3-540-53873-9

Aus den Besprechungen: "Das Buch schließt eine Lücke in der deutschsprachigen Literatur, die von Lehrenden und Lernenden und sicher auch von Praktikern stark empfunden wurde. Der Versuch des Verfassers, sich bei der Beschreibung der technologischen Prozesse nicht in Einzelheiten zu verlieren, vielmehr das Grundsätzliche herauszustellen und auch theoretisch abzustützen, darf als geglückt bezeichnet werden..."

AEU Archiv für Elektronik und Übertragungstechnik

 Springer

Preisänderungen vorbehalten

Springer-Verlag, Postfach 31 13 40, D-10643 Berlin, Fax 0 30 / 82 07 - 3 01 / 4 48, e-mail: orders@springer.de   BA96.03.08

W. Heywang

Sensorik

4., neubearb. Aufl. 1993. XVI, 231 S. 138 Abb. (Halbleiter-Elektronik, Bd. 17)
Brosch. **DM 108,-**; öS 842,40; sFr 104,- ISBN 3-540-55119-0

Aus den Besprechungen: "....das vorliegende Buch behandelt zweifelsfrei eine sehr aktuelle Thematik mit einem entsprechend hohen Erwartungswert des Lesers. Dem wird der Inhalt vollauf gerecht. Das Buch dürfte wohl in die vorderste Reihe diesbezüglicher Veröffentlichungen einzureihen sein, wohl nicht zuletzt deswegen, weil die einzelnen Abschnitte durch kompetente Fachleute verfaßt werden konnten. So dürfte gerade diesem Band ein sehr breiter Leserkreis aus dem Bereich der Elektronik und Physik sicher sein, ganz zu schweigen von den zahlreichen Nutzern der sehr bewährten Reihe "Halbleiterelektronik", die jeden neuen Band mit Spannung erwarten."

AEU - Archiv für Elekronik und Übertragungstechnik

R. Paul

MOS-Feldeffekttransistoren

1994. X, 435 S. 176 Abb. (Halbleiter-Elektronik, Bd. 21) Brosch. **DM 148,-**;
öS 1154,40; sFr 142,50 ISBN 3-540-55867-5

Dieses moderne Lehr- und Nachschlagewerk stellt die Funktionsweise sowie die elektronischen Eigenschaften der wichtigsten Prinzipien des MOS-Transistors - insbesondere für den VLSI-Bereich - umfasssend dar. Verständliche und zusammenfassend wertende Darstellung des Gleichstrom-, Wechselstrom-, Frequenz- und Schaltverhaltens des MOS-Transistors einschließlich der jeweiligen Transistormodelle. Betonte Behandlung der Besonderheiten für den VLSI-Bereich (Einfluß kleiner Abmessungen, Submikrometermodellierung, Einfluß typischer Technologieschritte). Umfassendes Literaturverzeichnis bietet vielfältige Vertiefungsmöglichkeiten.

Springer

Preisänderungen vorbehalten

Springer-Verlag, Postfach 31 13 40, D-10643 Berlin, Fax 0 30 / 82 07 - 3 01 / 4 48, e-mail: orders@springer.de   BA96.03.08

Springer-Verlag und Umwelt

Als internationaler wissenschaftlicher Verlag sind wir uns unserer besonderen Verpflichtung der Umwelt gegenüber bewußt und beziehen umweltorientierte Grundsätze in Unternehmensentscheidungen mit ein.

Von unseren Geschäftspartnern (Druckereien, Papierfabriken, Verpackungsherstellern usw.) verlangen wir, daß sie sowohl beim Herstellungsprozeß selbst als auch beim Einsatz der zur Verwendung kommenden Materialien ökologische Gesichtspunkte berücksichtigen.

Das für dieses Buch verwendete Papier ist aus chlorfrei bzw. chlorarm hergestelltem Zellstoff gefertigt und im pH-Wert neutral.

Druck: Saladruck, Berlin
Verarbeitung: Buchbinderei Lüderitz & Bauer, Berlin